2014—2015

园艺学

学科发展报告

REPORT ON ADVANCES IN
HORTICULTURAL SCIENCE

中国科学技术学会　主编
中国园艺学会　编著

中国科学技术出版社
·北　京·

图书在版编目（CIP）数据

2014—2015 园艺学学科发展报告 / 中国科学技术协会主编；中国园艺学会编著 . —北京：中国科学技术出版社，2016.2

（中国科协学科发展研究系列报告）

ISBN 978-7-5046-7084-7

Ⅰ. ① 2… Ⅱ. ①中… ②中… Ⅲ. ①园艺—学科发展—研究报告—中国— 2014—2015 Ⅳ. ① S6-12

中国版本图书馆 CIP 数据核字（2016）第 025835 号

策划编辑	吕建华　许　慧
责任编辑	高立波
装帧设计	中文天地
责任校对	杨京华
责任印制	张建农

出　　版	中国科学技术出版社
发　　行	科学普及出版社发行部
地　　址	北京市海淀区中关村南大街16号
邮　　编	100081
发行电话	010-62103130
传　　真	010-62179148
网　　址	http://www.cspbooks.com.cn

开　　本	787mm × 1092mm　1/16
字　　数	350千字
印　　张	16
版　　次	2016年4月第1版
印　　次	2016年4月第1次印刷
印　　刷	北京盛通印刷股份有限公司
书　　号	ISBN 978-7-5046-7084-7 / S・595
定　　价	64.00元

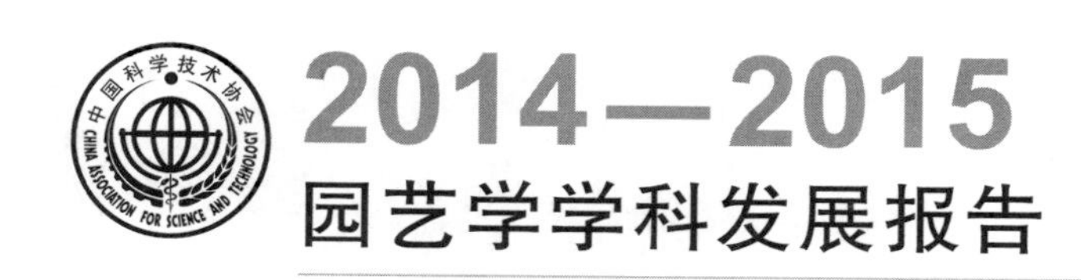

首席科学家 方智远

专 家 组

组 长 杜永臣

副组长 （按姓氏笔画排序）

孙日飞 张启翔 韩振海

成 员 （按姓氏笔画排序）

于贤昌 马 跃 王亮生 王晓武 包满珠
吕英民 刘凤之 刘君璞 刘孟军 许 勇
孙小武 孙日飞 李宝聚 李锡香 张 显
张 彦 张启翔 张振贤 陈发棣 陈昆松
易干军 赵 华 段长青 姜 全 高俊平
郭文武 葛 红 韩振海 喻景权

学术秘书 张 彦

›››› 序

党的十八届五中全会提出要发挥科技创新在全面创新中的引领作用，推动战略前沿领域创新突破，为经济社会发展提供持久动力。国家“十三五”规划也对科技创新进行了战略部署。

要在科技创新中赢得先机，明确科技发展的重点领域和方向，培育具有竞争新优势的战略支点和突破口十分重要。从 2006 年开始，中国科协所属全国学会发挥自身优势，聚集全国高质量学术资源和优秀人才队伍，持续开展学科发展研究，通过对相关学科在发展态势、学术影响、代表性成果、国际合作、人才队伍建设等方面的最新进展的梳理和分析以及与国外相关学科的比较，总结学科研究热点与重要进展，提出各学科领域的发展趋势和发展策略，引导学科结构优化调整，推动完善学科布局，促进学科交叉融合和均衡发展。至 2013 年，共有 104 个全国学会开展了 186 项学科发展研究，编辑出版系列学科发展报告 186 卷，先后有 1.8 万名专家学者参与了学科发展研讨，有 7000 余位专家执笔撰写学科发展报告。学科发展研究逐步得到国内外科学界的广泛关注，得到国家有关决策部门的高度重视，为国家超前规划科技创新战略布局、抢占科技发展制高点提供了重要参考。

2014 年，中国科协组织 33 个全国学会，分别就其相关学科或领域的发展状况进行系统研究，编写了 33 卷学科发展报告（2014—2015）以及 1 卷学科发展报告综合卷。从本次出版的学科发展报告可以看出，近几年来，我国在基础研究、应用研究和交叉学科研究方面取得了突出性的科研成果，国家科研投入不断增加，科研队伍不断优化和成长，学科结构正在逐步改善，学科的国际合作与交流加强，科技实力和水平不断提升。同时本次学科发展报告也揭示出我国学科发展存在一些问题，包括基础研究薄弱，缺乏重大原创性科研成果；公众理解科学程度不够，给科学决策和学科建设带来负面影响；科研成果转化存在体制机制障碍，创新资源配置碎片化和效率不高；学科制度的设计不能很好地满足学科多样性发展的需求；等等。急切需要从人才、经费、制度、平台、机制等多方面采取措施加以改善，以推动学科建设和科学研究的持续发展。

中国科协所属全国学会是我国科技团体的中坚力量，学科类别齐全，学术资源丰富，汇聚了跨学科、跨行业、跨地域的高层次科技人才。近年来，中国科协通过组织全国学会开展学科发展研究，逐步形成了相对稳定的研究、编撰和服务管理团队，具有开展学科发展研究的组织和人才优势。2014—2015 学科发展研究报告凝聚着 1200 多位专家学者的心血。在这里我衷心感谢各有关学会的大力支持，衷心感谢各学科专家的积极参与，衷心感谢付出辛勤劳动的全体人员！同时希望中国科协及其所属全国学会紧紧围绕科技创新要求和国家经济社会发展需要，坚持不懈地开展学科研究，继续提高学科发展报告的质量，建立起我国学科发展研究的支撑体系，出成果、出思想、出人才，为我国科技创新夯实基础。

2016 年 3 月

›››› 前言

“十二五”期间，中国园艺产业在连续多年快速发展的基础上依然保持了稳定增长，产业规模和总产值持续增大。2014 年园艺产业总产值超过了 2 万亿元，对农民增收的贡献进一步加大。园艺科学研究的步伐进一步加快，科技创新和对产业发展的支撑能力有了显著的提高，国际竞争力和影响力进一步增强，特别是园艺作物基因组学、代谢组学研究取得了一系列具有重大国际影响的成果。

近 3 年来，中国科学家主导完成了甜橙、梨、中华猕猴桃、枣、番茄、辣椒、甘蓝和西瓜等的基因组测序以及桃、黄瓜和番茄基因组重测序和变异组学分析。基因组测序及重测序研究获得了许多重要的发现，例如揭示了一些园艺作物的起源进化以及在人类选择下如何经历驯化和改良果实由小到大的进化历程。通过运用代谢组学、遗传学、分子生物学等多种研究手段，发现了一些与产品品质相关的重要代谢物质合成的基因及调控因子。这些重要研究结果发表在《科学》（*Science*）、《自然遗传学》（*Nature genetics*）等杂志上，得到国际学术界的高度评价并被广泛引用。近年来在蔬菜和果树中先后完成了大量的控制品质、抗病性、抗逆性的基因定位，并挖掘出了一些重要的功能基因，开发出了大量的可以在育种实践中应用的分子标记。

近 3 年来，全国科研单位和大学新引进、收集、评价了一大批园艺植物种质资源，其中很多引自国外，进一步丰富了我国园艺作物基因库。同时，通过常规育种与分子标记聚合技术，创制出一大批抗病、抗逆、优质以及具有特殊应用价值的优异资源材料，有力推进了园艺作物遗传育种研究。

在园艺作物育种技术研究方面，分子标记辅助选择技术更加完善，应用更加普及，雄性不育利用取得显著突破。新育成了果树、蔬菜、花卉各类品种 600 多个，新品种的国际竞争力有了显著增强。

园艺作物优质高效栽培关键技术取得了重要的进展，研发出了高光效树体整形技术、微垄覆膜技术、起垄覆盖行间生草技术。我国独创的园艺作物日光温室节能高效栽培技术取得新的突破，将日光温室果菜冬季不加温生产从最低气温 –23℃地区推移到 –28℃地区。研发出蔬菜平衡施肥配方，形成了土壤肥水精准管理技术。土壤安全消毒技术、作物秸秆生物反应堆技术等在全国各地特别是蔬菜连作障碍高发区推广成效显著。成功地开发出月季切花无土栽培基质和营养液配方、牡丹盆花冬季催花生产技术和无土栽培技术体系。2013 年以来共获得了 8 项国家奖励成果。

本报告是中国园艺学会在组织编写《2011—2012 园艺学学科发展报告》的基础上，组织 50 多位专家编写的。报告分综合报告和专题报告两部分，专题报告包括果树学、蔬菜学和观赏园艺学专题。报告重点对近年来我国园艺学学科最新研究进展及取得的成果进行了归纳总结，对国内外研究进展进行了比较并对园艺学科发展做了展望，希望能够为同行及相关学科学者的科技创新工作提供参考。

中国园艺学会

2015 年 10 月

>>>> 目录

综合报告

专题报告

ABSTRACTS IN ENGLISH

综合报告

园艺学学科发展研究

1 引言

近年来，中国园艺产业和科学研究发展进一步加快，果树、蔬菜、观赏植物等主要园艺作物栽培面积和产量持续稳定增长。中国园艺作物栽培面积居世界第一，总产量约占世界的 40%。中国栽培果树树种占世界主栽果树树种的 82%（束怀瑞，2012）。2014 年，我国果园面积 13127.2 千公顷，果品总产量 1.66 亿吨；蔬菜播种面积 21404 千公顷，总产量 7.60 亿吨；花卉种植面积 1270.2 千公顷（中华人民共和国农业部，2014）。园艺产业总产值超过了 2 万亿元，对农民增收的贡献进一步加大。

在国家及地方各类科技项目支持下，中国园艺学学科在种质资源、遗传育种、栽培技术与生理、基因组学与生物技术、病虫害综合防治、产品贮藏保鲜与加工利用、果品质量安全与检测技术和果园机械化与信息化技术等方面取得丰硕成果，并在生产中应用，对产业发展起到推动作用。

2013—2014 年中国园艺学学科在国际顶级学术期刊上发表了多篇高水平论文，获得国家级奖励成果 8 项。其中 2013 年 5 项："桃优异种质发掘、优质广适新品种培育与利用""南方葡萄根域限制与避雨栽培关键技术研究与示范""苹果贮藏保鲜与综合加工关键技术研究及应用""杨梅枇杷果实贮藏物流核心技术研发及其集成应用""柠檬果综合利用关键技术、产品研发及产业化"；2014 年 3 项："甘蓝雄性不育系育种技术体系的建立与新品种选育""西瓜优异抗病种质创制与京欣系列新品种选育及推广""荔枝高效生产关键技术创新与应用"。

本学科发展报告从基础研究进展（包括基因组学研究、功能基因挖掘、重要性状遗传规律、果实品质调控），种质创新研究成果，重要技术突破（果树优质高效栽培关键技术、果园机械化与信息化技术、蔬菜连作障碍克服技术、蔬菜日光温室节能高效全季节生产技术、西瓜甜瓜生长发育调控与栽培技术、花卉良种繁育技术、花卉现代化与产业化栽培技术、病虫害防治技术、产品保鲜与加工利用技术、产品质量安全与检测技术等）和学科建设成效方面，回顾总结了近年中国园艺学学科发展现状，比较评析国内外学科发展状态，分析探讨国际上最新研究热点和发展趋势，提出未来的研究目标和方向建议。

2　园艺学学科最新研究进展

2.1　基础研究进展迅速

2.1.1　基因组学研究

（1）果树基因组学研究

继国外完成葡萄（Jaillon *et al.*，2007）、番木瓜（Ming *et al.*，2008）、苹果（Velasco *et al.*，2010）、草莓（Shulaev *et al.*，2010）、海枣（Al-Dous *et al.*，2011）、香蕉（D'Hont *et al.*，2012）和桃（The International Peach Genome Iniative，2013）等果树全基因组测序（乔鑫等，2014）之后，我国主导完成了甜橙（Xu *et al.*，2013）、梨（Wu *et al.*，2013 年）、中华猕猴桃（Huang *et al.*，2013）、枣（Liu *et al.*，2014a）的全基因组测序和桃（Cao *et al.*，2014）的全基因组重测序。在测序方法上，葡萄和番木瓜采用了第一代测序方法；苹果和香蕉采用了一二代结合的技术，而梨、甜橙、桃和枣均采用第二代测序方法。

果树全基因组测序提供了大量的生物信息学数据，标志着果树学研究进入了后基因组时代，必将促进果树的基因组结构、物种起源与进化等领域的研究。梨的基因组约为512M，组装完成了97.1%的基因组长度，共包含42812个基因，其中28.5%的基因在表达时具有不同剪切形式；另外梨基因组中重复序列约有271.9M，约占全基因组的53.1%。柑橘的基因组为367M，预测包含29445个基因。桃的基因组大小为267M，编码27852个基因。枣的基因组长度为438M，注释大约32808个基因。

在已经完成测序的10种果树中，很多发生了基因组复制现象，如大约3000万~4500万年前，梨和苹果经历了一次全基因组复制事件；此外基因组测序研究发现，草莓和桃没有发生近代全基因组复制事件。对于非蔷薇科果树柑橘，多个品种的基因组比较分析表明，甜橙起源于柚与柑橘的回交杂种。枣的基因组在历史进化中经历了复杂的染色体断裂、融合及片段重组过程，但未发生全基因组复制事件。桃全基因组重测序研究，在全基因组水平上绘制了从光核桃到普通桃的进化路线，并鉴定了与人工选择相关的候选基因。

（2）蔬菜基因组学研究

继我国率先主导完成了黄瓜（Huang *et al.*，2009）、马铃薯（The Potato Genome Sequencing Consortium，2011）、白菜（Wang *et al.*，2011）和番茄（The Tomato Genome Consortium，2012）国际基因组计划之后，我国又主导相继完成了辣椒（Qin *et al.*，2014）和甘蓝（Liu *et al.*，2014b）的基因组序列解析，以及黄瓜（Qi *et al.*，2013）和番茄（Lin *et al.*，2014）的基因组重测序，南瓜和冬瓜的全基因组测序已经接近尾声，对推动中国蔬

菜学科发展起到了至关重要的作用。

我国科学家对黄瓜、白菜、甘蓝、番茄、辣椒等作物全基因组序列的破译，为主要蔬菜的物种起源进化研究奠定了基础。黄瓜和甜瓜同属于甜瓜属，发现黄瓜染色体 1，2，3，5，6 分别与甜瓜染色体 2 和 12，3 和 5，4 和 6，9 和 10，8 和 11 具有共线性，这表明物种分化之后，黄瓜的每条染色体由两条祖先染色体融合而来。此外还发现染色体内部重排以及部分染色体间重排。通过比较芸薹属基因组与其他十字花科植物基因组确定了芸薹属蔬菜基因组 3 次重复的复制发生之前的祖先核型为 7 条染色体的 tPCK，与盐芥相同。在茄科蔬菜方面，对栽培辣椒“遵辣 1 号”及其野生祖先 Chiltepin 进行了基因组测序，并对另外 18 个栽培品种和 2 个野生种辣椒重测序，分析鉴定出候选的驯化基因，为解释辣椒的起源与进化起到重要作用（Qin *et al.*，2014）。

在基因组测序的基础上我国开展了多个蔬菜作物的变异组及驯化和分化研究。黄瓜重测序发现黄瓜基因组中有 100 多个区域受到了驯化选择，确定西双版纳黄瓜 β－胡萝卜素羟化酶的基因失效导致其富集 β－胡萝卜素。番茄重测序发现了 5 个驯化阶段单果质量 QTLs，13 个改良阶段单果质量 QTLs。番茄驯化和野生资源利用导致约 25%（200Mb）基因组区域被固定。此外还分别对西瓜和栽培辣椒进行了变异组研究。

（3）西瓜和甜瓜基因组学研究

我国完成了栽培西瓜全基因组的序列分析，获得了高质量的西瓜基因组序列图谱，并成功破译了西瓜遗传“密码”（Guo 等，2013）。研究人员采用“全基因组鸟枪法”测序策略，进行双末端测序，得到总量约为 46 G 的基因序列数据，获得了高质量的西瓜基因组序列。拼接后的序列覆盖 83.2% 的西瓜基因组，在解码的西瓜基因组中共鉴定出约 23440 个基因，其中 96.8%（22682 个）的基因已经精确定位到染色体上。进化分析表明：现代栽培西瓜 11 对染色体是由 21 对祖先染色体经过复杂的断裂和融合过程进化而来，半野生西瓜（*Citrullus lanatus* subsp. *Mucosospermus*）是现代栽培西瓜（*Citrullus lanatus* subsp. Vulgaris）最直接的祖先。从半野生西瓜到现代栽培西瓜的驯化过程中，发现多个基因组区域受到强烈选择，进而形成了现代栽培西瓜具有的含糖量高、早熟等生物学特征。对 20 份代表性西瓜重测序获得了 678 万个 SNP 位点和 96 万个 InDel 位点，为深入开展西瓜生物学研究和改良育种提供了海量的数据基础。重测序分析表明：大量抗病基因在从野生西瓜到现代栽培西瓜的进化和人工驯化过程中丢失。

自此之后，我国西瓜基因组学研究得到了迅猛发展。例如，构建了包含 3 个西瓜亚种，共计 SSR 等标记 1339 个，58 个已经发表的 QTL 和 12 个新发现的 QTL 的整合图谱（Ren 等，2014），定位了控制西瓜果实相关性状的 8 个加性 QTL 与 1 对上位性 QTL（刘传奇等，2014），对抗炭疽病基因进行分子标记鉴定（牛晓伟等，2014）。构建了基于西瓜基因组重测序的 SNP-CAPS 标记开发平台，其准确性达 70% 以上，解决了在西甜瓜分子育种领域有效分子标记较少等问题。

甜瓜基因组重测序已经在国内多家单位展开。

（4）花卉基因组学研究

目前我国已完成了梅花（Zhang *et al.*，2012）、中国莲（Ming *et al.*，2013）、小兰屿蝴蝶兰（Cai *et al.*，2015）的全基因组测序工作。香荚兰、牡丹、月季、桂花、高山杜鹃、紫薇等多种花卉基因组学研究正在进行中（张启翔，2015）。

梅花全基因组测序，获得了31390多个注释基因，并通过高密度遗传连锁图谱实现了组装序列与8条染色体的对应关系。通过对基因组数据的分析，首次发现能直接催化生成梅花花香中重要成分——乙酸苯甲酯的BEAT基因家族在梅花基因组中显著扩增，由于扩增基因的剂量效应，可能增加了乙酸苯甲酯的含量，从而使梅花具有独特的花香。再者，研究人员鉴定了6个与休眠相关的MADS-box转录因子在梅花基因组中串联重复分布，并在其上游找到6个CBF基因的结合位点，推测它们可能是梅花提早解除休眠，早春开花的关键因子。而在抗病方面，鉴定出大量与之相关的基因家族发生了扩张，特别是PR基因家族，这可能与梅花抵御真菌等病菌的能力相关（程堂仁，2013）。

中国莲（*Nelumbo nucifera*）基因组测序结果显示，莲基因组大约有2.7万个基因，全长9.3亿个核苷酸，是水稻的2.2倍。中国莲基因组的成功测序标志着水生植物、水生经济作物的研究进入基因组学时代。此前由于没有基因组序列，也没有序列背景比较清楚的近缘物种，因而莲的新基因发掘进展异常缓慢。拥有了莲基因组序列，能大大加速新基因的挖掘，促进水生经济作物育种进入新的发展时期。

小兰屿蝴蝶兰（*Phalaenopsis equestris*）是一种广泛用于杂交育种的具有代表性和重要园艺价值的兰花，由于其高度杂合，给全基因组测序和组装带来了巨大挑战。基因预测显示，小兰屿蝴蝶兰具有29431个蛋白编码基因。有趣的是这些蛋白编码基因的平均内含子长度达到2922碱基对，显著超过了迄今为止所有植物基因组中平均内含子长度。进一步分析发现内含子中的大量的转座元件是其超长的主要原因。在基因组杂合区域，自交不亲和途径的相关基因尤为富集，这些基因对进一步揭示兰花自交不亲和机制极为重要。与其他许多植物基因组相似，在小兰屿蝴蝶兰中也发现了一种兰花特有的古多倍化事件（paleopolyploidy，古代植物细胞中基因成倍复制），这也许能用于解释为何兰花会成为地球上最大的植物家族之一。研究人员还通过比较其他植物基因组同源基因，发现随着兰花品系发展，出现了基因重复和CAM基因丢失的现象，这表明基因重复事件可能导致了蝴蝶兰CAM光合作用的演变；此外，MADS-box C/D-class，B-class AP3和AGL6-class基因出现了扩增，形成了多样化家族，这些基因帮助兰花形成了高度特异化的花朵形态。

在牡丹基因组研究方面，通过深圳华大科技人员与洛阳农林科学院技术人员的共同努力，完成了对1000份牡丹种质资源和120份杂交后代的单个样本的基因组测序分析，获得了3500G的测序数据，取得了重要的阶段性研究成果：第一次系统性进行了牡丹种质资源研究，摸清了牡丹“家底”；第一次绘制出牡丹聚类树，搞清了牡丹“亲缘关系”；第一次大规模开发出269万个多态性的SNP分子标记，绘制了牡丹DNA指纹图谱，为牡丹品种办理了“身份证”；第一次定位牡丹农艺性状相关基因，明晰了分子育种“路径”；

第一次绘制出牡丹高密度遗传连锁图，为牡丹基因组图谱绘制“奠定了基础”（白云飞和吕树作，2015）。

2.1.2　功能基因发掘

（1）果树重要功能基因挖掘及其作用机制研究

全基因组测序与基因表达分析技术极大地促进了果树功能基因的挖掘。通过分析香蕉科等果树的基因组和表达谱，发现了一些与病害防御和代谢相关的特异基因簇可用于改良香蕉对多种病害的抗性。梨基因组和转录组数据也被用于挖掘与自交不亲和性、果实石细胞形成、糖代谢、香气形成等相关的重要基因，为揭示这些生物学过程的分子机理提供切入点。枣通过基因组测序发现了大量的特色基因，发现在 1 号染色体上有一段高度保守的区域，该区域与抗逆和多糖代谢相关；枣富含维生素 C 是因其维生素 C 合成和再生通路双重加强；枣含糖量高与其糖合成和韧皮部糖卸载关键基因显著扩张及上调表达有关；此外还发现了枣抗旱和果枝脱落等独特性状的分子机制。在桃中新发现的基因超过 2000 个，从全部的转录基因序列信息中分析得到 SSR 分子标记 17979 个。

近年来，多个调控果实品质和果树抗性的基因被克隆鉴定。研究表明，光信号转导途径的多个基因参与了苹果果实色泽形成的调控，苹果 MdCOP1 蛋白是光信号转导途径的分子开关，能够与调控花青苷合成的关键蛋白 MdMYB1 相互作用，将其泛素化修饰并降解，进而介导光诱导的花青苷积累调控；低温通过磷酸化 MdbHLH3 蛋白激活其转录活性，促进低温介导的花青苷积累；苹果 MdbLHLH3 特异地与 MdMYB9（或 MdMYB11）互作，调控茉莉酸介导的原花青苷积累。通过基因组分析，从红肉苹果中发现了一个 *MdMYB10* 的等位基因，即 *MdMYB110a*。*MdMYB10* 基因呈组成型表达，树体的不同器官（包括果肉）均积累花青苷，属于第一类红肉苹果；而 *MdMYB110a* 只在果皮和果肉中高水平表达，因此只有果皮和果肉呈现红色，属于第二类红肉苹果。此外，在西洋梨中，*PbMYB10* 的启动子甲基化程度增加抑制了该转录因子的启动活性，从而降低了 PbUFGT 的转录活性使梨果皮中花青苷积累显著降低，导致绿皮芽变的形成，这一发现从表观遗传学上丰富了果皮颜色的形成与调控理论。

通过图位克隆策略，苹果柱型位点的候选基因已被锁定在几十个基因范围内。在桃中，甲基化修饰介导了桃的果实着色，还发现一个 NAC 转录因子与桃果肉红色性状紧密连锁。在柑橘中，克隆到一个 bHLH 转录因子，通过调控 POD 基因影响柑橘抗性。在草莓中，克隆鉴定了 *FaNCED1* 基因，该基因通过 ABA 信号影响草莓果实的色泽；*FaBG3* 基因则调控果实的成熟和病原菌抗性。近年来研究发现，梨中 *GAI*、*KN1* 及 *NACP* 的 mRNA 可以通过韧皮部在杜梨（砧木）/ 鸭梨（接穗）中进行长距离的传递；苹果 *MdGAI1* 和 *MdGAI2* 的 mRNA 也可以通过嫁接长距离运输。这些研究为通过嫁接传递改良接穗或砧木性状提供了理论基础。

（2）蔬菜重要功能基因挖掘及其作用机制研究

我国在蔬菜作物全基因组关联分析解析重要农艺性状研究方面也取得重要成果。通过关联分析发现，位于一个三萜合成酶基因上的单碱基变异导致了黄瓜叶子苦味素合成的关键变异。在番茄中发现位于一个 MYB 转录因子上的遗传变异决定了番茄果实的红粉颜色变化。此外，通过转录组结合其他分析，揭示了 9 个基因负责苦味物质葫芦素生物合成的代谢路径，同时发现这 9 个基因由两个“主开关”基因（*Bl* 和 *Bt*）分别在叶片和果实中控制。发现白菜基因组多倍化产生的多拷贝基因具备适应这些条件的冗余功能，调控网络比拟南芥更为复杂。基于高通量测序进行基因或 QTL 定位也取得重要进展。在黄瓜中，利用 QTL-seq 方法发现了控制黄瓜提前开花的基因 *FT*。通过 MutMap 方法确定了果实果皮颜色的关键控制基因。

2014 年，我国科学家通过群体遗传学分析，揭示了番茄果实变大经历了从醋栗番茄到樱桃番茄，再到大果栽培番茄的两次进化过程，在此过程中分别有 5 个和 13 个单果质量基因受到了人类的定向选择，鉴定了 186（64.6Mb）个驯化阶段和 133（54.5Mb）个改良阶段的受选择区域；通过比较不同番茄群体的基因组差异，发现第 5 号染色体是决定鲜食番茄和加工番茄（主要用于生产番茄酱）差异的主要基因组区域；通过全基因组关联分析，发现了决定粉果果皮颜色的关键变异位点，此位点的变异使得成熟的粉果番茄果皮中不能积累类黄酮；通过基因组比较分析，准确界定了栽培种番茄基因组中野生渐渗片段的位置和长度。研究结果为番茄进一步遗传改良提供了新的思路。

（3）花卉重要功能基因挖掘及其作用机制研究

梅花全基因组测序的完成为梅花功能基因组学研究提供重要的理论框架，为其花色、花形、花香等重要观赏性状基因的遗传选育及品种改良提供了重要平台。在梅花传统杂交育种中，梅花抗寒性的提高会导致失去花香。成功克隆了梅花花香基因 *PmBEAT*，并初步阐明了梅花花香形成的分子机理，为梅花通过分子育种培育出具备怡人的芳香且抗寒性强的新品种奠定基础。

结缕草具有适应性广、抗逆性强等优良特性，是一种具有极大应用潜力的牧草兼草坪草。针对结缕草生长缓慢，在北方地区生长绿期很短等问题，对结缕草滞绿基因 *ZjSGR* 进行了克隆和功能研究，为揭开结缕草生长周期、绿期调控机制奠定基础，对于培育适应于北方饲草和绿化需要的结缕草新品系、新品种有重要意义。

毛竹是我国传统经营竹种，是集材用、食用、观赏等众多用途于一体经济竹种，毛竹营养生长周期长，但花期不确定且花后死亡。对毛竹开花的基因调控的可能途径进行了较深入研究，为毛竹安全生产奠定了重要的理论基础。

很多控制花卉重要性状（如抗旱、耐寒、耐盐碱、花香、花色、重瓣性、株形等）的相关基因也正在被挖掘和鉴定，其调控途径正在被揭示。这些基础性研究为花卉种质创新、重大技术突破奠定了基础。

2.1.3 重要性状遗传研究

（1）果实糖、有机酸、色泽和单果质量等性状的遗传

果树受限于童期长和树体高大等因素，遗传研究难度大。近 3 年主要在果实糖、有机

酸、色泽和单果质量等性状的遗传研究方面取得了一些进展。利用两个高丛越橘品种的正反交子代群体研究发现，果实糖含量呈正态分布，属于多基因控制的数量性状，遗传潜能大，具有一定的母性遗传倾向；而酸含量呈偏态分布，明显受父本影响。对脐橙与粗柠檬体细胞杂种果实糖酸的遗传分析发现，酸积累量偏向粗柠檬，而蔗糖含量处于中亲值。在果实色泽性状遗传研究方面，就新疆红肉苹果与苹果品种 6 个杂交组合 F_1 的色泽等遗传变异规律进行分析，发现果肉色泽进一步选择的潜力和遗传能力均较强。此外，确定了与苹果果实鲜切之后发生褐变相关的两个 QTL 位点；获得了与苹果果实大小或形状相关的 45 个 QTL 标记，而且发现果实大小与形状受相互独立的遗传调控。

（2）蔬菜雄性不育、抗病及品质相关基因精细的定位

在完成了白菜和甘蓝基因组测序的基础上，十字花科蔬菜分子遗传育种研究取得重要进展，开发了大批实用的分子标记，构建了多个高密度遗传图谱，完成了包括甘蓝和白菜显性雄性不育、白菜紫色基因、橘红色基因和甘蓝抗枯萎病基因等一大批重要基因的精细定位。在番茄、辣椒、茄子的全基因组测序的基础上，开发了大批实用的分子标记，构建了多个高密度遗传图谱，对辣椒抗疫病、抗南方根结线虫、抗虫及重要农艺性状等基因或数量性状位点进行了定位。克隆了抗番茄晚疫病的 *Ph-3*、精细定位了抗番茄黄花曲叶病毒病的 *Ty-2* 等基因。相继开发了一批与番茄、辣椒等重要抗性基因紧密连锁的 SNP 标记，为未来高通量、大规模辅助选育提供必要条件。对 115 份黄瓜核心种质进行了深度重测序，构建了包含 360 万个位点的全基因组遗传变异图谱，结果发表在 *Nature Genetics* 上。研究了黄瓜苦味的生物合成、调控和进化，鉴定出黄瓜果实葫芦素 C 生物合成途径中的 9 个相关基因参与了合成的 4 步催化反应，发表在 *Science* 上（Shang *et al.*，2014）。完成了 20 多个黄瓜品质和抗病性状在染色体上的遗传定位，开发出紧密连锁的基因组 SSR 和 Indel 标记，与常规育种结合应用于抗病和品质分子育种的实践。完成了黄瓜小西葫芦黄化花叶病毒抗病基因 *zymv*、无光泽基因 *D*、黑色果刺基因 *B* 的精细定位。图位克隆了黄瓜果瘤基因 *Tu*，并完成功能验证。鉴定出西瓜抗枯萎病、病毒病与白粉病以及果实糖积累和转运、果肉颜色、苦味等重要农艺性状关键基因或连锁标记。将南瓜白粉病、病毒病（ZYMV、WMV）分子标记辅助育种技术在选育过程中进行了实际应用。建立起 116 份国内主栽黄瓜品种的分子指纹图谱。研制出黄瓜品种鉴定技术规程（SSR 分子标记法）（NY/T2474–2013）。建立了 1373 个西瓜品种资源的核酸指纹库以及西瓜品种真实性与纯度检测技术体系。

2.1.4 果实品质调控研究

近 3 年来，在果实品质（色、香、味、质地和营养等特性）调控方面研究取得明显进展。大多数果实在成熟时呈现从黄色到红色不等的色泽，是由类胡萝卜素或花色苷积累所决定的。在类胡萝卜素研究方面，浙江大学的研究表明，有色体发育障碍和 PSY2A 基因发生缺失突变导致白肉枇杷果肉不能积累类胡萝卜素，进一步分析表明 PSY2A 突变等位基因甚至在一些黄肉枇杷品种中也存在，为黄肉枇杷品种自交或杂交后代出现白肉枇杷的

现象提供理论依据；在柑橘上的研究表明，促进类胡萝卜素合成可导致类胡萝卜素贮藏结构发生改变。在花色苷方面，在杨梅和荔枝等多个树种上都有较系统的研究（刘晓芬等，2013），特别是在苹果上取得了较大进展，如发现光照可抑制 COP1 对 MdMYB1 蛋白的降解从而促进了苹果果实花色苷合成，而低温促进花色苷积累是由于低温刺激了 *MdbHLH3* 的表达。

芳香物质是影响果实品质的重要因子，但是相关研究相对滞后。近年来主要在不同种质资源芳香物质鉴别、环境因子调控效果以及关键基因鉴别方面取得了进展，陆续完成了桃、杏、葡萄、草莓、柑橘、杨梅等不同种类或品种果实芳香物质的鉴别，进一步扩大了研究规模。发现野生秋子梨果实平均每个株系的芳香组分为 41 种，明显高于栽培品种的 25 种物质。发现不同颜色和材质果袋显著改变桃果实芳香物质组成，研究了采后温度对于物流中果实芳香品质的调控效果，提出了芳香物质丧失是果实冷害重要指标的观点。

果实风味主要取决于果实的可溶性糖和有机酸含量及比例，某些特殊的果实还与涩味等相关。近 3 年来，浙江大学、南京农业大学和西北农林科技大学等单位的研究者对苹果、柑橘、梨和杨梅等果实的糖酸代谢开展了研究，确定了部分关键基因，包括一些载体蛋白基因。研究表明，*MdTMT1* 和 *MdTMT2* 可能参与了苹果果实成熟期果糖和蔗糖的积累（马新立等，2014）、NADP– 苹果酸酶（NADP–ME）是引起“鸭梨”“茌梨”和“八里香”梨成熟果实的苹果酸含量差异的主要原因。在涩味等研究方面也取得了一定进展，利用转录组手段研究了中国甜柿“罗田甜柿”树上脱涩机制，鉴别了相关的转录因子和靶标基因。

质地是品质的重要指标，果实采后质地变化有软化（猕猴桃、桃等）和木质化（枇杷等）。早期质地研究主要集中于细胞壁 / 木质素代谢相关酶及编码基因分析，但大量研究结果表明质地是数量性状，由多基因家族控制。近年来，果实质地研究的热点逐渐转向转录因子的功能研究。研究发现，苹果 *ZMdERF1*、*ZMdERF2* 和 *ZMdEIL2* 能够通过调控 *ZMdPG1* 基因的表达来调控果实的软化；枇杷 *EjMYB1* 和 *EjMYB2* 既作为正、负调控因子直接调控果实木质化，也是 *EjAP2-1* 调控果实木质化的媒介。虽然这些结果均表明转录因子参与了果实质地调控，但类似研究尚处于起步阶段。

果实富含次生代谢物质，这些物质构成了果品营养的重要部分。近 3 年来，对不同树种果实的营养保健成分进行了大量研究。研究结果表明山楂等果实富含酚类物质，具有抗氧化、抗肿瘤、抗衰老、减轻化疗引起的肝损伤、抑菌、消炎、抗糖尿病等作用；杨梅花色苷有降血糖和抑制胃癌细胞增殖等功效；胡柚等柑橘提取物具有促进细胞葡萄糖消耗和预防糖尿病等活性；瓯柑果实粗提物及甜橙黄酮、川陈皮素，橘皮素和 5– 去甲川陈皮素等黄酮单体能够明显抑制人肝癌细胞、乳腺癌细胞和白血病细胞的增殖。与此同时，果实生物活性物质的生物合成代谢研究也屡见报道，特别是对类胡萝卜素和花青苷的研究。

2.2　种质创新与育种研究成果丰硕

2.2.1　果树种质创新与育种研究

（1）果树资源的收集、保存与评价

截至 2014 年 6 月，中国已建立 22 个国家果树种质资源圃，保存果树种质 19650 份，制定了 22 个果树树种的种质资源鉴定技术规程和优异种质资源评价规范，建立了种质资源共性和特性数据库，完成 12000 份种质编目，筛选出优异种质资源 1000 余份。

果树种质资源保存技术取得一定突破，开展了苹果、柑橘等资源超低温保存技术研究，超低温保存后的苹果再生率可达 62.5% ~ 100%，柑橘达 40% ~ 60%，为实现果树种质资源的超低温保存奠定了良好的基础。果树种质资源评价走向深入。大宗的苹果、梨、桃、葡萄、柑橘等树种构建了核心种质，完成了 SSR 等标记的分子身份证构建研究；基于杂交群体的连锁分析工作，获得了部分与产量、品质和抗性相关的分子标记，并保存有大量完整的针对重要育种目标的杂交群体，保障了功能标记验证工作顺利实施。

（2）果树种质创新与育种研究

研究创制一批新种质和新材料。利用筛选的优异种质材料，通过种质创新，直接或间接培育果树新品种或新种质 100 余个，为果树产业及育种可持续发展提供了强有力支撑。

2012—2014 年在《园艺学报》《果树学报》和《中国果树》的新品种栏目中报道选育的果树新品种 200 余个，中国主要果树种类均有涉及，其中柑橘、苹果、梨、桃、葡萄、枣、草莓、樱桃和核桃等树种均有 10 个以上新品种的报道。从选育方式看，新品种的获得绝大多数通过杂交育种（占报道品种的 39%）、实生选种（37%）和芽变选种（21%）这 3 种途径。但也见其他育种方式，如辐射诱变获得果味甜香的“华农中把”香蕉，组织培养突变得到的极早熟甜樱桃新品种“早丹”。从新品种呈现的主要性状看，选育目标主要集中在成熟期（50%）、抗性（25%）、大果型（15%）、无核 / 少核（8%）、果色（7%）、矮化（4%）和耐贮性（2%）。

倍性育种在果树育种中的应用也有报道，例如，三倍体无核枇杷“华玉无核 1 号”四倍体猕猴桃“金什 1 号”、大果优质三倍体“华幸”梨等。此外，近年来生物技术在育种中的应用也逐渐体现，如基于胞质融合获得了无籽的“华柚 2 号”柚新品种。

近年来，苹果、梨、葡萄、核桃等砧木品种选育也取得进展。例如，获得了早果、丰产、抗寒的苹果矮化中间砧以及铁高效、矮化的苹果自根砧“中砧 1 号”；选育出抗梨枝干轮纹病和枝干腐烂病的梨矮化砧木“中矮 3 号”等。

2.2.2　蔬菜种质创新与育种研究

（1）蔬菜种质资源研究与材料创新

至 2014 年，在国家农作物种质资源保存体系中共保存蔬菜资源 36432 份。其中，国家农作物种质资源长期库和蔬菜种质资源中期库保存了 21 科、67 属、132 种（变种）的有性繁殖蔬菜资源 30431 份；国家无性繁殖蔬菜种质资源圃保存大蒜、姜、山药、菊芋、百合等无性繁殖蔬菜作物资源 807 份，包括葱蒜类种质 333 份，薯蓣类种质 116 份，多年生蔬菜种质 102 份，野生蔬菜种质 256 份，分属 32 科、61 属、112 种。大蒜、生姜同时离体复份保存于低温和常温离体种质库中；在国家种质武汉水生蔬菜资源圃保存了莲藕、茭白、芋等 12 种水生蔬菜资源 1763 份。

在种质资源的鉴定与评价方面，针对十字花科抗根肿病的种质资源筛选工作取得了明显进展，在甘蓝类作物中发现高抗根肿病的野生材料。茄果类作物的重点在于抗病性的表型鉴定，在品质性状方面也开始有系统研究。在葫芦科蔬菜作物上，重点也是抗病性的鉴定，但瓜类蔬菜在抗逆性方面进展也比较明显，特别是对耐低温的抗性资源的鉴定研究取得一定的进展。在十字花科作物中，营养和风味品质性状的鉴定有长足发展，鉴定出莱菔子素含量极高的材料。此外，抗虫性资源鉴定方面也获得一批优良的材料。在无性繁殖蔬菜中，对大蒜种质资源的表型性状进行了系统鉴定，建立了 21 个数量性状的 5 级分级标准，对进行大蒜辣素含量的鉴定评价筛选获得到一批优异大蒜种质。

利用远缘杂交、胚挽救等技术创新十字花科新种质取得了明显进展。培育出了整套大白菜—结球甘蓝单体异附加系、菜薹—芥蓝单体异附加系以及芥蓝—菜薹单体异附加系，为利用结球甘蓝中的有用性状来改良大白菜品种构建了物质平台（Li *et al.*，2013）。利用地方白菜品种雅安黄油菜与甘蓝型油菜进行种间杂交、染色体加倍，获得甘白（甘蓝型油菜 × 白菜型油菜）染色体数在 40 ~ 58 条的混倍体杂交后代。通过白菜与黑芥种间杂交，获得异源四倍体（AABB）和非整倍体。通过芥菜（大头菜、榨菜和儿菜）作母本与黑芥进行杂交、回交和自交得到单体附加系和二体附加系，以高感根肿病的青花菜“93219”和高抗根肿病的甘蓝近缘野生种“B2013”为父本杂交获得了抗根肿病“桥梁材料”F_1。

在通过诱变育种创造变异资源方面，在葫芦科作物上，通过将氮离子注入干种子的方法，创造了一批黄瓜突变材料。建立了利用胺磺灵对西瓜进行四倍体诱导的方法。开展了瓜类作物 ^{60}Co-γ 辐射和航天辐射育种研究。建立了大蒜辐射诱变和化学诱变方法。

（2）育成蔬菜新一代优质抗病抗逆丰产新品种

育成了一批新一代的主要蔬菜品种。这些品种在品质、抗病性、抗逆性以及丰产性方面比原来的主栽品种都有明显的提高，其中部分品种的综合农艺性状超过外国同类品种。利用国内外首次发现的甘蓝显性雄性不育源与引进的改良 Ogura 胞质不育源，育成“中甘 21”“中甘 192”等突破性甘蓝新品种，在 25 个省区市累计推广 927 万亩，新增社会经济效益约 23.8 亿元。目前在北方春甘蓝和高原夏甘蓝主产区约占栽培面积的 50%。该成果开创了甘蓝杂交制种新途径，是甘蓝制种技术的一次重大突破，获得 2014 年度国家科技进步奖二等奖。

育成新一代大白菜新品种“京秋 3 号”“京秋 4 号”“绿健”“沈农超级 2 号”等，其中“京秋 3 号”“京秋 4 号”成为华北和东北地区秋播大白菜生产基地的主栽品种，约占秋大白菜市场份额的 40%，获农业部中华农业科技奖一等奖。

利用分子标记聚合育种技术育成“中农 16”“中农 26”“中农 106”等第三代“中农”系列优质多抗的黄瓜新品种，在全国 27 个省（市、区）累计推广 650 万亩，累计增加经济效益 86.86 亿元，成为北京、辽宁、河北、广东等省市的主栽品种，在黄瓜部分主产区占栽培面积的 30% ~ 40%，获北京市科技进步一等奖。

育成一批抗新型流行病害的蔬菜新品种。如抗根肿病大白菜新品种“抗大 2 号”“12CR-1”，抗枯萎病甘蓝新品种“中甘 828”“中甘 96”，均已在生产上推广应用；抗根肿病大白菜“抗大 2 号”已推广约 20 万亩；抗黄曲叶病毒病番茄品种“浙粉 702”“浙粉 708”“浙杂 502”“中杂 302”“华番 2 号”“华番 3 号”“东农 723”“东农 724”等已在全国推广约 100 万亩，显著减轻了这些流行病害的危害。

育成一批替代国外进口的蔬菜优良新品种。如小型白菜品种“京春娃 2 号”和“京春娃 3 号”已在北京、云南、河北等地推广 55 万亩，占同类品种栽培面积 40%，逐步打破国外在该类型品种上的垄断；春白萝卜新品种“雪单 1 号”“白玉春 2 号”在浙江、湖北等地推广约 60 万亩，部分替代韩国、日本进口春萝卜品种；青花菜新品种“绿奇”已在甘肃、兰州等地推广 6.5 万亩，在该地区部分替代了日本进口品种。

此外，育成并大面积推广的新一代甜椒新品种“中椒 107”“博辣 5 号”，适于嫁接的优质长茄品种“黑丰”，适于机械化采收的优质辣椒新品种“博辣红牛”，优质耐热白菜新品种“暑绿”，完全自覆盖花椰菜新品种“津品 70”等，都具有显著特色，有的可满足生产上特殊栽培的需求，有的则代表今后育种的方向。

2.2.3 西瓜和甜瓜种质创新与育种研究

2014 年，中国西瓜、甜瓜中期库保存种质数量 3431 份，涵盖了西瓜属植物的全部种和甜瓜属植物的部分种。对西瓜甜瓜种质资源中期库中大部分材料在遗传性状、抗性等方面进行了评价，筛选出抗小西葫芦黄花叶病毒（ZYMV）、西瓜花叶病毒 2 号（WMV-Ⅱ）等的多份优异种质，为抗性育种等提供了基础材料。评价技术方面，我国首次绘制西瓜全基因组序列图谱与变异图谱，建立了西瓜抗枯萎、病毒病与白粉病的分子标记辅助育种技术和 1373 个品种资源的核酸指纹库，研发了准确反映西瓜、甜瓜品种资源多样性与遗传亲缘关系核心引物。利用分子手段，挖掘出抗枯萎病、白粉病、蔓枯病等多个优异基因。

研究西瓜、甜瓜育种目标性状的遗传规律、性状鉴定、遗传（分子）标记方法以及品种选育、后代选择的理论和方法，人工创造变异的途径、方法和技术，多倍体育种和杂种优势利用的途径和方法，新品种审定、推广和繁育等，为西瓜、甜瓜育种提供正确的理论指导和先进的技术，以提高育种效率。近年来，中国育成一批丰产、优质、抗病、具特殊性状的西瓜、甜瓜新品种，实现了不同熟期，不同栽培方式、不同季节和不同生态区域栽培的品种配套，基本上实现了品种专用化。2012—2014 年，经过国家鉴定的西瓜新品种有 13 个，甜瓜新品种有 17 个。“西瓜优异抗病种质创制与京欣系列新品种选育及推广”获得 2014 年度国家科学技术进步奖二等奖。

2.2.4　花卉种质创新与育种研究

（1）花卉资源调查与收集

对北京、宁夏、西藏等 20 个省（自治区、直辖市）的蔷薇属、报春属、栒子属、鸢尾属、丁香属、芍药属等重点花卉种质资源进行了调查整理，同时对东北地区、胶东半岛、秦岭与子午岭地区、秦巴山区、武汉黄陂区清凉寨景区、秦岭至南岭等地包括鸢尾属、杜鹃、牡丹、百合、毛茛、樱花、山茶等野生资源进行了重点调查。西北农林科技大学通过当地实地调查，分析得出了野生杜鹃的种类分布，各个不同种的形态特征、群落特点、分布方式及开发情况。青岛农业大学调查了胶东半岛迎红杜鹃资源的分布、群体大小、生长环境、生长状况、生态习性，为其引种提供科学根据。搜集了 29 种野生山茶原种，进行了 2 年的引种驯化，筛选出如峨眉山茶等 7 种适宜年宵花生产的山茶品种。调查了 35 个鸢尾野生种的形态特征、生态习性和用途，分析其了在园林中的应用前景。中国林业科学院林业研究所对石斛兰适宜生境、寄主树种等进行研究，发现年均气温 14.9 ~ 22.4℃，年平均相对湿度在 73% ~ 87% 为石斛兰原种在中国的最佳分布区域。开展我国中西部地区野生百合资源的调查收集和评价，在陕西、甘肃、湖北、重庆、四川及云南等地区收集保存了野生百合 16 种及 3 个变种；基于观赏特性、开发潜力和生态适应性三方面 16 个指标，对 27 个种、3 个变种进行了 AHP 评价，筛选出 *L. dauricum*、*L. henryi*、*L. rosthornii*、*L. tsingtauense*、*L. concolor* var. *pulchellum*、*L. lancifolium* 及喇叭组百合等开发潜力较大的百合种质。牡丹的研究集中于秦岭与子午岭地区野生紫斑牡丹、西藏野生牡丹包括黄牡丹和大花黄牡丹和湖南牡丹等，同时利用 CDDP 分子标记技术对不同颜色的 64 种牡丹种植资源的基因库 DNA 进行遗传多样性和遗传关系分析。研究比较了我国桂花野生群落在湖南浏阳和江西的遗传多样性，发现其存在明显的地理隔离但相互间遗传信息交流广泛。应用形态学分析，提出了大菊的分类体系；利用 NCBI 公布的菊花 EST 序列，开发了 25 对 SSR 分子标记；利用 20 对多态性较高的菊花特异性 SSR 引物对 327 个中国传统菊花品种的基因组 DNA 进行了扩增，构建了 SSR 指纹图谱和 19 位的十进制分子身份证。福建省农业科学院对 26 份文心兰品种的花期、花色、花枝长等 8 个主要的观赏特征指标及开花率、保存率等 4 个栽培适应性指标进行了观察和分析，结合当地的栽培条件等选出 6 个适宜推广种植的品种。对大花萱草属（*Hemerocallis* spp.）“红宝”“维尼”“香妃”“夏日酒红”品种进行染色体核型分析，表明其均为染色体数为 22 的二倍体。北京植物园对古老月季品种“四面镜”进行常温离体保存研究，研制出了最佳离体组织培养配方。河南农业大学在经过 10 年的试验后确定发现含笑属一新种：耐冬含笑，其为常绿阔叶大乔木，具有很强的适应性，耐干热风，耐盐碱，耐寒冷，适用于黄淮平原地区。

（2）花卉育种研究

2012 年以来，培育花果兼用梅品种 15 个，获国家植物新品种权 13 项、国际品种登录 2 项，申请国家发明专利 14 项，授权 9 项。育出菊花新品种 32 个，其中 23 个申请保护，8 个获国家新品种权，1 个获美国植物品种专利。为实现菊花的周年生产，选育出了光周期不敏感的优良菊花新品种。

百合品种“玉娇”和“中华皇冠”经英国皇家园艺学会审核，先后通过了国际新品种登录并获得证书，是中国首批自主培育的百合新品种。在百合花粉贮藏研究方面，发现低温冻藏最适于贮藏百合花粉，为花期不遇的解决提供了方法。2014 年花卉种质创新与分子育种北京实验室取百合属植物 98 个种和 5 个变种（中国原产百合属植物 44 种）为材料，用 214 条 ITS 序列，构建了百合属最大的 ITS 进化树。北京林业大学收集保存野生牡丹（种及变种）11 个、牡丹品种 200 多个、紫斑牡丹品种 100 多个、欧美牡丹及牡丹与芍药远缘杂交品种 20 多个，培育牡丹新品种 20 个，在北京建立多个牡丹生产示范基地，在 2014 年，有 4 个牡丹新品种获得国际登录，有 12 个牡丹新品种获得国家林业植物新品种权。2013 年研究了岩生报春与翠南报春两种濒危物种杂交胚萌发的情况，对胚龄和激素种类的影响进行分析；对小报春与欧报春杂交组合进行了初步研究，为获得株形紧凑、花大、花多、颜色丰富、花期长、芳香的新品种打下基础。中国花协茶花分会完成了 23 个茶花新品种命名登录。世界上目前有 3 万多个山茶花品种，其中大约 90% 为红山茶组内物种或品种杂交得来。目前我国广泛栽培的杜鹃花品种有 200 ~ 300 种。广州怡华园艺公司培育出矮牵牛新品种 12 种，最近又推出了丽格海棠、舞春花、小丽花、倒挂金钟等。江苏省大丰市盆栽花卉研究所育成花毛茛和香石竹新品种，花色艳丽，花形较好。浙江虹越公司培育出仙客来“哈里奥”系列和“拉蒂尼亚”系列品种。

2.3 重要技术研究有较大突破

2.3.1 果树优质高效栽培关键技术

近几年来随着劳动力价格和土地成本上涨，生产上对省力化高效栽培技术需求迫切。苹果、梨和甜樱桃等以矮砧宽行为特征的高效栽培技术逐渐完善，在引进国外苗木和技术基础上结合中国国情开展研发，形成矮砧高效栽培模式，栽培技术和生理研究开始围绕栽培模式的变革而进行。

在矮化砧木筛选方面，苹果上针对主栽品种富士成花较难的特点，从关注矮化开始转向关注成花能力和抗逆性等方面，对 T337、M26 等矮化砧木与富士组合方面进行大量研究，取得一些阶段性成果。例如，在肥水充足条件下采用 T337 自根砧模式，而在肥水稍差条件下采用“双矮”即 M26 等中间砧加短枝型品种的模式取得成功。苗木质量及其繁育技术是矮砧高效模式栽培成功的基础，近几年来在苗木繁育上也进行了较多研究，这些研究主要涉及病毒病检测和脱毒、自根砧组培快繁、扦插生根、大苗培育、促发二次枝和营养钵育苗等。

苹果、桃、樱桃等果树在整形修剪技术研究方面取得长足进步。一是以细长纺锤形和“丫”形为代表的高光效树体结构研究及其整形技术逐渐成熟，这种树体结构可用“窄、高、垂”3 个字来概括，“窄”即冠幅窄，“高”指光效高，“垂”指主枝角度大。二是以“长梢修剪”为代表的下垂果枝培养技术，无论苹果的下垂果枝修剪，还是桃的长梢修剪，均是通过加大枝干比，缓和结果枝长势来达到促进成花结果的目的。另外在郁闭果园改造技术研究方面也日益成熟，目前限制郁闭果园改造的不是技术，而是经营规模等因素。

目前，在果园土壤综合管理上逐渐形成了 2 个较为成熟的技术。一个是西部“微垄覆膜技术”，即沿果树行向，在树盘下起高 10 ~ 20 厘米、宽 150 ~ 200 厘米的微垄，树干基部为垄的最高点，向外逐渐稍低，在垄缘处挖 20 厘米左右深的小沟，在垄上覆盖黑色地膜或园艺地布，边沿刚好压在沟内。采用这种技术，在春夏干旱季节可起到集雨、保墒功效；在夏秋雨季则可起到排水、控水作用。垄缘的小沟，是集中施肥区，也可覆草。另一个是东部的“起垄覆盖、行间生草技术”，即沿行向起垄，垄宽 150 ~ 200 厘米，高 30 ~ 50 厘米，在树冠下覆盖玉米、小麦等作物秸秆以及花生壳、稻谷糠、杂草等有机物，厚度 15 ~ 20 厘米，在覆盖物上零星压土防风，覆盖还可以选择园艺地布（或黑地膜），幅宽在 100 ~ 120 厘米。在行间种植（单种或 2 种混播）早熟禾、高羊茅、黑麦草、鼠茅草、白三叶、紫花苜蓿、长毛野豌豆、毛叶苕子等优良草种，每年刈割 2 ~ 4 次，割下的草覆盖于树冠下。“微垄覆膜”缓解了西部干旱的问题，“起垄覆盖、行间生草技术”克服了东部夏秋降雨过多的弊端，这两个技术是高产高效的关键技术。

2.3.2 果园机械化与信息化技术

近 3 年中国果园机械化技术研究取得了较大进展。中国农业科学院果树研究所和山东农业大学等科研院所与山东省高密益丰机械有限公司联合研发出果园行间碎草机、果园树盘碎草机、偏置式开沟机、偏置式搅拌回填一体机、偏置式开沟施肥搅拌回填一体机、偏置式振动深松化肥施肥机、往复式葡萄剪梢机、旋转式葡萄剪梢机、气力雾化风送式果园静电弥雾机、龙门架式喷雾机、履带自走式风送葡萄园喷药机、埋藤防寒机、防寒土清除机、山地果园运输机、低地隙果园机械动力作业平台等系列果园专用机械装备，其中果园越冬防寒管理机械和果园基肥施用机械填补了世界空白。国家梨产业技术体系果园设施与机具岗位联合南通黄海药械有限公司研发出 3WGF 系列果园风送喷雾机，江苏省农业科学院和南京农业机械化研究所与盐海拖拉机有限公司联合研制出双螺旋开沟施肥复式作业一体机。国家柑橘产业技术体系在山地果园机械研发和综合利用系统方面获得新进展。

近 3 年中国果园信息化技术研究也取得了较大进展。例如针对葡萄栽培管理过程中的土、肥、水、病虫害管理等技术环节，开发出葡萄栽培管理专家系统，采用视频影像、图像、音频等多媒体技术和文本相结合的方式展现了葡萄生长不同阶段的实际情况，并模拟专家提供咨询服务。在国家“863”计划项目资助下，宁夏开发出酿酒葡萄栽培管理专家系统，主要包括综合知识查阅、栽培管理决策、全年工作月历制定、技术标准操作规程设定、种植履历管理、基础数据维护等 6 个模块，其中栽培管理决策模块实现了葡萄栽培过程需要专家推理诊断的各类问题的求解，可实现葡萄病害诊断、虫害识别诊断。国家农业信息化工程技术研究中心开发出葡萄病虫害农业专家咨询系统，包括病虫害的发生条件、葡萄染病或被害症状、防治措施、用药种类及用量等方面，系统具有查询和诊断功能，可以根据病虫害名称的关键词进行搜索、查询；根据发病部位和症状进行诊断，其表现形式多样，除了文字信息外，还有大量的图片信息以及音频资料。智能信息化技术在葡萄采后管理过程中也得到了广泛的使用，计算机视觉的葡萄检测分级系统（颜色和大小形状分级的准确率可达到88%以上）以及对鲜食葡萄冷链运输监测系统。

2.3.3 蔬菜连作障碍克服技术

蔬菜作物土壤连作障碍是蔬菜生产，特别是设施蔬菜优质高产的主要瓶颈。近年来克服连作障碍的研究主要从种植制度和种植方式的优化、土壤消毒及生物防治等综合防治角度着手。①根际微生态调控技术与种植制度创新：结合化学生态学原理，研发出通过与禾本科和葱蒜类伴生和填闲栽培模式，减轻土壤枯萎病和线虫的发生率30% ~ 65%，提高产量12% ~ 25%，解决了连作障碍依赖化学农药的问题，形成了一种环境友好的集约化栽培模式。②连作蔬菜抗性调控技术：研发出利用植物生长活性成分为核心的抗土传病虫害调节制剂，两个产品获得产品登记投入规模化生产，解决了长期以来线虫防治主要依赖高毒化学农药消毒的局面。③砧木创新与工厂化育苗技术：创制了番茄、黄瓜和辣椒等优异嫁接砧木11份，其中选育的黄瓜嫁接砧木是目前国内唯一抗根结线虫的砧木品种，解决了黄瓜等瓜类蔬菜长期以来缺乏根结线虫抗原的问题；选育的番茄砧木（浙207）是目前唯一的非温敏性嫁接砧木，解决了以往抗性品种在温度高于26℃抗性丧失导致线虫爆发问题，成为目前生产上进一步推广应用的主要材料，形成了工厂化育苗技术体系，获得国家发明专利3个。④水肥高效利用与土壤盐渍化防控技术：基于全国主要区域土壤和施肥情况调查，研发出番茄、黄瓜、白菜和辣椒等蔬菜平衡施肥配方，研发了基于基质湿度的灌溉自控技术，形成了土壤肥水管理的精准管理技术，解决了长期以来形成的盲目水肥管理带来的肥水投入过多和土壤环境污染问题。⑤无土栽培技术研发：利用秸秆等生物质研发出适合番茄、黄瓜等果菜类蔬菜的有机栽培基质配方，形成工业化生产线；开发出条式、桶式、穴盘式和土壤半隔离栽培技术，产品提高产量18% ~ 25%，解决了农业废弃物有效利用和蔬菜生产缺乏经济有效栽培基质的问题，在全国各地，特别是连作障碍高发区推广成效尤为显著。上述技术除在山东、河南和浙江等7个连作障碍较重区域推广应用350万亩和产生社会效益45.9亿元外，还辐射到华南、华中和西北等区域，为解决或遏制我国设施蔬菜连作障碍问题提供了有力的技术支撑。相关成果获得教育部2013年科技进步奖一等奖。

2.3.4 蔬菜日光温室节能高效栽培技术

日光温室是中国自主创造的适于北方气候环境的温室类型，成功解决了北方地区冬季蔬菜生产问题，增加了农民收入，在节约能源，避免温室加温造成的环境污染等方面具有独特性和先进性。2013年，中国设施蔬菜面积近370万公顷，其中日光温室95万余公顷。近年来通过多学科产学研联合攻关，在日光温室设计理论、结构改进和环境控制等方面取得了显著进展。

研究制定了北纬38° ~ 48°地区第三代节能日光温室结构参数，设计建造的第三代节能日光温室，较第二代节能日光温室增光6%以上，增温5℃以上，夜间室内外温差达

35℃以上，将日光温室果菜冬季不加温生产从最低气温 -23℃地区推移到 -28℃地区。设计建造的南北双连栋及坡地多连栋日光温室，土地利用率提高 40% 以上。研制出的环境调控设备及自动监控系统极大地改善了日光温室环境调控能力。

建立了日光温室采光保温模拟模型及日光温室的结构传热理论，创新了日光温室冬季逐日逐时采光量最佳倾角计算及采光角的新理论，开发出可变倾角新型日光温室和主动式蓄热温室，率先研制创建了北方寒区日光温室果菜节能全季节栽培技术体系，实现了 -20 ~ -28℃地区冬季不加温番茄、黄瓜年亩产 2.5 万千克高产纪录。研制出主要设施蔬菜高效、安全栽培模式与水肥管理技术、土壤健康保持技术。新技术在东北、华北和西北 10 省（自治区）66 县进行了示范推广，累计示范推广 100 万亩，平均每亩增产 18.6%，累计增收 42 亿元。相关成果获辽宁省科技进步奖一等奖、中华农业科技奖一等奖、陕西省科技进步奖一等奖。

2.3.5 西瓜、甜瓜生长发育调控与栽培技术

研究西瓜、甜瓜生长发育和产量形成的规律以及与之相应的栽培原理与技术，包括：西甜瓜的生长发育与调控、抗逆性的机制与调控、需肥需水规律的研究与调控、设施栽培环境调控的原理与技术、育苗技术、无土栽培的原理与技术、西甜瓜的周年生产与均衡供应等，以协调西甜瓜、土壤和气象因子等环境因素之间的关系，创造适宜于西甜瓜生长的环境条件，达到西甜瓜生产的高产、优质和高效益。通过研究人员的努力，基本掌握了西瓜、甜瓜水肥利用规律，在此基础上大规模推广应用膜下滴灌、膜下渗灌等微灌技术与肥水一体化技术，建立、优化了水肥耦合技术，筛选出最优调亏灌溉模式，达到提高水肥利用效率的效果。育苗方面，加快了西甜瓜工厂化嫁接育苗技术的研究及其产业化，突破了西甜瓜嫁接育苗的技术瓶颈。研发了利用外源物质等多种调控西瓜甜瓜逆境适应性的技术。初步揭示了与禾本科作物轮作缓解连作障碍的机理，并优化了种植制度和种植方式，根据地方特点，探索了多种新的栽培模式，有效缓解了连作障碍对西瓜甜瓜产业的限制。通过种子引发技术研究，解决了无籽西瓜种子萌发难等问题。

2.3.6 花卉良种繁育技术

近年来中国一直在植物的良种繁育上进行深入研究，尤其是对植物组织培养等技术研究甚广。2014 年召开的第二届全国花卉标准化技术委员会会议，审定通过了《腊梅切花生产技术规程》《盆栽竹芋生产技术规程》《四级秋海棠无土栽培技术规程》等 3 个行业标准。在一定程度上对花卉的良种繁育起到一定的监管和检验作用。

种苗生产：截至 2013 年，中国鲜切花种植面积已经达到 5.14 万公顷，比 2012 年增加了 3546.57 公顷。云南、广东和江苏都是中国重要的鲜切花主要产区。在月季切花的生产中，对无土栽培生产技术进行了系统研究，开发了适宜不同地区的月季切花无土栽培基质和营养液配方，建立了混合基质结合组装型栽培槽和开放式营养液供给的栽培模式。盆栽花卉方面，北京林业大学开发出牡丹盆花冬季催花生产技术和无土栽培技术体系；建立高效的牡丹种苗繁殖生产技术，获得多项专利及科技奖项。在萱草生产上，制定了萱草种

苗生产技术的行业标准（LY/T 2063–2012）。

种球生产：中国的球根类花卉种球生产主要分布于东北、西北、福建、云南等地，目前云南已形成了以迪庆、昭通、丽江为主的滇西（东）北球根类种球繁育片区。近年来百合种球国产化一直是各主产地的科研和生产单位着力研究的内容。云南省百合的种植面积达到全国总面积的 20% 左右。云南玉溪明珠花卉公司运用热处理、茎尖培养和愈伤组织脱毒方法提高百合种球脱毒率和成活率，缩短了种球培养周期。2013 年北京林业大学“百合良种选育与繁殖栽培关键技术及应用”项目获得教育部科技进步奖二等奖。近年来申报的有关于种球生产的专利为“一种百合种球病毒的检测方法”（专利号 ZL200910091971.0）；制定了百合种球生产技术规程的行业标准（LY/T 2065–2012）。

制种：中国的花卉制种行业集中在内蒙古、甘肃和广东。目前制种企业数量增长明显，使原本大量依靠外来进口的草花种子行业逐渐转向国内外种子结合的局面，并且通过努力开发研究，国内制种技术已经发展，使种子质量大幅度提高。

2.3.7 花卉现代化与产业化栽培技术

芍药作为传统名花，其产业化生产一直是近年来研究的热点问题。目前研究了芍药的无土栽培技术，并于 2013 年申报国家专利。使用该方法生产的芍药“大富贵”盆花，在北京地区花期比大田花期提前 50 ~ 60 天，成品率达 100%，每盆开花 5 枝以上，花径在 12 ~ 15 厘米，株高为 50 ~ 65 厘米，花色和花形正常，可以作为无土盆花生产推广使用。

研究建立了大花蕙兰设施生产高效基质和配套养分供应技术，使用生物菌剂 EM 菌、木醋液处理加快松树皮发酵过程，最快 90 天后就可发酵完成。发酵前添加碱处理，可使发酵时间缩短为 50 天，提高水肥利用率 15% ~ 20%。另外，从辐热积法预测花期、上山越夏提高成花率、精确调控花期 3 个方面对大花蕙兰栽培进行精准调控，集成大花蕙兰设施花卉花期精确调控技术，成花率提高 15% ~ 20%。通过不同的栽培管理措施对未经高山越夏的大花蕙兰进行花期调控，并提高大花蕙兰的成花质量，解决大花蕙兰的花后催生叶芽的技术。

研究建立了瓜叶菊快速繁殖体系，并申请了专利。所培育的瓜叶菊试管苗生长健壮，繁殖系数高，平均诱导生根率达到 94.68%，移栽成活率达到 100%，可进行规模化、工业化生产。

国家花卉工程技术研究中心收集宿根花卉种质资源，建立了完善的资源评价和新品种测试体系，利用低能耗光源及无糖培养技术，建立种苗标准化生产体系，系统研究了在逆境胁迫下的生长发育规律及适应性机理，明确对环境各因子的适应范围，提出了科学的园林配置模式，建立应用示范点 6 个。该项目获得了北京市科学技术奖二等奖。

国家花卉工程技术研究中心、北京林业大学申请专利“一种报春苣苔属植物的叶插繁殖方法”，2014 年此项专利技术转让于云南西双版纳澜沧江园林有限责任公司并进行规模化开发生产。

2.3.8 病虫害防治技术

（1）果树病虫害综合防治

对苹果病害的研究多集中于危害最大的轮纹病、腐烂病以及早期落叶病。从河北不同产区苹果腐烂病样本分离分析发现，苹果树腐烂病病原菌存在多样性和致病力分化现象。对苹果树健康树皮和腐烂病样提取物进行分析测定，发现两种样本虽均含有根皮苷，但是含量有较大差异，推测根皮苷与腐烂病的发生有密切关系。Tang 等根据形态学、病原学以及 ITS 序列分析，证明中国、韩国和日本在苹果上引起苹果轮纹病、干腐病的病原都是葡萄座腔菌（*Botryosphaeria dothidea*），病原侵染引起病瘤或溃疡症状取决于多种条件（Tang *et al.*，2012）。这对世界范围内的葡萄座腔菌研究工作有重要意义。另外，中国国内首次发现由葡萄座腔菌在蓝莓、中华青荚叶和麻枫树上引起的各种病害。苹果病毒病的检测，建立了 ACLSV、ASGV、ASPV 等 3 种潜隐性病毒的两步法多重 PCR 体系；优化了 RT–PCR 检测 ASGV 的方法，灵敏度达到能够检测 2.5×10^{-2} 微克新鲜样本。

梨的黑星病、腐烂病是研究重点。研究了亚洲梨对黑星病的抗性及其相关机制，并从梨抗黑星病抑制消减文库中筛选出病原菌诱导的特异表达基因片段。梨树不同类型种质腐烂病发病程度与枝条韧皮部总酚含量呈显著正相关关系，内源 SA 和 JA 可能参与抗病梨种质资源对腐烂病的抵御过程。梨腐烂病菌存在致病性分化，但与其培养表型无明显相关性；11 种梨种质 211 份材料对腐烂病抗性测试结果显示，不同梨种质以及同一种质不同材料对病菌侵入与扩展的抵抗性均存在差异。

葡萄病虫害方面，主要对新出现的葡萄溃疡病、酸腐病等进行了研究，筛选了防控药剂及研发了综合防控技术；葡萄霜霉、白粉病、炭疽病、绿盲蝽等重要病虫害防控药剂及防控技术等取得进展，对许多药剂进行了试验和评价；研究了利用架型、避雨栽培对葡萄霜霉病等的防控。葡萄病虫害流行与监测方面，对田间霜霉病孢子囊捕捉技术及孢子囊时空扩散动态等进行了研究，对病虫害流行监测体系的建立进行了探讨。建立了 LAMP 等两种葡萄霜霉病的检测技术，研发了葡萄病毒 RT–PCR、高通量测序等多种病毒病分子检测技术，研发了通过直接诱导丛生芽快繁及热处理与茎尖培养相结合诱导脱毒技术。

柑橘主要病害防治取得积极进展。建立了柑橘黄龙病菌在树体内的传播模型，解析了黄龙病菌 – 木虱 – 寄主植物互作机制；开展了黄龙病菌感染抗、耐品种的比较转录组分析，鉴定了黄龙病菌中一种介导细菌响应渗透压的转录因子，并设计了小分子药物靶向调控该转录因子，为黄龙病防控提供了新策略。生防制剂没食子酸烷基酯和芽孢杆菌防治溃疡病菌效果显著；通过使用 D– 亮氨酸和吲哚 –3– 乙腈可以有效抑制溃疡病菌生物膜形成。

在害虫的生物生态学、害虫抗药性及机理、生物防治等方面开展了较多的工作。其中生物生态学研究多集中在果园入侵昆虫生态适应性和主要害虫随生态变化的伴随性演化两方面；害虫抗药性及机理研究则主要集中于螨类，其抗性机制研究趋于系统化，并在抗性遗传机制研究上进行了积极探索；生物防治方面胡瓜钝绥螨、巴氏新小绥螨和塔六点蓟马防治害虫的应用技术更趋于成熟；在害虫的物理防治方面，物理阻隔技术、利用害虫的趋性防治害虫在生产中的应用越来越广泛，并在害虫复眼的感光行为及机制、相关视觉基因的克隆及功能验证等方面开展了相应的基础理论研究。国内多家植保器械公司也已开发出了多种害虫的诱捕和监测设备。在农药毒理研究领域，通过克隆多种昆虫 RyR 基因来探索二酰胺类杀虫剂的作用机制、选择机制及抗性机制，RyR 基因分子特性研究为研发更加高效、低毒、安全的新型杀虫剂开启了新的选择途径。苹果中 microRNA 参与并调控苹果的抗病性，其中 Md-miRLn11 通过调控苹果中的靶基因 NBS-LRR 类抗病基因来控制苹果对斑点落叶病的抗病能力（Ma *et al.*，2014），为通过生物技术手段改善果树抗病性提供了理论依据。

（2）蔬菜病虫害防治

随着近年来蔬菜种类的增加，国外引种频繁，蔬菜作物上出现了一些新的病虫害，以及部分次要病虫害上升为主要病虫害，因此在蔬菜病虫害综合防治方面，目前主要开展了蔬菜作物病虫害的危害新特点，造成危害的病原微生物和害虫的生物学特性、鉴别技术，病虫害的发生发展规律以及诊断和综合防控技术研究，并取得了显著进展。

在蔬菜病原菌方面，目前已经收集整理了包含了 60 多种蔬菜的 500 多种病原菌的 10000 多个菌株，同时建立了中国蔬菜病虫害样本信息共享数据库，搭建了中国蔬菜病害病菌资源研究与数据共享平台。对主要病害检测与诊断技术方面，建立了包括免疫学、实时荧光定量 PCR、LAMP 检测、PMA 双重染色技术、计算机视觉及光谱学的诊断技术。在蔬菜病虫害控制关键技术方面，以源头控制病虫害为出发点，建立了种子处理技术；以生防药剂、天敌昆虫、低毒高效的化学农药为主形成了病虫害新型生物和安全化学农药的评价与高效利用技术；以日光及土壤消毒剂结合建立了土壤消毒防治蔬菜土传病虫害技术；在农药安全使用过程和关键控制技术的基本框架的基础上，建立了蔬菜病虫害控制的安全用药工作表，实现了蔬菜农药污染关键点控制技术；最终建立了重要蔬菜病虫害防治规程，从农业生态系统的整体出发，根据病虫害与环境间的关系，充分发挥自然控制因素的作用，因地制宜地协调应用农业防治、物理与生物防治、化学药剂防治等各种措施，预防或减少病虫的发生与危害，避免农药残留，减少化学农药对环境的污染，实现蔬菜的无公害、绿色生产。

病虫害是制约蔬菜生产可持续发展的重要因子。蔬菜病害的快速准确诊断对于病害控制、指导合理用药具有重要意义。活跃在一线的基层农业技术人员是及时发现病虫害，及时提出防治技术的关键，对于这些技术人员进行培训和提供专业学习机会，从源头帮助蔬菜生产前线的人员认识病害，“对症下药”。

（3）花卉病虫害综合防治

百合灰霉病在百合生产中危害严重而广泛。通过离体接种，筛选出 8 个高抗资源：*L. leucanthum*、*L. regale*、*L. sargentiae*、*L. henryi*、*L. rosthornii*、*L. taliense*、*L.*

dauricum 和 *L. tsingtauense*，可为百合抗灰霉病育种提供亲本材料以及用于挖掘相关抗病基因；通过不同家族的百合 NBS 型 RGA 在不同灰霉菌侵染时间的样品的表达分析可看出，RGA 不同程度地参与了抗病反应。采用鳞片接种法对 36 个百合品种及 5 个野生种接种枯萎病菌（*Fusarium oxysporumf* sp. *lilii*），进行了抗性鉴定。以湖南株洲地区的东方百合材料为研究对象，开展了茎腐病病原菌和抗病性等相关研究。形态学观察、致病性测定和 ITS 序列分析共同确证：湖南株洲地区东方百合茎腐病的病原菌为尖孢镰刀菌（*Fusarium oxysporum*）。用 7 种不同接种方法比较发现，刺伤浸苗接种法适用于东方百合茎腐病抗性鉴定。30 份东方百合材料茎腐病抗性鉴定结果表明：东方百合抗病性普遍不高，大多处于中抗和感病水平。染色体参数及核型分析结果推测：染色体上的顶端随体可能与抗病性正相关，而染色体相对越长可能其抗病性越差。总皂苷含量测定发现：东方百合不同抗性水平材料的总皂苷含量不同；抗病指数与总皂苷含量之间存在极显著的正相关关系。此外，通过混液平板法发现总皂苷提取液对病原菌菌丝生长和产孢有一定抑制作用。

红掌疫病是一种由黄单胞菌引起的细菌性病害，且目前没有药物可以根治。采用人工接种的方法将细菌性疫病病原菌接种于 23 个参试红掌品种的叶片上进行鉴定，其中高抗性品种为“Pink Champion”和“Manaka”；中抗品种有“Stallis”“Vitara”“Altimo”“Dakota”“Red”“Champion”“White Champion”“New Pink Champion”；中感品种有“Sweet dream”“Arab”“Cheers”“Simpra”“Alabama”“Impreza”“Acropolis”“Arizona”“Cherry”；而感病品种为“Sharade”“Tropical”“Sierra”“Choco”“Fiesta”。接种病原菌后 APX、POD、PAL、SOD、CAT 活性总体呈现先上升后下降的趋势，且抗病品种的平均值和增加幅度大于感病品种，即酶的活性与抗病性呈正相关。而 PPO 活性虽然在受病原菌侵染后增强且其活性水平始终高于对照，但其在抗感品种中变化趋势不明显。

在洛阳多个牡丹种植园区对牡丹根部、茎部真菌病害进行调查，并对病原菌进行分离、纯化及致病性测定，共发现洛阳地区牡丹根部真菌病害 3 种——牡丹白绢病（*Sclerotium rolfsii* Succ.）、牡丹立枯病［双核丝核菌 AG-A 融合型（*Rhizoctonia* sp. AG-A）］和牡丹根腐病［*Fusarium solain*（Mart.）Sacc.］，其中以牡丹根腐病发病最重。牡丹茎部真菌病害 6 种——牡丹红斑病（*Cladosporium paeoniae* Pass）、牡丹瘤点病［*Pilidium concavum*（Desm.）H hn.］、牡丹灰霉病（*Botrytis paeoniae* Oudem）、牡丹轮纹斑病（*Pestalotiopsispaeoniae* Serv.）、牡丹溃疡病（*Botryosphaeria* sp.）和牡丹枝枯病（*Phoma* sp.，*Diplodia* sp.，*Seiridium* sp. *et al.*），其中以牡丹瘤点病和牡丹溃疡病发病最重。通过形态学鉴定、ITS 序列比对以及致病性测定，将牡丹溃疡病的病原鉴定为茶藨子葡萄座腔菌［*B. dothidea*（Moug.）Ces. et de Not.］，无性型为七叶树壳梭孢（*Fusicoccum aesculi* Corda）。将牡丹枝枯病的主要病原鉴定为茎点霉属的头状茎点霉［*P. glomerata*（Corda）Wollenw. & Hochapfel］，有性型为球腔菌属（*Mycosphaerella*）；平截色二孢（*Diplodia mutila* Fr.），有性型为葡萄座腔菌属的 *B. stevensii* Shoemaker；盘色梭孢属的 *Seiridium ceratosporum* (De Not.) NagRaj；颖枯壳多隔孢［*Stagonospora nodorum* (Berk.) Castellani & E. G. Germano］，有性型为 *Phaeophaeria nodorum* E. Müler。

2.3.9 产品保鲜与加工利用技术

（1）果品采后处理、贮藏保鲜与加工

水果采后衰老的生物学基础及其调控机制研究取得一定进展，如生物大分子氧化作用、1-MCP 及 NO 信号分子作用机理，能量亏损引发果实衰老和褐变，不同贮藏条件下果实品质变化规律和生理应答机制等。

乙烯拮抗剂 1- 甲基环丙烯（1-MCP，1-methylcyclopropene）采后保鲜处理和基于 1-MCP 的采前应用技术 Harvista™ 是近年国内外水果贮藏保鲜领域最大的亮点，近年已开始在苹果、梨等大宗水果贮藏保鲜中示范或广泛应用。发达国家基于测定果实叶绿素荧光或乙醇含量等指标的动态气调贮藏（Dynamic CA，DCA）是近年气调贮藏技术的新突破。中国国内研发的其他新技术主要有：梨果实采后黑心、虎皮、果面褐斑等生理病害的预警监测和综合防控技术；苹果、梨等近冰点贮藏技术；二氧化碳高透性薄膜材料的研制及其在苹果、梨等水果上的应用；柑橘酸腐病控制和带叶保鲜、荔枝无硫防褐变防腐综合保鲜等特色果蔬安全保鲜新技术；新型植物源防腐保鲜剂及其配套应用技术。水果采后病害防控技术的研究热点主要集中在乙醇防腐保鲜及水杨酸和茉莉酸诱导果实抗性机制研究。水果采后病害生物防治制剂的研发、荔枝等热带亚热带水果采用热酸处理果实护色机理、壳聚糖涂膜、ClO_2 防腐处理也是研究的热点。

近红外光谱、高光谱成像、电子鼻等无损伤品质分析及痕量挥发有机物（VOCs）在线检测技术在水果采后贮运保鲜中的研究与应用，高通量大数据及各种自动化仪器设备的使用，极大地提高了水果采后贮运保鲜与物流技术的研发效率。基于酶传感器的果实中微量乙醇简单快速测定方法和便携式检测仪器的研制也成为关键环节之一，其中苹果 DCA 贮藏技术之一便是基于乙醇含量的监测。

果汁加工，突破了传统果汁、浓缩汁及非还原果汁加工关键技术，如高效榨汁技术、酶液化与澄清技术、膜技术、冷冻浓缩技术、无菌冷灌装技术、无菌大罐技术、真空多效浓缩技术、芳香物质回收技术、超高压等非热力杀菌技术与装备。采用酶法、核磁、同位素质谱、色谱 - 质谱、标记物筛选等先进技术手段构建了果汁饮料有机酸含量测定、果汁鉴伪技术及复原果汁识别技术等。

水果罐头加工，朝着“绿色和健康”的方向发展。建立柑橘酶法去皮和脱囊衣技术体系与配套装备，大大降低了水果罐头生产废水排放及重金属污染问题，降低原料损耗 5%，提高生产效率，生产时间缩短 40% 以上；建立了新型罐头连续化生产及超薄罐头生产关键技术与装备，制定了“罐头食品商业无菌快速检测方法”。

脱水水果加工，研发了水果高效节能联合干燥技术与装备，成功研制和推广了脉动压差闪蒸干燥、太阳能干燥、热泵干燥、多层带式干燥、热风烘房等新型节能提质联合干燥技术与装备，其中脉动压差闪蒸干燥系统技术与装备已在国内十多家苹果脆片生产企业得到应用与推广，在提升产品酥脆度和膨化度的同时，更好地保持产品的颜色、风味及营养价值。

果酒加工，在发酵方法上，建立多菌种固定化载体发酵技术；通过对新型降酸酵母、双效发酵工艺及电化学法研究，探索了降解果汁中的柠檬酸、苹果酸等有机酸技术，提高果酒的柔和度以及品质；在果酒检测方面，开始采用指纹图谱技术、电子鼻嗅觉指纹、电子舌味觉指纹分析系统与技术，建立科学合理的香气、口味控制和评价方法，推动了果酒质量、果酒防伪技术的提高。

（2）蔬菜产品采后处理及贮藏保鲜

蔬菜的采后处理及贮藏加工是蔬菜生产的重要环节。蔬菜采后处理是指蔬菜从田间采收、分级、预冷、包装、贮运及销售过程中使用的方法和技术，蔬菜的加工方式主要有干制、速冻、腌制、制汁制浆、罐藏、鲜切等，其中鲜切蔬菜在 2012—2015 年逐渐得到消费者的认可，成为研究热点。

蔬菜保鲜的三大原则是：减少水分损失，减缓成熟衰老、抑制微生物生长繁殖。生产上通过对蔬菜贮藏环境的温度湿度的控制、改善内外包装、抑制蔬菜的呼吸作用、减缓乙烯释放等手段来实现。蔬菜采后处理保鲜技术研究主要分为 3 类：即物理保鲜技术、化学保鲜技术和生物保鲜技术。

物理保鲜包括低温贮藏、气调贮藏等常用手段，也有近年来发展应用的例如超高压、热处理、紫外线（UV-B、UV-C）、超声波、脉冲光、减压、辐照、微波、高压静电等多项新技术。2012—2015 年，中国的蔬菜气调包装保鲜技术发展较为迅速。气调包装需要具有不同透气率、透氧率和厚度的包装材料，目前应用的有聚乙烯（PE）、聚丙烯（PP）、聚氯乙烯（PVC）、低密度聚乙烯（LDPE）和聚偏二氯乙烯（PVDC）等，复合包装材料常采用乙烯 - 乙酸乙烯共聚物（EVA）。此外研究者对智能包装材料，如微孔薄膜、PE 硅窗袋、PVC 硅窗袋、可降解新型杀菌包装材料、纳米复合包装材料、乙烯气体吸附膜等也开展了一定的研究。通过对甜瓜香气成分的测定分析，探明了酯类与各香气成分相互之间构成比例的差异是导致薄皮甜瓜果实整体香气不同的原因。鉴定和解析了一些关键基因在调控果实发育成熟中的功能。研究了不同包装材料结合不同药剂处理、不同热处理方式、差压预冷、持续性预冷和间歇性预冷等处理方式对哈密瓜货架期的影响，筛选出了最优的处理条件，延长贮藏期。

化学保鲜技术主要包括生理调节剂、抗褐变剂及抗菌剂以及涂膜处理技术等，2012—2015 年发展应用迅速，是国内保鲜蔬菜采用较多的一种方法。生理调节剂如 1-MCP，是一种竞争性乙烯抑制剂，其对于呼吸跃变型蔬菜有较好的保鲜效果。而对非跃变型蔬菜的影响和作用却有所不同。抗褐变剂如维生素 C、异抗坏血酸、柠檬酸盐、半胱氨酸等。抗菌剂如柠檬酸、醋酸、乳酸、植酸等有机酸。但上述应用均需要考虑到允许使用范围、使用量及残留问题。可食性涂膜是在蔬菜表面形成一种薄膜，主要应用于一些马铃薯、山药等鲜切块茎的蔬菜中，在叶菜中不多见，醇溶蛋白、乳清蛋白、小麦蛋白、玉米蛋白、蜂胶、紫胶、果胶、淀粉、壳聚糖、魔芋葡甘聚糖、海藻酸钠是常用的涂膜材料。

生物保鲜技术包括利用拮抗菌、天然提取物及仿生保鲜剂保鲜，在2012—2015年受到社会的广泛关注，国内外研究者发现了一些具有发展潜力的蔬菜拮抗菌：如柠檬形克勒克酵母、假单胞杆菌、霉菌，如木霉、青霉等。天然提取液是从中药和香辛料中提取的天然防腐保鲜剂，已被认为是食品添加剂研究领域最具潜力的发展方向，是开发新型、高效蔬菜保鲜剂的重要途径。目前主要有大蒜、生姜、洋葱提取液以及桂皮、丁香、金银花、小茴香和草果提取物等。

（3）切花采后处理

在切花采后处理方面，研究了脱落酸对“洛阳红”牡丹切花开放衰老进程及内源乙烯释放的影响。结果表明ABA可以促进其开放进程，延长最佳观赏期，钨酸钠处理则明显抑制了切花的开放，观赏期较对照组有明显的缩短。同时，外源ABA促进了切花早期内源乙烯的释放，而钨酸钠抑制了乙烯的释放。由此推测ABA对于牡丹切花开放进程的促进作用是通过促进切花内源乙烯的释放达到的。

为了明确葡萄糖调控牡丹切花衰老的作用机制，选取乙烯敏感型品种“洛阳红”为试材，研究了葡萄糖对其乙烯生物合成过程和乙烯敏感性的影响。结果显示，葡萄糖持续处理抑制切花花瓣中*PsACS1* mRNA积累及乙烯合成途径关键酶ACS和ACO的活性；葡萄糖预处理抑制乙烯对*PsACS1*基因表达的诱导作用，表明葡萄糖能够同时抑制乙烯生物合成和降低乙烯敏感性，从而延缓“洛阳红”牡丹切花衰老进程，延长其瓶插寿命。通过分析葡萄糖处理后切花花瓣转录组基因表达变化，得到173条差异表达基因，其中41个基因表达上调，132个基因表达下调。利用RNA-Seq数据和实时定量PCR验证发现，葡萄糖处理显著下调了1个编码乙烯生物合成关键酶ACS的unigene和4个编码乙烯信号转导关键元件ERF的unigene表达，可能是葡萄糖抑制乙烯作用的关键位点。另外，葡萄糖处理同时抑制了DREB、CBF、NAC、WRKY、bHLH等胁迫响应相关转录因子基因的表达，表明葡萄糖缓解了多种环境胁迫对牡丹切花的影响。在“洛阳红”花朵开放过程中，切花内瓣、中瓣、外瓣中花青素苷的含量比在体花朵低24.49%～38.75%。利用已经构建的“洛阳红”花瓣转录组数据库分离得到了与牡丹花青素苷合成相关的5个调节基因和6个结构基因，其中*PsbHLH3*、*PsWD40-1*、*PsWD40-2*、*PsMYB2*、*PsCHS1*、*PsF3H1*和*PsDFR1*基因在切花中的表达量低于载体花朵，可能是导致切花花瓣中花青素苷含量降低，花瓣颜色变浅的原因。初步揭示了糖类影响牡丹切花采后寿命及观赏品质的作用机制，为牡丹切花采后保鲜技术的开发提供了理论依据。

非洲菊切花容易失水，所以在采后处理上引起人们极大的重视。研究表明，切花非洲菊采后需要将花梗浸入水中（水的pH3.5～4.0），可加入50～100毫克/升的漂白粉进行预处理，处理时间不超过4小时；若长时间处理，则要降低漂白粉浓度，最高不超过25毫克/升，最低为3毫克/升。温度以10～15℃比较适宜，湿度在70%以上。保鲜剂的配方为蔗糖3毫克/升、柠檬酸150毫克/升、含7个结晶水的磷酸氢二钠75毫克/升组成。

2.3.10 产品质量安全与检测技术

果品质量安全风险评估方面，研究明确了中国苹果农药残留水平和膳食摄入风险，构建了苹果农药残留风险排序方法（聂继云等，2014），还针对苹果、梨、桃、葡萄、枣、猕猴桃等 6 种主要落叶果树开展了果实硒含量及其膳食暴露评估研究，明确了硒含量水平及其对成人和哺乳妇女的风险水平。针对葡萄和猕猴桃开展了植物生长调节剂氯吡脲残留膳食摄入风险评估，对慈溪市当地生产的水果进行了有机磷农药残留风险评估。

果品检测技术研究方面，基于 QuEChERS 前处理方法，建立了水果中 193 种农药的 GC-MS 方法、129 种农药的 GC-MS/MS 方法和苹果中农药残留 LC-Q-TOF/MS 快速筛查方法。建立了水果中农药残留 GPC-GC-MS 快速测定方法。果品近红外无损检测技术成为研究热点，涉及内质、成熟度、缺陷等诸多方面，研究了基于电子鼻的水果香气和挥发性物质检测技术。

果品标准制定修订方面，制定修订了 15 项国家标准和 152 项行业标准（包括 81 项出入境检验检疫行业标准、27 项林业行业标准、26 项农业行业标准和 18 项国内贸易行业标准）。其中，检疫标准 78 项，生产技术规范 27 项，产品标准 21 项，检（监）测标准 19 项，其他标准 22 项。还修订发布了《食品安全国家标准·食品添加剂使用标准》（GB 2760-2014）、《食品安全国家标准·食品中污染物限量》（GB 2762-2012）、《食品安全国家标准·食品中农药最大残留限量》（GB 2763-2014）等 3 项涉及果品的食品安全国家标准。

利用光学、声学技术研发了西瓜内部品质快速无损检测技术和装置。

2.4 学科建设成效显著

2.4.1 果树学科

近 3 年来，果树学科培养了一批杰出人才和优秀科研团队。果树学科现有长江学者 3 人，国家杰出青年基金获得者 3 人，国家优秀青年基金获得者 3 人，国家现代农业技术体系首席科学家 7 名，岗位科学家 140 多名，国家自然科学基金创新群体 1 个，教育部创新团队 3 个，农业部果树科技创新团队 9 个及多个省院级果树科技创新队；在学科产业技术研发和创新平台建设方面，建立了苹果、柑橘、梨、葡萄、桃、香蕉和荔枝龙眼等 7 个国家产业技术研发中心，12 个农业部果树学科重点实验室和 3 个农业部果品和 1 个柑橘质量安全风险评估实验室等；在高层次人才培养方面，建有果树学博士培养点 19 个；2009—2014 年我国果树学发表科技论文数仅低于美国，世界排名第二，被引用 H 指数同样世界排名第二；近 3 年来获国家科技进步奖二等奖 8 项。同国外比较，现阶段我国果树学科发展总体达国际先进水平。

2.4.2 蔬菜学科

蔬菜学科紧密围绕我国蔬菜产业发展的重大需求，开展应用与应用基础研究，创新重要的应用技术和基础理论，近年来培养造就了一大批蔬菜学科高层次人才，包括“973”

项目首席科学家1人，国家杰出青年基金获得者2人，国家优秀青年基金获得者1人，百千万人才工程4人，科技部创新人才推进计划中青年科技创新领军人才2人，农业科研杰出人才3人，中组部青年拔尖人才1人，国家现代农业产业技术体系首席科学家2名、岗位科学家18人，农业部蔬菜科技创新团队14个及多个省院级蔬菜科技创新队。在学科创新平台建设方面，新建立“国家马铃薯产业技术研发中心”“国家大宗蔬菜产业技术研发中心”“现代农业产业技术体系马铃薯育种研究室”“现代农业产业技术体系大宗蔬菜病虫害防控研究室”“现代农业产业技术体系大宗蔬菜育种与种子研究室”“农业部植物新品种测试北京分中心”“农业部园艺作物生物学与种质创制重点实验室（综合实验室）”“农业部薯类作物生物学与遗传育种重点实验室（综合实验室）”等省部级平台15个。近3年获得国家科技进步奖二等奖2项，中华农业科技奖一等奖5项，发表*Nature*、*Science*等高水平研究论文10余篇。同国外比较，现阶段我国蔬菜多个领域的学科发展处于国际领先水平。

2.4.3 观赏园艺学科

目前中国已有的全国性花卉科技创新平台包括“全国花卉标准化技术委员会”“国家花卉工程技术研究中心”“国家观赏园艺工程技术研究中心”等，同时建有“花卉种质创新与分子育种北京市重点实验室”，在高校领域内，观赏园艺学科也取得重大的发展与成果。

国家花卉工程技术研究中心实验室总面积约3000平方米，由公共测试中心、花卉栽培室、花卉育种室等组成，还建有花卉种植创新与新品种培育基地等。截至目前，中心在新品种选育、配套商品化生产技术集成和推广应用方面取得的成果显著，共申请发明专利65项，已获授权19项；申报植物新品种保护70个，22个获得植物新品种权，包括芍药属11个、梅花6个、菊花5个。制定花卉标准17项，其中国家标准7项，行业标准10项。

观赏园艺工程技术中心于2013年4月获科技部批准，依托于云南省农业科学院花卉研究所组建，有种植资源创新与育种、良种高效繁育、标准化生产、产品质量控制等4个技术平台，建有细胞与分子育种实验室、组培工厂和采后处理车间等，建成工程化研发及试种基地3000多亩。

“花卉种质创新与分子育种北京市重点实验室”于2013年经北京市科学技术委员会批准，依托北京林业大学园林植物与观赏园艺国家重点学科，在国家花卉工程技术研究中心实验室基础上组建而成。实验室面积2200平方米，建有花卉育种基地620亩，研发温室17800平方米，冷库200平方米，荫棚2000平方米，组培炼苗室600平方米。实验室研究方向：花卉种质资源挖掘与创新、花卉遗传育种、花卉分子生物学、花卉繁殖与栽培技术。平均每年招收研究生60余人，其中硕士研究生40余人、博士研究生近20人。

中国现在有省级以上花卉科研机构100多个，花卉专业技术人员达到30余万人。

2013年全国花卉企业数量达到8.33万个，同比（68878）增20.9%；大中型企业1.54万个，同比（14189）增8.6%；从业人员达到550万人。

3 园艺学学科国内外研究进展比较

3.1 基因组学与生物技术研究

3.1.1 果树基因组学与生物技术研究

国内外果树生物学研究主要集中在果树抗性、改良栽培性状以及果实品质调控等方向。国外已经克隆了多种抗病基因，并完成了多个果树基因的遗传转化，而国内这方面工作相对较少。

多种果树的基因组测序工作已经完成，在前期测序中，承担基因组测序的大多为国外单位和科研人员，但近年来国内研究机构和科研人员越来越多地主导果树（如柑橘、梨、枣等）的基因组测序工作，但是国内基因组测序技术方面还远远落后于国外，并且对所测果树基因组高通量数据的分析方面也比较欠缺。

在梨基因组研究方面中国已经处于国际领先地位，率先采用BAC-by-BAC策略完成梨全基因组测序，这是该策略在果树全基因组测序中的首次应用，解决了高度杂合重复基因组组装难的问题。该组装技术对于其他果树或高度杂合的高等植物基因组研究具有很好的借鉴价值，同时这一成果将为培育高产、优质和抗病的梨新品种奠定坚实的遗传学基础，也为该物种的基础生物学研究提供了宝贵的资源。中国利用已公布或自主开发的SSR标记以及基因组或转录组序列开发的SNP标记，开展梨种质资源的起源演化、品种鉴定、重要性状连锁标记及高密度连锁图谱等研究，均取得了很好的结果。基因克隆及研究方面，中国主要针对果实发育、抗逆诱导、解除休眠过程中的激素受体、转录调控因子、转运蛋白等开展克隆和表达调控研究。国外在该方面主要开展梨无性系繁殖及遗传转化体系构建等研究。总体来看，中国梨基因组学及生物技术学研究已经处于国际领先行列，在基因组学、转录组学、果皮着色分子机制等研究领域取得了重要进展。

近年来，随着果树基因组测序的进展，将全基因组关联分析（GWAS）应用于果树重要性状QTL挖掘已成为新的生长点。如近年来欧美国家发起了RosBreed和FruitBreedomics这两大合作项目以推进桃GWAS工作，2014年中国国家自然科学基金委资助了苹果果实糖酸性状GWAS研究为主题的重大国际（地区）合作研究项目。在研究进展方面，Iwata等（2013）基于76个日本梨材料分析，获得了与9个农艺性状相关联的162个标记，南京农业大学梨研究小组获得了与梨11个性状相关的32个QTL。同时，随着基因精细定位技术的发展以及组学等相关技术的结合运用，在品质关联的功能基因分离方面也取得了一些进展，如获得了决定桃/油桃果实表皮毛性状的MYB基因，又如中国科学院武汉植物园的研究小组获得了决定桃叶片红色性状的MYB基因。

果实品质是国际果树生物学研究的热点主题。Falchi等（2013）发现桃果肉的黄色或

白色取决于 *CCD4* 基因；Butelli 等（2012）解析了血橙果实能特异积累花青苷并受冷诱导是由于在该柑橘中一个 MYB 转录因子的启动子区发生了逆转座子插入。果实次生代谢物质也是中外研究者共同关注的研究主题，这不仅是由于大多数植物次生代谢物质的生物合成与植物响应 / 抵御环境信号刺激 / 胁迫密切有关，而且是因为许多次生代谢物质对人体健康有益，加强次生代谢物质的代谢及调控等研究，有助于果实功能性效应的开发。以葡萄逆转醇为例，美国科学家在解析白藜芦醇（逆转醇）影响人体健康的机制方面取得突破，研究论文发表于 *Nature* 等期刊；进而葡萄白藜芦醇合成调控的 MYB 转录因子得以分离确定。此外，近年来以番茄等模式为对象，对果实品质的研究已经从基因筛选与功能鉴别发展到基于各种组学的多代谢途径交互作用的系统生物学与整合生物学研究，如基于 360 份番茄材料的重测序，Lin 等（2014）解析了现代番茄果实为何变大以及加工番茄果肉深色的成因，又如德国马普植物分子生理研究所的 Alisdair Fernie 研究团队围绕“Central Metabolism”这一主题，对番茄等果实品质的各个方面进行了系统研究。相对于模式果实番茄，多年生果树上的研究相对滞后。

3.1.2 蔬菜与西瓜甜瓜基因组学与生物技术研究

在蔬菜作物基因组研究方面，中国主导完成了黄瓜、马铃薯和白菜国际基因组计划，之后又主导或作为主要参与者相继完成了番茄、辣椒和甘蓝的基因组序列解析，中国在蔬菜基因组学研究领域处于优势地位。国外完成了高质量的甜瓜和菜豆基因组测序，同时开展了茄子、萝卜基因组测序，获得了初步的草图。也开展了番茄和菜豆的重测序工作，建立了番茄和菜豆的变异图谱。通过菜豆重测序研究发现菜豆发生了 2 次独立的驯化事件。

基因编辑是近几年来发展起来一种新技术，可进行基因定点突变、敲入、多位点同时突变和小片段的删失等，入选 *Nature* 和 *Science* 的 2013 年十大科技进展，已成为研究基因功能的重要方法。在番茄上，应用基因编辑 CRISPR/Cas9 技术突变了与一种小 RNA 产生的基因，导致叶片发育异常，是基因编辑技术在蔬菜作物的首次报道。在这一领域中国还处于起步阶段。基因组编辑技术能够在不引入外源序列的情况下进行基因改造，从而避免转基因引起的争议。中国在蔬菜学领域应大力发展基因编辑技术，促进重要基因的功能解析，并用于创制育种的优异新种质。

新一代测序技术具有高通量、低成本的优势，在完成了全基因组序列解析的基础上，可以大规模开展不同品系材料的变异组和转录组等研究，运用关联分析、受选择压力分析、共表达分析、比较基因组分析等多种方法，可快速、大规模、高通量发掘蔬菜作物种质资源中蕴藏的高产、优质、抗病虫、抗逆等优异基因，已成为蔬菜种质资源研究和优异基因发掘的主要方向。因此，中国应继续加强蔬菜作物基因组学研究，占领基础生物学研究的制高点，同时全方位的开展变异组和转录组等研究，推动重要功能基因研究。

在西瓜结构基因组学和功能基因组学研究上，中国处于主导和领先地位，但在甜瓜的基因组学和基因功能研究方面，与国外还有一定差距。

3.2 种质资源利用与育种研究

3.2.1 果树种质资源与育种研究

果树种质资源保存数量：中国果树资源收集数量为美国 50%，收集的野生近缘种和国外种质的比例低。截至 2015 年 4 月，美国 8 个与果树有关综合圃，保存种质 40820 份，苹果、梨、核果类、葡萄、柑橘等主要果树保存 29246 份；其中近 1/3 来自美国，其余的来自其他 120 多个国家和地区。中国果树种质资源圃保存的种质来自世界 60 多个国家，比例仅占 20% 左右。美国保存了 1013 个植物学种，中国保存 399 个种，为美国的 39.38%。

果树种质资源保存技术：中国在果树种质资源的脱毒保存和离体保存方面还处于研究阶段，尚没有开展规模性的应用。美国 33% 的资源圃设立了核心种质资源，65% 建立了复份保管区。Geneva 苹果核心种质资源圃保存 255 份，草莓组织培养保存——组织培养包，在 1 ~ 4℃贮藏 9 个月至 4 年，Geneva 苹果种子保存（-20℃）1533 份，超低温保存苹果种质 2296 份，柑橘的超低温保存技术也已经基本成熟。中国果树资源保存主要以田间保存为主，资源保存方式过于单一，美国已经实现部分果树资源的离体及低温保存。近些年极端灾害天气频繁发生，果树资源的安全保存存在极大隐患，在该方面中国急需开展低温保存技术及基础理论的研究，购置低温保存设备及改善相应基础条件，实现资源长期性和稳定性保存。

果树种质资源评价：虽然中国在此方面的进步很快，但与国外尚有较大的差距，尤其是在应用方面。美国 Rosbreed 项目（蔷薇科果树育种）、欧盟 Fruitbreedomic 项目（果树功能基因组育种）在基因型鉴定方面取得显著的进展。苹果、桃贮藏相关 ACC 合成酶基因 *ACS*、多聚半乳糖醛酸酶基因 *PG*、苹果酸含量相关基因 *Ma* 以及苹果、桃、葡萄和柑橘花色苷调控相关 MYB 转录因子等基因已成功应用在种质鉴定中，而中国仅有自交不亲和 *S* 基因在苹果、梨、杏、樱桃等树种上的报道，缺乏规模性、系统性的种质基因型评价。此外，虽然美国、新西兰、欧盟国家等果树强国已经将苹果致矮基因 *Dw*、抗火疫病基因 *FBR5*、抗棉蚜病基因 *Er2* 和 *Er3*、抗黑星病基因 *Rvi6/Vf* 和 *RVi15/Vr2*、桃酸组分相关基因 *D* 在基因型鉴定研究中应用，但受到专利保护的影响，中国研究者亟须通过对其基因型鉴定技术进行深入探索、熟化，才能在种质基因型鉴定方面进行利用。苹果、梨、桃、猕猴桃、草莓、柑橘等重要果树的全基因组测序已经完成，可以相信，在未来几年内全基因组关联分析可以批量发掘出优异基因，为种质资源基因型鉴定和分子育种展示光明的前景。

果树种质资源创新：中国与国外先进国家比较主要问题是连续性不够，果树种质创新世代长，需要十几年甚至几十年，国外往往一个性状连续创新好几代，然后提供育种家利用，例如美国的桃树形种质创新、红肉桃种质创新及狭叶桃种质创新等，而中国往往 1 ~ 2 代就能出品种。中国近些年较为重视国外果树资源的引进工作，取得了一定的成绩，但距离产业需求仍有一定差距，表现在引进种质资源的遗传多样性不够，仅重视国外生产品种的引进，而不注重野生资源、地方品种和优异育种材料的引进；中国果树资源保存主要以田间保存为主，资源保存方式过于单一，美国已经实现部分果树资源的离体及低温保存。近些年极端灾害天气频繁发生，果树资源的安全保存存在极大隐患，在该方面中国急需开展低温保存技术及基础理论的研究，购置低温保存设备及改善相应基础条件，实现资源长期性和稳定性保存。

中国在果树育种方面研究虽取得一些进展，但与国际上同类工作相比仍有差距。首先是中国对于资源的研究、挖掘和利用力度仍然不足。其次是新技术，如分子标记和转基因以及基因组学在育种中的应用仍然有限。例如在苹果育种中，分子标记辅助选择和转基因等新技术逐渐被用于其中，美国通过分子标记研究的苹果重要性状包括斑点病抗性基因、白粉病抗性基因、火疫病抗性基因、柱形、果实酸度、矮化、自交不亲和、果实软化和果实香气等性状，建立了苹果的基因数据库，利用转基因技术用于苹果育种，提高了抗病性研究水平；新西兰目前采用现代的育种技术（苹果基因组序列、巨大的 SNP 库、高通量的基因分析平台、精细的 QTL、全基因组关联分析技术、基因组筛选技术等）与传统育种技术相结合，使苹果新品种的选育周期缩短了 5 年；中国的苹果育种除了传统的育种方法和目标外，近年也重点开展了特色育种和功能成分育种，主要的目标有红肉品种、风味和香气育种、抗褐化、抗病育种等；转基因研究方面，德国的早花基因转化植株 T1190 的产生及应用，将会在今后苹果育种中起到很大的作用，新西兰已经发表的成果包括转早花基因、耐贮藏基因和红肉基因，中国近年也开展了果树（苹果、葡萄等）转基因育种技术研究。三是如何培育聚合丰产性、抗性和优异品质等多种有利性状的优良品种还有待进一步探讨。此外，中国的育种研究国际化程度低，国际性研究计划参与度少，如国际蔷薇科果树育种计划 RosBREED（www. rosbreed. org/）等。另外，与大田作物相比，果树的遗传育种研究与技术均相对落后。以玉米为例，已建设了基于 SNP 的新一代分子鉴别技术，杂交后代种子播种之前就可以取极少量组织进行鉴别，只取少量符合预期目标的种子进行播种筛选，而且已实现全部流程自动化。而对于果树而言，如何高效鉴别品种与品系，如何建立所有主栽品种的指纹图谱，如何应用于遗传育种研究，提高育种效率，仍有大量工作需要开展。

3.2.2 蔬菜种质资源利用及新品种培育

资源利用：虽然中国蔬菜作物种质资源研究取得了重要的进展，但与国外发达国家相比还存在显著差距：①保存数量、种质结构及保存方式与发达国家相比仍有较大差距。②种质资源鉴定评价的广度深度远远满足不了蔬菜科学研究和产业发展的需求。③蔬菜基因资源的挖掘和创新利用的水平和效率有待进一步提高。④有待将当前的蔬菜基因组研究的比较优势变为后基因组时代蔬菜基因资源挖掘和种质创新利用的绝对优势。⑤蔬菜种质资源的信息集成尚待加强。

抗病育种：虽然中国育种科研进步较快，但与发达国家相比存在资源丰富度和评价深度不够、育种技术相对落后等问题，在育种目标的专一化、持久抗性和品质育种上也存在一定差距。

十字花科蔬菜，近年来根肿病日益成为重要病害，中国针对抗根肿病的种质资源筛选工作取得了明显进展。目前白菜类蔬菜的多数根肿病抗性基因主要来自芜菁材料。韩国和日本的相关研究进展最快，国内的研究集中在将已经导入到商品品种的抗性基因通过转育方式导入自主育种材料，在新基因的开发方面进展还不大。与日本、韩国及欧美发达国家相比，有些新兴茬口品种的差距依然明显，这些品种的优异抗性是国内品种暂时所不具备的，如春白菜的耐抽薹性，越冬甘蓝的耐寒性及抗病性，春萝卜的耐抽薹性及根型，目前这些茬口采用的品种多为国外的。在育种技术方面，国外企业已经在十字花科作物育种中普遍采用高通量 SNP 标记筛选技术广泛开展分子育种的应用。但国内还停留在普通 PCR 标记，小规模检测阶段，还没有开展实质性的规模化分子育种。

茄科蔬菜，目前生产上的品种虽然以国内选育为主导，但部分地区长季节保护地类型的品种受到国外公司的主导。中国需要加强资源的引进和深度评价，利用先进技术进行资源原始创新，才可能在专一化、持久抗性和品质育种方面尽早实现突破。

瓜类蔬菜，国内黄瓜和西瓜研究抓住基因组测序带来的机遇，最大化利用基因组信息，加强重要抗病和品质性状基因的克隆，提高分子育种检测的准确率和效率。在南瓜和甜瓜研究上，借助基因组测序和重测序，加强重要农艺性状的分子标记研究，结合常规育种手段，培育符合市场需求的新品种。对于冬瓜、丝瓜和苦瓜等作物，要兼顾重视应用基础研究和应用研究，不断强化国内在该领域研究的领先地位。

胡萝卜游离小孢子培养方面的研究，中国在诱导效率方面走在国际前列，而且开展了较系统的研究。李金荣等通过观察胡萝卜离体诱导产生胚状体和愈伤组织的小孢子发育形态发育，确定了不同路径发育的形态变化规律。胡萝卜游离小孢子培养的诱导效果受基因型影响较大，胚状体诱导率最高的为 21 个胚状体 / 皿，材料间胚状体的发生时间变异较大，为 38 ~ 192 天；再生植株中单倍体比例达到 68.6%，来源于同一基因型的再生植株后代的表型呈现多样性。

其他多数蔬菜作物开展了以转录组测序为主的基因组学研究，并通过转录组数据的分析开发了一系列的 SNP 或者 SSR 标记。生产上的蔬菜作物以常规品种为主，特别是自花授粉的菜豆、豇豆、莴苣、大蒜、芹菜。但是在国内高端市场或者规模化种植基地，胡萝卜、洋葱、大葱和菠菜杂交品种已成为市场主导，多为国外品种占据。2013 年排在蔬菜种子进口量前十位有菠菜、胡萝卜和洋葱，种子进口额前十位的有胡萝卜、洋葱、菠菜、大葱。而中国自主培育的这些蔬菜杂交品种较少，推广面积和市场影响非常有限，相关育种工作急需加强。未来这些蔬菜应更加注重抗病、优质育种，满足专用化、多样化、标准化、机械化、规模化、轻简化生产需求。重点加强种质资源评价和利用、优异基因资源发掘和有利基因的挖掘、基因组和分子育种技术体系的研究。

西瓜甜瓜，与国外相比，目前中国种质资源基础相对薄弱，在资源共享方面还有所欠缺；在种质资源的鉴定评价和遗传研究方面，中国起步较晚，但在国家和地方的大力支持下发展较为迅速。

3.2.3 花卉种质资源利用及新品种产业化

种质资源利用及新品种培育：中国观赏园艺行业近几年发展迅猛，在一定程度上已经和世界先进大国缩小差距。但是由于起步较晚等原因，在种质资源保护方面仍然力度不够，在培育具有自主知识产权的花卉新品种研究领域的发展相对缓慢和薄弱，同时还存在研究成果转化率低、原创性成果少、资源利用率不高等问题，许多优良品种仍需要进口。国际上有许多著名的花卉公司，基本都形成一条自有的产业链，将育种、栽培生产和销售管理工作结合起来，形成完整的花卉产业布局，新产品层出不穷。国内花卉资源方面的研究集中在资源收集评价、保存和育种群体构建等；育种研究仍然以科研单位和高校为主，部分大型企业也在进行着一定的育种工作，但总体上来说仍然没有形成良好的市场体系。在新品种培育上，传统的花卉种质创新与育种技术，如远缘杂交、诱变、体细胞变异等依然是最重要的育种手段。国内外研发工作集中于研究适用、高效的种质创新技术、多性状同步改良技术，利用常规育种技术与现代生物技术相结合，快速聚合多种优良性状，提高育种效率，研究建立高效的杂种鉴定技术体系。国内在主要商品花卉和传统名花种质创新和新品种培育获得重要进展，建立完善的高效育种技术体系，培育具有中国自主知识产权的花卉新品种 382 个，获得新品种权（国际登录）60 余个，获得一批花卉育种技术发明。

花卉新品种产业化及商业化：国际上花卉生产大国如荷兰、英国、日本等都有一套完备的花卉产业化系统。例如近几年南非涌现一大批种植帝王花的苗圃和公司，由于气候等条件适宜，南非帝王花产量高、瓶插寿命良好，企业利益巨大。在生产设施方面，专业的生产单位具备生产、收获、包装一体的场所，同时具备良好温度控制的设施。在基质准备方面，企业选择排水优良的基质，结合优良灌溉水源进行生产，需要土地灌溉许可证。在产品出口方面，面向欧盟市场，应用先进的冷藏技术解决在飞机和轮船上的保鲜问题。又如，比利时的杜鹃花产业近几年飞速发展，体系趋于完善，在品种创新方面，比利时东弗兰德省农渔业研究所已经收集了 300 余个品种，每年 12 月到翌年 5 月进行杂交后代筛选，经过一系列的选育后扩繁申请新品种保护。同时，为加快推广应用，结合当地的种植户共同进行杜鹃花创新及繁育工作。在生产环节上，当地企业已经形成产业链，育苗、生产、催花、销售等各个环节均有相应企业负责。如负责育苗的瑞夫·格森公司、负责成品盆花生产的布洛克公司、催花企业 BEA 等。在此之上，比利时还有杜鹃花质量认证系统，非营利机构 VLAM 下属的 PAK 项目就是杜鹃花质量项目，旨在对各个企业生产的杜鹃花进行统一的质量评级和认证工作。值得注意的是，比利时还设有独立的杜鹃花外包装生产公司——花中女王，在视觉上提升花卉的品质，使其档次进一步提高。

中国在花卉新品种的产业化与商业化当中表现出良好的态势。在云南一些大型花卉企业也已经初步形成了生产销售链，使花卉行业向产业化发展。国家花卉工程技术研究中心以帝王花、澳蜡花、班克木、针垫花等原产南非和澳大利亚的特色木本切花为研究对象，通过系统的种质资源收集和评价，筛选出一批适于云南气候特点的优良品种（系），研发出配套的种苗高效繁殖、切花生产和采后处理等关键技术，建立了新型木本切花标准化生产技术体系。申请专利 11 项，获得国家发明专利 5 项、实用新型专利 5 项；制定企业标准 6 项；培训技术人员 280 人，带动农户 120 余户；推广生产新型木本切花 900 余亩，3 年累计繁殖切花种苗 122 万株，生产切花 337.4 万枝，实现直接经济效益 2806 万元。北京林业大学培育的抗寒梅花，使梅花的露地栽培区向北扩展 2000 千米，培育的切花月季品种生产的切花 90% 以上出口。建立了适合国情的优质、高效、低能耗的花卉生产技术体系，实现重要商品花卉生产技术的国产化，降低育苗成本 20% ~ 40%、基质成本 15% ~ 56%，提高综合经济效益 15% ~ 30%。制定国家标准 2 项、企业技术标准 31 项。建成生产示范基地 11 个，带动了中国花卉产业整体水平的升级。

3.3 栽培、质量安全与贮藏加工研究

3.3.1 栽培技术研究

果树矮化砧木：在苹果矮化砧选育上，国际上主要是美国康奈尔大学选育 CG 系发展较快，该系列砧木不仅矮化、早果，而且抗重茬，这对于中国来说尤为重要；中国主要是利用丰富的野生种质资源，如河南海棠、小金海棠、崂山柰子、山定子等，选育出了 SH 系、中砧 1 号、青砧系等矮化砧或具有矮化潜力的苹果砧木。近几年来在苗木繁育上也进行了较多研究，这些研究主要涉及病毒病检测和脱毒、自根砧组培快繁、扦插生根、大苗培育、促发二次枝和营养钵育苗等方面。与发达国家相比中国缺乏的不仅仅是成熟技术，更重要的是苗木立法，今后要加强脱毒技术和带分枝大苗的繁育技术研究。

果园管理制度：绝大多数果树生产发达国家实行果园生草制度，但具体的细节有所差异。有的是全园生草，有的是行间生草、行内覆盖或除草剂控制杂草，个别果园实行“三明治”式管理，即行间生草、冠下清耕、行内生草。个别国家的一些果园覆盖粉碎的阔叶树树皮，认为是最有利于果树生长发育和产量品质的方法。但不论哪种管理方式，均没有频繁的耕翻，有机肥施用量也较少。

果园施肥技术：综合美国、意大利、法国、新西兰、加拿大、英国、马来西亚、印度、日本等国家的果树生产指导手册、施肥等技术规程以及文献发现，在施肥技术上有以下几个方面重要内容：一是普遍采用水肥一体化施肥技术实现精准施肥，以滴灌为主；二是土壤分析和叶分析相结合指导施肥和调整施肥策略；三是更加注重中微量元素的施用；四是有机果园肥料种类控制严格；五是相比于产量，更加注重施肥对品质的影响；六是推荐施肥模型应用广泛。而现阶段中国果树施肥方面存在问题较多，最突出的问题是施肥量大、利用率低，过量施肥问题引起广泛关注，国家提出到 2020 年化肥施用量零增长主要看果树和蔬菜等经济作物。近几年中国在苹果、桃等果树上以氮素为主进行较深入的研究，山东农业大学在对氮素吸收利用特性、施肥时期、施肥量、施肥方法研究基础上，明

确果树氮素施用原则即“控制总量、以果定量、重视基肥、追肥后移、少量多次”，提出氮肥“总量控制、分期调控”，磷钾肥“衡量监控”和中微量元素“因缺补缺”的高效施用技术。各地进行了广泛的肥料试验，特别是新型肥料试验，如袋控缓释肥、包膜缓释肥等。针对矮砧高效栽培模式对肥水需求较高，近几年对肥水一体化技术研究、试验和应用越来越多，在引进以色列、美国等水肥一体化设备和技术进行应用的同时，中国根据国情在西部黄土高原水分不充足情况下采用了两个简易水肥一体化技术，一个是重力膜下滴灌施肥技术，即把施肥罐（一般为塑料桶）放在三轮车上利用高差进行重力膜下滴灌；另一个是土壤注射施肥技术，即通过施肥枪，利用高压将水肥一起打到根层。这两个技术既补水又施肥，效果显著。

果树花果管理：近几年国际发展较快的一是化学或机械疏花疏果技术；二是果实免套袋技术；三是机械采收技术。特别是化学疏花疏果技术方面已经有了成熟的技术，而中国在上述 3 个方面还处在起步阶段，目前主要工作为专用授粉树筛选和利用、壁蜂授粉技术、套袋技术等等，下一步要加强化学（或机械）疏花疏果和果实免套袋两大技术研究、产品开发和应用，以适应果树规模化对省力技术的需求。

果园机械化：中国在整形修剪技术方面与发达国家差距较少，需要加强的主要是机械化应用方面。法国、美国和意大利等国家的果树生产机械化管理水平处于世界领先地位，鲜食葡萄等果树的生产除了果穗整形和采摘用人工以外，从种植、整形、施肥、耕作、喷药及包装等均有相应的作业机械，酿酒葡萄等果树根据需要可以进行机械收获，葡萄栽培技术和生产管理已实现了标准化、信息化和全程机械化，现正向自动化和智能化方向发展，人均管理果园面积提高至 8 公顷（美国）和 4 公顷（欧洲）。为提高农药及叶面肥喷施效率，利用超声波感测器评估叶幕层的面积指数，将此种超声波感测器置于喷雾器上，通过获得的行内叶幕层宽度的变化实时调整喷嘴喷施流量，进而提高喷施有效率，使用该种方法果实中农药残留量仅为传统喷施方法的 21.9%。美国 PGT 公司开发的静电精准喷雾系统，8 个喷雾筒方位和角度可调，不但适用于普通行宽，还适用窄行，棚架，静电喷雾能到达树体的内部，杀病虫彻底，用水量较传统机械减少 85%，水滴为 30 ~ 50 微米，无流失，污染环境少；省时 2/3，能源为传统的 1/5，劳动力成本节约 2/3。美国加利福尼亚州的 Bret Wallach 等发明了机器人剪枝工 Vision Robotics，该机器人高 3 米，搭载 8 个摄像机，配有定制的 3D 剪枝规则模型。法国勃艮第的 Christophe Millot 等发明了新型机器人夏剪机，有 GPS 定位系统和 3D 视觉系统，两支手臂和 6 个摄像机，每天可修剪 600 棵葡萄树，包括去掉多余新梢和副梢叶片。目前美国加利福尼亚州北部地区通常使用团状强气流叶片粉碎夏剪机和真空切削系统修剪机。近年中国加大了果园机械和装备等方面研发工作，目前在苗圃机械、喷药机械、果园栽培管理和运输机械设备等方面研发均取得较快进展，且果园防灾减灾设施设备等方面研发也开始起步，但同国外相比，果树产业机械化程度仍较低，且机械设备研发水平、产品相关适用性和产业化应用等方面仍有较大差距。

果园信息化：目前在美国加利福尼亚州部分地区的酿酒葡萄园与鲜食葡萄园，从葡萄园建设到葡萄园管理已开始采用卫星定位系统（GPS）和地理信息系统（GIS）。利用卫星监控系统快速掌握一个地区的土壤、病虫和土壤水分、肥料状况，并迅速做出综合分析和判断；利用无线传感器网络系统进行农业生产的精准管理。在监测系统中，每隔一定时间检测一次土壤温度、湿度和日照等，然后把测得的数据通过无线通信技术发送到信号接收节点，再通过网络发送到计算机上，再由计算机系统中的相关应用软件对数据进行分析处理，最后由葡萄园主从显示系统中观看其分析结果。在欧洲，如西班牙建立了气候与生态感应网络平台，可以对葡萄园进行土壤与果实的评估、病虫与化学污染物的控制、杂草的控制等。在澳大利亚建立了葡萄生长季中树冠叶幕温度变化与果实品质之间的关系。许多小感应器应用到葡萄生产中，建立了葡萄数字与精准栽培系统。上述智能化信息化系统的核心差异在于处理知识内容的专家系统。最近，计算机视觉系统已被作为一种在自动化实验室条件下测量浆果大小和浆果质量的重要工具。冠层特性与产量构成的人工测量非常耗时，工作复杂，对劳动力要求苛刻，极易因为主观性因素而造成误差。在这方面，通过计算机视觉技术手段，大量样本可以自动测量，从而节省时间并提供更客观和准确的信息。新西兰和美国等国则利用计算机建立需求变化动态数据库，科学判断灌水时期和灌水量。中国果园信息化技术研发和应用同国外先进国家相比仅处于刚起步阶段。

蔬菜栽培技术：中国蔬菜栽培理论和创新发展较快，创造了以低碳节能为特色的设施蔬菜作物发展之路。中国在日光温室等保护地蔬菜栽培方面具有独特性和先进性。但是与发达国家相比，在高效栽培理论创新、现代栽培模式构建、资源高效利用等方面差距仍然较大，蔬菜作物生长发育规律、光合生理、水分生理等基础研究缺乏有影响的理论创新。立足农业资源高效利用及安全生产，建立适宜中国生产实际需求的高效安全生产技术体系，实现蔬菜生产的农机农艺结合，成为目前蔬菜生产的重要研究方向。西瓜甜瓜栽培技术：中国西瓜甜瓜工厂化嫁接育苗技术、肥水一体化技术、蜜蜂授粉等研究起步较晚，但发展迅速，与国外差距逐渐缩小，且形成了中国自己的特色。

花卉设施栽培技术：花卉生产发达国家的花卉繁殖与栽培生产方面已经完全实现标准化、集约化生产。信息技术、图像处理技术的使用推动花卉生产实现了机械化和智能化。在系统了解花卉生物学特性和生态习性的基础上建立标准化生产技术体系，推动了花卉种苗生产的发展，包括容器（穴盘）育苗、新型光源（高压钠灯、LED 光源）的应用、容器大苗栽培技术；机器，尤其是机器人的使用大大提高了生产效率。在花卉微繁殖方面，大多数花卉已实现了工厂化脱毒苗生产。开发出盆花株高控制的新技术，研制出能够替代泥炭的环保型新基质，研发出一批精准调控水肥管理的技术和设备，开发出一系列实用的生产环境控制软件，研发出许多花卉生产的决策支持系统。新技术的使用，极大提高了商品花卉的生产水平。中国在实际生产上，栽培技术和经营管理较为粗放，从业人员素质普遍较低，导致花卉品质相较于发达国家还有一定的差距。在质量检测和标准认证方面比较薄弱，没有完善的行业标准导致产品质量参差不齐。

3.3.2 病虫害综合防治研究

2013年 *Phomopsis cotoneastri* 首次作为引起苹果树腐烂病的病原被报道。伊朗新发现了一种苹果树腐烂病病原真菌 *Diplodia malorum*。2014年，造成欧洲苹果树腐烂病的病菌 *Neonectria ditissima* 在西北欧的德国北部再次被关注。在西班牙东部的小果园发现了葡萄座腔菌5个种复合侵染扁桃的现象。在巴西及南美，苹果炭疽叶枯病的发生除了使用农药外，有效的防治措施是通过使用防雹网影响田间的光照和温湿度来控制该病害的发生。

国际上报道的果树病毒检测技术主要包括：指示植物、ELISA、RT-PCR、多重PCR、定量PCR、基因芯片、RT-LAMP等，其中多重PCR、定量PCR与RT-LAMP检测具有快速、简便，灵敏度高等特点，近年发展较快。中国也开展了多种果树病毒检测技术研究，尤其是分子生物学检测技术已经开始比较广泛地应用，但果树病毒抗血清制备技术较为落后，尚没有形成商品性血清检测试剂盒。巴西的学者开展了葡萄霜霉病预警系统在施用药剂防治葡萄霜霉病的过程及防治技术中的作用的研究；利用标记回收技术追踪了葡萄带叶蝉成虫扩散规律（意大利）、欧洲葡萄卷蛾的预测模型（西班牙）、病毒病的检测技术等。

果树虫害综合防治研究，目前世界上许多发达国家已经改变了高度依赖化学农药的植物保护策略。在日本，性信息干扰剂、迷向剂等逐渐取代性诱剂被广泛应用。欧美等果业发达国家的抗虫研究较为先进，主要涉及基因克隆、转基因等基因组学研究领域。同时，韩国学者基于统计信息标准的梨园梨小食心虫春季羽化模型，开发了精确预测成虫于春季出现数量累积时间模型的函数。美国替代有机磷项目实施后取消了谷硫磷在苹果园的使用，为了降低果品农药残留量，有机果园发展迅速。新西兰利用昆虫性信息素迷向剂与农药结合可以更好地防治苹果蠹蛾。意大利利用自动定时喷雾器喷雾迷向剂防治苹果蠹蛾，节省了大量的劳动力。此外，西班牙、匈牙利等国也开展对梨小食心虫、梨木虱、苹果蠹蛾等具有引诱作用的挥发性物质的鉴定，发现梨酯也可干扰苹果蠹蛾交配，并对梨酯进行微囊化处理，提高其利用率。

目前降低化学农药在病虫害防治中的应用已成为全世界共同的要求和必然的发展趋势。中国学者分离到对桃小食心虫具有强致病力的球孢白僵菌菌株，有望把该菌株用于桃小食心虫的生物防治；针对果园害螨、蚜虫、食心虫等开展了化学防控药剂高效、减量应用技术研究，开展了环境友好高效生防菌分离鉴定等，目前获得极具应用前景的生防芽孢杆菌6株。化学防治药剂的选择正向低毒、高效的方向发展，20世纪80年代以来，世界上许多果品生产国家已经不再使用剧毒农药，中国先后禁用了33种高毒高风险农药。化学药剂的使用技术正向高效、减量方向快速发展，数字化和机械化相结合的定向施药技术在果树上的应用研究发展较快，并在荷兰等发达国家快速推进。

在蔬菜病害诊断技术方面，建立蔬菜病虫害的风险分析方法和早期监测、预警模型。国外已经有借助光谱遥感技术、远程诊断技术、网络信息化等方法和技术，研制其野外监测、远程信息交换与处理技术平台，国内则仍然以专家经验为主的症状诊断，迫切需要构建蔬菜重要病虫害的早期监测与预警系统。

西瓜甜瓜病害研究方面，中国在嫁接、生态、转基因方面有一定优势，而国外在病害流行预测模型、抗药性、抗病基因遗传、抗病基因克隆、抗病机理解析方面更具优势，并且与国内研究机构在某一方面的系统性研究和深入细致的研究方面存在明显差距。

3.3.3 产品质量安全与贮藏加工研究

（1）产品质量安全

国外果品质量安全风险评估研究开展较早，已有不少报道，涉及农药残留、重金属污染、真菌毒素及其他风险因素等。这些评估通常为全膳食暴露评估，且多为国家性计划项目。农药残留膳食暴露评估大多将蔬菜和水果一同进行，单纯针对水果的风险评估较少。不少国家已对同类或不同类混合污染物的联合毒性展开研究，特别是美国环保局，已建立有机磷类、三唑类、拟除虫菊酯类、氨基甲酸酯类等多类农药的残留累积风险评估模型。国内果品质量安全风险评估研究尚处起步阶段，以农药残留和重金属膳食暴露风险评估为主。

在国外果品农药残留检测样品前处理中，基于特异性吸附原理的 SPE 技术和基于 QuEChERS 的技术应用日益广泛。Gómez-Ramos 等（2013）系统总结了液相色谱—高分辨质谱技术及其在果蔬农药残留确证检测中的应用。

国外果品质量安全标准主要有农药残留限量标准和产品标准两类。对于国际标准化组织（ISO），还制定有贮运标准和检测方法标准。国外果品农药残留限量管理趋于严格。许多发达国家还采用了“准许列表”和“一律标准”的管理方式。国际食品法典委员（CAC）制定了《西番莲》（CODEX STAN 316-2014），修订了《鳄梨》（CODEX STAN 197-1995）。联合国欧洲经济委员会（UNECE）修订了苹果、杏、鲜无花果、李、柑橘类水果、杧果、梨、菠萝等 8 种新鲜水果的产品标准，制定了榅桲的产品标准，出版了《菠萝标准说明手册》；制定了带壳巴西坚果、巴西坚果仁、杧果干和菠萝干的产品标准，对苹果干、腰果仁、梨干、松子仁、带壳阿月浑子和带壳核桃的产品标准进行了修订。

（2）贮藏加工

发达国家科研项目紧密结合企业和市场技术需求，水果采后处理实现了机械化、智能化，果品预冷设施、流水线分级包装普及，有完整的冷链物流系统运输与销售。普通冷藏和气调冷藏作为基本的贮藏方式已经普及，与之相配套的贮藏工艺和技术参数已建立系统化的数据库，气调贮藏技术逐渐向精准控制技术发展，苹果等的快速气调（Rapid CA）和低氧（LO）贮藏技术基本普及，超低氧（ultra-low oxygen，ULO）气调贮藏已在适用的苹果和梨果实贮藏中应用。基于测定果实叶绿素荧光参数、乙醇等指标监测的动态气调（Dynamic CA，DCA）、RLOS（repeated low oxygenstress）、1-MCP+ULO 及基于 1-MCP 的采前处理技术 HarvistaTM 将是今后发展的趋势。采前因子对水果采后贮藏品质的影响、减少腐烂的生物保鲜剂和防控措施、成熟度和品质无损检测技术的研发、鲜切水果保鲜、基于虎皮病和果实褐变的防控技术研究等也一直是关注的重点。基础研究方面分子生物学、蛋白质组学、代谢组学等现代技术和方法被应用于水果采后研究领域。

国家“十二五”期间，园艺作物采后生物学领域第一个“973”计划项目“果实采后衰老的生物学基础及其调控机制”启动，该项目的开展有助于探明果实采后衰老过程及其调控复杂机制，在实践上可为进一步研发延长果实贮运期、降低采后损耗的新技术提供理论支撑和技术储备。国家现代农业产业技术体系围绕产业需求或产业问题开展了苹果、柑橘、梨、葡萄、荔枝、龙眼、香蕉等果实品质劣变、采后病害预警监测与防控、产地贮藏和物流保鲜、保鲜设施以及加工技术等方面研究与示范；公益性行业农业科研专项启动了“西北特色水果贮运保鲜技术集成与示范”“浆果贮藏与产地加工技术集成与示范”；国家科技支撑计划项目实施了“鲜活农产品安全低碳物流技术与配套装备”，针对我国水果等鲜活农产品易腐烂、品质易变化，传统物流方式效率低，成本高等问题，开展鲜活农产品冷链物流保鲜关键技术研究、装备研制和技术集成示范。

在果品加工方面，以解决行业中的瓶颈技术为突破点，积极创新果品加工新技术和果品综合利用新技术，同时促进多元化产品开发，实现低能耗、清洁生产，以期实现果品行业的可持续发展，涉及非热加工、节能干燥、罐头加工以及质量安全控制等研究。更加注重了大宗果品的综合利用及高值加工技术研究、特色果品的产业化研究、传统果品的技术突破以及生产中节能减排技术。

在蔬菜采后基础研究方面，国内与发达国家的差距在逐渐缩小，但目前的问题是实际应用与基础研究脱节。发达国家在蔬菜的冷链运输方面的设备和基础设施都较为完善，蔬菜的损耗率仅为5%左右。在保鲜技术上，国外专家学者逐渐采用天然、安全的保鲜方法。而中国受到保鲜处理装备、缺乏大规模种植、经济条件制约等因素的限制，蔬菜损耗率高达15% ~ 20%左右，保鲜也通常是物理保鲜技术，比如控制温度、内包装材料、外包装等。

蔬菜加工业是中国蔬菜产业化中最薄弱的环节，2012—2015年中国已经具备了一定的技术水平和较大的生产规模，外向型蔬菜加工产业布局也已基本形成，但与发达国家相比，蔬菜加工业发展相对滞后，蔬菜加工业市场绩效低，企业竞争力弱，初级产品多，深加工产品少；除此之外，中国的加工技术装备与工艺水平相对落后，蔬菜加工相关标准仍需进一步制定完善，蔬菜基地建设有待进一步规范，投入品使用有待严格要求，蔬菜加工产业组织化、标准化程度相对较低，蔬菜产区、加工集中产区及大型农贸市场的副产物和废弃物的问题有待解决。

4 园艺学学科发展趋势及展望

4.1 果树学

（1）果树种质资源收集、保存与创新研究

果树种质资源收集与保存：加强野生资源的考察收集，基本摸清野生资源的遗传多样性家底，将收集的野生资源种质入国家长期库保存；将国外引种制度化，引种目标多样化，引种方式灵活化。建立完善主要树种的病毒检测体系和网室复份保存技术体系，条件成熟时，建立脱毒果树种质资源网室复份保存圃；开展野生资源和地方品种资源保存遗传完整性研究，对野生种质和地方品种资源入国家长期低温库保存；在国家长期库建立超低温库，开展重要核心种质的超低温保存技术的研究与利用；加强中、西部地区野生资源原生境保护，加强果树资源分子生物学与优异基因挖掘研究与开发，在利用中保护，在保护中利用。

果树种质资源精准鉴定：表型评价集中于生物学的质量性状和植物学性状，重要农艺性状的数量性状评价不仅数量少而且缺乏必要的重复，准确性、一致性、可比性不足；品质性状的评价集中于感官，缺少量化和深入细致的评价；在抗性鉴定方面，仅少量抗性状和种质进行了评价，缺乏规范化的技术规程。国内虽然已经进行了很多分子标记研究，但可利用基因型鉴定的标记或者基因少，进行实用标记或新基因的开发是拟解决的关键技术问题，此方面研究与国外差距较大。

果树种质创新与利用：扩展亲本遗传背景是育种取得有效突破的因素，果树以杂交育种为主，遗传背景狭窄是限制育种突破的重要因素之一，重点在中国野生和地方名特优果树种质资源的创新与利用。在创新的手段上，结合传统的杂交技术，结合分子标记技术、染色体加倍、组织和细胞培养技术与杂交育种技术，建立新型高效果树种质创新技术平台，突破果树常规育种技术瓶颈，拓宽育种亲本选择范围，缩短育种周期，大幅度提高育种效率，培育出生产中急需的高产、优质、抗病、抗逆、专用突破性新种质，提升果树育种水平和自主创新能力。

（2）果树遗传育种与品质调控研究

未来一段时间内，预计在遗传育种方面，更精确更高效的基因定位与目标基因分离将成为攻关重点之一，在此基础上育种将逐渐进入 in silico 育种时代。同时，转基因技术将在一些相对容易转化的果树上逐渐扩展应用，形成一些有产业推广价值的品种也指日可待，但大多数果树仍将受限于再生体系的障碍，尽管有可能也会有所突破。

在品质调控方面，未来的研究将充分运用分子生物学、各种组学和各种大分子互作等新技术、新手段，与传统的解剖学、细胞学和生理学等结合，使果树学研究进入整合生物学时代，预计代谢调控关键点及其调控因子的解析会取得突破，对于重要品质物质（如糖、酸、色素等），预计会构建环境因子对其进行调控的信号途径和网络。

（3）果树栽培技术与生理研究

矮化密植因具有早果、丰产、管理省力、易于机械化作业以及有利于提高果实产量和品质等特点，成为世界苹果、梨等果树种栽植的新趋势。因此首先要加大砧木资源的搜集引进，加快适合中国果区的自主矮化砧木的选育，其次要开展矮化密植配套栽培技术的系统研究，形成适合中国国情的矮化密植栽培模式。

研发推广设施果树节本、优质、高效、安全生产技术体系，提高产品质量，调整产期，实现连年丰产。研发适合中国国情的设施结构和覆盖材料，即小型化、功能强、易操作、成本低、抗性强，适合设施果树生产的设施结构和覆盖材料，以尽快解决中国设施果树生产中设施结构存在的问题。加强设施果树低成本、洁净生产的理论与技术、连年丰产技术、提高果实品质技术的研究与推广，实现设施果树的连年优质丰产和可持续发展。加强设施果树产期调节技术研究，设施条件下的环境和植株控制，大力推广产期调节技术，调整设施果树产期，使设施果树产期逐步趋于合理。

（4）果树基因组学与生物技术研究

重测序与转录组学研究：通过基因组重测序，可以对栽培种和野生种基因组之间的差异进行比较，从而揭示物种起源以及驯化过程，为鉴定有价值的遗传资源以及果树育种提供重要参考。果树全基因组测序以及重测序，对果树的起源和驯化过程进行了广泛而深入的研究，其中对苹果、甜橙、桃驯化栽培过程的研究取得了重大进展。转录组深度测序，可以用更低的成本对不同植物的转录组进行大规模深度测序，大大提高转录组研究的准确度以及表达谱覆盖率。目前 RNA-Seq 技术在葡萄、甜橙、香蕉等研究中已经取得了较大进展。

高精度图谱构建及 QTL 定位：SNP 与 SSR 等是基因组中存在丰富的分子标记位点，并且有密度高，分布比较均匀，分析相对容易等特点。这些分子标记的开发为果树遗传分析、基因关联分析、连锁图谱构建以及育种提供了必要的信息，利用果树基因组中的分子标记构建高精度连锁图谱，多个果树品种的图谱构建得到完成与完善。这些技术正在应用于苹果、草莓和木瓜等果树的相关研究。另外，基因组测序数据也为解析数量性状的遗传机制提供了更多的信息和更高的平台。

重要经济性状的分子机理研究：果树基因组序列的完成预示着后基因组和系统生物学时代的来临。基因组学、转录组学、蛋白组学、代谢组学、表型组学紧密联系又相互融合，利于从整体上阐明果树生理学机理，为栽培耕作体系的革新及育种工作的进步提供理论依据。今后的研究重点可以充分利用分子生物学的技术和理论，揭示果树在生长发育和环境适应过程中的基因表达及其调控机制，特别揭示重要经济性状和抗性形成的分子机理和调控网络。生物信息分析平台和现代分子生物学技术，也被用于探索果树生物学研究中的深层机理，对于理论基础研究具有重要意义。

（5）果树病虫害综合防治研究

近年来，中国果树有害生物多发、重发、频发的形势严峻，过量和不能合理、适时、对症用药，化学农药过量使用和利用率不高，带来了农药残留毒性、病虫抗（耐）药性上升、次要害虫大发生、环境污染和生态平衡破坏等一系列问题，严重威胁着中国果品质量安全和农业生态环境安全。因此，需要加快改变果树病虫害防控对化学农药过分依赖的传统方式，着力开展化学农药的减施、减量使用技术研究，同时大力发展农药替代技术，如物理防控和生物防控技术的研究，促进传统化学防治向现代绿色防控的转变，通过提高农药的有效利用率来减少生产中化学农药的投入使用，实现果品质量安全与农业生态环境保护相协调的可持续发展。此外，还应加强果树有害生物的预测预报及新型农药对果树害虫的作用机制研究，并建立果树有害生物抗药性数据库，助力果树有害生物防控，实现以化学农药为主体到绿色综合防控的技术转变。

在分子植物病理学研究方面，果树病害的分子植物病理学研究还相对落后，深入开展果树重大病害的分子植物病理学研究，将有助于对病害致病机理的深刻理解，有助于分析和发现病菌—寄主互作的机制，从而指导寄主抗性诱导防病研究；有助于分析是否存在多样的病菌生理小种和寄主基因型间的对应关系，为抗病基因挖掘和长效抗病育种奠定基础。

（6）果品贮藏保鲜与加工技术研究

果品贮藏保鲜：①采前与采后研究相结合，提升果实品质，减少采后损失和增加产业总体效益。开展品质提升、减损增值基础理论与技术研究，保障果业健康持续发展，是今后一段时间研究的重点；②紧密围绕产业需求，完善水果贮藏技术体系，加强苹果、梨等大宗水果气调贮藏新技术研究。开展水果气调贮藏装备、标准和技术的研发，特别是针对单一品种的贮藏技术；③新商业模式下鲜活农产品保鲜、安全和减损关键技术研究与集成应用。水果营销已经从第一轮的“商品竞争”发展到第二轮的“价格竞争”，正在进入第三轮“营销方式”的竞争。而在第三轮竞争中，现代物流将充当十分重要的角色。作为鲜活农产品的水果，从田间到市场的安全低耗和货架期的品质保持，需要一个具备温度保证、无伤害保证、时空调运保证的现代物流系统，面对日益增长的电商等新的水果营销模式的技术需求，水果冷链化和信息化的现代物流运输技术体系的构建势在必行。

果品加工：①大宗果品多元化加工系统技术与装备开发。亟须加大中国各类水果资源加工比例和产品种类，将产业链条向下游延伸，积极转向果品脆片、果粉、果酱、果酒、果醋、果胶等多元化产品及配套技术和装备的开发，使中国果品加工产业向多元化迈进；②精深加工及综合利用技术与装备亟须成熟化与推广。③加工专用品种研究与种植推广，加大对中国现有丰富的水果资源进行加工适宜性研究，对加工专用品种品质性状进行系统研究，并推进加工专用果品原料的规模化、标准化生产种植与推广，强化加工专用品种基地建设，真正实现高品质专用原料品种进行特性化加工与利用。

（7）果品质量安全与检测技术研究

积极借鉴和吸收国外先进经验、成熟技术，围绕中国果品安全生产、安全消费和依法监管需要，系统开展污染物发生、分布和代谢规律研究，污染物高通量同步筛查与确证技术研究，（混合）污染物（累积性）风险评估技术与模型研究和质量安全风险控制技术研究。多种农药混合污染的剂量—反应评估以及多参数累积暴露评估模型将是未来果品农药残留风险评估的重点研究方向。

基于特异性吸附原理的 SPE 技术、基于 QuEChERS 的技术以及高度自动化的 SPME、MSPD、CPE 技术，仍是农残检测前处理研究的重点。品质检测方面，应着重研究便捷/便携、准确、低成本、广适的果品品质和缺陷的无损检测技术/仪器、重金属离子免疫快速检测技术，今后应重点加快配套前处理技术研究，前处理技术和分析检测手段的自动化、高通量化、超痕量化是重金属元素形态分析的发展趋势。

加强果品质量标准的研究，并结合中国国情和产业实际开展果品标准研究与制定和修订工作，完善标准体系、优化标准结构和采用国外先进标准。中国果品营养功能评价研究，应着重开展以下 3 个方面的工作：一是鉴定并明确特色果品中的高抗氧化成分，进行抗氧化活性等成分功能评价；二是开展果品高抗氧化活性的调控技术研究；三是开展果品抗氧化组分间抗氧化互作研究。

（8）果园机械化与信息化技术研究

果园高度机械化是产业升级发展以及提升竞争力的必然趋势。为了加快中国果园的机械化进程，要加大农机农艺融合发展的研究力度以及引进与创新的力度，从政策上引导土地流转，扶持大型合作社和龙头企业进驻果业，尽早实现果园关键生产过程机械化。

加快果园农艺农机融合研究。建立农艺和农机科研单位协作攻关机制，整合现有农艺、农机科研力量，建立果树农艺农机融合重点实验室，组织农艺和农机科研单位、推广单位和生产企业联合攻关。将机械适应性作为果树育种和栽培技术研究的重要目标和考核指标，加快适于果园全程机械化生产配套农艺措施的研究与推广。

加强果树生产信息化技术的研究与应用。研究果树生产数字化技术，开展农村果树信息服务网络技术体系与产品开发应用研究，构建面向果树研究、管理和生产决策的信息技术平台，为果树生产的科学管理提供信息化技术。

4.2 蔬菜学

随着现代科学技术的进步，蔬菜学越加显现出与多学科交叉的特征，涉及植物学、植物生理学、植物生态学、植物遗传育种学、植物病理学、昆虫学、土壤肥料学、农业气象学、农业工程学等，同时又与营养、环境、饮食文化、农业科技史、农业经济等学科相互渗透及密切融合。

我国蔬菜产业正处于由数量扩张型向高效益、高质量方向发展的关键转变时期，因此生产上对优良品种和先进栽培技术的需求会更加强劲。针对目前我国蔬菜遗传育种研究与发展的现状，应进一步加强野生资源和特色地方品种资源的收集和挖掘利用，加强在资源深度整理和系统鉴定基础上的核心种质和多样性固定群体建立。通过资源学科与其他学科的跨学科研究，从全基因组及功能基因水平研究揭示在自然和人工驯化过程中物种及其遗传多样性形成和特化的机制。研究蔬菜产品器官发生、发育的机制，阐明产量、品质形成的遗传基础和分子调控网络。研究提高表现型鉴定到基因型鉴定的精准化和高效化水平，建立高通量基因分型及表型分析技术平台，实现蔬菜的全基因组分子设计育种。

减少化肥、农药使用量、节水和轻简化是“十三五”期间蔬菜栽培技术研究和发展的主要方向。一是需要加强科学施肥、节水的研究。研究不同作物、不同栽培模式下肥料供给结构和供给量、肥水一体化供给系统与技术，提高肥料和水分利用率，扭转蔬菜生产上过量施用化肥和水资源大量浪费的局面。二是加快推进蔬菜绿色生产。研究土壤健康生态维护技术，设施病虫害安全、高效防治技术以及露地蔬菜生产害虫的综合防控技术。三是大力推进蔬菜生产机械化。研究创制适合我国生产实际的机械和装备，研发配套的栽培模式和栽培技术，培育适合机械化生产的品种。

在育种技术方面，从国外作物现代育种技术发展趋势来看，高通量基因分型及表型分析技术已日渐成熟，全基因组分子标记辅助育种技术已得到普遍应用。当前，我国应该及时调整整个茄科蔬菜遗传改良的体系，合理分配资源，建立良好的人员队伍，全面协作攻关，发挥各自的优势，集中力量，充分挖掘现有数据，建立基于全基因组分子设计育种平台。在充分利用新技术进行遗传改良的同时，结合茄科作物遗传进化机制，将会极大地推动茄科育种技术创新。

在土传病害方面，土壤是植物病原微生物主要的栖息地，由于蔬菜常年连作，使土传病害的发生日趋严重，土传病害防治药剂的过量施用是造成蔬菜产品污染的来源之一。以蔬菜难于防治的土传病害为对象，以农药减量施用和保产、稳产为目标，研究蔬菜安全生产中土壤健康的生态维护技术，研发以无公害土壤熏蒸和微生态制剂运用为核心的土壤连作障碍快速生态修复技术，研究适合我国国情的土壤无害化消毒技术，以及研究微生物土壤添加剂控制土传病害等环保型的病害控制技术是当务之急。

蔬菜产品采后处理与加工利用，物理保鲜技术将仍是今后研究的主要方向，化学保鲜技术需要解决化学残留的问题，寻找安全、高效的保鲜剂。转基因技术是今后国内外专家研究的重点，主要研究与蔬菜采后品质相关的基因，通过控制这些基因的表达，从而达到延长蔬菜货架期的目的。但将物理、化学、生物等各项手段综合利用将是未来发展的方向。总体而言，将蔬菜育种、栽培、储运、加工、贮藏、销售等各环节综合考虑，筛选出有针对性的、适宜的保鲜技术，将是未来蔬菜保鲜发展的方向。

总之，应该从战略高度，加强学科发展的顶层设计，理顺蔬菜资源学科与其他学科的关系，确立种质资源学科的基础性和公益性研究主体地位，正视资源工作的投入需求多、短期内直接经济效益少、长期社会经济和生态效应突出的特点，加强政府对蔬菜资源研究的人力和财力的支持，搞好人才队伍建设，推动资源科学研究的渐进式发展，解决资源学科发展应该解决的关键问题，促进种质资源学科及其相关学科的协同发展，保障我国蔬菜产业可持续发展。

4.3 观赏园艺学

（1）观赏植物资源及遗传育种

中国被称为园林之母，其中一个重要原因就是中国有着十分丰富的观赏植物种质资源。据资料显示，原产于中国的观赏植物种类约有 7000 种之多。面对极其丰富的种质资源，对于目前来说，中国要摸清观赏植物种质资源分布，做好野生种的保护工作；同时在保护的前提下，选择可利用的优良材料或优良性状进行选育工作，通过合理开发利用资源，培育出具有特殊性状与竞争力的花卉新品种。除开发利用之外，目前也是信息化产业发展迅猛的阶段，基因库建立与计算机图像管理，对于更好地保护和统计，更系统地开发利用植物资源十分重要，是今后发展的重点。

（2）观赏植物栽培与繁殖

观赏苗木作为目前观赏园艺产业的一大部分创收来源，地位十分重要。在观赏苗木方面，包括种苗繁殖和栽培技术及园林植物的栽培管理技术都是当今发展的重点；商品花卉包括切花、盆花等现代栽培技术的研究一直以来都是人们开发的一个大方向，其中包括花卉高产栽培技术、切花无土栽培技术、盆花无土栽培技术、花期调控技术、花卉贮藏保鲜和贮运保鲜技术、球根花卉的种球复壮等；要实现花卉产业的周年化生产，使其真正形成一个产业流水线，就要开发设施园艺及无土栽培等花卉栽培技术，包括设施、肥料、生物农药及栽培基质研究等，仍然会是重点。

（3）园林生态与观赏植物应用

包括以植物应用为主的规划设计、生态旅游研究，以及观赏植物在改善环境、保护环境中的生态质量与效益的量化研究和环境质量评价、三维绿量的测定、城市观赏植物的多样性、生态多样性与生态效益之间的关系等，城市规划及城市绿地系统规划对生态效益的影响，观赏植物在防沙固尘、阻隔噪音、保持水土、灭菌杀虫、康体保健、调节小气候环境等均需重点研究。

参考文献

Al-Dous E K，George B，Al-Mahmoud M E，et al. 2011. De novo genome sequencing and comparative genomics of date palm（*Phoenix dactylifera*）. Nat Biotechnol，29：521-527.

白云飞，吕树作．2015．五项洛阳牡丹基因组研究成果领先世界［N］．洛阳日报，2015-04-18（1）.

Butelli E，Licciardello C，Zhang Y，Liu J，Mackay S，Bailey P，Reforgiato-Recupero G，Martin C. 2012. Retrotransposons control fruit-specific，cold-dependent accumulation of anthocyanins in blood oranges. The Plant Cell，24(3)：1242-1255.

Cai J，Liu X，Vanneste K，et al. 2015. The genome sequence of the orchid *Phalaenopsis equestris*. Nature Genetics，(1)：65-72. doi：10.1038/ng.3149.

Cao K，Zheng Z，Wang L，et al. 2014. Comparative population genomics reveals the domestication history of the peach，*Prunus persica*，and human influences on perennial fruit crops. Genome Biology，15：415.

程堂仁．2013．中国梅花研究获突破性进展［J］．中国花卉园艺，(2)：8.

D'Hont A，Denoeud F，Aury J M，et al. 2012. The banana（*Musa acuminata*）genome and the evolution of monocotyledonous plants. Nature，488：213-217.

Falchi R，Vendramin E，Zanon L，et al. 2013. Three distinct mutational mechanisms acting on a single gene underpin the origin of yellow flesh in peach. The Plant Journal，76：175-187.

Guo S G，Zhang J G，Sun H H，et al. 2013. The draft genome of watermelon（*Citrullus lanatus*）and resequencing of 20 diverse accessions. Nature genetics，45(1):51-58.

Gómez-Ramos M M，Ferrer C，Malato O，et al. 2013. Liquid chromatography-high-resolution mass spectrometry for pesticide residue analysis in fruit and vegetables: Screening and quantitative studies. Journal of Chromatography A，1287：24-37.

Huang S，Ding J，Deng D，et al. Draft genome of the kiwifruit *Actinidia chinensis*. 2013. Nature Communications，4：2640.

Huang S W，Li R Q，Zhang Z H，et al. 2009. The genome of the cucumber，*Cucumis sativus* L. Nature Genetics，41(12)：1275-1281.

Iwata H, Hayashi T, Terakami S, et al. 2013. Potential assessment of genome-wide association study and genomic selection in Japanese pear *Pyrus pyrifolia*. Breeding Science, 63: 125-140.

Jaillon O, Aury J M, Noel B, et al. 2007. The grapevine genome sequence suggests ancestral hexaploidization in major angiosperm phyla. Nature, 449: 463-467.

Li X F, Xuan S X, Wang J L, et al. 2013. Generation and identification of *Brassica alboglabra-B. campestris* monosomic alien addition lines. Genome, 56(3): 171-177.

刘传奇，高 鹏，栾非时. 2014. 西瓜遗传图谱构建及果实相关性状 QTLQ 分析. 中国农业科学, 47（14）: 814-2829.

Liu Meng-Jun, Zhao Jin, Cai Qing-Le, et al. 2014a. The complex jujube genome provides insights into fruit tree biology. Nature Communications, 5: 5315.

Liu S, Liu Y, Yang X, Tong C, et al. 2014b. The *Brassica oleracea* genome reveals the asymmetrical evolution of polyploid genomes. Nature Communications, 5: 3930-3941.

Lin T, Zhu G, Zhang J, et al. 2014. Genomic analyses provide insights into the history of tomato breeding. Nature Genetics, 46: 1220-1226.

刘晓芬，李方，殷学仁，等. 2013. 花青苷生物合成转录调控研究进展 [J]. 园艺学报, 40（11）: 2295-2306.

Ma C, Lu Y, Bai S, et al. 2014. Cloning and characterization of miRNAs and their targets, including a novel miRNA targeted NBS-LRR protein class gene in apple (Golden Delicious). *Molecular Plant.*, 7: 218-230.

马新立，秦源，魏晓钰，等. 2014. 苹果糖转运蛋白 TMT 基因的表达及其与糖积累的关系 [J]. 园艺学报, 41（7）: 1317-1325.

Ming R, Hou S, Feng Y, et al. 2008. The draft genome of the transgenic tropical fruit tree papaya (*Carica papaya* Linnaeus). Nature, 452: 991-996.

Ming R, Robert V B, Liu Y L, et al. 2013. Genome of the long-living sacred lotus (*Nelumbo nucifera* Gaertn). Genome Biology, (5): R41. doi: 10.1186/gb-2013-14-5-r41.

聂继云，李志霞，刘传德，等. 2014. 苹果农药残留风险评估 [J]. 中国农业科学, 47(18): 3655-3667.

牛晓伟，唐宁安，范敏，等. 2014. 西瓜抗炭疽病的遗传分析和抗性基因定位研究 [J]. 核农学报, 28（8）: 1365-1369.

Qi J, Liu X, She D, et al. 2013. A genomic variation map provides insights into the genetic basis of cucumber domestication and diversity. Nature Genetics, 45: 1510-1515.

乔鑫，李梦，殷豪，等. 2014. 果树全基因组测序研究进展 [J]. 园艺学报, 41（1）: 165-177.

Qin C, Yu C, Shen Y, et al. 2014. Whole-genome sequencing of cultivated and wild peppers provides insights into *Capsicum* domestication and specialization. Proceedings of the National Academy of Sciences, 111（14）: 5135-5140.

Ren Y, Cecilia M G, Zhang Y, et al. 2014. An integrated genetic map based on four mapping populations and quantitative trait loci associated with economically important traits in watermelon (citrullus lanatus). BMC Plant Biology, doi: 10.1186/1471-2229-14-33.

Shang Y, Ma Y, Zhou Y, et al. 2014. Biosynthesis, regulation, and domestication of bitterness in cucumber. Science, 346(6213): 1084-1088.

束怀瑞. 2012. 中国果树产业可持续发展战略研究 [J]. 落叶果树, 44（1）: 1-4.

Shulaev V, Sargent D J, Crowhurst R N, et al. 2010. The genome of woodland strawberry (*Fragaria vesca*). Nature Genetics, 43: 109-116.

Tang W, Ding Z, Zhou Z Q, et al. 2012. Phylogenetic and pathogenic analyses show that the causal agent of apple ring rot in China is *Botryosphaeria dothidea*. Plant Disease, 96: 486-496.

The International Peach Genome Iniative. 2013. The high-quality draft genome of peach (*Prunus persica*) identifies unique patterns of genetic diversity, domestication and genome evolution. Nat Genet, 45: 487-494.

The Potato Genome Sequencing Consortium. 2011. Genome sequence and analysis of the tuber crop potato. Nature, 475：189–195.

The Tomato Genome Consortium. The tomato genome sequence provides insights intofleshy fruit evolution. Nature, 2012,485:635–641.

Velasco R，Zharkikh A，Affourtit J，et al. 2010. The genome of the domesticated apple（*Malus* × *domestica* Borkh.）. Nat Genet，42：833–839.

Wang X，Wang H，Wang J，et al. 2011 The genome of the mesopolyploid crop species*Brassica rapa.* Nature Genetics，43，1035–1039.

Wu J，Wang Z，Shi Z，et al. 2013. The genome of the pear（*Pyrus bretschneideri* Rehd.）. Genome Res，23：396–408.

Xu Q，Chen L L，Ruan X，et al. 2013. The draft genome of sweet orange（*Citrus sinensis*）. Nat Genet，45：59–66.

Zhang Q X，Chen W B，Sun L D，et al. 2012. The genome of *Prunus mume*. Nature Communications，3（4）：187–190. doi：10.1038/ncomms2290.

张启翔．2015．转型期中国花卉业形势及面临的挑战［J］．中国园林,（10）：17–19.

中华人民共和国农业部．2014．中国农业统计资料［M］．北京：中国农业出版社．

撰稿人：韩振海　刘凤之　孙日飞　王晓武　张　显　张启翔　吕英民　赵　华

专题报告

果树学学科发展研究

1 引言

据农业部统计，2013 年我国水果种植面积 1237.1 万公顷，总产量达到 15771.3 万吨，年产值约 6000 多亿元，果树产业已经成为我国农村经济的支柱产业。果树作为经济林木，在沙荒地、丘陵、滩涂等地区种植，或为城镇绿化种植，除可充分利用国土资源，不与粮食和棉花等农作物争地外，还能起到防风固沙、蓄水保墒、调节气候、改善生态环境、绿化、美化等作用。

果树学是园艺学科的重要分支学科，主要任务是在探明果树生长发育、遗传变异的规律及机理的基础上，创新育种材料，培育优良品种，研究制定现代果树栽培技术，为果树优质、高效、安全生产提供理论指导和科技支撑。果树学研究为果树生产实践提供必要的科学理论依据和有力指导。果树学与一些基础性科学有着非常密切的关系并形成相应的新型分支学科，如果树生物学、果树生态学、果树生理学、果树生物技术和基因组学等。

近年来，科技部、农业部等国家相关部门对果树产业发展给予了极大的支持和关注。“十二五”期间，农业部继续推进了柑橘、苹果、梨、葡萄、桃、香蕉、荔枝龙眼等 8 大主要果树种类的 7 个现代农业产业技术体系建设，依托具有创新优势的中央和地方科研资源，设立上述 7 个产业的国家产业技术研发中心，并在主产区建立若干个国家产业技术综合试验站；同时也陆续实施了小浆果、李杏、樱桃、东北野生猕猴桃、草莓、枇杷、柿等农业公益性行业科技专项，2011 年农业部启动建立了园艺作物生物学与种质创制综合性重点实验室，下设果树学科的 12 个部级专业性和区域性重点实验室，10 个果树学科科学观测实验站。随着国家对各项科研工作的投入的增加，以及在资源、人才及成果等方面的不断积累，我国果树学科从种质资源、遗传育种与品质发育、栽培技术与生理、基因组学与生物技术等方面取得了显著进展。2012—2014 年果树学科共获得国家科技成果 8 项——

“苹果矮化砧木新品种选育与应用及砧木铁高效机理研究”“柑橘良种无病毒三级繁育体系构建与应用”“桃优异种质发掘、优质广适新品种培育与利用”“南方葡萄根域限制与避雨栽培关键技术研究与示范”“苹果贮藏保鲜与综合加工关键技术研究及应用”“杨梅枇杷果实贮藏物流核心技术研发及其集成应用”“柠檬果综合利用关键技术、产品研发及产业化”和“荔枝高效生产关键技术创新与应用”；200 多个果树新品种通过审定发表或登记备案，大大丰富了我国果树栽培品种，提高了果实的品质，从而满足国内外市场对水果种类和品质的需求。

2 果树学学科国内外研究现状与最新研究进展

2.1 仁果类果树研究

2.1.1 最新研究进展

仁果类果树主要为苹果和梨，2013 年我国苹果种植面积达 3408.3 万亩（1 公顷 =15 亩），产量达 3968.3 万吨，梨种植面积为 1667.6 万亩，产量为 1730.1 万吨，是我国果树生产第一和第三大树种，且一直均居世界首位。

（1）种质资源与遗传育种研究

截至 2014 年年底，国家果树种质苹果圃（兴城）收集、保存苹果属植物 1403 份资源，公主岭保存寒地苹果资源 383 余份，新疆轮台保存当地特色苹果资源 154 份；云南昆明保存苹果属砧木资源 112 份，合计 2052 份。

在种质资源鉴定评价方面，开展资源抗病、抗旱性鉴定评价共计 731 份，其中，共调查 482 份苹果种质资源斑点落叶病发病情况；对 190 多个品种进行了苹果腐烂病的接种鉴定。对红玉 × 金冠杂交 F_1 代实生树 830 株进行苹果腐烂病离体接种鉴定；鉴定了 50 份苹果材料的枝干轮纹病抗性，筛选出了 9 份对苹果枝干轮纹病表现高抗材料；对 16 个苹果矮化中间砧的抗旱性进行了鉴定评价研究，证实 G30、B9 和 Pajam1 抗旱性强。研究筛选出 6 个耐缺铁复选优系。收集了 222 份苹果野生资源。对多份砧木资源进行了抗旱性、抗寒性、耐盐碱能力鉴定；克隆抗逆、耐缺铁、花青苷、轮纹病菌酶抑制蛋白等有关基因 29 个，并对基因功能进行了验证。建立了苹果矮化砧木 G41 的遗传转化体系，获得苹果矮化砧木 M26 MdDREB2A 转基因株系 5 个。

2012—2014 年从事苹果新品种选育研究的单位有 22 家单位，保存苹果杂种实生苗 35 万余株。选育审定苹果新品种及砧木品种 24 个，为“双阳红”“瑞阳”“瑞雪”“华瑞”“岳艳”“岳冠”“秋富红”“晋富 3 号”“泰山嘎拉”“西施红”“金世纪”“紫香”“新红 1 号”“金钟”“丰帅”“苏帅”“首富 3 号”“华丹”早果矮化苹果砧木“Y-1”“昭富 1 号”“昭富 2 号”“华苹”“苹锦”和“苹光”。

截至 2014 年年底，在辽宁、湖北、吉林、云南、新疆的 5 个国家果树种质资源圃中，共计保存梨种质 2300 余份，开展了梨资源的鉴定评价、起源演化及共享利用研究，并从细胞学、遗传学及分子生物学等多方面开展相关工作，对1000余份梨资源的开展了农艺性状和品质性状鉴定评价工作，主编出版《中国梨品种》，利用中英文描述较全面反映了中国梨树栽培品种与选育成绩。

国内梨育种以抗逆性、果实品质、成熟期、果皮颜色、抗病性等为主要目标，2012—2014年我国公开发表育成新品种和砧木21个。其中，2012年选育梨新品种5个，为“苏翠2号”“南红梨”“红月梨”“早金酥梨”“徽香梨”“玉绿梨”；2013年选育出品种和砧木8个，为抗梨枝干轮纹病和枝干腐烂病的矮化砧木“中矮3号”，梨矮化砧木品种“中矮1号”“中矮2号”品种均展现出良好的矮化性状，为矮化砧木的优系；中熟砂梨新品种“山农脆”，外观优于“翠冠”的早熟砂梨新品种“翠玉”，高品质红皮晚熟梨新品种“红香蜜”，优质晚熟梨新品种“新梨9号”，南京农业大学选育出可在南方地区着色良好的红皮梨“宁霞”，早熟品种“宁早蜜”和中熟品种“夏露”；2014年选育审定品种10个，其中红皮梨品种3个，早熟品种4个，中晚熟品种2个，观赏型品种1个，大多数为中大果型品种，石细胞无或很少，果心小，肉质细，品质优良。品种名为“蜜梨香”“白玉蜜”“金晶”“中梨4号”“金珠沙梨”“徽源白”“华幸”“珍宝香”“玉晶”“克里弗兰”。梨优良新品育成与推广，对优化我国梨优良品种组成、提高梨地区适应性和抗性以及支撑我国梨产业发展做出了贡献。

在梨育种遗传规律研究方面，南京农业大学采用简化基因组测序技术（RADseq）开发SNPs、SSRs标记，并建立了梨的高密度连锁图谱。基于该连锁图和两年的果实表型，共发现了11个性状的32个QTLs，包括果柄长度（LFP），单果重（SFW），可溶性固形物含量（SSC），横向直径（TD），纵向直径（VD），萼片状态（CS），果肉颜色（FC），果汁含量（JC），种子数目（NS），果皮颜色（SC）以及果皮光滑度（SS），并将它们定位于遗传图谱中。南京农业大学采用AFLP、SSR和SRAP标记，以及自交不亲和的S位点，建立了欧亚杂交种“八月红”和中国梨“砀山酥梨”两个亲本的连锁图谱；并利用同一群体构建了高密度的SSR图谱，为不同梨遗传图谱间的整合提供了标记基础。

我国学者以“红巴梨”和“南果梨”杂交后代为研究群体，构建出“红巴梨”和“南果梨”的遗传图谱，进行抗寒性基因的QTL分析和分子标记辅助育种研究。在抗病虫害方面，筛选出了高抗梨木虱的2个秋子梨和西洋梨的杂交组合NY 10355、NY 10359和2个西洋梨品种“Batjarka”“Zelinka”；克隆和鉴定了抗梨火疫病luxR转录调控因子；对抗梨火疫病和梨木虱性状进行了QTL定位。南京农业大学、山西省农科院分别对“京白梨”“鸭梨”和“库尔勒香梨”杂交后代果实性状进行调查，研究了果实部分性状的遗传倾向，发现后代果实性状大多为多基因控制的数量性状，可溶性固形物、可溶性糖、硬度、可滴定酸均呈增加的趋势，石细胞有明显增多的趋势，维生素C的遗传正反交倾向不同。浙江省农科院通过对梨芽变品种（系）整理分析，发现变异性状主要集中在果型、果实皮色、成熟期、耐贮性及自交亲和性等方面。阐明了大果型芽变、果实皮色、自交亲和性芽变的变异机制，并在此基础上，探讨了芽变选育在梨的不同品质性状改良中的有效性。

苹果属于配子体自交不亲和类型，鉴定自交不亲和性苹果品种的基因型对于生产上合理配置授粉树，选配育种亲本具有深刻的意义。2011 年我国学者鉴定了 263 种苹果属植物的 S 基因型，克隆得到 5 个新的 S-RNase 基因 S_{44}-，S_{45}-, S_{46}-, S_{53}-, S_{54}-*RNase*。该研究相关工作发表 SCI 论文 2 篇，国内核心期刊 1 篇，专利 1 项，不仅为苹果育种工作提供了便利，也为进一步研究自交不亲和机制奠定了基础。另外，中国农业大学在苹果和梨的自交亲和性品种的选育上取得了一定的进展，目前已经获得了 S- 基因突变型的纯合体植株，可以用于下一步自交亲和品种的选育工作。

（2）基因组学与生物技术研究

全基因组测序的完成为重要功能基因的克隆鉴定奠定了良好基础。在苹果方面，国内研究人员也相继开展了果皮颜色、功能性成分、抗逆、抗病等相关基因的克隆，尤其在抗病基因研究方面，通过农杆菌介导法将部分基因导入“富士”苹果中，获得了多个转基因株系。在分子标记研究方面，通过开发苹果基因组的 S-SAP 分子标记，有效地将苹果芽变品种进行区分；此外，研究人员采用荧光标记方法，构建多个苹果品种的 SSR 指纹图谱，并通过聚类分析研究其遗传关系。

2013 年南京农业大学园艺学院首次公布梨基因组草图，序列长度 512.0 Mb，包含 97.1% 全基因组内容，获得了梨基因组精细图谱。通过转录序列分析推测梨基因组可能含有 42812 个基因，鉴定出 396 个与抗病相关的 R 基因，提出抗性基因的进化可能与基因家族的串联复制和分化相关，为梨分子育种平台构建打下基础。近三年，国内研究人员相继开展了梨生长素抑制蛋白基因、糖转运体基因、乙烯受体基因以及果实发育等生理过程相关基因。在分子标记研究方面，通过梨基因组序列和转录组设计开发多个 SSR、SNP 分子标记，并进行了相关鉴定。

南京农业大学梨研究团队通过梨基因组序列设计开发了 1000 多对 SSR 标记，并利用其中的 120 对 SSR 引物进行多态性分析，其中 67 对引物显示出良好的通用性和多态性；利用 4 对 SSR 引物（CH01b12、CH01d03、CH02a08、CH03g12）对 18 个早熟梨品种成功进行了鉴定，可鉴别各品种。同时，还基于梨转录组设计开发了 194 个 EST-SSR 标记，这些标记在其他蔷薇科果树上也有较好的多态性。对 12 个野生秋子梨群体及 51 个分属秋子梨、白梨、砂梨、新疆梨和西洋梨品种叶绿体 DNA 高变区的测序，揭示了野生秋子梨进化及中国梨亲缘演化关系。

在基因克隆方面，发现了 2 个梨生长素抑制蛋白基因 PpARP1 和 PpARP2；克隆了梨糖转运体基因并分析了其时空表达特性；发现了 IAA1 基因编码生长素响应蛋白 AUX/IAA 参与梨果实发育过程和水杨酸响应机制；分析了“砀山酥梨”芽变种中与黄褐色果皮形成相关基因的表达特征；研究了在水杨酸处理下，梨果实发育过程中乙烯受体基因 PpERS 的基因调控和表达；分析了梨聚半乳糖醛抑制蛋白基因（PpPGIP1）在水杨酸处理下和在病果中的表达调控；研究、分析了日本砂梨在解除自然休眠过程中与休眠相关的 MADS-box 基因的结构和表达差异，以及梨 10 个 MADS-box 基因在果实发育和成熟过程中的差异表达及特征。

随着越来越多物种全基因组测序的完成，基因的克隆越来越方便，近年来，多个调控果实品质和果树抗性的基因被克隆鉴定。在苹果中，果实色泽是重要的外观品质，而光照和温度是影响苹果果实色泽形成的关键环境因子，近年来的研究表明，光信号转导途径的多个基因参与了果实色泽形成的调控，其中，苹果 MdCOP1 蛋白是光信号转导途径的分子开关，它能够与花氰苷合成调控的关键蛋白 MdMYB1 相互作用，并将其泛素化修饰并降解，进而介导了光诱导的花青苷积累的调控；同时发现，低温通过磷酸化 MdbHLH3 蛋白并激活其转录激活活性，促进了低温介导的花青苷积累；苹果 MdbLHLH3 特异地与 MdMYB9（或 MdMYB11）互作，调控茉莉酸介导的原花青苷积累。通过基因组分析，从苹果中发现了两个 MdMYB10 的等位基因。

自交不亲和是仁果类果树十分重要的性状之一，近年来，中国农业大学，南京农业大学对苹果及梨的自交不亲和分子机制做了系统深入的研究，并且取得了突破性的进展。在苹果方面，控制自交不亲和关键基因 S-RNase 进入花粉管的机理得到了深入的诠释（Meng 等，2014），Yuan 等（2014）证明了其参与泛素化的整个过程。阐明蔷薇科自交不亲和性机理能够为今后选育自交亲和性品种奠定良好的基础（李天忠等，2011）。

（3）栽培技术与生理研究

近年来苹果矮砧密植集约栽培是我国苹果产业研究重点和发展方向，国内学者重点开展了苗木繁育、砧木评价、光能利用、树形选择以及配套栽培技术等方面研究。

2012 年“苹果矮化砧木新品种选育与应用及砧木铁高效机理研究”成果获国家科技进步奖二等奖。主要完成单位：中国农业大学、山西省农业科学院果树研究所、吉林省农业科学院、西北农林科技大学。主要完成人：韩振海、杨廷桢、张冰冰、韩明玉、王忆、田建保、宋宏伟、张新忠、高敬东、李粤渤。本项成果以苹果矮化砧木的选育为核心，同时进行铁高效机理、致矮机理及快繁技术等研究，建立了我国苹果矮化砧木的育种平台。取得了如下成果：①针对我国苹果生产区域广、生态环境条件多样等实际，利用中国原生资源，选育出了矮化中间砧 SH1 和 GM-310，以及矮化自根砧中砧 1 号等具有自主知识产权、有特色的苹果矮化砧木。这些砧木除具有矮化这一目标性状外，还具有早果、丰产、抗寒、铁高效等性状。②对苹果吸收利用铁素机理进行了深入研究。已克隆到苹果吸收、转运、利用铁素的相关基因 8 个，基本明确了这些基因的功能及其在苹果铁素吸收利用中的作用，首次提出了“苹果吸收利用铁素的分子机理”。③发现自根砧、中间砧致矮的激素不同、调控途径不同，提出了两种致矮机理的新观点。④创新性地研发了中砧 1 号、SH1、GM-310 等矮化砧木的迷雾扦插繁殖法；建立了中砧 1 号组织培养快繁技术，使繁殖系数提高 3 ~ 5 倍，形成了我国高校、快速、多形式的自育苹果矮化砧木的繁殖技术体系，为工厂化育苗奠定了基础。⑤初步确定了我国苹果产区矮化砧木的适用区域，自育种的苹果矮化砧木现已推广应用 131.85 万亩，占我国自育种苹果矮化砧木应用面积的 90%

以上，取得了显著的经济效益和社会效益。

研究表明通过茎段继代培养返童可使苹果砧木易生根，并通过喷施3000 ppm(1×10^{-6}) IBA+50 mM H_2O_2 化学物质，建立起苹果砧木绿枝扦插繁殖技术。通过国家苹果产业技术体系近几年研究，确定我国苹果主要砧木区划方案和 7 个苹果主产省新栽培模式砧穗组合方案，为模式的示范推广奠定基础。在树形筛选研究中，引进了三维数字化仪以及 3D 技术，可以准确地评价果树的总光截获率和各枝类的光截获率，为整形修剪和树形选择提供参考。高纺锤树形，修剪量小，易于成花结果，被作为苹果矮砧密植集约栽培模式的主要树形。花果管理上，薛晓敏等开展授粉技术和化学疏果技术的研究，集成了壁蜂 + 人工辅助授粉、蜜蜂 + 人工辅助授粉、人工器械授粉等多元化高效授粉技术，已经在生产中得到推广应用。施肥枪作为果园简易肥水一体化技术在西北、山东等地得到一定程度应用，可减少肥料挥发、淋溶，提高肥料利用率，且操作简单，成本低廉。

国家梨产业技术体系经过几年的试验、调查，形成了省力高效现代栽培模式及配套技术体系，包括省力化栽培树形、花果管理、土肥水管理、果园机械化等在内的一系列梨密植省力化栽培模式技术要点，并在河北、山西、山东、甘肃、新疆、黑龙江等地建立了多个示范园。研发出“倒个形”“圆柱形”和“双臂顺行式”等新树形。梨蜜蜂授粉技术得到进一步完善，形成完整的蜜蜂授粉技术规程，初步形成果蔬钙及 PBO 防治库尔勒香梨顶腐病的方法，开发出两种提高梨果实香气的新技术，并获得国家发明专利。南京农业大学研究明确了低温对梨花器官冻害、抗氧化系统及授粉受精的影响，开发形成“梨树授粉品种自动配置专家系统”。

河北农业大学等构建了梨省力高效现代栽培模式，节省劳动力、降低生产成本，节本增效显著，创立了培养梨省力树形的大苗建园技术和中心干多位刻芽促枝技术，提早 1 ~ 2 年结果，提早 3 ~ 4 年进入盛果期，具有成形早、结果早、丰产早的“三早”生产效果，该模式已在全国 13 个省市推广应用，丰富了梨树早果丰产栽培理论。

（4）病虫害综合防治研究

国内苹果树病害仍以轮纹病、腐烂病以及早期落叶病对产业的危害潜力最大，开展的研究也较为集中。Tang 等（2012）证明中国、韩国和日本在苹果上引起苹果轮纹病、干腐病，以及美国的苹果白腐病病原都是葡萄座腔菌（*Botryosphaeria dothidea*），对世界范围内的葡萄座腔菌研究工作具有重要意义。肖洲烨等发现葡萄座腔菌的有性生殖在我国苹果主产区果园中发生普遍，子囊孢子不仅是葡萄座腔菌的一种越冬方式，也可以成为引起苹果轮纹病发生的初侵染源。曹克强等认为苹果腐烂病的发生主要通过剪锯口或其他伤口侵入造成发病，而通过皮孔侵染的几率非常低；孙广宇等研究认为苹果树体 K 含量与腐烂病的发生程度呈极显著的负相关关系。2013 年筛选得到两种对苹果树腐烂病有良好防治效果的药剂：12.5% 烯唑醇 WP 和“绿都菌剂一号”WP（解淀粉芽孢杆菌菌剂）。研究发现野胡萝卜籽精油对苹果炭疽病菌（*Glomerella cingulate*）的菌丝生长和孢子萌发均有很强的抑制作用。炭疽叶枯病近两年在我国苹果高温高湿产区以商丘为中心，向东发展到山东文登、向北发展到河北的衡水、向西发展到陕西的乾县等地，且有蔓延趋势。建立了苹果病毒的多重 PCR 检测方法。国内初次发现了由 *Glomerella cingulata* 引起的苹果叶斑病，导致苹果叶片黑点、坏死斑或早期落叶。李丽丽等建立了利用免疫捕获 RT–PCR（IC–RT–PCR）技术检测苹果茎痘病毒 ASPV 的技术，开发了针对苹果茎沟病毒（ASGV）的一步法 RT–LAMP 技术，对采集自中国 13 个省市 40 个品种的 327 个苹果样品进行了检测，结果表明 ACSLV 在这些地区的发生率为 69.7%。我国学者发明了利用多重 RT–PCR 同时鉴定梨果实中苹果茎痘病毒、苹果褪绿叶斑病毒和苹果茎沟病毒的方法，并首次开展了苹果褪绿叶斑病毒侵染梨的不同分离物的全基因组比较研究。

我国梨黑星病、腐烂病是研究重点，此外病毒病的研究也取得一定进展。贵州师范大学与西北农林科技大学研究了亚洲梨对黑星病的抗性及其相关机制，并从梨抗黑星病抑制消减文库中筛选出病原菌诱导特异表达基因片段。华中农业大学研究发现梨腐烂病菌存在致病性分化，安徽农业大学研究发现，梨树不同类型种质腐烂病发病程度与枝条韧皮部总酚含量呈显著正相关关系。福建省农业科学院和山西农业大学分别证实葡萄胶孢炭疽菌和欧李褐腐病菌对梨有侵染性。新疆农业大学研究明确了“库尔勒香梨”黑斑病菌的最适生长条件，为建立该病菌常规生物学检测方法提供理论依据。研发了化学处理与热处理相结合脱除砂梨离体植株病毒的新方法，脱毒率可达 100%。

果树虫害中，以梨小食心虫为研究重点。西北农林科技大学研究了梨小食心虫滞育幼虫对低温的生理适应性，并提出暗黑赤眼蜂（*Trichogramma pintoi* Voegele）是一种潜在的防治梨小食心虫的寄生蜂。中国农科院郑州果树所研究明确了性信息素缓释剂防治梨小食心虫的持效期及合理使用密度。

（5）采后贮藏与加工技术研究

果品贮藏期的无损检测技术成为研究的新热点，程国首等探讨以高光谱图像技术检测新疆红富士苹果着色面积方法，周建民等对苹果的早期碰伤红外热成像检测原理进行了深入探讨，万相梅等采用高光谱散射图像技术对苹果压缩硬度和汁液含量进行预测，袁雷明等结合几种预处理方法优化半透射的近红外光谱模型。保鲜技术的研究仍以低温贮藏、近冰温贮藏、保鲜剂应用以及干热风处理果实等技术为主。徐艳艳等研究表明梯度降温、冰温贮藏几乎不会导致苹果失水，极高地保持了果实的原有品质，苹果冰点温度与其含水量呈极显著正相关，与可溶性固形物、可溶性糖含量呈显著性负相关。李倩倩等用 1–MCP 能显著抑制寒富苹果采后的成熟衰老过程并保持较好的品质。王晓飞等发现油腻化过程果皮蜡质颗粒出现融合，并且自果梗部 – 赤道部 – 果萼部依次发生，但是通过 1–MCP 处理可以有效抑制和延迟苹果果皮油腻化的发生。刘开华等（2012）用自制涂膜液可明显降低果实的呼吸速率、乙烯生成速率和失重率，减缓了贮藏期间果实硬度，可溶性固形物和可滴定酸含量的下降。国内主要以“库尔勒香梨”“砀山酥梨”“雪花梨”等 10 余个梨品种为试材，开展贮藏保鲜技术研究，包括不同品种梨果货架期间的防褐变技术，采用物性测试仪检测梨果采后质地变化，电子鼻分析货架期间果实的香气，维持贮藏期间果实品质和减少腐烂等，获得相关专利 10 余项。研究保鲜技术主要包括低温贮藏、近冰温贮藏以及保鲜剂应用等，其中 1–MCP 保鲜剂及气调参数仍是研究重点。

2013 年“苹果贮藏保鲜与综合加工关键技术研究及应用”获国家科技进步奖二等奖。主要完成单位：中华全国供销合作总社济南果品研究院、中国农业大学、烟台北方安德利果汁股份有限公司、陕西海升果业发展股份有限公司、烟台泉源食品有限公司、烟台安德利果胶股份有限公司。主要完成人：胡小松、吴茂玉、廖小军、陈芳、倪元颖、冯建华、朱风涛、吴继红、曲昆生、高亮。该项目对苹果浓缩汁加工、综合利用、贮藏保鲜等开展原始创新和集成创新研究，取得了多项突破：

1）构建了适合我国苹果浓缩汁加工的技术体系：①明确了二次沉淀发生机制和褐变规律，提出了表儿茶素、儿茶素等酚类是二次沉淀和褐变的主要前体，多酚自聚合及多酚 – 蛋白质聚合是形成二次沉淀的主要途径。由此创建了“先氧化聚合，后定向脱除”的新工艺，解决了影响我国苹果浓缩汁品质的二次沉淀和褐变问题；②确定了脂环酸芽孢杆菌是苹果浓缩汁中的主要耐热菌，提出了膜技术控制耐热菌新工艺；明确了膜污染的主要成分，发明了膜通量快速恢复技术。③开发出新型专用吸附树脂，创建了“原料臭氧水快速清洗，树脂定向吸附”新工艺，率先解决了农残、棒曲霉素超标等难题；④筛选出我国苹果主产区 20 个主栽品种，分析了有机酸、多酚、蛋白质等 7 类特征指标，确定了澳洲青苹、国光、金帅、王林是适宜制汁品种；应用特征指纹技术建立了代表我国苹果汁品质特征的数学模型，为产品质量评价与鉴伪提供依据。

2）建立了苹果加工副产物综合利用技术体系：①创建了皮渣快速节能干燥技术和果胶微波提取技术，发明了果胶快速分级和分子修饰技术，开发了高品质果胶；②自主开发了闪蒸提香技术和高倍天然苹果香精，实现果汁芳香物的高效回收；③建立了羧甲基纤维素钠等高效制备技术，为全果利用提供新途径。

3）系统研究了苹果虎皮病发病机理和保鲜技术：①明确了 α – 法尼烯的氧化产物是诱导虎皮病发生的原因，采摘后高浓度 CO_2 预处理能有效抑制虎皮病发生；②发现了“富士”系苹果对贮藏中 CO_2 高度敏感，自主开发了 CO_2 高透性保鲜膜，构建了“低温 + 自发气调袋 + 保鲜剂”的简易气调贮藏模式；制定了苹果采收、贮藏系列标准，为苹果产业技术标准体系的构建奠定基础。苹果浓缩汁质量安全控制技术已在全国 26 家工厂的 37 条生产线实现应用，依托果胶提取技术建成了亚洲最大的果胶生产线。贮藏保鲜新技术、新产品、新标准已在 20 多个省市得到推广应用。产生经济效益 179.1 亿元，转化苹果 1961.5 万吨，带动 251 万果农增收 137.3 亿元，经济、社会和生态效益显著，全面提升了我国苹果产业的技术水平和国际竞争力。本项目已获授权发明专利 8 项；制、修订国家标准 6 项，地方标准 2 项，企业标准 4 项；鉴定成果 18 项；发表论文 33 篇（SCI/EI 收录 12 篇）；培养研究生 24 人（博士 5 人，硕士 19 人），企业技术骨干 527 人，技术培训 3 万余人。

我国苹果的加工产品以果汁为主，其中果汁的“冷破碎”技术在生产上已经应用，趋于成熟，加工技术的研究向苹果干、苹果酱、干装苹果罐头、苹果脆片、果粉、速冻苹果、苹果白兰地、苹果醋等多元化加工产品及配套技术方向发展。苹果片脱水干燥仍然以热风干燥为主，干燥设备的智能化程度会越来越高，何新益等建立了苹果片变温压差膨化干燥动力学模型，王沛（2012）利用层次分析法对207个品种的苹果脆片品质评价指标进行数据分析，赵国鹏等（2012）重点介绍了固态发酵技术在农产品副产物中的应用，阐明了农产品加工业废渣转化高附加值功能产品的巨大潜力，赵丹等（2012）研究探索出苹果渣发酵制备黄腐酸最佳工艺。我国每年产生近100万吨的果渣的综合利用和绿色饲料开发已受到行业的高度重视。其中功能性保健产品的开发日益受到重视。苹果多酚提取主要集中在纯化工艺优化、多酚稳定性、体外抗氧化作用、对实验动物血脂的控制作用等方面；多糖提取主要集中在苹果膳食纤维的微观结构、压片成型、改性、脱色技术及应用以及可溶性膳食纤维功能研究等方面。

梨干、梨脯、梨茶以及梨醋、梨酒等发酵产品呈现发展势头。在果酒加工领域，电渗析降酸法、新型降酸酵母研制、双效发酵生物降酸法等降酸技术得到更加深入的研究，用以提高果酒的柔和度及品质。在发酵方法上，采用多菌种固定化载体发酵，高效发酵菌株的筛选逐渐受到重视。果醋产品将细化为果醋调味品、果醋饮料等。皮渣等梨果加工副产物的综合利用及产业化开发刚刚起步，对其中所含多酚、果胶、多糖、膳食纤维、香气物质加以提取利用，有利于提高产品的附加值，应用潜力巨大。另外，开始利用微波、超声波提取的方法进行梨果中果胶、酚类物质、纤维素等有效成分的提取，将大大提高梨的利用率和产值，减少环境污染和资源浪费，具有十分广阔的前景。鲜切梨异军突起，在国内的受关注程度和消费量增加迅速。冷杀菌技术，食品真实性识别的同位素分析技术，复原果汁识别技术，指纹图谱技术、电子鼻嗅觉指纹分析系统等现代科技手段也在梨果加工业中大量应用。

（6）果园机械化与信息化技术研究

随着我国农业现代标准化示范园的强化建设和推广，果园机械化与装备技术水平得到较快提升。目前已有综合管理机械生产企业近百家，分布在12个省市，比较典型的果园综合管理机械有“小坦克”和“大棚王”。枝条修剪机具，果园风送式喷雾机、花果管理机具等的研发也正积极开展，并已初步开发出产品。刘俊锋等研发了多功能果园作业机、开发了一种智能移动水果采摘机器人，多功能果园作业机、移动平台、采摘机械臂及末端执行器能够实现智能协调控制。陈军等研发一些果园便携式化学疏花设备。国家梨产业技术体系果园设施与机具岗位联合南通黄海药械有限公司研发的3WGF系列果园风送喷雾机已在全国推广1200余台，节本增效显著；江苏省农业科学院、南京农业机械化研究所与盐海拖拉机有限公司联合研制的双螺旋开沟施肥复式作业一体机，能极大提高颗粒肥深施、中耕追肥等环节的工作效率。

2.1.2 国内外研究进展比较

（1）种质资源与遗传育种研究

种质资源是新品种选育及研究的重要物质基础。苹果资源保存方面，美国保存了50

个种 7209 份资源，几乎包含了世界上所有种的苹果属植物；欧盟 13 国共保存苹果资源 24827 份；日本约保存 2000 份；印度保存 750 份，新西兰保存 500 余份。保存方式主要采取田间保存、枝芽超低温保存及种子保存三种。美国在苹果资源鉴定评价方面已开展了包括抗旱、抗寒、抗病（火疫病、腐烂病）及其他品质性状（酸度、多酚、红肉、脆度以及果皮颜色等）的鉴定评价研究，获得了多个性状的连锁标记；目前，已利用第三代分子标记方法（SNPs）开展高通量基因型检测。美国在俄勒冈州科瓦利斯市国家无性系种质资源库保存梨资源 2339 份，英国国家果树收集中心保存梨资源 544 份。

与国外相比，我国保存国外果树种质资源的比例远低于发达国家。主要表现在：①引进材料比例低，美国从国外引种果树种质 20000 份以上，引进材料占美国国家无性系资源圃保存数量的 63% 以上，而我国保存国外果树种质资源的比例仅有 20% 左右。我国近些年较为重视国外果树资源的引进工作，取得了一定的成绩，但距离产业需求仍有一定差距，表现在引进种质资源的遗传多样性不够，仅重视国外生产品种的引进，而不注重野生资源、地方品种和优异育种材料的引进；②保存方式单一，我国果树资源保存主要以田间保存为主。近些年极端灾害天气频繁发生，果树资源的安全保存存在极大隐患，在该方面我国急需开展低温保存技术及基础理论的研究，购置低温保存设备及改善相应基础条件，实现资源长期性和稳定性保存。

虽然杂交育种、实生选种或芽变选种等常规育种技术仍然是目前国际上的主要育种技术，但随着生物技术的发展，分子水平的辅助育种技术已在果树育种强国中得到了普遍的应用。在梨育种方面，各国都是以丰产、美观、品质好、抗病力强为总体目标，但各国根据具体情况又有很大差异。梨在我国分布极为广泛，且白梨、砂梨、秋子梨、洋梨等都有栽培，根据区域适应性以及市场的需要，梨育种目标主要有早熟或超早熟砂梨育种、抗寒特色秋子梨育种、抗病育种、红皮梨育种、矮化抗逆砧木育种等几个方面。欧美国家主要以果形、风味、后熟期、抗病性为梨育种目标；韩国的育种目标是培育“极早熟（7 月份成熟）、大果型、抗病”梨品种；日本的育种目标是培育“大果型、高糖度、抗病、省力化”的梨品种。

在苹果育种方面，“富士”“金冠”“Braeburn”“Gala”等品种依然是各育种单位最为青睐的亲本。“蜜脆”近年也受到许多育种工作者的关注。苹果基因组序列发布后，基于基因组序列的一系列高效的分子标记技术开始在育种中应用。转基因技术也已在抗病育种、品质育种等方面取得进展。利用遗传转化进行苹果基因功能验证和抗性改良一直备受人们关注。目前已将一些功能基因转入苹果以进行基因功能验证。外源基因的安全性一直是转基因研究领域的热点，目前很多研究已经尝试从来源于同种植物的顺化基因或是来源于植物的筛选基因等方面开展转基因研究。利用分子标记进行抗病基因研究及辅助育种也是苹果生物技术育种的重要研究方向。

基于测序基因分型（genotyping by sequencing，GBS）技术是在一个在高度多样及杂合农业物种中建立遗传图谱并获得 SNP 全基因组数据工作中性价比很高的方法，为亲本的选择和果实品质的鉴定提供了有价值的参照，还可以有效的筛选早期苗木的育种目标性状。

近年来，苹果育种的世界格局无明显变化。美国、新西兰、意大利、法国等发达国家仍处于领先地位。苹果研究已进入分子育种阶段。欧洲几个国家联合进行苹果育种，目前已进展到第八框架——果树育种组学项目（fruit breedomics），对上百个苹果品种进行了重测序，利用家谱分析法整合遗传型和表型的信息，将标记—位点—性状相关性直接用于育种。美国从 1945 年开始，针对黑星病抗性品种，启动了“PRI 联合苹果育种计划”，目前该计划已进行到第六代，RosBREED 育种项目也已进行到第二个五年计划。此外，加拿大生物技术公司通过转基因技术，开发出了抗褐变 Arc-tic 品牌系列苹果新品种，包括转基因的澳洲青苹、富士和嘎拉苹果，目前该品种已进入区试阶段。

（2）基因组学与生物技术研究

分子标记辅助选择和转基因等新技术逐渐被用于苹果育种研究当中。美国通过分子标记研究的苹果重要性状包括斑点病抗性基因、白粉病抗性基因、火疫病抗性基因、柱形、果实酸度、矮化、自交不亲和、果实软化和果实香气等性状，建立了苹果的基因数据库，利用转基因技术用于苹果育种，提高了抗病性研究水平。新西兰目前采用现代的育种技术（苹果基因组序列、巨大的 SNP 库、高通量的基因分析平台、精细的 QTL、全基因组关联分析技术、基因组筛选技术等）与传统育种技术相结合，使苹果新品种的选育周期缩短了 5 年。亚洲的苹果育种除中国外，日本投入的人力物力相对较多，进展较大。除了传统的育种目标外，最近也开展了特色育种和功能成分育种，主要目标有红肉品种、风味和香气育种、抗褐化育种等。转基因研究方面，德国的早花基因转化植株 T1190 的诞生及应用，将会在苹果育种中起到很大的作用。新西兰在转基因方面研究成绩显著，已经发表的成果包括转早花基因，耐贮藏基因和红肉基因。

在梨基因组研究方面我国已经处于国际领先地位，率先采用 BAC-by-BAC 策略完成梨全基因组测序，这是该策略在果树全基因组测序中的首次应用，解决了高度杂合重复基因组组装难的问题。该组装技术对于其他果树或高度杂合的高等植物基因组研究具有很好的借鉴价值，同时这一成果将为培育高产、优质和抗病的梨新品种奠定坚实的遗传学基础，也为该物种的基础生物学研究提供了宝贵的资源。

我国利用已公布或自助开发的 SSR 标记以及基因组或转录组序列开发的 SNP 标记，开展梨种质资源的起源演化、品种鉴定、重要性状连锁标记及高密度连锁图谱等研究，均取得了很好的结果。基因克隆及研究方面，我国主要针对果实发育、抗逆诱导、解除休眠过程中的激素受体、转录调控因子、转运蛋白等开展克隆和表达调控研究。国外在该方面主要开展梨无性系繁殖及遗传转化体系构建等研究。总体来看，中国梨基因组学及生物技术学研究已经处于国际领先行列，在基因组学、转录组学、果皮着色分子机制等研究领域取得了重要进展。

（3）栽培技术与生理研究

苹果生产先进国家 90% 以上果园采用矮化集约栽培模式，并从理论和技术上不断优化。Robinson 等在纽约州对 CG 系砧木进行试验，CG 系砧木抗火疫病和根腐病，生产效率高、成活率高。美国“NC-140”项目研究了 23 种砧木在 8 个地区 10 年的表现，报道指出 G41 和 G935 的成活率及效能优于 M9，未来有可能替代 M9。Kviklys 等在欧洲东北部对 12 个矮化砧木进行了评价。整形修剪与光能利用及树形评价方面，Palmer 和 Jackson 研究认为产量和光截获大致呈线性关系。Robinson 认为，由于树之间存在光截获的问题，树体低的苹果树产量较低，这可以通过减小行距或增加树的高度来解决。D.Da Silva 开展了苹果树光截获效率模型研究，建立了 MAppleT—结构模型和 MμSLIM—复合的光截获模型，通过 STAR 值（树体即时轮廓与整体面积的比值）来计算光截获效率。美国华盛顿州立大学 Manoj Karkee 用一种基于光学的计算飞行时间的 3D 模型摄影机应用于构建苹果树的 3D 骨架，具有省时高效的特点。Wagenmakers 等认为着色的最佳光照为 80% 左右，当光照超过 80%，就会引起苹果灼烧。美国于 2012 年公布了一种用脱落酸制剂疏花疏果的应用技术发明专利。美国北卡州立大学的 Steven 研究认为，1- 氨基环丙烷 1 羧酸（ACC）和苯嗪草酮有望成为苹果延迟疏果的有效药剂。Biserka 等研究表明，使用 6-BA 疏除幼果时，应考虑氮肥水平。日本利用一种驯化了的野生花蜂为苹果树授粉，授粉能力相当于普通蜜蜂的 7 倍，果树坐果率从 15% 提高到 50% 以上。在节水灌溉技术上，美国康奈尔大学研究了苹果蒸散量模型，种植者输入萌芽期、树体行间距、果园树龄等参数，计算输出具体蒸散量模型，模型可提供自萌芽期每日水分平衡量和 7 天的水分平衡量预报。

西洋梨矮化密植基本上采用矮化砧，欧洲 90% 以上的梨园采用榅桲砧木，美国、南非主要采用梨属矮化砧。新建梨园栽植密度越来越高，达到了所谓的高密度（4000 ~ 7000 株 / 公顷）或超高密度栽培（10000 株 / 公顷以上），并辅以配套的砧木（榅桲砧 MC）和整形方式（“V”字形和 vertical axis 形）。研究表明，高密度和超高密度栽培通风透光良好，适宜机械化操作，可以获得较高的早期产量和累计产量。建园时不仅注重土壤改良，而且根据当地条件和生产水平，选择矮化带分枝的优质大苗定植，大多为营养钵苗木。意大利等许多发达国家都开展规模化无病毒梨苗的繁育，向生产上提供大量的优质商品苗。西洋梨不管是矮化密植，还是乔化密植，都采用稀行密株的方式。比利时国家果树研究中心研究表明，灌丛纺锤形、“V”形和 Tienen 树篱形是较有发展前景的树形。日本神奈川县的科研人员发明了一种类似葡萄独龙干形的棚架树形，其结构简单，只有主干，直接在主干上配备结果枝。主栽品种疏除效果好的新型疏花疏果剂主要包括：丙基双氢茉莉酮酸酯，吲熟酯，NSK-905，2- 甲基 -4- 氯丁酸乙酯，钙化合物，草藻灭，植物油等。Eco-Huang 是韩国研制的一种新型无公害化学疏花剂。日本研究人员发现 Cu^{2+} 和 Zn^{2+} 对日本梨花柱核糖核酸酶活性产生抑制作用。以色列开发了不同色泽、不同网眼大小和不同网格编制方式的覆盖材料，在梨树上的应用，可以起到调节成熟期、增加着色等的作用。

（4）病虫害综合防治研究

苹果树腐烂病属世界性病害，各地病原菌不尽相同。苹果轮纹病的发生主要集中在亚洲东北部。在日本和韩国，此病害的危害主要在果实侵染，而在中国由于套袋技术推广主要危害枝干。伊朗新发现了一种苹果树腐烂病病原真菌 Diplodia malorum（Hanifeh S *et al.*）。而造成欧洲苹果树腐烂病的病菌为 *Neonectria ditissima*，目前在西北欧的德国北部再次被关注。Huang 等筛选苹果树腐烂病菌 T-DNA 插入表型或致病突变体。Wang 等发现腐烂病病菌产生了大量的有毒化合物。研究表明克菌丹是防治腐烂病最有效的药剂，此外多效唑对苹果腐烂病有良好的防治效果，氢氧化钠、防腐剂、姜汁、硫酸铜、高锰酸钾、黏土、去离子水配成的化学农药对治疗苹果树腐烂病均有良好效果。苹果轮纹病在欧美称为苹果白腐病，报道认为葡萄座腔菌（*B.dothidea*）的寄主范围很广，能够侵染苹果果实和枝干引起苹果轮纹病。近年来一些新的病害被发现。Velho 等首次报道由 Colletotrichum karstii 引起的苹果炭疽叶枯病在巴西圣卡塔琳娜州发生。

梨的火疫病是世界性研究热点。波兰、瑞士、英国、德国、美国等国对梨火疫病的致病菌进行了研究，并比较了不同种质资源对火疫病的抗性，重新定义“美人酥”梨抗火疫病的基因图谱位点。西班牙筛选得到对梨火疫病菌有强拮抗作用的植物乳杆菌菌株 PC40、PM411、TC54 和 TC92。多个国家对梨主要致病菌进行了鉴定和侵染特点研究，筛选得到高抗火疫病的梨基因型 US 625-63-10 及中抗、中感和高感火疫病的基因型。此外中国、韩国、德国、希腊、美国和伊朗学者基本明确梨轮纹病、干腐病、“砀山酥梨”幼果果皮黑点及成熟果实腐烂、“新高”梨表皮斑点病、“Conference”和“Concorde”梨褐斑、希腊梨斑点病、梨枝干溃疡病以及伊朗中部和北部地区的梨衰退病的主要致病菌。

国际上对害虫的研究主要集中在发生发展规律研究、预测模型构建以及生物防治等方面。中国、西班牙、美国、匈牙利等国均开展了有害生物综合防治试验，分别对引诱梨小食心虫的梨挥发性物质进行了鉴定和田间评价。韩国学者研究了基于统计信息标准的梨园梨小食心虫春季羽化模型，并开发了精确预测梨小食心虫成虫春季出现数量累积时间模型的函数。美国和新西兰均证明梨酯 + 醋酸诱捕剂能够明显吸引雄性苹果蠹蛾以及提高雌性苹果蠹蛾的捕获量。美国通过幼虫取食排趋性实验筛选出最抗梨木虱幼虫取食的 2 个砂梨和西洋杂交变种（NY 10355 and NY 10359）以及西洋梨品种“landrace Batjarka”和“Zelinka”。美国学者利用种间杂交培育出抗梨木虱的梨新品种。以色列发现 2 个对梨木虱具有天然抗性的当地梨品种。2012 年新西兰环保局引入苹果蠹蛾天敌寄生蜂 Mastrus ridens. 进行田间释放，希望这种引自哈萨克斯坦的天敌寄生蜂能够强化苹果蠹蛾的生物控制能力。

（5）采后贮藏与加工技术研究

发达国家果品预冷设施、水线分级包装开始流行，其总贮藏能力一般为总产量的 75% ~ 80%，有完整的冷链物流系统运输与销售。研究内容主要集中在贮藏期的无损检测、适宜成熟度、采后品质变化规律、紫外线辐射处理、采前喷钙处理、采后病害防控及贮藏损耗的预测研究等方面。磁共振成像（MRI）已经成为食品内部结构无损检测的一个得到确认的检测技术，Defraeye 等（2012）测定了苹果果实质子密度、T_2 值和自由扩散系数，这些参数的依赖关系与组织退化有一定关系。利用近红外光谱技术检测梨果干物质含量和可溶性固形物含量，利用近红外光谱成像技术无损检测梨果实物理损伤等也取得一定进展。Pathare 等发现果实成熟度和色素含量密切相关，并建立了色度与感观品质间密切的相关关系。Lang 等基于跃变型果实成熟过程中乙烯释放量增大的效应，有人根据由乙烯诱导的 Mo（VI）转化为 Mo（V），由淡黄色变为蓝色的原理研制成一种苹果成熟度检测仪，首先进行了苹果成熟度检测。Sman 等研究提出了一个模型，可以用来预测苹果采后成熟中的软化过程。采用薄膜或涂膜保鲜、精油浸蘸、紫外线照射等方法来延缓采后苹果成熟衰老的进程；生物拮抗菌，化学药剂处理防治采后病害，乙烯拮抗剂 1-MCP 处理来抑制乙烯的生成。Alemayehu 等利用计算流体动力学（computational fluid dynamics，CFD）建立商业冷库的模型，模拟 1-MCP 处理苹果，分析空气循环，库体形状，箱子材料的影响。欧美等西方国家多种植西洋梨品种，一般常温货架销售，高质量产品在超市销售时采取冷藏货架方式，少量进行薄膜包装、乙氧基喹处理、1-MCP 处理等。亚洲梨主要产区，如日本、韩国，梨采后商品化处理规模大，约占采收果实的 85% 以上，分级中多采用光电一体化分级机械进行分级。研发形成通过监测叶绿素荧光变化确定气调贮藏环境中梨黑心病发病情况以及冷藏和模拟运输过程中不同处理方式梨果的成熟机制和品质变化以及褐变情况的技术。预计果实冷藏后货架期间和运输期间品质维持和通过一些无损指标来预测果实的贮藏和货架期是梨果采后的研究热点之一。

苹果的加工处理以苹果果渣综合处理技术研究为重点，主要集中在苹果果渣中多糖、多酚、膳食纤维等营养功能物质的提取工艺研究，并深入开展这些功能物质的功能与活性研究。苹果其他加工产品主要有苹果酒、苹果醋、脱水苹果及苹果粉等。Thomas 等采用酪蛋白酸钠和乙醇两种不同的纯化方法对苹果渣中的果胶进行纯化，结果发现苹果渣中果胶的化学性质与纯化工艺密切相关，不同的纯化工艺产生果胶的纯度及性质差异明显。Yang 等从苹果皮和苹果肉中提取水溶性多糖，并证明了其具有保肝作用。梨加工产品较多，除较为普遍的果汁、罐头、果丁和果脯外，速冻梨丁产品受到欢迎，较少量的酿造梨酒与梨醋开始问世。主要的关键技术是简易加工与加工前处理中防褐变、杀菌，果汁制备中的澄清技术，而深加工方面主要侧重高效提取功能性成分的技术。紫外杀菌、高压杀菌、辐照杀菌技术、超声波协同臭氧杀菌技术等冷杀菌技术将是未来果汁生产的重要技术，微波、超高压预处理杀菌技术进入研发阶段。罐头加工继续朝着“绿色、健康”的方向发展，开发出无糖、无添加剂型等产品。目前国外先进国家果品工业的皮渣副产物已实现了全利用，并开发出多种新产品。

（6）果园机械化与信息化技术研究

果业生产先进国家，从苗木繁育到果园管理等都实现了机械化和智能化，研究多侧重精准农业、信息化农业、智能机械装备的学科领域，将机器人、计算机、导航定位技术等高科技应用到果园管理中。美国华盛顿州立大学 Manoj Karkee 用一种基于光学的计算飞行时间的 3D 模型（ToF 3D）摄影机应用于构建苹果树的 3D 骨架，在重建的模型中确定拟定高纺锤树形的修剪枝，具有省时高效的特点，为高纺锤树形的自动修剪提供基础。美国、新西兰、法国等发达国家果园机械化已形成地面管理、果园施肥、高光效省力化、病害虫防控、施药管理、收获等成熟配套的技术体系。

同时，计算机专家系统、决策支持系统、传感器探测技术、3S技术的进一步发展，精准灌溉、变量施药、测土配方施肥、智能化采摘、计算机决策管理系统等先进技术也开始应用于果树管理，基本实现了果树全程机械化生产农艺农机智能化融合。美国正在大力发展水果采摘智能机器人，以采摘特定的理想成熟果实，同时研制出基于超声波探测的果树精准变量喷雾机，实现了农药在果树上的精准变量使用；新西兰成功研制出一种循环喷雾机，使90%以上被浪费的农药得到重新利用。美国约翰迪尔、凯斯纽荷兰、德国克郎斯、丹麦哈迪、法国雷诺、英国麦赛福格森等大型跨国企业代表了世界农机先进水平。高地隙自走式拖拉机、链轨式拖拉机，精准施药植保机械、多功能采摘平台、立式修剪机、注入式施肥装置、树下智能除草机等先进果园机械装备的研发与应用，将人均管理果园面积提高至8公顷（美国）和4公顷（欧洲）。总体来说，欧美发达国家果园都配备了一套完整的整地、喷药、除草、施肥、修剪、运输等机械设备，实现了果园的全程机械化管理和标准化、规模化种植。

2.2 核果类果树研究

2.2.1 最新研究进展

核果类果树包括桃、李、杏、樱桃和果梅等树种，具有栽培范围广、经济效益高和生态效益明显等特点。2013年我国桃树种植面积达1149万亩，产量达1192.4万吨，在我国果树生产中占有重要地位。

（1）种质资源与遗传育种研究

至2014年年底，我国在南京、北京、郑州建立的3个国家桃种质资源圃中共保存桃种质资源1500余份，涉及桃的6个种，对保存的桃种质资源性状进行了系统的观察与鉴定，建立了性状评价数据库；国家果树种质熊岳李杏圃共收集保存杏资源782份，李资源663份，总计1445份资源，其中李亚属10个种（不含亚种）、杏亚属10个种（不含亚种），在系统地对种质资源形态学和农艺学性状的评价基础上，利用现代分子生物手段对杏、李资源进行综合评价，构建杏、李的核心种质，将1501份原始杏种质压缩到120份核心种质（张俊环，2012）；将国家果树种质资源圃中保存的405份中国李种质压缩为67份核心种质（章秋平，2011）；南京农业大学2011年建立了国家果梅种质资源圃，现保存果梅种质资源100多份。

2014年我国通过审定、鉴定和备案的桃品种38个，其中，鲜食桃35个，观赏桃2个，砧木1个，食用桃肉色以白肉为主（90.3%），黄肉桃3个，红肉桃2个。

我国各地李、杏育种目标不尽相同。南方李育种处于起步阶段，主要工作是从地方品种的优良株系中进行选种，如2013年华南农业大学从三华李中筛选育成“乳13号李”和

“岭溪李”两个品种。东北地区李品种选育则主要以选育抗寒性强、果型大为目标的有性杂交育种，如黑龙江省农科院园艺所利用品质优良的大果李品种为父本与当地抗寒李资源杂交，选育出“龙园早桃李”，为改善寒冷地区鲜食李市场的品种结构起到了有效作用。在杏育种方面，仍以选育优质丰产的鲜食品种为主，采用的手段以有性杂交育种和实生选种为主。通过有性杂交育成的品种，如石家庄果树所育成的“冀光”、山东农业大学育成的“红丰”和“新世纪”、北京市林业果树所育成的“京早红”等；在实生选种方面，如“沧早甜 1 号”“金矮杏”和“硕光”。

国外引进李、杏品种外观好、耐贮运，但鲜食品质欠佳、适应性较差。在对我国李、杏种质资源特点、产业需求、育种现状分析的基础上，提出我国李、杏品种改良的路径，即利用地方优质、适应性广、抗病性强的品种与国外引进的外观美、耐贮运品种杂交，选育优质、耐贮、高抗的李、杏新品种。辽宁省果树科学研究所国家果树种质熊岳李杏圃主要利用国外引进的外观好、耐贮运品种与国内优质、适应性强的地方优良品种进行杂交，先后选育出“国强”杏、“国丰”杏、“国富”杏和“国美”李。为了满足杏树设施栽培面积的不断扩大和对新品种的需求，选育出国内首个设施栽培专用品种“国之鲜”杏。

我国桃、李、杏遗传育种仍主要以杂交育种为主。章秋平等（2011）以“串枝红”×“金太阳”杏的 F_1 代为材料，在分析共显性标记分离方式的基础上利用简单重复序列（SSR）和相关序列扩增多态性（SRAP）标记，构建了两张杏分子连锁图谱，但该图谱的存在较多的“gap”区域。为了提高早熟品种的杂交育种效率，谢志亮等（2012）以早食李胚为研究材料建立了早食李胚离体培养体系，李胚萌发成苗培养基为 F14+6-BA 0.5mg/L+IBA 0.3mg/L+ 琼脂 7g/L+3% 蔗糖，并可作为壮苗培养基。他认为，早食李胚种皮的剥除与否是其萌发的关键。

2013 年“桃优异种质发掘、优质广适新品种培育与利用”成果获国家科技进步奖二等奖。主要完成单位：中国农业科学院郑州果树研究所。主要完成人员：王力荣、王志强、朱更瑞、牛良、方伟超、鲁振华、曹珂、崔国朝、陈昌文、宗学普。该项目针对我国桃产业中存在的种质资源本底不清、优良品种匮乏等突出问题，开展了优异种质发掘、优质广适新品种培育及配套栽培技术研究与推广应用的研究，历时 30 年，取得重要进展。一是建成了世界上资源最丰富的桃种质圃，理清了我国桃遗传多样性本底，发掘出优异种质 33 份，用于生产与育种。新收集桃种质 769 份，保存份数达 1130 份，成为世界上桃种质资源类型最丰富的圃地；研制了桃种质资源与优异种质评价技术规程等农业行业标准，首次阐明了桃野生近缘种群体结构与形态的遗传多样性，创建了 195 个性状的 1106 张遗传多样性图谱和 110 张数量性状数值分布图，建立了 647 个品种的特征图谱和 237 份核心种质的分子身份证，开发出 15 个性状相关的分子标记 53 个，发掘出优质种质 33 份；二是建立了优质、广适桃新品种培育技术体系，利用发掘的优异种质，培育油桃、普通桃、观赏桃系列新品种 19 个，推动了我国桃品种的更新换代：系统探讨了果实有毛 / 无毛与品质、低需冷量与早期丰产性及广适性、树体乔化 / 矮化与树势树相的遗传相关性，建立了以一因多效为基础的亲本选择选配方案，利用有性杂交、胚挽救等技术手段，培育出优质、广适新品种19个，其中，5个品种获得国家植物新品种权，8个品种通过国家审定，涵盖了黄肉油桃（7个）、白肉油桃（5个）、普通桃（2个）、观赏桃（5个），形成类型丰富、熟期（花期）配套的品种系列。中油桃4号、曙光、中油桃5号和中农金辉依次位居我国油桃栽培面积前四位；三是建立了育成品种配套的高效标准化栽培技术体系，促进了品种的推广与应用，实现了油桃、观赏桃和设施栽培的规模化发展：根据育成品种的特点，提出了适宜发展的区域规划，破解了桃苗木繁育过程中根癌病多发等难题，集成创新了果实品质提升关键技术，创建了桃高效设施栽培技术模式，制定了产前、产中、产后6项技术标准，促进了新品种的推广与应用；四是育成品种获得了大范围、大面积推广，取得了显著的经济和社会效益：育成品种在辽宁、山东、安徽、四川、广西、新疆等20多个省种植，2012年栽培面积216.7万亩，占全国桃总面积近20%。其中，油桃195万亩，占全国油桃面积的72%；设施栽培24万亩，占全国设施桃面积的80%；观赏桃品种占新推广份额的50%。育成品种实现年产值137亿元。

（2）基因组学与生物技术研究

国内Cao（2014）为主完成的84份种质全基因组水平的重测序，包括9份野生资源和75份栽培种，栽培种包括9份观赏桃、24份育成品种和42份地方品种，共鉴定出460万个SNPs位点，鉴定出与果实相关的基因147个，与观赏性状（花）相关的基因262个。在全基因组水平上绘制了从光核桃到普通桃的进化路线为普通桃的进化始于光核桃，之后为山桃，再次为甘肃桃，最终形成普通桃，而新疆桃只能认为是普通桃的一个地理类群，并鉴定了与人工选择相关的候选基因。

（3）栽培技术与生理研究

国内在整形修剪技术方面，陈海江等对不同高产优质省力化树形树体结构进行解析，通过测定不同树形树冠光分布特性进行树体结构评价，进而提出树体结构参数。在近几年研究结果基础上，总结优化了与品种类型相适应的长梢（长放或疏放）修剪技术。总结了主干形、三主枝开心形、无侧枝“Y”字形、有侧枝“Y”字形、四主枝开心形、四挺身树形的丰产优质桃园树体结构参数指标。总结提出包括减少了骨干枝（主、侧枝）数量，各级枝头单轴延伸，疏剪过密枝组及枝组小型化，保持骨干枝上枝组间距和势力均衡，多留结果枝分散营养等高光效树体改造技术。

花果管理的研究多集中于芽的休眠及成花、花粉保存、果实套袋、可溶性固形物含量预测等方面。在果实套袋方面，马瑞娟等（2014）研究了白、黄色单层果袋对鲜食黄肉桃“金陵黄露”果实品质的影响，发现白色单层袋可降低果皮类胡萝卜素积累，改善果实红色色泽，黄色单层袋使果实红色色泽减少，黄色色泽呈现，光洁度增加。

在桃园土肥水管理技术方面，彭福田等开展了桃园行间生草、有机物料覆盖，生物有机肥应用等土壤培肥技术的研究，进行了果园施肥技术与肥料袋控缓释技术的研究，组装配套形成了桃园土壤肥力提升与桃树高效肥水管理的技术体系。

（4）病虫害综合防治研究

国内桃病害研究相比苹果、梨等产业，桃树病害研究深度和广度都有待加强。莫熙礼等（2014）采用生长速率法测定了不同浓度的花椒提取物对桃褐腐病菌的抑制效果，结果表明不同浓度的花椒提取物对褐腐病菌菌丝的生长表现出较强的抑制效果。刁惠珍等（2014）通过田间试验研究表明 60% 唑醚代森联（百泰）1500 倍对雪桃缩叶病防治效果最好，达到 88.5%；其次是 70% 丙森锌 800 倍（安泰生）防治效果也达到 79.2%，在生产上可作为防治雪桃缩叶病的主要药剂使用。

近年桃园主要害虫种类变化不大，但发生危害程度上有一定差异。蚜虫和梨小食心虫仍然是重要的研究和防控对象。杨小凡等（2014）研究了颜色对梨小食心虫产卵选择性的影响，表明寄主颜色在梨小食心虫产卵场所选择中具有重要作用。贾慧等（2014）建立了快速、准确、灵敏的蚜虫带毒检测方法，能快速、准确地对介体蚜虫的带毒情况进行检测。

（5）采后贮藏与加工技术研究

高慧等（2014）研究发现 1 mmol/L 乙酰水杨酸处理可显著降低“华光”油桃果实 5℃冷藏后货架期的冷害指数，抑制硬度和可滴定酸含量的下降，抑制果实过氧化氢和呼吸速率的升高。周慧娟等（2014）研究发现从 5 月 27 日（盛花期后第 55 天）起每隔 5 天对整个树体（树冠及果实）喷施浓度为 0.10% 的 $Ca(NO_3)_2$，共计喷施 5 次，可增加“沪油018”果实 0℃冷藏的耐贮性。曹雪慧等（2014）发现 4 g · L^{-1} 抗坏血酸与 15g · L^{-1} 壳聚糖溶液浸渍涂膜、4g · L^{-1} 迷迭香与 15g · L^{-1} 壳聚糖溶液浸渍涂膜两组处理对“大久保”桃常温贮藏具有协同增效作用。

2.2.2　国内外研究进展比较

（1）种质资源与遗传育种研究

国外在种质资源评价方面：Forcada 等（2014）利用 94 份能够代表传统的西班牙品种以及全球广泛栽培的桃和油桃品种资源，对其树体性状和果实经济性状进行了鉴定评价。Dario 等（2014）对佛罗里达大学的 195 份种质资源的遗传多样性、群体结构等进行了研究，并对这些标记的性状辅助选择能力进行了初步评价。为了进一步评价山桃对桃绿蚜的抗性，Cabrera-Brandt 等（2014）对山桃“P1908”对桃绿蚜种内的不同变异株系的抗性进行了接种评价。Yazbek 等（2014）对桃、扁桃及其近缘种进行了 17 个形态学性状鉴定和 6 个叶绿体基因和 1 个核基因的测序，通过聚类分析发现栽培桃和栽培扁桃具有很近的亲缘关系，而并非姊妹种。土耳其 Suleyman Demirel 大学与美国 Clemson 大学在 2014 年开展了桃砧木品种 Guardian® 的叶片再生体系构建研究，对桃再生体系建立进行了再次探索。

根据查阅到的资料，2014 年国外发表桃品种 64 个。按国家分：美国 44 个，日本 6 个，智利 3 个，法国 2 个，韩国 1 个，巴西 3 个，意大利 5 个；按类型分：桃 33 个，油桃 24 个，蟠桃 4 个，油蟠桃 1 个，种间杂种 2 个；按用途分：鲜食 64 个，加工 0 个；按肉质分：不溶质 3 个，溶质 61 个；按肉色分：白肉 30 个，黄肉 34 个。

（2）基因组学与生物技术研究

国外 Frett 等（2104）在定位果面着色主效 QTL 位点的基础上，将 PprMYB10 上游的标记 SNP_IGA_341962 转换为 CAPS_341962，该标记在 ZC2 群体中进行果面着色鉴定具有一定价值。Rahim 等（2014）利用黄肉桃果皮花色苷积累最多、近核果肉较多、而中果皮最少特征，对 6 个类似 MYB10 和 3 个类似 bHLH 的转录因子在不同部位的表达进行了鉴定。耐贮运桃肉质 stonyhard 将逐渐成为研究热点之一，Takashi（2014）对 stonyhard 肉质类型的遗传和乙烯处理 stonyhard 基因型后果肉的变软研究进展进行了综述。Vendramin（2014）利用“Contender”（有毛）×“Ambra”（无毛）的 F_2 群体进行果皮有毛 / 无毛（G/g）为质量性状连锁分析，鉴定出一个果皮毛发育的关键基因 PpeMYB25，对该基因在 5 个有毛或无毛的种质中进行扩增，发现在该基因外显子 3 中存在一个 LTR 类的逆转座子插入导致了果皮毛性状发生隐性突变。Pons（2014）通过对桃对低温伤害发生分离的群体进行转录组分析，许多冷害响应的基因与拟南芥参与冷害积累的和其他胁迫反应的基因是直系同源的，且其中大部分基因在冷害导致果实发面程度不同的果实的表达模式不同。ICE1、CBF1/3 和 HOS9 基因家族似乎在冷害弱和强敏感性差异种质中起到关键作用。Zhebentyayeva（2014）利用二代测序技术，对桃需冷量和开花期发生分离的 F_2 群体中需冷量 300 与 1100h 的 DNA 进行测序，发现两个关键的休眠相关候选基因 PpeDAM5 和 PpeDAM6 在 G_1 的末端。此外，参与多梳蛋白抑制、细胞循环和激素调控的基因在这个群体中也是比较重要的候选基因。Duval（2014）采用二代测序，利用 790 株来自 2 个分离 F_2 群体，精细定位了桃砧木 Nemared 的 RMia 基因。

（3）栽培技术与生理研究

国际上在整形修剪研究方面，埃及开罗大学农学院果树研究所 Samira 等（2014）开展了“疏枝和短截修剪方式对桃叶果比，产量和果实品质影响”的研究。法国国立农业研究所 Silva 等（2014）和美国加州大学戴维斯分校合作开展了“桃树干和根系中碳水化合物储备和利用的季节性变化与模型构建”的研究。美国加州大学戴维斯分校的 Negrón 等（2014）利用幼年态扁桃树构建了修剪强度影响新梢生长结构的预测模型。

关于桃花果管理方面的研究较少，主要集中于负载量和开花冷热需求量等方面。阿根廷的 Maulión 等（2014）利用 7 年时间研究了 63 个油桃和 118 个桃基因型打破休眠和开花的冷热需求量，发现桃的开花时间与低温需求量呈正相关，从而可以调节花期。Swaef 等（2014）研究表明，桃树体负载量对树体日生长率有重要影响，这种影响是由茎韧皮部的膨压变化引起的。

（4）病虫害综合防治研究

国际上桃树病害研究较多的主要是桃褐腐病以及其他真菌、植原体和根结线虫病害，其研究主要集中于病原鉴定、分类及抗药性，病害物理和生物防治及其机制、病害发生规律，化学防治和抗病基因鉴定等方面。May-De Mio 等（2014）评估了亚磷酸盐、粉红聚端孢（trichothecium roseum, TR）以及亚磷酸盐与 TR 组合相对于石硫合剂（LS）对巴西亚热带地区桃品种（“Granada” 和 “Chimarrita”）高接种压力下对桃褐腐病菌（*M. fructicola*）的控制作用。

国际上桃树主要害虫发生种类仍以梨小食心虫为主，蚜虫和叶螨等小型害虫发生较为普遍和严重，其相关研究也仍受到重视。其他害虫主要有桃潜叶蛾、叶螨、实蝇类、蓟马和茶翅蝽等。其中实蝇类在多个国家和地区危害严重，相关的研究也相应增多，与桃实蝇有在世界范围内不断扩张危害的趋势相一致。在瑞士，梨小食心虫重新发生危害，Kehrli 等（2014）有文章介绍了瑞士梨小食心虫的生物学信息（包括寄主范围、化蛹、形态学和生活史）、危害现状和经济损失及防治方法。并提出了要密切监测主要寄主（桃）和其他果树的受害情况；建议应用交配干扰技术和批准使用的病毒制剂进行防治。

（5）采后贮藏与加工技术研究

国外 Scattino 等（2014）发现 UV-B 处理对调节 20℃贮藏桃果实的酚类化合物和苯丙烷类化合物合成基因的表达方面具有基因型依赖性。UV-B 照射后，20℃贮藏的 “Big Top” 和 “Suncrest” 桃酚类物质增加，“Babygold7” 桃酚类物质下降，苯丙烷类化合物合成基因表达呈相应的变化趋势。Lee（2014）研究发现冷敏感的桃（Mibaekdo）果实用 30%CO_2 处理能显著减少冷藏期间和随后货架期间的冷害和软化，抑制了抗氧化活性和总酚的降低。高 CO_2 处理的桃果实具有较高的抗氧化活性、总酚及抗坏血酸含量，可保护冷协迫细胞的自由基伤害。Campbell 等（2014）发现未去皮的桃果实罐头制品在 20℃贮藏 6 个月后，较去皮的制品含更高的酚和类胡萝卜素。

2.3 浆果类果树研究

2.3.1 最新研究进展

浆果类果树具有柔软多汁，适于鲜食和加工等特点，主要树种有葡萄、草莓、猕猴桃以及蓝莓、树莓等小浆果等。近年来，浆果类果树以其营养价值丰富、适于设施栽培和观光采摘、经济效益高等特点发展最快，在生产和研究方面均取得显著成绩。仅以葡萄为例，据农业部统计，截至 2013 年年底，中国葡萄栽培总面积为 1071 万亩，占世界葡萄栽培总面积的 9.6%；位居世界第四位；产量达 1155 万吨，占世界葡萄总产量的 14%，自 2010 年后中国一直居世界葡萄产量的第一位。30 多年来，我国葡萄栽培面积、产量和单产呈稳定上升趋势。面积由 1980 年的 3.2 万公顷增长为 2012 年的 66.6 万公顷，年平均增长率为 9.99%；产量由 1980 年的 11 万吨增长为 2012 年的 1054.3 万吨，年平均增长率为 15.3%，尤其是 2000 年以来，产量由 328.2 万吨增长到 2012 年的 1054.3 万吨，年平均增长率为 10.2%。

（1）种质资源与遗传育种研究

2012—2014 年，国内葡萄种质资源与遗传育种研究包括核心种质的构建、抗性鉴定、品种鉴定、分子身份证构建、遗传多样性及指纹库构建、功能基因的克隆与鉴定、分子标记辅助育种、组织培养胚挽救技术和转基因育种等。在种质资源研究方面，主要进展是证明了毛葡萄种类具有丰富的遗传多样性，为野生资源的发掘利用奠定基础。在功能基因方面，对亚历山大葡萄果实中萜类物质的种类和含量进行了测定，并分析果实发育过程中单萜类物质的积累与相关基因表达的关系，结果表明单萜合成途径中多个关键酶基因后期表达上调，导致成熟过程中单萜化合物含量上升 2 ~ 8 倍，DXS3 与单萜总量的积累具有显著的相关性。

2012—2014 年，国内通过审定或品种认定及备案的葡萄新品种共 30 个，引进登记新品种 11 个，其中酿酒品种 8 个，即“桂葡 2 号”（毛美杂种）、“桂葡 3 号”“桂葡 4 号”“桂葡 5 号”“水源 11 号”“水源 1 号”（毛葡萄）“雪兰红”（山葡萄），“华葡 1 号”（山欧杂种），其他为鲜食品种，主要有“玉手指”（欧美杂种）“早霞玫瑰”（欧亚种）“夏紫”（欧亚种）“新雅”“火洲紫玉”和“皖峰”等，可以看出，我国葡萄育种仍以鲜食为主，原产于我国的一些野生葡萄正在逐渐被我国育种工作者应用，制汁品种和制干品种则未见报道。在育种方法方面，仍以常规杂交为主，开展了多倍体育种、胚挽救育种等，获得与葡萄育种方法或抗性鉴定有关的专利 9 项。在功能基因研究方面，克隆了 VpPAP1、VvIPK2、VpSTART、CBF1、VvTIAR-like 基因，并进行了表达分析。在分子辅助育种方面，开展工作较少，缺少从研究到应用的过程。

（2）栽培技术与生理研究

苗木生产方面，主要开展了无病毒优良品种和砧木培育及扩繁技术、嫁接苗木繁育技术规范与嫁接苗木分级标准、抗性砧木与品种的选择、品种区划等研究，目前仍处于起步阶段，距离“优质健康苗木认证生产体系”的建立尚有很大距离。

整形修剪和花果管理方面，主要开展了高光效省力化树形和叶幕形、主副梢管理技术、花序整形、植物生长调节剂安全使用、果实套袋和适宜负载量等研究，制定了适合不同生态区域（东北区、西北区、华北区、华东及华南区、华中及西南区、山东省、黄土高原等产区）的简化修剪和花果管理技术规程。

根域管理方面，主要开展了根域限制技术、肥水高效利用技术、越冬防寒技术等研究，在根域限制技术和越冬防寒技术方面取得较大突破，明确了根域限制栽培的原理，提出了机械化越冬防寒技术；提出了适合南方地区的较为完善的限根栽培技术模式，适合北方埋土防寒区的部分根域限制栽培模式正在进行研究。

机械化生产方面，国内部分科研单位和企业开始从事葡萄园机械的研发和生产，由中国农科院果树研究所、山东农业大学、南京农机化研究所等单位与高密益丰机械公司联合开发了埋藤防寒机、防寒土清除机、果园碎草机、基肥施肥一体机、有机肥施肥系统、偏置式化肥施肥机、剪梢机、风送气送静电三结合高效弥雾机和动力平台等系列葡萄园专用机械，葡萄园机械化生产技术的研究与推广仅处于起步阶段。

葡萄设施栽培研究主要开展了栽培设施的设计与建造、品种与砧木的选择、简化修剪、花果管理、肥水高效利用、休眠调控、环境调控、叶片衰老、连年丰产等研究，制定了适于不同生态区的避雨栽培、促早栽培和延迟栽培技术规程。

2013 年“南方葡萄根域限制与避雨栽培关键技术研究与示范”获国家科技进步奖二等奖。主要完成单位：上海交通大学、湖南农业大学、上海市农业科学院。主要完成人：王世平、杨国顺、李世诚、石雪晖、吴江、陶建敏、蒋爱丽、白先进、单传伦、许文平。该项目经过 30 余年科研人员的刻苦攻关，在品种选择、栽培技术优化、产期调控等方面取得了重大进展，逐步推出了一系列适合南方不同地区、不同栽培方式的新品种，并围绕规避高地下水位、弱光和多雨高湿，通过选择适宜的整形修剪和肥水供给技术及低成本避雨设施开发，总结出一套适合南方地区葡萄优质、高效栽培的技术体系。根域限制栽培技术适宜于南方地下水位高、土壤黏重以及盐碱滩涂地区，它颠覆了“根深叶茂”的传统理论，解决了根域形式、根域容积和肥水供给的阈值参数及根域累积的盐类等有害物质洗脱难题，建立了我国第一套可量化、精确可控的葡萄栽培技术。该技术具有占地少（占葡萄园面积的 15% ~ 25%）、投产快、品质高、调控便利、管理省力、环境友好等显著优势。被认为是“近年果树领域一项突破传统栽培理论、有重大发展意义的前瞻性新技术”，在提高果实品质、节水栽培、有机栽培、观光果园建设、山地及滩涂利用和数字化管理等方面有着重要的应用前景。避雨栽培是伴随着设施栽培而发展起来的一种新的栽培模式，是针对南方地区降雨量高、持续时间长开发而成，并根据南方不同地区的环境条件及栽培目的，相继成功研发出竹弓避雨棚、镀锌高碳钢丝棚和钢管拱架水泥桩立柱抗台风连栋避雨棚等专用设施及其配套技术，极大地促进了南方葡萄产业的发展。这些设施的成本分别为钢管大棚的 1/80、1/20 和 1/4，创造性地将简易避雨棚改造为超大面积连栋促成棚。并系统研究了避雨条件下叶幕内的微气候环境特征，建立了“先促成后避雨”“三膜覆盖促成”及“小拱棚连栋促成避雨”等栽培模式，使欧亚种葡萄也越过长江在多雨的南方落户，年用药减少 10 ~ 15 次，成熟期提早 1 ~ 2 周，果实品质、安全性和经济效益得到大幅度的提高，从而催化了南方葡萄的高速发展。

（3）病虫害综合防空研究

葡萄病虫害防控方法与技术方面，中国农科院植物保护研究所王忠跃等选择烟草作为生态调控植物，利用次生代谢物质及根系交叉把靶向次生代谢物运输到靶标，证实复合种植可以作为防控葡萄根瘤蚜的有效措施，并且筛选出 1 种对葡萄根瘤蚜高活性的物质。对新出现的葡萄溃疡病、酸腐病等进行了研究，筛选了防控药剂及研发了综合防控技术。葡萄霜霉、白粉病、炭疽病、绿盲蝽等重要病虫害防控药剂及防控技术等取得进展，对许多药剂进行了试验和评价。研究了利用架型、避雨栽培对葡萄霜霉病等的防控。探索了色板对绿盲蝽和叶蝉的诱集效果。利用频振式杀虫灯诱集透翅蛾和叶蝉等。试验了高效氯氰菊酯、苦参碱、吡虫啉等药剂对葡萄二黄斑叶蝉若虫的毒杀效果。探索了色板对绿盲蝽和叶蝉的诱集效果，证实不同色板诱集的害虫种类和数量存在差异。利用频振式杀虫灯诱集透翅蛾和叶蝉，试验表明频振式杀虫灯杀虫量大，杀虫范围广。

葡萄病虫害流行与监测方面，对田间霜霉病孢子囊捕捉技术及孢子囊时间动态等相关性进行了研究，对病虫害流行监测体系的建立进行了探讨。对我国葡萄炭疽病病原菌种类及种内遗传分化进行分析；研究了我国葡萄霜霉病的遗传多样性。测定了葡萄溃疡病菌的全基因组序列，并分析了枝干病害上的 *Pestalotiopsis* 和 *Diaporthe* 属病原菌。建立了 LAMP 等两种葡萄霜霉病的检测技术，研发了葡萄病毒 RT-PCR、高通量测序等多种病毒病分子检测技术，研发了通过直接诱导丛生芽快繁及热处理与茎尖培养相结合诱导脱毒技术。

（4）葡萄商品化处理和加工技术研究

在贮藏保鲜方面，我国鲜食葡萄的中长期贮藏保鲜技术仍以“低温保鲜库 + 保鲜剂 + 保鲜膜”的技术方式为主，方便、多功能、多组合的保鲜剂及保鲜膜是近年研究的重点。重点开展了无核和特色品种耐贮运性筛选，明确了“红地球”“无核白”“火焰无核”和“克瑞森无核”等 4 个品种耐藏性差异的特征，开展了气固和液固双效处理技术的研究，适合不同生产规模和生产区域的 SO_2 气态脉冲处理方法，不同处理因素对贮藏过程葡萄灰霉病菌致病性及发病规律的研究，不同贮藏因素对鲜食葡萄质构变化的影响研究，预冷和结露对葡萄贮藏效果影响的研究以及微型节能冷藏库温度场分布的研究。

葡萄酒加工重在冷浸渍等新的工艺技术的探索和酿造工艺技术方案的完善。在本土特色原料如刺葡萄、毛葡萄的加工方面有新的进展，主要研究了果实和葡萄酒酚类物质、香气物质指纹特点，初步确定了葡萄酒的典型风味，研发了相关的酿造工艺，获得了关键的技术参数。在分析北京延庆晚采“美乐”葡萄果实酚类物质和香气物质指纹特点的基础上，研究了不锈钢罐和橡木桶发酵对晚采美乐干红葡萄酒风味品质的影响，并确定了相应工艺参数。

在优良葡萄酒酿酒酵母的筛选与分离、酿酒酵母高产乙醇及高乙醇耐受性方面的研究并取得了一定进展。甘肃、烟台产区葡萄酿酒相关酵母菌基本特性及酵母菌的筛选，酿酒酵母单倍体的分离及其发酵特性，嗜杀酵母耐受性及发酵特性，优选酿酒酵母的生理特性，优选活性酿酒酵母的真空干燥技术，宁夏贺兰山东麓优选酿酒酵母菌株的小容器酿酒试验，酒球菌优良发酵菌株的筛选及发酵特性，植物乳杆菌 β-D- 葡萄糖苷酶的定位研究，酒精发酵过程中不同酵母菌株对氮需求量的比较，环境条件对非酿酒酵母 β- 葡萄糖苷酶活性的影响，不同生长条件对植物乳杆菌产 β-D- 葡萄糖苷酶的影响，全基因组水平解析葡萄酒发酵过程中酿酒酵母硫化氢表型的形成机制等。

（5）小浆果（蓝莓为主）最新研究进展

共收集保存越橘属种质资源共 172 份，其中兔眼蓝莓 21 份，高丛蓝莓 105 份，半高丛蓝莓 12 份，矮丛蓝莓 10 份，蔓越橘 20 份，红豆越橘 4 份。同时通过植物组织培养方法保存了大部分重要的种质资源。收集保存了穗醋栗、醋栗、蓝靛果忍冬、树莓、唐棣、腺肋花楸等树种资源 100 余份。对越橘属、茶藨子属种质资源进行了植物学、植物生理学和分子生物学研究，对大多数保存的资源进行了评价，筛选出核心种质资源。建立了蓝莓、蔓越橘、红豆越橘的果实转录组文库，获得了大量功能基因的序列，对 PDR、MATE 转运蛋白基因、花青素合成关键酶基因等功能基因进行了克隆、表达分析及功能鉴定，并根据转录组序列资源开发了大量 EST-SSR 和 ESR-SNP 分子标记。通过杂交育种等手段，共进行了 28 个人工杂交组合的杂交授粉，获得 40000 余粒种子。累计获得杂交后代苗 15029 个，初选出部分优良单株，发现一些优异性状，如可溶性固形物高、香气独特等。选育登记蓝莓新品 4 个“瑞卡”（Reka）“都克”（Duke）“慧蓝”（MN 515），“瑞蓝”。此外，还登记树莓、腺肋花楸、唐棣等树种新品种 3 个。在栽培技术与栽培生理研究方面，主要研究了栽培基质的改良、营养与施肥、栽培模式等，为蓝莓大面积生产提供了技术支撑。同时对蓝莓根系生理、光合生理等方面进行了探索性研究，为蓝莓栽培提供理论依据。

2.3.2 **国内外研究进展比较**

（1）种质资源与遗传育种研究

国外葡萄种质资源和遗传育种研究主要体现在以下几个方面：分子标记、蛋白质组、转录调控、基因表达、胁迫响应、转基因、逆转座子标记、miRNA 研究、遗传规律及多样性等；葡萄的起源进化，种质遗传多样性分析和种质资源鉴定评价，遗传图谱的构建和 QTL 定位，细胞工程和遗传转化体系等。

在育种技术方面主要开展了分子辅助育种、转基因技术、胚挽救育种、多倍体诱导等。采用 SSR 标记建立了父母本的连锁图谱，并进行了花青素的 QTL 定位分析，结果表明 A8-QTL2 和 A14-QTL 影响浆果表皮中花青素的含量。定位了瑞津特葡萄的后代抗霜霉病和白粉病的主效基因，定位了控制葡萄开花时间的 QTL 位点。利用体细胞胚胎建立了 Manicure Finger 的葡萄再生体系，VaCPK20 的转基因株系通过提高 VaSTS7 的表达增加了白藜芦醇的积累。葡萄基因型的类别对于胚挽救效率的影响已进行了广泛的研究。采用安磺灵和秋水仙素处理葡萄品种的芽尖和体细胞胚，采用数学模型优化同源多倍体诱导过程取得进展。在品种选育方面，巴西农科院培育了 3 个适合在热带和亚热带气候下生长的品种，澳大利亚选育出 Millennium Muscat、Magic seedless、Mystic seedless，西班牙选育出 Itumtwelve，南非选育出 Stargrape2，美国公布了专利品种 IFG Twelve、Sugrafortytwo，以及新品种 Ga.5-1-45、JPD-001、Hall、Arandell、Aromella，韩国发表了 1 个三倍体和 Big Dela、Hongju Seedless 和 Red Dream，日本公布了 Muscat（マスカット）、ジパング、志太乃輝、Ponta（ポンタ）、Mondoburie（モンドブリエ）等鲜食葡萄品种。

（2）栽培技术与生理研究

国外葡萄栽培技术与生理研究主要集中在土壤管理、肥水高效利用、简化修剪、砧穗组合与嫁接、果园机械与信息化、土壤盐渍化等方面。其中土壤管理研究发现免耕可以增加酿酒葡萄的色素积累，是一种可持续的农业实践；肥水高效利用主要开展了营养诊断、肥料减施、叶面肥使用、生物有机肥、调亏灌溉和根系分区交替灌溉等方面的研究；简化修剪主要研究了架式和修剪对果实品质和葡萄生长发育的影响；砧穗组合与嫁接研究发现嫁接苗成活率与砧木和接穗的基因型有关，分别与从土壤中吸收水分的能力和气孔控制的敏感性有关；果园机械研究的热点是信息化与传感器；土壤盐渍化研究发现非盐渍地区的氮素管理措施并不适用于盐渍地区，而且氮素的施用可能引起葡萄盐害。

葡萄生产先进国家基本实行“优质健康苗木认证生产体系”进行苗木生产；建立起了省工省力、适于机械化作业的整形修剪技术体系，精细的花果管理技术体系和严格的果品质量追溯体系；推行生草制，多根据叶与土壤分析平衡施肥，精准施肥和生态配方施肥开始研究，广泛应用根域局部干燥及调亏灌溉等节水技术，智能灌溉开始应用；葡萄生产机械化程度高，基本实现标准化、信息化和全程机械化，正向自动化和智能化方向发展；物联网技术的研究与应用是设施葡萄的亮点，处于起步阶段。

（3）病虫害综合防空研究

葡萄上的有害生物鉴定。加拿大及美国学者通过形态学鉴定，多基因整合系统发育分析，明确了美国引起葡萄枝干病害的 Phomopsis 主要种类、优势种群。法国和南非首次报道发现 GFLV。

检测技术及监测技术。国际上对病毒病的检测技术主要包括：ELISA、RT–PCR、多重定量、芯片、RT–LAMP，其中多重定量检测与 RT–LAMP 具有节时、简单，灵敏度高的特点，每年检测技术在简化程序、提高灵敏性都有所发展。巴西的学者开展了葡萄霜霉病预警系统在施用药剂防治葡萄霜霉病的过程及防治技术中的作用的研究

葡萄病虫害防治方法与技术。包含生物防控、植物源农药，也包括化学农药；有遗传多样性、生物多样性的利用，也有利用化学生态学的生态调控；有具体技术和方法，也有根据监测动态和规律延伸出来的防控策略变革。南斯拉夫采用不同的处理方法、不同的药剂及施药技术在两个葡萄品种上（Frankovka and Game）开展了葡萄霜霉病的防治实验，进行了药效评价；智力的科学家对 Neofusicoccum 和 Diplodia 等病原菌进行了杀菌剂筛选和评价实验；匈牙利评价了防治葡萄白粉病的药剂特点；德国科学家研究了异色瓢虫对葡萄根瘤蚜取食情况，评价了进行生物防治的可能性；乌拉圭比较了不同品种上葡萄根瘤蚜的发生规律及防治技术；Loxdale 等研究了利用根瘤蚜经过多代繁殖种群的不稳定性来减轻对葡萄的危害。

（4）葡萄商品化处理和加工技术研究

国外在贮藏保鲜方面，采后鲜食葡萄仍以冷链流通贮藏保鲜为主，适宜产业化生产需要的新贮藏技术研发成为重点，注重果实采前质量管理、采后保鲜材料应用和冷链物流相结合。研究内容主要涉及采后生物类保鲜剂处理、植物生长调节剂等化学药剂处理和低氧、活性包装膜等物理处理对贮藏品质的影响及物流过程包装、码垛、运输方式对果实品质影响；入贮前果实生物学特性与质地分析关系、营养物质与果实质地关系、预冷与果实品质的关系、SO_2 类保鲜剂替代保鲜技术研究等内容。

优质酿酒葡萄生产的栽培学调控及葡萄酒酿造中的质量控制继续受到各国学者的关注，调控手段更加趋于精细。添加橡木片、橡木提取物、脱水葡萄皮渣等对葡萄酒感官品质的影响仍是葡萄酒酿造科学关注的重点。葡萄酒化学组分与感官特性关系的研究方面着

重于涩感、香气特性形成的化学基础。香气组分鉴定和特性香气研究是在葡萄酒化学和葡萄酒感官品评分析中都有重要的研究价值；原料成熟度和陈酿及瓶储氧管理对葡萄酒风味质量的影响；葡萄与葡萄酒化学组分鉴别的研究持续，新的风味物质的发现和已有风味物质的准确快速定量一直是葡萄酒化学研究的核心问题之一。

国外在酿酒微生物方面，发酵过程中酵母菌的检测趋于定量化，在酵母对葡萄酒感官质量的影响、酵母的硫代谢和氮代谢及其调控、酿酒酵母氧化胁迫应答机制、非酿酒酵母的研究利用及乳酸菌糖苷酶的研究利用、乳酸菌的抗胁迫应答等方面都取得了一些进展。主要为比较筛选适合特定葡萄品种的发酵用酵母；新方法在酿酒酵母相关研究中的应用，如用衰减全反射光谱技术监测葡萄酒发酵过程中的酿酒酵母、不同酵母之间的相互作用对葡萄酒质量的影响、非酿酒酵母的研究利用等几个方面。

2.4 干果类果树研究

2.4.1 最新研究进展

我国是世界干果生产第一大国，其中枣、核桃、板栗、柿等重要干果的面积和产量均居世界首位。2013 年我国红枣产量达 634 万吨，柿子产量 353.9 万吨。

（1）种质资源与遗传育种研究

建于山西省果树研究所的国家枣种质资源圃，近年来每年新增加种质 30 份左右，截至目前已收集保存的枣种质达 700 多份，占到全国已知枣种质的 70%，成为我国同时也是世界上保存枣种质数量最多的资源圃。

枣种质资鉴定评价研究，梁春莉（2013）将 100 个枣品种分成三类，即完全败育品种占 29%，中小果败育品种占 32%，小果败育品种占 39%，且随果实大小不同败育情况有所不同，小果败育率可高达 100%。李百云等（2014）研究了宁夏当地枣品种灵武长枣、同心圆枣、中宁圆枣及引进的冬枣、小口枣等的可育性，发现同心圆枣、灵武长枣 4 号能自花结实，但异花结实率更高，灵武长枣和冬枣属异花结实品种。徐呈祥等（2012）研究干旱、盐、碱胁迫下枣和酸枣的生物学响应，发现耐旱性最强的是大瓜枣和梨枣，耐盐性最强的是大瓜枣，耐碱性最强的是酸枣和大瓜枣，大瓜枣是一个对 3 种非生物逆境抗性都很优良的枣品种；冬枣既不耐干旱，也不耐盐碱。苑赞等（2013）通过连续 5 年对 169 个枣品种的果实裂果方式、裂果率、裂果程度比较，筛选出一批抗裂品种，如葫芦长红、官滩枣等。王晓玲等（2012）对“冬枣”等 6 个品种的枝条进行抗寒性研究，萌芽前抗寒性最强的为“泗洪大枣”，萌芽后抗寒性最强的为“冬枣”。田国忠等（2013）采用不同枣树品种（系）接穗嫁接到枣疯病砧木方法鉴定出高度抗病品系 2 个。刘孟军等（2014）在枣种质资源创新中，从 500 份枣种质资源中筛选出了一批可供选作母本和父本的优异种质，通过控制杂交获得了子代群体。此外，利用 SSR 标记技术从“冬枣”和“灵宝大枣”自然授粉实生苗中鉴定出了杂种群体（王斯琪等，2012）。

在国家果树种质泰安核桃、板栗圃进一步收集保存种质的同时，对新疆、湖北等地核桃种质资源进行了收集和评价，比较了普通核桃、核桃楸、河北核桃和黑核桃 4 种核桃属植物的 20 份种质的抗寒性。刘国彬等（2013）发现板栗雄花败育资源 Cms-2 属于花药退化型雄性不育，其在板栗种质创新中具有重要价值。

黄瑜芳（2014）对完全雄性柿种质的分类学地位及其作为花粉供体潜力进行研究，认为中国原产完全雄性种质属于柿属柿种，具备作为授粉材料基本要求，有作为完全甜柿专用授粉品种和遗传改良亲本的应用潜力。另外，还对浙江省农家柿品种资源 274 份、贵州地方柿资源 88 份及广西等地的柿子种质资源进行了研究（赵献民，2012；韩振诚等，2014；邓立宝等，2012；扈惠灵，2014）。刘伟等（2013）调查发现，先栽植君迁子，然后用其做砧木嫁接品种建园，152 份柿资源均未发生冻害。

杂交育种是当今世界上果树新品种培育的最主要方法，但枣树杂交育种非常困难，主要原因是在人工杂交中存在花很小去雄难、坐果率很低、胚败育非常严重等问题，难以获得杂种后代。刘孟军等（2014）在深入分析枣树杂交育种的瓶颈制约因素、系统研究枣树不同种质的结实特性和花粉育性、攻克枣幼胚挽救技术和杂种分子鉴定技术及多年实践探索基础上，提出了免去雄控制杂交技术体系，并成功获得了批量杂交后代。在枣倍性育种中，刘学生等（2013）鉴定出枣品种“苹果枣”为自然三倍体品种。除了从自然种质中鉴定出多倍体种质外，枣树倍性诱变种质创新工作取得了显著进展。石庆华（2014）通过在田间利用秋水仙素处理对枣树枝条截面愈伤组织细胞的染色体数加倍、经过芽再生及倍性鉴定，建立了免混倍体纯化、简便高效的多倍体诱导技术体系和倍性鉴定体系，获得了 4 个枣基因型和 9 个酸枣基因型的纯四倍体材料。

柿杂交育种取得了新进展。中国柿品种繁多，但主栽品种多为完全涩柿。我国特有的完全雄性种质作为父本具备改良主栽涩柿品种的潜力，结合分子标记辅助选择和嫩枝高位嫁接可以完善中国甜柿快速遗传改良技术体系。刘真（2013）以“恭城水柿”和“鄂柿 1 号”为母本，以完全雄性种质雄株 10 号为父本，利用人工杂交授粉及胚挽救技术获得 2 个杂交组合的 F_1 代试管苗 251 株，并用 SSR 和 IRAP 分子标记对获得的 F_1 群体材料进行杂种鉴定。裴忺（2014）发现进行中国甜柿杂交育种工作最有前景的杂交组合是“鄂柿 1 号”“恭城水柿”“华柿 1 号”分别与“罗田甜柿”和含有 R02 标记的完全雄性种质的组合，中国甜柿快速遗传改良体系与日本柿品种选育程序相比，不仅克服了近亲退化的现象，还缩短了育种时间，提高了育种效率。

板栗和核桃的育种工作也取得了新进展。沈广宁（2013）利用泰山板栗实生大树群体，通过实生选种途径选育出“东岳早丰”“东王明栗”“红栗 2 号”“岱岳早丰”4 个新品种。刘国彬等（2013）以 3 个板栗品种“燕红”“怀黄”“怀九”为母本，以锥栗为父本，进行了远缘杂交亲和性及杂种表型特性研究，发现以“怀黄”“怀九”为母本远缘杂交结实率较高且杂种优势明显，亲和性好。罗登瑶（2014）从核桃 36 个组合中选出符合育种目标的 2 个最优杂交组合。刘喜星（2012）对“绿岭”核桃进行了多倍体诱导，得到了四倍体。

（2）基因组学与生物技术研究

刘孟军等（2014）首次完成了枣树的全基因组测序，结合重测序、转录组测序和大量的室内外分析，揭示了枣树在果实营养、枝条发育和抗逆性等方面独特生物学性状的分子机制。枣树全基因组测序工作的完成预示枣树后基因组时代的到来。枣树研究将从对单一基因或蛋白质的研究转向多个基因或蛋白质同时进行系统的研究。廖卓毅等（2014）利用高通量测序技术，对核桃基因组进行了部分测序，并利用测得的序列进行了核桃基因组微卫星特征分析，表明核桃基因组微卫星重复序列六碱基重复类型的重复数最多，A/T 碱基含量丰富，而 C/G 碱基含量相对较少。

最近，枣树抗病虫基因和代谢相关基因转化初步取得了成功。高尚坤（2012）成功将香樟 *RIP CcRIP* II 基因通过农杆菌介导成功转化入圆红大枣中，转基因植株较未转基因植株对枣疯病表现出较高的抗性。郝征（2012）优化了根癌农杆菌介导的冬枣叶片遗传转化适宜条件，并将双抗虫基因（*Bt* 基因和蛋白抑制剂基因 API）转入冬枣中，得到了转基因株系。魏巍（2013）经根癌农杆菌介导将小麦 Tapt3 磷转运蛋白基因转入到了木枣中。

核桃的遗传转化也取得重要进展。刘昊（2013）建立了比较完整的核桃花粉管通道遗传转化体系。师校欣等（2012）利用花粉管通道法获得了转化成功的果实。李好先（2014）建立了农杆菌介导的核桃的遗传转化体系并将 *rolB* 基因导入核桃基因组中。

（3）栽培技术与生理研究

近几年，枣树栽培技术与生理研究主要涉及避雨栽培、设施栽培、特别是直播建园密植栽培技术与生理方面。韩志强等（2013）和李丽等（2013）发现避雨栽培可有效降低冬枣和“金丝 4 号”的果实裂果率，且果实品质较露地栽培明显提高。高梅秀等（2013）发现适宜设施栽培的 6 个枣品种的需冷量依次为“马牙枣”＜“早脆王”＜“沙窝枣”“马铃脆枣”＜“红螺脆枣”＜“冬枣”。在直播建园超高密度（300 ~ 600 株 / 亩）栽培条件下，可依据枣树生物量及养分积累动态变化规律，通过培养木质化枣吊、摘心、合理施用钾肥等提高枣产量与品质。杨俊杰（2013）研究了 3 米 ×2 米，3 米 ×2.5 米和 3 米 ×3 米高密核桃园的幼树整形修剪技术，提出随着树龄增加，在挂果后需及时间伐。胡琼娟等（2012）研究了核桃的灌溉制度，提出了新疆滴灌条件下开花期、果实膨大期及硬核期的土壤水分下限指标，全年需灌水 12 次，灌水定额为 680 立方米 / 公顷。

（4）病虫害综合防治研究

尽管干果病虫害种类较多，但难以防控的重大病害一直是研究的重点。对于枣树的毁灭性病害枣疯病，近年来开展通过砧木和转基因加以防治的研究。铜钱树作为砧木可以提高枣树抗枣疯病的能力，但机制不清。张小娟（2014）以铜钱树砧和西山焦枣本砧的新梢为试材，采用代谢组学技术，对枣树新梢的代谢产物进行代谢组学分析，发现铜钱树砧和枣本砧的两种材料中物质组成差异很大，尤其是被嫁接枣疯病后，枣树的糖酸代谢和氨基酸代谢发生了显著变化。研究表明，钾等矿质元素缺乏与枣缩果病的发生有关，在枣缩果病的防治中应重视调整肥料供应。

（5）采后贮藏与加工技术研究

干果的深加工，尤其是体现干果特色的功能性食品开发是近年来研究的重点。段禹轩（2013）通过水浴加热浸提法以及离子交换法对红枣中的 cAMP（环磷酸腺苷）进行分离，经过浓缩和真空冷冻干燥得到 cAMP 的冻干粉粗品，然后采用硅胶柱层析方法对其进行纯化，经过浓缩和真空冷冻干燥后得到 cAMP 冻干粉纯品。王立霞（2013）和李薇（2012）研究了超声水浴提取枣 cAMP 的提取工艺。对于核桃加工来说，核桃多肽是受到重视功能性成分。敬思群（2012）采用复合蛋白酶水解制备多肽，经脱苦、调配、均质、微波 – 高温联用杀菌制成核桃多肽饮料。吴夏花（2012）在核桃仁机械破碎的基础上，经提取去油的核桃粕进行酶解，然后将酶解产物经过 Sephadex G–25 凝胶层析柱进行分离，对具有较强抗氧化活性的分离组分进行富集并冷冻干燥制成了营养型核桃多肽粉。

（6）果园机械与信息化技术研究

果园机械化研究在修剪和采摘方面取得了一些新进展。针对新疆矮化密植枣园规模大，劳动力缺乏且昂贵的现状，根据枣的枝条特性、修剪要求及现有的修枝器械现状，研究设计了用于矮化密植枣园枣枝修剪的电动修枝剪刀；针对矮化密植红枣生长特点，设计了自走式矮化密植红枣收获机。针对核桃采摘特点，特别是矮化核桃树采摘需要，设计了采摘机械。

在枣园信息化管理方面，实现了果园生长环境实时检测。李久熙等（2012）为提高基于 Web 的枣病虫害诊断专家系统使用效率，将手机短信和枣病虫害诊断专家系统结合起来，设计实现了枣病虫害诊断短信平台，通过移动通信技术推进了枣病虫害智能诊断的应用。苏夏侃等（2013）利用 LabVIEW 图形界面设计的强大功能实现了冬枣栽培环境因子监测系统的界面设计以及程序设计，运行性能良好。

2.4.2　国内外研究进展比较

我国是枣、板栗、柿、仁用杏的原产地和核桃的原产地之一，同时也是这些重要干果的最大生产国，近年来我国干果研究日益受到重视，并取得了令人瞩目的科技进展。

枣树已经传播至世界五大洲的 50 多个国家，其中韩国已经形成规模化栽培，澳大利亚、美国、意大利、以色列开始在个别地区有部分商品栽培，其他国家仍基本上限于庭院栽培或作为种质保存，中国仍是世界上最重要的枣生产国和出口国，世界 98% 以上的枣树资源仍集中在中国。国内枣的科研已经涵盖了种质资源、基因组和生物技术、遗传育种、栽培技术和生理、病虫害防治、采后贮藏和加工及果园机械化和信息化各个方面。国外枣的研究主要集中在种质资源收集和枣的营养成分研究。枣功能营养成分的研究、开发利用，将是今后国内外研究的共同热点。

我国是柿的研究近年来取得了长足进步，特别是在我国特色柿种质的调查、收集、保存、遗传多样性检测、遗传稳定性鉴定、起源、演化研究以及经济性状评价和应用等方面发展迅速，但与日本、韩国和意大利等先进国家相比，在遗传研究、新品种选育、栽培管理和采后处置等方面研究仍有差距。核桃是近年来我国的发展最快的干果之一，面积和产量均已高居首位，并在核桃育种、栽培和加工利用等方面取得了显著进展，但是核桃在世界50多个国家都有种植，中国核桃的国际竞争力仍低于美国、法国等国家。

2.5 柑橘类果树研究

2.5.1 国内主要研究进展

柑橘类果树主要有柑、橘、橙和柚类等，是世界第一大常绿果树，在我国年产量仅次于苹果，处第二位。据农业部统计，2013年我国柑橘类果树种植面积242.2万公顷，产量为3320.9万吨。

（1）种质资源与遗传育种研究

柑橘种质资源收集、发掘与评价，初步完成了宜昌橙地理分布、分布区域气候与环境以及形态学等特征的调查，在云南元江发现了我国单独分布面积最大的宜昌橙种群；在贵州、陕南、广东等地收集保存地方特色柑橘资源120余份，在湖北、广西、陕西、河南等地收集野生资源300余份；从多个柑橘实生群体中获得多倍体，包括椪柑、本地早橘、日辉橘、早金甜橙、枳、早实枳、枳橙等；构建了柚杂交群体的高密度遗传图谱；创制了山金柑自交和杂交群体。

传统杂交育种以倍性育种以及杂种资源创制为主。采用分子标记鉴定杂种与遗传变异，利用胚抢救技术结合常规育种技术进行种质创新仍然是研究重点。华中农业大学等单位配制了大量杂交组合，包括以异源四倍体体细胞杂种为亲本培育无核三倍体。

优良抗逆砧木和最佳砧穗组合筛选研究。对103种柑橘种质资源进行了抗病筛选，除传统的抗脚腐病砧木资源——枳、枳橙、酸橙外，还发现罗汉橙、早花枳、黎檬类、香橙类等为高抗病资源。对柑橘体细胞杂种进行了砧木适用性评价；砧木品种区域试验正在开展。

分子标记辅助育种得到广泛应用。分子标记的应用可显著提高育种效率，同时也是资源评价和分类的重要辅助手段，一直被广泛应用，包括不同品种分子鉴定和亲缘关系分析、杂交后代遗传多样性分析、芽变鉴定等。

实生选种和芽变育种获得了一批新品种。通过实生选种获得新品种——“华橙1号”。芽变育种仍是一种最主要的育种方法，获得了“牛肉红朱橘”、少核柑橘——“金水椪柑2号”“粤农晚橘”“赣南早脐橙”“华晚无籽砂糖橘”“柳城蜜橘”等新品种。完成了“长叶香橙”“桂橘一号”“少核年橘”“粤丰早橘”“红肉蜜柚”等品种的审认定工作。共审定柑橘新品种9个，包括“眉红脐橙”“早红血橙”“晚红血橙”“红翠2号”等早晚熟品种；申请品种保护权7个；筛选出大果夏橙株系、桃叶橙优系（红肉型）、佛罗斯特夏橙优选株等晚熟甜橙优良选系10余个。

细胞工程培育的无籽柑橘品种获得农业部新品种权保护；芽变选种选育了一批柑橘新品种，如早熟脐橙、无籽红橘等；杂交育种培育的柑橘新品种开始试种，如金沙橘。引进的杂柑品种得到较大范围种植，例如以色列沃柑、日本培育的不知火和爱媛28号等。

（2）基因组学与生物技术研究

我国在世界上首次公布了双单倍体甜橙“红夏橙”全基因组序列，并通过比较基因组学分析，明确甜橙是柚与橘的回交后代。从甜橙基因组序列中开发了大量 SSRs 标记，未来可用于构建高密度遗传连锁图谱。通过筛选 SNPs 位点，构建了柚 F_1 代分离群体的遗传图谱。

采用花药培养技术获得了甜橙单倍体细胞系；采用组学及转基因技术研究抗性资源或特异性状资源的性状机理；建立了发根农杆菌介导的外源基因转化枳的技术体系；以金柑为材料，建立了“gene-deletor”转化技术；初步建立了短童期的山金柑的遗传转化体系。

（3）栽培技术与生理研究

柑橘矫正施肥技术应用效果显著。由于国内柑橘的氮、钾过量和缺锌、缺镁（红壤区）现象普遍，柑橘叶片营养诊断和配方施肥研究的成效显著，缺素矫正技术已日趋成熟，且逐渐被果农接受。研发的柑橘专用镁肥、柑橘皮渣发酵专用肥、柑橘专用有机无机复混肥已在江西、重庆、四川等地推广应用，年应用量超过 5 千吨。

果园栽培轻简化技术得到大力推广。果园季节性自然生草栽培、肥料撒施、大枝修剪、果园滴灌等省力化栽培技术在产区被普遍应用；密改稀、大冠改小冠、隔年轮换结果、起垄、地面铺膜、控水控肥和完熟采收等技术应用面积扩大，其中温州蜜柑的隔年交替结果技术推广面积扩大至 2 万亩以上。受黄龙病影响，黄龙病疫区重视矮密早等栽培技术，矮密早栽培、抹芽（杀芽）控梢等技术受到重视。

延迟采收和留树保鲜技术发展迅速。柑橘延迟采收和果实留树越冬栽培在四川、重庆、广西、湖北三峡库区等地的应用面积扩大，推广面积超过 60 万亩；晚熟柑橘在重庆、四川、云南发展较快。通过品种搭配、利用不同的生态区及留树保鲜技术，基本上能达到一年 9 个月（即 9 月下旬至翌年 6 月下旬）有鲜橙果实上市。

一批新技术应用于产业，例如柑橘交替结果技术、覆膜延迟采收技术、汁胞加工技术。新的蜡液开始应用于生产。

（4）病虫害综合防治研究

对黄龙病、溃疡病等柑橘重要病害的研究均取得积极进展。分析发现中国柑橘黄龙病菌株中国种群内存在显著多态性；首次在柑橘中发现噬菌体颗粒；发现能传播黄龙病的木虱新种；发现了黄龙病一种新寄主——芸香科蠔壳刺。将中国溃疡病菌分为 14 种不同的基因型；评估了金柑和甜橙对溃疡病菌侵染的差异转录响应，建立了 EGFP 标记，可系统观察溃疡病菌在寄主体内的侵染过程。

完成了柑橘绿霉病菌中国菌株的基因组测序，明确有 3 种间座菌与柑橘病害相关。热水处理有助于提高璞膜毕赤酵母对柑橘青、绿霉病的防治效果；喷施辛醛能提高果品在贮藏期的品质，并预防柑橘绿霉病；对柑橘脉突病毒进行测序；筛选出防治黑点病的有效新型杀菌剂。

2012 年“柑橘良种无病毒三级繁育体系构建与应用”获国家科技进步奖二等奖。主要完成单位：西南大学、重庆市农业技术推广总站、广西壮族自治区柑橘研究所、全国农业技术推广服务中心。主要完成人：周常勇、熊伟、白先进、唐科志、吴正亮、李莉、赵小龙、李太盛、张才建、杨方云。该项目针对柑橘病毒类和检疫类病害检测时效性差、无毒种源应用滞后、良种繁育技术落后等突出问题开展系统研究，明确我国柑橘病毒类病害的种类和分布，探明重要病原的起源、流行规律和致病机理，国际率先建立微量快速柑橘病原核酸模板制备技术和衰退病毒在寄主中的时空分布模型；系统建立我国柑橘病毒类和国内外检疫类病害分子检测技术；建立疫病监测预警系统，创立黄龙病联防联控和村规民约防控模式，突破高通量实时快速监测、预警等防控瓶颈，支撑我国首个柑橘非疫区建设和疫病防控体系建立。国内率先建立柑橘茎尖嫁接脱毒技术，国际首创茎尖脱毒效果早期评价技术，使无毒化进程由 3 年缩短为 1 年；创建世界最大拥有 423 个良种的无病毒原种库；研发营养土配方和设施育苗，集成创新柑橘无病毒容器育苗技术，无病毒苗木在圃时间由 3 年缩短到 1 年半；建成国家柑橘苗木脱毒中心，以无病毒原种库为基础，构建了国家级母本园和采穗圃、省级采穗圃、地方繁育场为主体的柑橘无病毒良种三级繁育体系，推动我国柑橘良种繁育跨越发展。

对大、小实蝇及螨类等柑橘主要虫害的研究均取得积极进展。在橘小实蝇中发现了胰岛素信号途径的 6 个组分和与肽聚糖识别相关的新基因；明确了橘小实蝇兰尼碱受体基因的结构特点；利用不同药剂处理橘小实蝇成虫，筛选受诱导的基因，为药剂代谢和抗性机理研究奠定基础；解析甲基丁香酚诱杀橘小实蝇的分子机理和橘小实蝇对 β－氯氰菊酯抗性的分子机理；明确了橘小实蝇四个地理种群对马拉硫磷的敏感性与靶标酶活性的关系；研究了低温对柑橘大实蝇蛹滞育的作用以及温度和寄主植物对其化蛹的影响；明确大实蝇成虫活动的时空分布及其对诱杀效果的影响。钴 -60 处理可有效清除果实表面的柑橘红蜘蛛，并延长保鲜时间；筛选出对八节黄蓟马成虫和若虫均有较强杀虫效果的植物提取物。完成柑橘全爪螨不同螨态的转录组测序，获得了大量与抗药性相关的基因信息。

（5）采后贮藏与加工技术研究

延长柑橘贮藏期的研究。改进柑橘贮藏的设施或简易设施、贮藏过程中的技术处理、改进柑橘果实包装和运输方法等。完成了咪酰胺等柑橘常用杀菌剂浓度的快速检测技术；由我国自行研发的两种柑橘果蜡已基本实现产业化。

柑橘加工特性、加工工艺技术与装备研究。评价不同品种、不同地区柑橘加工适应性，筛选适宜加工的柑橘品种；开展工业化加工、橘汁调整、工业化脱酸与脱苦技术等研究；对果肉加工利用、囊胞利用技术、柑橘汁加工副产物的综合利用开展系统研究。开发出单次剥皮率 80% 以上的柑橘剥皮设备样机。

重视柑橘高附加值产品与加工废弃物综合利用的开发。开展连续提取柑橘精油、果胶、橙皮苷等工艺，开发了多种瓯柑精油护肤用品；对果肉加工利用、囊胞利用技术、柑橘汁加工副产物的综合利用开展系统研究。重视柑橘零废弃加工技术的开发，利用柑橘皮渣开发高附加值产品。

2013 年“柠檬果综合利用关键技术、产品研发及产业化”获国家科技进步奖二等奖。主要完成单位：重庆长龙实业（集团）有限公司。主要完成人：刘群。该项目已经成功开发出柠檬果汁饮料、柠檬果酒等 5 大系列 8 款新产品，建立了生产工艺和生产线，实现了柠檬皮、肉、汁、籽等全果综合利用的产业化。该项目还获得 6 项国家发明专利授权，获得了 7 项商标注册。

（6）果园机械化与信息化技术研究

山地果园综合利用系统获得新进展，特别是滴灌、喷雾装置和运输机的研制。研发的 10 种山地果园运输机进行产业化生产，并发布了《7SYQ 山地果园牵引式运输机》企业标准；研发了便携式电动挖穴机，开沟、施肥及覆土一体的联合作业开沟施肥机。

重视柑橘树体营养元素、病虫害等检测技术与设备研究。开展基于高光谱图像技术的柑橘树叶片含氮量、叶片光合色素含量等营养元素含量检测技术，以及快速无损检测柑橘黄龙病、红蜘蛛、全爪螨虫等果树病虫害的方法与设备的研究；设计了柑橘树冠层叶面积指数检测系统。开展了机械采摘、果园监控系统等研究。

2.5.2　国内外研究进展比较

（1）种质资源与遗传育种研究

世界范围内的柑橘资源研究主要是利用分子标记（SSR 等），鉴定当地特色品种或砧木的来源。而随着柑橘精油在化妆品与糖果业的成功应用，枸橼资源被广泛关注，欧美国家利用遗传标记检测枸橼种质遗传多样性。我国也开展了一系列收集、鉴定、保存柑橘特色野生资源的工作。

2012 年，全世界报道的柑橘新品种 10 多个，其主要特点包括：第一，长期的育种积累。例如，意大利和西班牙三倍体品种均来自 20 世纪 70 年代末和 80 年代初的倍性杂交与离体胚抢救研究。第二，新品种被保护，公司参与比例增加。2012 年公布的 10 余个新品种基本上均受到品种权或专利保护。第三，品种选育的国家更加广泛。第四，选育的新品种主要集中在脐橙（芽变）、克里曼丁橘以及其有性杂交后代（杂柑）、夏橙等鲜食品种。2014 年柑橘新品种选育以芽变选种和杂交育种为主，包括贡柑的无核芽变、满头红的优质芽变——华红橘一号、温州蜜柑的高黄酮含量突变体、克里曼丁橘的自然晚熟突变体 Tardivo、甜橙的自然早花突变体等。

传统的育种方法主要用于砧木育种、三倍体育种以及杂种资源创制。通过杂交育种获得了 12 个砧木杂种群体；通过嫁接 Pera 甜橙发现，与原有砧木品种相比，以杂种苗作砧木的 Pera 甜橙表现出较强的抗枯萎病能力。美国发现 Na^+、Cl^-、K^+ 等离子富集的部位以及盐胁迫下抗氧化酶的活性有潜力作为检测砧木耐盐性的指标。

果实无核、缩短童期是柑橘育种的重要目标。西班牙通过对二倍体与四倍体杂交产生的三倍体后代（潜在的无核品种）的观察，发现亲本对于后代的童期具有影响。研究发现异花授粉的柑橘在授粉后很难发生种子败育现象，但在花后 14 天或授粉后 7 天，用马来酰肼处理，可明显降低种子数目及重量。在开花期间施加一定剂量的 GA 和硫酸铜，可大幅提高无核果实数目且单果种子数明显降低。最近研究鉴定了 8 个与童期有关的候选转录因子，1 个促进柑橘开花的基因，超量表达该基因可缩短童期。

分子标记的开发与应用仍是研究热点。分子标记作为一种传统的生物技术手段在传统育种中也占有重要地位，在高效筛选合子胚、鉴定芽变、研究系统发育和基因进化等方面应用广泛。

（2）基因组学与生物技术研究

基因组学成为大规模研究基因的手段之一。柑橘基因组测序的完成使分子标记开发更快捷有效。利用二代测序，欧美国家合作，从头拼接获得一个高质量的单倍体克里曼丁橘的参考基因组，并通过比较基因组学分析，探索了橘、柚、甜橙和酸橘等栽培种的来源及这些栽培种之间的进化关系。从柑橘 EST、BAC-End 序列（BES）中开发了柑橘不同种和品种的 SNPs、InDel 等标记。

柑橘基因组信息正在不断完善，越来越多柑橘品种的基因组被重测序，大大丰富了柑橘组学数据库，包括基因组、转录组、miRNA 和蛋白质组数据等。更多的功能基因被发掘，基因的遗传转化、功能验证研究也更深入。功能基因研究主要集中在无籽、抗性和果实品质等方面。

（3）栽培技术与生理研究

营养元素是柑橘栽培领域研究的重点。滴灌施肥在发达国家已形成较完整的技术体系。根据柑橘对水肥需求特点，推行“先进柑橘生产系统”（advanced citrus production systems，ACPS），通过控制生长过程中水和营养、限制根系以及水肥混合灌溉、精准平衡施肥等技术的应用来满足植株最适需求，达到水肥一体化。在叶片营养诊断基础上，根据土壤特性，为柑橘果园配置 BB 肥（桶装掺混肥）。在佛罗里达柑橘生产中 BB 肥施用占 80% 以上。

部分国家主要砧木品种发生变化。在美国，施文格枳柚取代枳橙，成为最主要的砧木；但在西班牙、南非、澳大利亚和智利等国，枳橙仍为主要砧木。

推行省力化和精准农业技术。近几年，世界柑橘产业面临劳动力短缺、劳动力成本升高等问题，柑橘生产朝着省力、低成本、机械化、自动化和信息化方向发展。根据柑橘对水肥的需求特点，精确定量、适时供给，以减少水肥浪费，促进生态农业的发展。

注重开发防治重大病虫害及抵御自然灾害的综合新技术。受黄龙病、溃疡病等危险性病虫害影响以及鲜销柑橘生产者追求早期产量的影响，美国、巴西、智利等国栽植密度普遍增加 0.5 ~ 1 倍。2014 年美国受冻害影响，柑橘产业遭受损失，推动了利用灌溉等技术防冻的研究。

（4）病虫害综合防治研究

柑橘主要病害防治取得积极进展，黄龙病仍是各国关注的焦点。建立了柑橘黄龙病菌在树体内的传播模型，解析了黄龙病菌—木虱—寄主植物互作机制，开展了黄龙病菌感染抗耐品种的比较转录组分析；黄龙病菌美洲种和来自广西的亚洲种相继测序完成；鉴定了黄龙病菌中一种介导细菌响应渗透压的转录因子，并设计了小分子药物靶向调控该转录因子，为黄龙病防控提供了新策略。生防制剂没食子酸烷基酯和芽孢杆菌防治溃疡病菌效果显著；通过使用 D- 亮氨酸和吲哚 -3- 乙腈可以有效抑制溃疡病菌生物膜形成。首次报道了由枝孢霉属（*Cladosporium cladosporioides*）引起的温州蜜柑霉斑病；哥伦比亚发生的类似柑橘麻风病的病害由细胞质型 2- 柑橘麻风病毒引起。在古巴发生的柑橘枝干腐烂病的主要病原为一种嗜蓝孢孔菌。

柑橘木虱、橘小实蝇等重要虫害的研究进展迅速。沉默柑橘木虱翅盘发育基因会干扰成虫翅的发育，提高若虫的死亡率；建立基于震动吸引力的方法，可扰乱或干涉柑橘木虱的交配；沃尔巴克氏菌（Wolbachia）在柑橘木虱体内普遍存在，可根据其特性设计防治木虱的策略。柑橘木虱取食表达异型翅原基基因的大翼莱檬后，其翅发育受抑制，成虫死亡率升高；（Rubidoux）枳对柑橘木虱的产卵行为有趋避作用；使用有机硅作为佐剂，可大幅减少农药用量。南非研制出橘实蝇绿色新型蛋白饵剂。橘小实蝇烟碱型乙酰胆碱受体以及乙酰胆碱酯酶介导的抗药性机制研究取得显著进展。明确虫害诱导植物产生的挥发物对捕食螨取食的机制。开展捕食螨与吡虫啉对控制柑橘苗害虫的兼容性研究。柑橘木虱、柑橘小实蝇、柑橘全爪螨等被纳入 *i5k* 基因组测序计划。

（5）采后贮藏与加工技术研究

已建立较完善的橙汁加工技术体系。国外柑橘产业发达的国家，如美国、巴西、西班牙等均开发了专业的橙汁加工装备，并建成了具有一定规模的适宜于加工的柑橘种植基地，橙汁加工技术体系较完善。

注重加工技术的革新。不断创新 NFC 加工技术；研究柑橘品种和榨汁性能之间的关系；通过现代食品工程技术对原有柑橘汁生产工艺进行改进，尽可能保存柑橘汁的色、香、味及营养物质；橙汁脱苦技术的创新、节能减排技术等。

重视柑橘全果利用率的提高，研发高附加值的产品。重视柑橘皮渣的综合利用，深度开发皮渣的延伸产品，使柑橘果实加工利用率提高到 90% 以上；从副产品中连续提取高附加值的系列产品，用于食品、化工、保健品和化妆品产业。

（6）果园机械化与信息化技术研究

构建柑橘地理信息系统，开发智能化灌溉控制系统，发展节水灌溉技术。注重果园喷雾、采收机械及病害检测系统的研发与利用。

2.6 热带和亚热带果树研究

我国亚热带果树主要包括荔枝、龙眼、枇杷、杨梅等果树（本部分内容不含柑橘类果树）；热带果树主要包括香蕉、菠萝、番木瓜等。2013 年我国热带和亚热带果树产量达 1926.5 万吨，其中香蕉 1207.5 万吨，菠萝 138.6 万吨，荔枝 202.2 万吨，龙眼 155.5 万吨；种植面积香蕉为 588 万亩，菠萝 90.8 万亩，荔枝 813 万亩。

2.6.1　香蕉

（1）种质资源与遗传育种研究

我国香蕉资源方面的研究还远远落后于国外同行，对香蕉种质资源的评价、创新利用以及利用分子标记辅助育种等研究尚处于初级阶段，仅中科院华南植物园和中山大学有少量的种质资源遗传多样性的分子评价研究，但是系统地进行香蕉种质资源创新利用的研究国内还少有开展。虽然我国不是香蕉种质资源起源和进化多样性中心，野生资源类群和种类较少，但我国境内云南、广西、福建等地还有一些野生蕉群落，资源的收集工作有待于进一步系统、全面的开展。我国香蕉资源圃内虽然保存有大量的种质资源，然而还未有大规模的评价利用。

香蕉种质资源的保存主要以田间保存和离体保存为主。设在比利时鲁汶大学内的国际生物多样性组织的国际香蕉种质交换中心（Bioversity's International Transit Centre，ITC），保存有来自各国的香蕉资源 1298 份，是全世界最主要和最权威的香蕉种质离体保存库。

国外芭蕉科及芭蕉属内资源的系统发育和分化研究取得了重要进展，从分子水平上阐明了一直模糊不清的芭蕉属内各组的亲缘和进化关系。Christelová 等通过一种多基因序列差异比较的方法，结果显示南蕉组（Australimusa）和美蕉组（Callimusa）亲缘较近，而真蕉组（Eumusa）和红蕉组（Rhodochlamys）较近，在分类上可划为同一组。Hřibová 等通过 Sanger 测序核糖体 RNA 基因（rDNA）上保守的内转录间隔区（ITS）序列，对代表芭蕉科的 87 份种质进行遗传进化分析，表明芭蕉属可分为两聚类；大多数芭蕉科种间杂种包含来源于亲本的保守 ITS 序列，说明存在 rDNA 位点的不完全致同进化。Jeridi 等通过基因组原位杂交技术在三倍体栽培中发现 A、B 基因组存在染色体部分同源配对的现象。另外，Christelov á 等利用 SSR 标记建立了香蕉种质资源基因分型和评价体系。Hippolyte 等通过 22 个 SSR 标记对 561 份种质进行多态性分析，发现大部分三倍体种的表型差异可能源于表观遗传调控。

目前，世界各香蕉研究机构主要采用以下三种方法选育香蕉新品种。①常规育种，通过改良的二倍体作为父本与三倍体母本杂交成为四倍体。洪都拉斯的 FHIA 机构用这两种方法得到很多抗枯萎病的品种和抗性育种材料，如 Goldfinger（FHIA-01）和 Bananza（FHIA-18）均为四倍体 AAAB 类型。②突变体育种，用钴 -60 辐射育种和化学诱变剂［甲基磺酸乙酯（EMS）、叠氮钠（NaN_3）、硫酸二乙酯（DES）］诱导抗枯萎病的突变体材料。在澳大利亚，已经用这种方法从香牙焦品种“Dwarf Parfitt”得到一批抗枯萎病 4 号热带生理小种（Foc TR4）且农艺性状优良的突变体。另外用体细胞变异性育种方法也得到较好的结果，台湾香蕉研究所采用这种策略，成功选育出宝岛蕉等。③分子育种，通过基因克隆、转基因等分子技术获得高抗、优质新品种。

与国外相比，我国香蕉遗传育种研究起步较晚，进展较小。国外在杂交育种、转基因育种理论与创新实践中取得了较大成就，我国近期在细胞工程育种上进展较大。20 世纪时洪都拉斯 FHIA 和国际热带农业研究所 IITA 选育的 FHIA 系列和 BITA 系列杂交品种提高了当地主栽品种的抗叶斑病、线虫和象甲能力。近些年，非洲香大蕉研究中心（CARBAP）、乌干达农业研究院（NARO）以及巴西木薯与热带果树研究中心还在持续对 plantain、EAHB 和 Pome 等栽培类型进行杂交品种选育。对于鲜食蕉类型，由于其难以进行杂交育种，国内外主要以自然体细胞变异或诱导变异选育抗枯萎病品种。其中，台湾香蕉研究所获得的 GCTCV 系列变异品系，获得较大成功。迄今，抗枯萎病品种“宝岛蕉”“台蕉 5 号”等已成为当地的主栽品种。广东农业科学院果树研究所近期选育的“中蕉”系列新品种（系），可望能为最终解决香蕉枯萎病难题做出贡献。

（2）基因组学与生物技术研究

分子生物学和功能基因组学的飞速发展，为育种家对香蕉基因型的选择提供了极大的帮助，从而可以大幅度提高育种效率，缩短育种年限。分子标记辅助育种为实现基因型的直接选择和有效聚合提供了可能，转基因育种在分子水平上直接进行基因操作，可以突破物种间的遗传障碍，大跨度地超越物种间的不亲和性。国内近三年来的最新研究进展主要如下。

分子标记辅助育种。分子标记是指能够反映生物个体或种群之间特定差异的 DNA 片段，能直接反映 DNA 水平的差异，常用的分子标记有 RAPD、SSR、AFLP、SNP 和 ITS 等。分子标记辅助育种技术的应用弥补了作物传统育种方法中选择效率低、育种年限长的缺点，在后代群体优良基因型的辅助选择中起着重要作用。由于香蕉栽培品种繁多，经过长期不同地域间的引种交流和无性繁殖，导致来源不明、同种异名和同名异种现象十分普遍，不利于种质资源鉴定和遗传育种进程。近年来许多学者采用分子标记等方法对一些野生品种和栽培品种的亲缘关系、分类地位、野生种自然群体遗传多样性及系统进化等进行了有益探索，例如姚锦爱（2012）等利用 ISSR 标记对 3 个基因型（AAA，AA，ABB）共 35 份香蕉种质资源的遗传多样性和亲缘关系进行了分析，余智城等（2014）应用表型性状和 SSR 分子标记对 20 份香蕉材料进行了遗传多样性分析，王贵花等（2015）用 ISSR 标记技术对 14 份香蕉种质的遗传多态性进行了分析以及冯慧敏等（2015）以 10 份 *M. acuminata* 不同亚种材料，6 份不同地理来源的 *M. balbisiana* 材料及 20 份不同基因型的香蕉栽培品种为试材，进行 rDNA ITS 序列的测序分析。

香蕉的转基因育种。植物转基因育种技术是指应用重组 DNA 技术、细胞组织培养或种质系统转化技术将目的基因导入植物基因组，并使之在后代中稳定遗传，同时赋予植物体新的农艺性状，如抗虫、抗病、抗逆、高产、优质等，从而达到改良目的。转基因育种技术具有打破物种界限、克服有性杂交障碍，快速有效地创造遗传变异，培育新品种、创造新类型，大大缩短新品种育成时间等优点。香蕉的转基因研究起步较晚，不管是香蕉的再生体系还是转化体系的研究都要落后于模式植物。在转抗寒基因方面，刘凯利用农杆菌介导，转化由花椰菜花叶病毒 35S 启动子启动的 AtCBFI 基因到东莞大蕉（Musa spp.ABB group）和夫人指蕉（Musa spp.AA group）的胚性悬浮细胞（ECS）中，经体细胞再生途径，成功获得转基因植株，转基因植株表现出更加优越的抗寒性能；韩丽晓将 *YHeml* 基因转入香蕉假茎薄片中，通过优化再生体系和遗化体系，筛选抗性不定芽，通过 GUS 染色与分子检测，获得转基因香蕉植株，转基因植株表现出更加优越的抗寒性能。在转抗病基因方面，国内尚未见报道，目前的研究重点仍集中在抗病基因的挖掘中。在品质优化方面，杜发秀通过农杆菌介导法，利用柑橘八氢番茄红素合成基因（PSYI）对夫人指蕉的遗传转化进行了研究，并对红蕉 PSYI 基因进行了克隆和载体构建研究，为后期的提高香蕉中类胡萝卜素的含量奠定良好的基础。

国内的香蕉分子育种进展与国外不相上下，但国外的香蕉分子育种目的更加多样化，例如：Hugh Roderick 等人通过转基因手段使得大蕉合成一种玉米的半胱氨酸蛋白酶抑制剂以此抵御线虫的侵染；Gabriella Kov á cs 等人通过转基因技术在香蕉中表达一种水稻的几丁质酶从而提高其对黑叶条斑病的抗性；Shareena Sreedharan 等人通过在香蕉中过表达 MusaPIP2;6（一种水通道蛋白基因）提高了香蕉的抗盐性；Sukhada Mohandas 等人通过转基因手段在 Rasthali 香蕉（AAB, Silk gp）中表达 Ace-AMP1 基因提高了其对尖孢镰刀杆菌一号生理小种的抗性。

（3）病虫害综合防治研究

热带亚热带地区由于高温高湿，与其他地区相比较，果树病虫害相对严重。生产上仍以化学防治为主，但是长期大量使用相同作用位点的化学药剂，使得病原菌和害虫产生抗药性，从而使药效大大降低。随着社会的发展和人民生活质量的提高及健康与环保意识的增强，人们对绿色食品的需求也日渐增长，因此化学农药的使用越来越受限制，在水果上少用或不用化学农药已势在必行。生物防治由于具有安全、无毒、病原生物不易产生抗药性等优点，引起了众多研究者的关注，成为热带亚热带地区病虫害防治的研究热点。

香蕉是热带和南亚热带地区一种重要的果树，正在遭受枯萎病的毁灭性威胁，过去使用多种杀菌剂或者施用这些药剂的组合进行防控，但是效果均不太明显，而且化学药剂的大量使用，会污染土壤、增强病原菌的抗药性、加速进化速度。近年来，科学家越来越多地转向抗病育种及生物防治方法的研究。生物有机肥集生物肥和有机肥的优点于一体，既有利于提高产品品质，增产增收，又可培肥土壤，改善土壤结构，延缓和降低香蕉枯萎病的发生（匡石滋等，2013）。广东省农业科学院果树研究所等单位加大力气培育抗枯萎病的新品种，陆续推出了一系列的抗耐病的新品种，如中蕉系列品种。进一步的研究表明，将生物防治与抗耐病品种栽培相结合，可以实现对枯萎病的完全防控。

2.6.2 荔枝、龙眼

我国荔枝、龙眼产业在国家现代农业产业技术体系专项研发经费支持下，近年来在育种与生物技术、栽培与生理、植保、采后处理与加工技术、果园机具、功能性物质等方面研究取得许多重要进展。

（1）遗传育种和分子生物学研究

在种质资源筛选和分子标记方面，孙清明等开发一个基于 EST-SSR 基因型数据和农艺性状的荔枝核心种质筛选方法，应用 PowerCore 程序分析了 96 份荔枝种质，构建了 2

种荔枝核心种质集合，其中第 2 种荔枝核心种质集合覆盖了 100% 的等位基因。建议当标记低覆盖率基因组时，荔枝核心种质集合应该结合两个基因型的数据和农艺性状。郭印山等以“凤梨朵”龙眼为母本、“大乌圆”龙眼为父本杂交获得的 94 个后代，连续 4 年调查树干、周长等性状分离情况，发现其为连续分布。用龙眼分子遗传图谱对于树干周长 QTL 区间进行了分析，发现存在 FLD2、FLD4、FLD5、DWY8 和 DWY9 连锁群。朱建华等利用 ISSR 分子标记技术对不同生态类型的 39 份龙眼种质进行亲缘关系分析，发现热带生态型和南亚热带生态型龙眼相互聚类，说明两种不同生态类型龙眼具有较多相同的遗传背景。

一批与花芽分化、胚珠发育、果实糖分代谢、果皮着色、果皮组织水分运输等相关基因被分离，这些基因的克隆为从分子水平上阐明荔枝开花机制、落果机制、胚胎败育机制、果皮着色机理与采后褐化衰老的机理奠定基础。吴建阳等采用 RT-PCR 和 RACE 扩增技术相结合的方法，从“黑叶”荔枝分离得到 ACC 氧化酶基因 Lc-ACO1，表达分析表明 Lc-ACO1 基因可能与荔枝幼果的脱落密切相关。Li 等采用高通量 RNA 测序技术，分离荔枝遮阴诱导表达基因，共得到 1039 个差异表达基因，从随机挑选的 14 个差异表达基因中发现 11 个可能参与荔枝落果。Yang 等从荔枝中分离得到蔗糖合成酶基因 LcSS、蔗糖磷酸合成酶基因 LcSPS 及蔗糖转化酶基因 LcSAI、LcCNI，为研究荔枝糖分积累的分子机理提供基础。赵志常等采用同源克隆法从荔枝果皮中克隆到一个 DFR 基因，该基因的克隆对荔枝果皮着色的机理研究提供了一定的参考依据。王凌云等从荔枝中分离了 9 个质膜水孔蛋白基因 LcPIP，9 个 LcPIP 分为 PIP1 和 PIP2 两类，其中 LcPIP2-3 在果皮中特异表达且表达量高，可能与果皮组织水分运输有关。张静等从荔枝中克隆了一个 ABA、衰老、成熟诱导基因 LcAsr，发现 LcAsr 作为缺水的保护性分子发挥着重要作用。Liu 等从荔枝果皮得到一个促衰老成熟诱导脱落酸的基因 LcAsr，发现 LcAsr 基因是应答水分缺乏中重要的启动因子。

2012—2014 年审定、鉴定荔枝品种或优系有 9 个，分别是“观音绿”“凤山红灯笼”“紫荔”“岵山晚荔”“皇醉”“妃醉”“北通红”“庙种荔”和“桂早荔”；龙眼品种 1 个，为“东丰”。荔枝均为实生后代选育，其中“皇醉”“妃醉”适宜酿酒，龙眼新品种“东丰”为杂交育种获得。

（2）栽培技术与生理研究

2014 年“荔枝高效生产关键技术创新与应用”获得国家科技进步奖二等奖。主要完成单位：华南农业大学、广东省农业科学院果树研究所、中国热带农业科学院南亚热带作物研究所、深圳市南山区西丽果场。主要完成人：李建国、陈厚彬、黄旭、欧喜良、谢江辉、吴振先、王惠聪、袁沛元、叶钦海、陈维信。荔枝产业发展长期受到三大核心问题制约：成花难且不稳定、坐果难、落果和裂果严重；缺乏适栽范围广的优质品种；果实采后极易变色、变味和变质。针对上述技术瓶颈，取得以下创新性成果：一是创新性提出了荔枝“花芽分化阶段性”假说和“球皮对球胆效应”果实发育理论；研创了螺旋环剥、营养和水分精确调控等关键技术，以此为核心集成了“秋季培养健壮结果母枝，冬季控梢促花芽分化，春季壮花提高坐果，夏季适时保果壮果”的四季管理技术体系，使荔枝成花率从年际间 10% ~ 70% 的剧烈波动提高到 70% ~ 90% 稳定水平，坐果率提高 10% ~ 20%，裂果率减少 40% ~ 60%；二是筛选了果实大、焦核率和可食率高的“妃子笑”优良单系，研发了分别适合于妃子笑优选系幼年树的“一抹二疏三短截”和成年结果树的“一控一短截”的控穗疏花技术，使幼年树提早 3 ~ 4 年结果，成年树亩产量提高了 2.5 ~ 3.5 倍，该优选系栽培范围遍及六个省区，面积 118.8 万亩，占全国的 13.7%，年产量占全国的 23.3%，解决了优质品种适栽范围窄和销售期短的问题；三是揭示了荔枝采后果实品质发生快速劣变原因，发现冰温冷害仅加速果皮褐变但对果肉品质无不良影响；研发了采前防病、田间预冷、果皮护色和冰温贮运等关键技术，并制定了荔枝冰温贮藏技术标准，保鲜期从原来的 31 ~ 34 天延长到 40 ~ 55 天，常温货架期由 24 ~ 48 天延长到 48 ~ 72 天，使鲜荔枝可贮运至全国各省区并成功远销欧美。在项目实施期间，获得广东省科学技术奖一等奖等省部级一等奖 3 项，授权发明专利 4 件，研制了部颁行业标准 2 项；出版《荔枝学》等著作 24 部，在 *BMC Genomics* 等期刊发表论文 286 篇（SCI 收录 36 篇）；研发了荔枝专用营养调节剂等 7 个新产品。中国农学会组织的科技成果评价认为该成果“技术难度大、系统性强、创新性明显、经济社会效益显著，总体处于国际荔枝研究领先水平”。成果在我国荔枝产区大面积推广应用，近 3 年累计推广应用 106.67 万公顷，占我国荔枝种植面积的 61.5%，新增利润 56.98 亿元，对产区农民增产增收和区域经济发展发挥了重要作用。项目还推动和支撑了我国荔枝产业的快速发展，不但使荔枝年总产量从 1990 年前不足 10 万吨提高到目前 150 万 ~ 200 万吨较为稳定的，而且使鲜荔枝可贮运至国内各省区，并成功远销欧美。

彭智平等根据土壤养分测定结果制定施肥措施，进行液体肥料和固体肥料对比试验，显示灌溉施用液体肥料后荔枝产量增加 43.8%，可溶性糖含量提高 7.2%，可溶性固形物含量提高 13.1%，具有显著的节肥增收效应。王建森等建立了快速测定龙眼中微量元素含量的火焰原子吸收分析法。张德等在龙眼行间种植热研 2 号柱花草，发现龙眼—柱花草间作区土壤营养成分、水分和地表温湿度、龙眼生长量和产量都要优于龙眼单作区。邱燕萍等试验认为地膜覆盖和生草栽培模式比较适宜桂味荔枝生长，大棚覆盖需定期灌溉。凡超等利用热扩散式液流探针（TDP）对桂味荔枝在 3 ~ 5 月的树干液流变化特征及其与主要气象因子间的关系进行了研究。刘翔宇等研究了水分胁迫对桂味荔枝果实生长发育、糖代谢及产量的影响，提出要提高产量和品质，在果实发育前中期应保持足量均衡的水分供应，后期不需过多水分。陈浩磊等运用计算机视觉技术、相关分析和回归分析，建立了果顶曲率与种核质量的回归模型。

（3）病虫害防控及抗病性研究

张新春等对采自全国 6 省 18 个市地的 108 个荔枝品种的 162 份病害样本进行分离鉴定，得到 255 个病原真菌菌株，涉及 19 个种，其中 8 种首次在荔枝报道。

张荣等报道，树盘下覆地膜处理比未覆地膜处理，落地小花、小果的霜疫霉感病率极显著地降低。说明覆地膜可以隔离树盘下初侵染源对落地小花、小果的侵染，间接证明了荔枝园霜疫霉初侵染源萌发的关键物候期为开花期到第 2 次生理落果期。凌金锋等报道了一种适于分离荔枝霜疫霉的选择性培养基。王思威等建立了嘧菌酯在荔枝上的残留分析方法。张辉等发现荔枝蛀蒂虫成虫羽化高峰期在化蛹后 7 ~ 8 天，3 日龄雄蛾对 3 日龄雌蛾在 22:30 ~ 0:30 时对性腺粗提物具有明显的选择趋性。徐淑等发现用哒螨灵亚致死剂量 LC10 和 LC20 对荔枝叶螨处理后，荔枝叶螨 F_0 代产卵量分别减少了 32.31% 和 47.62%，且 LC20 处理后的雌螨产卵期和寿命都明显缩短。

（4）采后生物学与保鲜加工研究

陈子健等发现“石硖”龙眼采后果肉的生理变化主要集中在自溶果肉部分，推测 APX、CAT、MDH、COD、PPD 和 POD 酶几种酶与龙眼果肉自溶有密切关系。

赵云峰等指出热处理可显著抑制龙眼果实果肉自溶指数的上升，保持较高的果皮叶绿素、类胡萝卜素、花色素苷、类黄酮和总酚含量。Zhang（2015）用 5 克 / 升苹果多酚处理“桂味”荔枝果实，发现苹果多酚可有效地降低果皮褐变和延缓果皮颜色下降。曾轩等研究低温下紫外 UV-C 处理与生防菌 CF-3 对“黑叶”荔枝采后保鲜效果及生理的影响，试验显著抑制荔枝的霉促褐变，在贮藏期为 21 天时，好果率达 84.44%。杨松夏对泡沫箱加冰、冷藏和气调 3 种运输方式进行了试验。指出 4 天以上的荔枝运输选择气调运输方式为宜。张钟和邱银娥以荔枝干为原料，采用纤维素酶提取技术从荔枝干中提取多糖，得到纤维素酶提取荔枝干肉多糖的最佳工艺参数。

国外仅少数团队开展荔枝研究。Madhou 等利用 SSR 标记鉴定了毛里求斯、留尼旺和西班牙的 88 份荔枝种质。Padilla 等利用根癌农杆菌介导法，以“Brewster”荔枝成年植株叶片来源的胚性愈伤组织为受体，将拟南芥 PISTILLATA（PI）反义基因转入荔枝，PCR 分析证实得到 4 个独立转基因株系，以期获得具有单性结实能力的荔枝转基因株系。

Schoeman 等首次报道了南非荔枝上发现的卫氏缘蝽，该虫对荔枝幼果造成的危害率经常达到 50% 以上。

Pandey 等用 1% NaCl+γ 射线辐射处理后，荔枝在 4℃下贮藏 24 天后仍可有 3 ~ 4 天的货架期，果实外观指标好。Kumar 等发现 0.5% 水杨酸和 1% 的异抗坏血酸可抑制 PPO 的活性，延缓花色苷的降解，且 TSS、总酸、VC 含量较高，可以代替 SO_2 熏蒸。

2.6.3 菠萝

（1）最新研究进展

1）种质资源与遗传育种研究。近年来国内开展了不同类群菠萝种质进行综合评价，筛选出一批高蔗糖、高葡萄糖、高蔗糖、高柠檬酸、高苹果酸和高奎宁酸含量的优异菠萝种质资源 , 为改善菠萝风味品质提供宝贵资源；建立了稳定高效菠萝体细胞发生体系和遗传转化体系，在国内外首次克隆获得了 3 个 AcSERK，经进一步表达分析和功能鉴定表明只有 AcSERK1 在非胚性细胞向胚性细胞转变过程中发挥重要作用，为研究菠萝体细胞胚发生的分子机理和进一步提高菠萝体细胞发生率提供了重要依据；利用 SCoT 标记研究了 36 份菠萝种质资源的遗传多样性，发现 36 份菠萝种质间遗传相似系数在 0.63 ~ 0.93 之间，菠萝种质间较高的遗传多样性。

2）基因组学与分子生物学研究。菠萝基因组学测序研究起步较晚，张积森等（2014）采取了 WGS 策略，通过 Illumina Hiseq 和 Roche-454 平台对菠萝卡因类品种“F153”的混合 BACs 文库进行深度测序。其组装获得的草图中，contig N50 与 scaffold N50 分别为 9.5Kb 和 408 Kb，覆盖了预估的菠萝基因组（526Mb）的 62%（375 Mb）。结合 RNAseq 数据和 CEGMA 程序的分析结果，认为未覆盖的区段多半是重复序列，约占全基因组的 43%。Redwan 等建立 250、500、750 bp 的小片段插入文库，通过 Illumina Hiseq 和 Illumina Miseq 平台对杂交种 MD2 的基因组进行初步调查，使用 SOAPdenovo2（kmer=23）和 CLC Genomic Workbench® 分别组装得（contig）N50 为 6122bp 及 3981bp。华南农业大学研究了菠萝全转录组（陈程杰等，2014）。

3）栽培技术与生理研究。有些品种容易受低温诱导开花，而植株太小就自然开花，将造成减产，这是菠萝栽培的世界性难题。美国采用阻止乙烯生物合成的 ReTain® 防止菠萝自然开花，该技术已应用于菠萝周年生产。法国的 C. Dubois 等建立了春植和秋植菠萝基于有效积温的生长模型，该模型可用于不同生长环境的生长预测和施肥建议。李苗苗等（2013）、张钰乾等（2013）分别研究了不同品种、不同产区、收获季节和果实发育阶段对菠萝果实各种维生素和香气成分含量的影响。

4）病虫害综合防治研究：菠萝凋萎病是世界菠萝最主要病害，在夏威夷大学主导下，菠萝凋萎病毒（PMWaVs）研究在分类、分子结构、检测等方面均取得了较大进展，已完成 PMWaV-1、PMWaV-2 的基因组全序列、ORF 功能初步分析。并开展了 PMWaVs5 个种之间的核酸片段、蛋白质同源性比较和系统分析。我国何衍彪等（He *et al.*，2014）采用核糖体 18S、28S 及线粒体 COI 基因片段序列进行菠萝粉蚧分子鉴定，这些研究使菠萝凋萎病防控策略越加清晰。林壁润等对广东湛江地区菠萝心腐病病原菌进行了分离鉴定，经形态学、ITS 序列比对发现湛江地区菠萝心腐病病原菌为烟草疫霉菌（*Phytophthora nicotianae*）。在此基础上制定了有效的防控措施。

5）采后保鲜与综合利用研究。将 50 ~ 500 毫升 / 升脱落酸喷布在菠萝果实表面，常温下贮藏，能有效地控制菠萝黑心病的发生。菠萝采收前 25 ~ 40 天喷施水杨酸或茉莉酸甲酯，可减轻 8 ~ 12℃贮藏的菠萝黑心病；菠萝采后 24h 内用 3 ~ 6℃冷水浸泡后晾干，可有效地降低多酚氧化酶和过氧化物酶活性，从而控制黑心病的发生。

综合利用研究方面，我国菠萝叶纤维提取与加工及叶渣利用技术研究，解决了菠萝叶纤维提取工艺技术与配套设备、工艺纤维精细化处理技术、纤维特性与纺织产品开发等关键技术问题，实现了菠萝叶纤维提取的规模化，纤维精细化加工处理的工业化；发现菠萝叶纤维天然抗菌、除异味、驱螨、吸湿透气、抗静电、防紫外线等特性，开发一系列抗菌、除臭、驱螨的功能纺织品，其关键技术达到国际先进水平。英国和西班牙联合公司研发出利用菠萝叶纤维制成无纺布并开发出坐垫、汽车座椅等皮革替代品。巴西的 Costa 等采用静电纺丝技术，以聚乙烯醇、菠萝纤维和收敛性涩树皮为原材料，开发出一种生物纳米复合材料，这种材料具有均匀多孔分布和天然抗菌特性，不会引起排斥，有可能被用作细胞支架或体外组织重建。

膳食纤维作为一种新型功能性食品，具有重要的生理保健功能，是当前研究的热点之一。戴余军等采用纤维素酶水解法从菠萝皮中提取可溶性膳食纤维，王标诗等采用酸法和碱法制备水溶性和不溶性膳食纤维。

（2）国内外研究进展比较

美国、巴西、法国等非常重视菠萝种质资源的收集与利用。我国菠萝种质仅是巴西的1/7、法国的1/6，缺乏野生资源类型。美国、巴西、澳大利亚等国已完成菠萝种质的鉴定。中国内地的杂交育种还停滞于杂交育种的初期阶段，而巴西、澳大利亚、马来西亚和我国台湾地区近年不断育出新的品种。

在体细胞胚发生的细胞分子学机理及应用方面我国研究较深入和系统，还利用所建立体细胞胚发生体系开展了细胞育种和转基因育种研究（何业华等，2012，2014）。在基因组测序方面，由于持有2009—2014年夏威夷大学菠萝基因组测序计划的基础，国内张积森等领导的基因组测序项目，无论从图谱资料还是暂时的基因组数据和组装质量上，均明显领先于Redwan等。

国内菠萝分子标记起步晚，进程慢，主要停留在低层次的小群体分类以及标记预测和开发。而国外基础夯实，且着手宏观处，既整合已有标记，又通过高通量测序快速开发标记，均已构建成较为完善的遗传图谱。

栽培技术和生理研究方面，国内在菠萝聚合果的形成、发育，果实品质生理方面积累了较好的基础，正在组装完善优质高效栽培技术。国外在健康栽培和精细化管理方面取得显著成果。

病虫害综合防治研究，国外在凋萎病的传播机制与防控技术，利用基因沉默技术培育抗黑心病品种方面进行了大量工作，我国基本上停留在常规防治技术研究。

采后贮藏与加工技术研究，国内外研究者都很重视黑心病的防治研究。我国研究的控制黑心病的技术多于国外。比如，除了低温贮藏和冷激处理外，我国还研究了脱落酸、水杨酸、茉莉酸甲酯、咪鲜胺、萘乙酸、2,4–D、打蜡、薄膜袋包装处理等。特别是我国华南农业大学提出了用脱落酸处理控制菠萝黑心病的技术，效果很好，是近年来国内外的一项突破性的技术。而国外主要研究了钙和锶、1–MCP处理控制黑心病的效果。国内外都对菠萝采后黑腐病的防治进行了研究。我国主要研究了化学农药如咪鲜胺和苯醚甲环唑，而国外主要研究了控制机械伤、γ射线处理等物理防治方法，比我国的技术安全环保。采后保鲜工艺研究，我国对延缓菠萝品质劣变的保鲜技术没有报道。但国外研究提出了多种方法，比如涂膜处理、冷驯化处理、热处理、1–MCP处理等。

综合利用研究方面，我国叶纤维提取与加工技术日趋完善，药用功能成分研究取得可喜进展。国外也在开展了叶纤维多种用途研究。

2.6.4 杨梅、枇杷

2013年“杨梅枇杷果实贮藏物流核心技术研发及其集成应用”获国家科技进步奖二等

奖。主要完成单位：浙江大学、浙江省农业厅经济作物管理局、四川省农业科学院园艺研究所、福建省农业科学院果树研究所、全国农业技术推广服务中心、宁波市林特科技推广中心、仙居县林业特产开发服务中心。主要完成人：陈昆松、徐昌杰、孙钧、孙崇德、李莉、张泽煌、江国良、郑金土、张波、王康强。该项目针对杨梅、枇杷采后果实贮藏难、物流难，极易造成卖果难，多局限于本地及周边销售，严重困扰产业的发展，项目从源头创新出发，发明了若干核心关键技术，整合制订了技术标准并在生产中推广应用。主要创新成果包括：确定了杨梅为呼吸跃变型果实，阐述了果实成熟期间色泽变化及其调控的生物学基础，明确了红肉枇杷果实质地生硬是组织木质化所致，鉴别了木质化相关的关键基因和行使重要调控作用的转录因子，阐明了相应的调控手段与途径；基础理论创新为贮藏物流技术研创提供了突破口。在杨梅上，发明了安全、绿色的果实乙醇熏蒸防腐技术，创新了增强空气流动的新型预冷工艺，研创了物流过程实时远程跟踪监测技术体系，研制了控制物流微环境湿度的新型吸湿剂，研发了高效、轻便的非制冷低温维持技术体系；在枇杷上，发明了显著减轻红肉枇杷果实冷害木质化的 LTC 技术，研创了 1-MCP 等防冷害辅助保鲜技术；核心技术的研创为技术集成应用提供了核心组件。先后集成制订了杨梅和枇杷果实贮藏物流技术标准，推广应用后使商品果率提高了 30% ~ 80%，吨平均利润增加 3500 ~ 5000 元。发表主要学术论文 18 篇（其中 SCI 论文 13 篇）、获得授权国家发明专利 4 项、形成国家行业 / 地方标准 3 项。研究成果已在杨梅枇杷主产省市推广应用，产生了良好的生态与社会效益，有效支撑了产业发展，提升了行业 / 产业影响力和竞争力。

2.7 果品质量安全与检测技术研究

2.7.1 最新研究进展

果品质量安全风险评估方面，聂继云等（2014）研究明确了我国苹果农药残留水平和膳食摄入风险，构建了苹果农药残留风险排序方法。该团队还针对苹果、梨、桃、葡萄、枣、猕猴桃等 6 种主要落叶果树开展了果实硒含量及其膳食暴露评估研究，明确了硒含量水平及其对成人和哺乳妇女的风险水平。张志恒等（2012）针对葡萄和猕猴桃开展了植物生长调节剂氯吡脲残留膳食摄入风险评估，王冬群等（2012）对慈溪市当地生产的水果进行了有机磷农药残留风险评估。

果品检测技术研究方面，基于 QuEChERS 前处理方法，建立了水果中 193 种农药的 GC-MS 方法、129 种农药的 GC-MS/MS 方法和苹果中农药残留 LC-Q-TOF/MS 快速筛查方法。欧阳运富等（2012）建立了水果中农药残留 GPC-GC-MS 快速测定方法。果品近红外无损检测技术成为研究热点，涉及内质、成熟度、缺陷等诸多方面，研究了基于电子鼻的水果香气和挥发性物质检测技术。

果品标准制修订方面，针对果品制修订了 15 项国家标准和 152 项行业标准（包括 81 项出入境检验检疫行业标准、27 项林业行业标准、26 项农业行业标准和 18 项国内贸易行业标准）。其中，检疫标准 78 项，生产技术规范 27 项，产品标准 21 项，检（监）测标准19项，其他标准22项。除前述167项标准外，还修订发布了《食品安全国家标准 食品添加剂使用标准》（GB 2760–2014）《食品安全国家标准 食品中污染物限量》（GB 2762–2012）《食品安全国家标准 食品中农药最大残留限量》（GB 2763–2014）等3项涉及果品的食品安全国家标准。

2.7.2 国内外研究进展比较

国外果品质量安全风险评估研究开展较早，已有不少报道，涉及农药残留、重金属污染、真菌毒素及其他风险因素等。这些评估通常为全膳食暴露评估，且多为国家性计划项目。农药残留膳食暴露评估大多将蔬菜和水果一同进行，单纯针对水果的风险评估较少。不少国家已对同类或不同类混合污染物的联合毒性展开研究，特别是美国环保局，已建立有机磷类、三唑类、拟除虫菊酯类、氨基甲酸酯类等多类农药的残留累积风险评估模型。国内果品质量安全风险评估研究尚处起步阶段，以农药残留和重金属膳食暴露风险评估为主。

在国外果品农药残留检测样品前处理中，基于特异性吸附原理的SPE技术和基于QuEChERS的技术应用日广。Sanagi等（2013）应用分子印迹聚合物（MIP）建立了水果中二嗪磷、三唑磷和毒死蜱3种有机磷农药的样品前处理技术，检测平均回收率89.7%～101.0%。Kwon等（2012）对橘子、苹果等农产品中38种代表性农药的QuEChERS方法基质效应研究表明，简单样品无需基质匹配，而基质效应较大的样品则需采用基质匹配才有可能获得准确检测结果。Gómez-Ramos等（2013）系统总结了液相色谱—高分辨质谱技术及其在果蔬农药残留确证检测中的应用。

国外果品质量安全标准主要为农药残留限量标准和产品标准两类。对于国际标准化组织（ISO），还制定有贮运标准和检测方法标准。国外果品农药残留限量管理趋于严格，不仅数量远多于我国，而且许多农药残留限量严于我国，对于日本、欧盟（EU）等以消费进口果品为主的国家和地区尤其如此，许多发达国家还采用了"准许列表"和"一律标准"的管理方式。国际食品法典委员（CAC）制定了《西番莲》（CODEX STAN 316–2014），修订了《鳄梨》（CODEX STAN 197–1995）。联合国欧洲经济委员会（UNECE）修订了苹果、杏、鲜无花果、李子、柑橘类水果、芒果、梨、菠萝等8种新鲜水果的产品标准，制定了榅桲的产品标准，出版了《菠萝标准说明手册》；制定了带壳巴西坚果、巴西坚果仁、芒果干和菠萝干的产品标准，对苹果干、腰果仁、梨干、松子仁、带壳阿月浑子和带壳核桃的产品标准进行了修订。

3 果树学科研究发展趋势与对策

3.1 发展趋势

3.1.1 加强种质资源研究，构建开发利用共享平台

我国是世界多种果树重要的起源演化中心，种质资源十分丰富，作为重要的战略资源，果树资源的收集、保存和评价越来越被世界各国所重视，继续加强野生资源的考察

收集，基本摸清野生资源的遗传多样性家底，将收集的野生资源种质入国家长期库保存；将国外引种制度化，引种目标多样化、引种方式灵活化。建立完善主要树种的病毒检测体系和网室复份保存技术体系，条件成熟时，建立脱毒果树种质资源网室复份保存圃；开展野生资源和地方品种资源保存遗传完整性研究，对野生种质和地方品种入国家长期低温库保存，开展重要核心种质的低温保存技术的研究与利用；加强中、西部地区野生资源原生境保护，加强果树资源分子生物学与优异基因挖掘研究与开发，在利用中保护，在保护中利用。

开展种质资源的精准鉴定评价，表型评价集中于生物学的质量性状和植物学性状，重要农艺性状的数量性状评价不仅数量少而且缺乏必要的重复，准确性、一致性、可比性不足；品质性状的评价集中于感官，缺少量化和深入细致的评价；在抗性鉴定方面，仅少量抗性状和种质进行了评价，缺乏规范化的技术规程。注重对核心种质的挖掘与评价，不断提高果树种质资源整体遗传多样性的丰富度，充实抗性、加工特性、育种特性等关键性状数据，加强分子标记等现代鉴定技术在资源鉴定筛选中的利用，以利于育种亲本的选择。例如柑橘野生种、近缘种和一些珍贵的地方品种不断丧失，在今后一段时间还需继续重点收集，彻底摸清我国柑橘种质资源种类及数量，并引进柑橘资源，丰富我国资源类型。重点在于种质资源评价，并发掘有益基因用于育种。

扩展亲本遗传背景是育种取得有效突破的因素，果树以杂交育种为主，遗传背景狭窄是限制果树育种突破的重要因素之一，重点在我国野生和地方名特优果树种质资源的创新与利用。在创新的手段上，结合传统的杂交技术，结合分子标记技术、染色体加倍、组织和细胞培养技术，建立新型高效果树种质创新技术平台，突破果树常规育种技术瓶颈，拓宽育种亲本选择范围，缩短育种周期，大幅度提高育种效率，培育出生产中急需的高产、优质、抗病、抗逆、专用突破性新种质，提升我国果树育种水平和自主创新能力。

种质资源的调查、收集、保存、鉴定和评价等工作是一项基础性、公益性的工作，具有社会、经济和生态等长远效益，必须由政府作为科学基础性工作专项计划支持，以稳定科研队伍，保证种质资源工作的及时、有效、持续开展。采用分子标记技术对果树种质资源进行鉴定，研究种内的遗传多样性，最大限度地收集种内的核心材料，提出各树种种质资源的核心种质。资源共享平台的建设，可以促进资源整合、保护、共享和利用，为社会各界从事科技活动服务；建立种质资源的统一数据库，运用网络技术实现信息资源的共享，最终实现实物共享。

3.1.2 利用现代生物技术，加快优良新品种选育

以市场和产业发展需求为导向，明确果树育种目标，主要为抗病虫、质优、外观美丽、产量高（品种）和矮化、易繁殖、良好亲和性、较强适应性（砧木）。育种手段将越来越多的将传统方法与现代生物技术等相结合。分子标记辅助选择，基于组学的亲本选配和多性状预选、基因工程、胚挽救、雄性不育利用、太空诱变、免嵌合体多倍体诱变以及温室和异地加代等先进技术，将越来越多的应用于果树育种中，从而大幅度加速育种进

程、提高育种效率。例如培育抗病、有香味、肉质脆甜、耐贮运的鲜食葡萄品种，东部地区的葡萄育种应以大粒、无核、玫瑰香味的欧美种为主，西北干旱半干旱地区葡萄育种应以无核、耐运输的欧亚种为主；枯萎病和各种自然灾害已成为香蕉产业最重要的问题，选育抗病、具有抗性的优质香蕉新品种显得刻不容缓。由于栽培香蕉品种是三倍体，遗传背景复杂，难以利用传统育种技术进行品种改良。从鉴定特异香蕉资源的抗性性状入手，阐明香蕉重要抗逆性状的关键基因及其网络调控机制，是香蕉现代育种领域的关键科学问题。另外，探索第三代（无抗生素筛选标记）和第四代（果实不含转基因成分）香蕉安全转基因技术也是香蕉分子育种急需解决的技术瓶颈。柑橘果树播种当年开花结果的模式柑橘材料的发掘，未来一段时间内，预计在遗传育种方面，更精确更高效的基因定位与目标基因分离将成为攻关重点之一，在此基础上育种将逐渐进入 in silico 育种时代。同时，转基因技术将在一些相对容易转化的果树上逐渐扩展应用，形成一些有产业推广价值的品种也指日可待。

3.1.3　*加强基础和应用基础研究，提高科学研究水平*

随着多种果树全基因组测序完成和草图的相继公布，可实现利用基因组数据的宝贵资源从基因组层面上突破传统分子生物学的研究瓶颈，为进一步解析重要农艺性状提供良好的基因组数据平台，同时也将为培育高产、优质和抗病的梨新品种奠定坚实基础，推动果树基因组学研究进入一个新时代。对同种果树作物的不同时期、不同组织材料，野生型与突变体材料，未胁迫处理与各种胁迫处理材料之间的转录组学、代谢组学、蛋白质组学和降解组学进行比较研究；对重要基因家族进行比较基因组学分析，并进行后续的功能验证；探索全基因组关联分析，评价决定个体基因型的成千上万单核苷酸多态性（SNPs），解析控制复杂的农艺性状的遗传位点，这些将是果树全基因组测序后研究的重点和方向。

加强果树基因组学和生物技术等方面基础和应用基础研究，利用果树基因组序列的完成和后基因组及系统生物学时代的到来，基因组学、转录组学、蛋白组学、代谢组学、表型组学紧密联系又相互融合，利于从整体上阐明果树生理学机理，为栽培耕作体系的革新及育种工作的进步提供理论依据。今后的研究重点可以充分利用分子生物学的技术和理论，揭示果树在生长发育和环境适应过程中的基因表达及其调控机制，特别揭示重要经济性状和抗性形成的分子机理和调控网络；在品质调控方面，未来的研究将充分运用分子生物学、各种组学和各种大分子互作等新技术、新手段，与传统的解剖学、细胞学和生理学等结合，使果树学研究进入整合生物学时代，预计代谢调控关键点以及调控此关键点的转录因子以及该转录因子上游的元件等的解析会取得突破，在个别物质代谢上甚至可能使得从环境因子到表型的各个环节的机制进行有效的连接。利用生物信息学大数据建立果树的生长发育及其系统功能网络、挖掘重要基因。例如应用生物信息学技术发掘“组学”信息，可为柑橘功能基因研究提供基因资源，基因组测序与组学平台技术广泛应用于柑橘研究。开展上述基础研究，以此提高果树科学整体研究水平。

3.1.4 加强应用技术研究，为产业发展提供技术支撑

加强果树栽培技术与生理研究，建立果树优质、高效、节本及安全为目标的栽培技术体系。主要有开展苹果、梨矮化密植配套栽培技术研究，开展农机农艺融合配套研究，形成适合我国国情的苹果、梨优质、高效、节本矮化密植栽培模式。省力安全优质高效将成为干果栽培的发展趋势。随着劳动力成本的快速上升和人们对果品优质、安全的高度关注，传统的不计劳力成本、片面追求产量和大果的传统栽培模式将难以为继，干果也必须像水果一样走质量和安全至上、省工省力的现代栽培模式。我国柑橘产区普遍缺素，肥料的开发是研发重点，随着劳动力成本逐年增高，机械化也是产业发展趋势。

加强果树病虫害发生规律及绿色防控技术研究：应根据产区特点，建立长期的病虫害发生发展规律研究检测点，收集长期观测数据，加强病虫害的预测预报和生物制剂以及生物防控技术研究，特别是新发现病虫害防控措施的研究、危害加重的病虫害致病机理的研究和防控措施的创新。重要病虫害的灾变机制、遗传变异监测及持续治理技术的研发等，减少化学农药使用量，建立果树绿色防控技术体系。

3.1.5 开展采后处理和深加工研究，提高果品附加值

加强果品采后技术研究，提升果实品质，减少采后损失和增加产业总体效益仍是果树学科发展的重点。随着我国水果产量持续大幅增加，果实内在品质总体下降严重，一方面造成采后贮藏和流通期间各种病害突发（如苹果的虎皮、霉心、苦痘，梨果面褐斑、虎皮、黑心等）、损耗严重、货架期短；另一方面，逐渐不被市场和消费者所接受，优质高价的进口水果大量涌入我国市场。开展品质提升、减损增值基础理论与技术研究，保障果业健康持续发展，将是未来研究的重点。要求紧密围绕产业需求，完善水果贮藏技术体系，加强苹果、梨、柑橘等大宗水果气调贮藏新技术研究和新商业模式下果品质量控制、安全和减损关键技术研究与集成应用。

在果品深加工方面，重点是大宗果品多元化加工系统技术与装备开发，精深加工及综合利用技术与装备亟须熟化与推广。在葡萄加工产业方面加强中国气候条件下特种葡萄酒的酿造技术研发，增加酒种多样性。建议支持中国原产葡萄野生种葡萄酒的酿造研发，因地制宜开展有机葡萄和有机葡萄酒的研发和生产推广。加大葡萄加工副产物的开发利用、产品多样化开发及产品档次的提高。积极扶持我国本土微生物制剂的产业化开发，比如干果普遍以营养丰富见长，借助现代加工技术，开发各具特色的干果功能性营养食品，对于提高干果附加值潜力巨大。

3.1.6 重视机械化和信息化，推进生产现代化

果园机械的作业对象是土壤、果树等有系统组织结构和生物活性的客体，只有将它与果树科学和生命科学技术相互交叉、渗透、融合，才能满足现代果业生产工艺技术要求。果树生产系统的开放性，要求果园机械适应农业生产环境的时空变化、树体生理生态的变化，采取精确、恰当的作业，计算机辅助决策技术、信息技术、自动化与智能控制技术等高新技术的应用是实现果树生产现代化的必然要求和发展趋势。

果园农机农艺的高度融合是我国现代果树生产的发展方向，根据我国国情，实施农机农艺协同发展，开发适合我国果树栽培模式和技术特点的农机设备，注重农机与农艺的有机融合，推广轻简化栽培模式，减轻果树生产对大量劳动力的依赖，优化生产成本投入结构。果业生产的智能化、信息化是果树现代化生产的必然要求，应进一步重视果园适宜机械设备和信息设备及软件开发和应用。

3.1.7 加强质量安全与检测技术研究，提高果品质量安全水平

围绕果品安全生产、安全消费和依法监管需要，系统开展污染物发生、分布和代谢规律研究，污染物高通量同步筛查与确证技术研究、（混合）污染物（累积性）风险评估技术与模型研究和质量安全风险控制技术研究。多种农药混合污染的剂量 – 反应评估以及多参数累积暴露评估模型将是未来我国果品农药残留风险评估的重点研究方向。

果品检测技术方面，基于特异性吸附原理的 SPE 技术、基于 QuEChERS 的技术以及高度自动化的 SPME、MSPD、CPE 技术，仍是农残检测前处理研究的重点。品质检测方面，应着重研究便捷 / 便携、准确、低成本、广适的果品品质和缺陷无损检测技术 / 仪器。前处理技术和分析检测手段的自动化、高通量化、超痕量化是重金属元素形态分析的发展趋势。对于真菌毒素检测，高特异性、高灵敏抗体将是研究重点。

3.2 发展对策

3.2.1 加强科技合作和产业技术体系建设，提高科技投入水平

果树学科作为应用学科，需重点开展果树学相关基础理论和应用技术研究，应根据果树树种、区域和研究领域或方向加强科技合作，突出重点，在国家重点研发计划项目、国家农业科技创新工程及地方创新团队项目等支持下集中优势力量，充分发挥各自研究特色和工作基础，建设科技创新团队，做出具有创新特色的科研成果，提高果树学研究在国内外的影响，努力打造国内一流，在国际上有较大影响的国家级创新团队。

继续加强及拓展国家现代农业产业技术体系中果树产业技术研发中心建设。2007—2008 年农业部启动实施了国家现代农业产业技术体系建设，果树产业实施了苹果、柑橘、梨、葡萄、桃、香蕉、荔枝龙眼等 8 大主要果树种类的 7 个现代农业产业技术体系，针对每个果树树种设立一个国家产业技术研发中心，并在主产区建立若干个国家产业技术综合试验站。通过果树产业技术体系建设，实现了优势科研力量与主产区产业发展的有机结合，“从源头上解决科研与生产脱节问题”，果树产业技术联合攻关的科研大格局正在形成，各种果树产业技术体系内部，通过设立资源育种、病虫害防控、栽培技术与生理、设施设备、产后加工、产业经济等研究室和研发岗位设置，把专家们均衡地分散在各个产业的各个环节，使得产业发展不至于出现技术支撑的“短板”。国家果树产业技术体系建设为果树学科开展研发提供了稳定科研经费支持，对促进我国果树产业发展和提高果树学科研究水平提供了重要保障。建议“十三五”期间进一步完善和加大对国家果树类产业技术体系支持并拓展其他果树树种。

3.2.2 加强基础研究，制定学科及产业中长期发展规划

基础研究是学科发展的原动力，是产生应用成果的基础。从基础研究到应用成果的转化要经历一个漫长的过程，根据国内外果树学科发展趋势和我国果树产业发展的科技需求，针对产业中存在的难题，制定从基础理论研究到成果开发和应用的长期规划，避免急于求成导致全盘皆输。另外，在果树行业科技部门指导下，制定果树学科及产业科技发展规划，建议国家有重点加大对果树科技立项支持。

3.2.3 加强人才培养，建立国际知名学科学术队伍

加强果树学科人才培养，建设一支理论联系实际，勇于创新、团结协作、学风正派国际知名的学科学术队伍。建议在国家级科研院所和高校培养造就一批不仅具有一定数量，而且年龄、学历、职称结构合理，具有强烈的创新思想和创新精神，充满活力、团结合作的学术团队；重点培养学术造诣较深，在国内外有一定影响的学科带头人和学术骨干。加强国内外学术交流与科技合作，打造国际知名果树科研学术团队。

3.2.4 拓展学科研究领域，扩大产业功能范围

传统果树学科主要包括果树种质资源与育种、果树栽培与生理、果树生物学研究和果品采后生理与贮藏加工技术等方面的基础理论和应用技术，随着信息技术、机械工程设备、园林设计、设施农业、休闲观光都市农业和健康保健医疗等与果树学科的结合，应积极拓展果树学科研究领域，开展果园机械与信息化、设施果树、果树休闲观光与生态功能和果品及其加工品健康保健功能等研究，扩大果树产业功能范围。

3.2.5 加强科技成果转化，促进产业高效发展

继续大力推广应用果树科技成果，研发推广果树新品种和新技术。重视果树科学研究与技术推广体系的有效对接，培训基层果树生产技术人员与时俱进，掌握果树现代生产技术，加快果树新品种、新技术等信息的进村入户和推广，为我国果树产业的可持续发展提供技术支持与科技支撑；同时建立知识产权交易平台，将相关成果、技术和新品种在该平台进行交易，既可以促进成果转化，又有利于知识产权的保护；建立公共资讯和专业咨询系统，建立健全市场信息服务体系，组建国家级果树科技信息网，为果树产业提供全方位信息服务。

3.2.6 建立国家级科技创新平台，加强科技资源和信息共享

瞄准国际果树学科发展前沿，围绕国家现代果业发展目标，在加强现有国家各类果树工程技术研究中心、改良中心和部省级果树重点实验室等科技创新研究平台建设基础上，建议成立国家果树学科重点实验室。建议通过国家及省部级果树科技创新平台，建立开放共享流动机制，实行科技资源共享，培养和引进高层次果树创新人才，承担国内外重大科研任务，努力创造具有国际影响的科技成果，提升学科的国际竞争力。

加强果树种质资源及信息共享平台建设。围绕目标，在国家支持下开展协作与交流，建设资源发布、信息交流的共享平台。

参考文献

Gómez-Ramos M M, Ferrer C, Malato O, et al. 2013. Liquid chromatography-high-resolution mass spectrometry for pesticide residue analysis in fruit and vegetables: Screening and quantitative studies. Journal of Chromatography A, 1287: 24-37.

Meng D, Gu Z-Y, Li W, Wang A-D, Yuan H, Yang Q, Li T-Z. 2014. Apple MdABCF assists the transportation of S-RNase into pollen tubes. The Plant Journal, 78:990-1002.

Yuan H, Meng D, Gu Z-Y, Li W, Wang A-D, Yang Q, Zhu Y-D, Li T-Z. 2014. A novel gene, MdSSK1, as a component of the SCF complex rather than MdSBP1 can mediate the ubiquitination of S-RNase in apple. Journal of Experimental Botany, 65（12）: 3121-3131.

曹克强，王树桐，胡同乐主编. 2013. 苹果病虫害防控研究进展［M］. 北京：中国农业出版社.

李苗苗，步佳佳，张秀梅；刘胜辉；李运合；陆新华；吴青松；孙伟生；孙光明. 2013. 不同产区冬夏季节菠萝果实维生素的差异性研究［J］. 果树学报,（5）：803-807.

刘孟军，王玖瑞，刘平，等. 2014. 枣树免去雄杂交育种的设计与实践［J］. 园艺学报, 41（7）：1495-1502.

苑赞，卢艳清，赵锦，刘孟军. 2013. 枣抗裂果种质的筛选与评价［J］. 中国农业科学，46（23）：4968-4976.

姚锦爱，蔡鸿娇，石妞妞，等. 2012. 香蕉种质资源亲缘关系的ISSR分析［J］. 福建农业学报,（1）: 37-42.

余智城，何雪娇，曹明华. 2014. 基于表型性状和SSR标记的20份香蕉材料遗传多样性研究［J］. 中国南方果树,（3）: 10-14.

王贵花，张欣，谢艺贤，等. 2015. 几份新选育香蕉种质资源的ISSR分析［J］. 中国南方果树,（1）: 8-11.

冯慧敏，陈雪婷，陈友，等. 2015. 香蕉种质资源基于rDNA ITS序列的谱系分析［J］. 基因组学与应用生物学,（4）：830-835.

陈程杰，何业华，林文秋，等. 2014. 菠萝全转录组的研究初报［J］. 园艺学报，41（S）：2656.

何业华，方少秋，胡中沂，等. 2012. 菠萝体细胞胚发育过程的形态学和解剖学研究［J］. 园艺学报，39（1）：57-63.

何业华，张雅芬，夏靖娴，等. 2014. 菠萝抗寒细胞株系的筛选［J］. 园艺学报，41（S）：2654..

聂继云，李志霞，刘传德，等. 苹果农药残留风险评估［J］. 中国农业科学，2014，47（18）：3655-3667.

李天忠，龙慎山，李茂福，白松龄，孟冬. 2011. 苹果自交不亲和基因型（*S*基因）研究进展［J］. 中国农业科学，44（6）：1173-1183.

撰稿人：韩振海　刘凤之　陈昆松　郭文武　刘孟军　易干军　段长青　姜　全
丛佩华　王力荣　郝玉金　姜远茂　程存刚　曹玉芬　周宗山　王文辉
聂继云　王海波　孟照刚

蔬菜学学科发展研究

1 引言

2014年我国蔬菜播种面积约3.19亿亩，比2013年约增加1.9%；总产量约7.58亿吨，比2013年约增加3.1%，蔬菜产业规模持续稳定增长。蔬菜市场价格全年保持低位运行，根据农业部580个县定点监测的数据分析，2014年4月到12月产地蔬菜价格比2013年平均低8.2%，仅年初和12月份出现同比略高，全年鲜菜市场价格有9个月较2013年同期有明显下降。

2014年我国蔬菜进出口贸易继续保持增长。其中，蔬菜出口额达到125.0亿美元，同比增长7.9%；进口额为5.1亿美元，同比增长21.7%；贸易顺差119.9亿美元，同比增长7.3%。2014年我国鲜冷冻蔬菜出口额达到52.6亿美元，约占出口总额的42%；加工保藏蔬菜出口额达到45.1亿美元，约占出口总额的36%；干蔬菜出口额达到27.1亿美元，约占出口总额的22%。主要出口的蔬菜品种是大蒜、干香菇、番茄酱罐头、生姜、洋葱等，主要集中在东北亚市场、东盟市场、欧盟市场、北美市场和俄罗斯市场。

据FAO数据估算，2013年世界蔬菜收获面积约为5823万公顷，较2012年增长约2.3%；总产量约为11.35亿吨，较2012年增长约2.3%。蔬菜产量排名前五的国家仍为中国、印度、美国、土耳其和伊朗，分别占全球总产量的约51.13%、10.65%、3.01%、2.49%和2.08%；蔬菜收获面积排名前五的国家为中国、印度、尼日利亚、土耳其和美国，分别占全球收获总面积的约41.69%、14.85%、3.25%、1.91%和1.80%。

据联合国统计署数据，2013年世界蔬菜进出口贸易总量约为1.7亿吨，进出口总额约为1800亿美元。其中，出口量约为8400万吨，出口额约为910亿美元；进口量约为9100万吨，进口额约为880亿美元。

2013年鲜冷冻蔬菜、加工保藏蔬菜、干蔬菜三大类蔬菜出口额占世界蔬菜总出口额的比重分别达到 54%、34% 和 8%。2013 年世界蔬菜出口额排名前十位的国家依次为荷兰、中国、西班牙、美国、墨西哥、比利时、意大利、法国、加拿大、德国；世界蔬菜进口额排名前十位的国家依次为美国、德国、英国、法国、荷兰、日本、俄罗斯、加拿大、比利时和意大利。

从总体上看，目前我国蔬菜学应用技术研究水平基本与发达国家相当，但原创性研究成果不多，细胞工程、分子育种等的应用研究起步较晚；在日光温室等保护地和中国特有的珍惜蔬菜的研究方面有自己的特色。在应用技术研究中，更重视蔬菜生产和国内外市场的需求，在重视经济效益的同时，重视生态效益和社会效益；基础性研究逐步得到加强，关注蔬菜学科和产业的可持续发展。

2 蔬菜学科研究进展及国内外进展比较

2.1 蔬菜种质资源研究

2.1.1 蔬菜种质资源收集与起源分类研究

在我国国家农作物种质资源保存体系中，共保存蔬菜资源 36432 份。其中，国家农作物种质资源长期库和蔬菜种质资源中期库保存了 21 科、67 属、132 种（变种）的有性繁殖蔬菜资源 30431 份，西甜瓜中期保存西甜瓜资源 3431 份；国家无性繁殖蔬菜种质资源圃保存大蒜、姜、山药、菊芋、百合等无性繁殖蔬菜作物资源 807 份，包括葱蒜类种质 333 份，薯蓣类种质 116 份，多年生蔬菜种质 102 份，野生蔬菜种质 256 份，分属 32 科、61 属、112 种。大蒜、生姜同时离体复份保存于低温和常温离体种质库中；在国家种质武汉水生蔬菜资源圃保存了莲藕、茭白、芋等 12 种水生蔬菜资源 1763 份。

在蔬菜作物物种起源和分类研究方面，以中国农业科学院蔬菜花卉研究所为首的我国科学家对黄瓜、白菜、甘蓝、萝卜、芥菜、番茄、辣椒等作物全基因组序列的破译为主要蔬菜的物种起源进化研究奠定了基础。黄瓜和甜瓜同属于甜瓜属，黄瓜有 7 条染色体，甜瓜有 12 条染色体。西瓜是其最常见的远缘亲属，有 11 条染色体。Huang 通过黄瓜基因组测序及比较基因组学研究，发现甜瓜 522 个标记中有 348（66.7%）个标记和西瓜 232 个标记中有 136（58.6%）能比对到黄瓜染色体上。将西瓜作为外群，发现黄瓜染色体 1，2，3，5，6 分别与甜瓜染色体 2 和 12，3 和 5，4 和 6，9 和 10，8 和 11 具有共线性，这表明物种分化之后，黄瓜的每条染色体由两条祖先染色体融合而来。还发现黄瓜 6 号染色体和甜瓜 3 号染色体有一段共线性片段，表明物种分化后两条染色体其中一条发生内部重排。虽然黄瓜 4 号染色体与甜瓜 8 号染色体有一段共线性片段（跨着丝粒），但它很大程度上与甜瓜 7 号染色体一致。这表明，该重排可能发生在黄瓜和甜瓜分化之前。除染色体融合和染色体内部重排之外，部分染色体还发生染色体间重排。

关于十字花科蔬菜的起源和进化，研究发现白菜的祖先种与模式物种拟南芥非常相似，它们大约在 1300 万 ~ 1700 万年前发生分化，两者依然维持着良好的基因之间的线性对应关系；白菜基因组存在 3 个类似但基因密度明显不同的亚基因组，其中一个亚基因组密度显著高于另外两个亚基因组，推测白菜基因组在进化过程中经历了两次全基因组复制事件与两次基因丢失的过程。研究发现全基因组三倍化后白菜基因的保留存在物种特有的偏向性，即与环境刺激和激素相关的基因得以更多保留。研究还发现，白菜在基因组发生复制之后，与器官形态变异有关的生长素相关基因发生了显著的扩增，导致了许多与形态变异有关的基因保留更多拷贝，这可能是白菜类蔬菜具有丰富的根、茎、叶形态变异的根本原因，这一成果对研究白菜类蔬菜不同产品器官的形成与发育具有重要价值。利用白菜基因组信息，还开展了芸薹属祖先基因组推导研究，首次确定了 7 条染色体的白菜祖先基因组，重建了白菜的三个亚基因组、其全基因组序列的祖先和现存的十字花科植物基因组。对植物基因组多倍化进化的深入研究，发现转座子甲基化调控基因分化和多基因组分化的表观遗传机制。基于基因组序列或芸苔属甘蓝、黑芥和萝卜的遗传连锁图谱的比较分析，发现芸薹属多元化是由广泛的基因组重组、染色体数变化、易位事件、着丝粒的损失或失活导致的（Cheng *et al.*, 2013，2014）。研究还发现甘蓝和白菜基因组间存在转座子扩增的不对称性、串联重复基因扩增的不对称性、可变剪切数量的不对称性及共线性区外基因丢失率的不对称性，而在种内的亚基因组间存在基因丢失率差异以及亚基因组间同源基因的序列分化、表达分化、可变剪切分化等不对称性进化（Liu *et al.*, 2014）。芥菜基因组的解读则从基因组层面揭示了十字花科中多倍体的变化机理，解释多倍化对物种多样性的贡献（Yang *et al.*, 2014a）。在茄科蔬菜方面，以我国科学家为主体，联合有关国家科学家对番茄进行了基因组测序和对 360 份番茄种质的重测序，对番茄的起源和驯化历史进行了研究和解释，发现了 2 个独立的 QTL 位点在番茄选择和驯化过程中起主要作用，产生了比祖先大 100 多倍的果实；并进一步揭示了加工番茄、粉果番茄的选择信号。发现了育种过程中来自野生番茄的连锁片段（Lin *et al.*, 2014）。遵义农科院辣椒研究所等单位或机构的研究人员对栽培辣椒“遵辣 1 号”及其野生祖先 Chiltepin 进行了基因组测序，并对另外 18 个栽培品种和 2 个其他野生种辣椒重测序，分析鉴定出候选的驯化基因，为解释辣椒的起源于进化起到重要作用（Qin *et al.*, 2014）。

同时，我国科学家还解析了部分功能编码基因在相关蔬菜作物中的进化关系。在十字花科植物大白菜、普通白菜、芥菜型油菜、甘蓝型油菜、花椰菜、芥菜、荠菜、萝卜 3 个属 10 个物种中成功克隆得到耐热相关基因 HSP22 的同源序列 10 条，这些同源序列的相似性达 89.3%。进化树分析表明芸薹属与荠属亲缘关系最近，其次是萝卜属和拟南芥属。发现液泡铁离子转运蛋白（VIT）保守的结构域线性对应的同源基因表达模式既有相似之处，又存在分化，而串联重复基因簇表达模式基本一致。刘基生（2014）对十字花科自交不亲和位点的进化进行了研究，发现芸薹属类型、拟南芥属类型和 Leavenworthia 属类型（Leavenworthia-type）是目前在十字花科植物中发现的三种 S 位点类型。拟南芥属类型的 S 位点和 Leavenworthia 属类型的 S 位点是古老的。芸薹族的 S 位点产生于其六倍化祖先中。芸薹族、醉蝶花科和 *L. alabamica* 几乎同时发生过近期全基因组的三倍化事件，在这些物种内，发现了 1 ~ 3 个 S 位点的线性同源区域。MAM 是硫甙合成途径中的关键基因，负责为硫甙侧链添加亚甲基，可以导致硫甙的多样化。研究发现白菜的三个亚基因组均保留着 7 个 MAM 的候选基因，可能源自基因组古三倍化复制和转座扩增；与拟南芥的 MAM 基因相比，白菜的 MAM 候选基因存在基序的缺失，在 93 份白菜材料中的 MAM 候选基因之间的表达量有很大差异。并推测白菜的 MAM 基因可能在拟南芥和白菜物种分化之后独立起源并进化出不同的功能。

2.1.2 主要蔬菜鉴定评价与核心种质研究

表型鉴定是认识和挖掘种质资源优异性状的前提。近年来有关蔬菜资源表型鉴定和评价的报道很多，如对大果型番茄和樱桃番茄资源资源的表型鉴定，通过自然病圃就番茄资源对枯萎病、灰霉病、晚疫病、病毒病抗性鉴定（Ye 等，2015；曾华兰等，2014）。评价了 201 份来自亚洲及非洲的茄子资源的农艺性状。鉴定了野生茄子和茄子近缘种砧木种质资源对青枯病和黄萎病的抗性。从茄子种质中鉴定筛选出耐低温材料（包崇来等，2013）耐热的材料。鉴定椒种质的主要农艺性状，进行苗期和田间对黄瓜花叶病毒病、烟草花叶病毒病和疮痂病的抗性鉴定，筛选出抗病资源，对 857 份辣椒资源的首花节位、株高、株幅等 23 个表型性状进行鉴定、遗传多样性和相关性分析，还分析了干辣椒品种的辣椒素含量及其栽培条件的影响，从国外辣椒种质中鉴定筛选出营养品质优良、耐低温弱光、抗疫病的优异材料等（党峰峰等，2013；方荣等，2014）。

在葫芦科蔬菜作物上，通过表型鉴定（曹齐卫等，2014）发现华北型黄瓜的遗传多样性指数（1.33）>华南型（1.25）>欧洲温室型（1.0）。鉴定发现不同生态类型的黄瓜品种间不同生育期的果实及其不同部位的苦味表现差异极显著。利用光泽度仪（HYD-09）检测果皮表面光泽度，结果显示黄瓜品种和类型间存在一定差异。另外，近两年还陆续报道了黄瓜种质资源对黑斑病枯萎病、白粉病、霜霉病、棒孢叶斑病（褐斑病）、细菌性角斑病抗性的鉴定评价。苗永美等（2013a）选用 13 份黄瓜材料的研究表明，17℃下的相对发芽率、相对发芽势、相对胚根长和相对活力指数差异显著，苗期 4℃低温处理的冷害指数与恢复后成活率的相关性显著。评价了 48 份黄瓜嫁接砧木在萌发期和幼苗期的耐寒性，获得 1 份种子萌发期耐低温材料及 11 份幼苗期耐低温材料。在黄瓜耐热性、耐盐性鉴定评价方面也有一些相关报道。在其他瓜类蔬菜上，胡建斌等（2013）研究表明国外甜瓜种质资源具有丰富的形态多样性，平均遗传多样性指数为 1.378，且南亚多样性指数为 1.512、高于东北欧（1.404）、西欧（1.372）、北美（1.340）和东亚（1.281）；在 1200 份种质表型分析基础上，构建出 189 份核心种质。采用盐碱土胁迫试验，发现土壤盐分浓度为 0.6% 时，南瓜出苗时间明显延迟，出苗率大幅降低，可以作为土壤盐分胁迫下南瓜萌发期耐盐鉴定浓度。

在十字花科作物中，利用 60 个表型性状探讨浙江省沿海地区 34 份叶用芥菜地方品种资源的遗传多样性。结果表明 29 个质量性状的 Shannon-Wiener 遗传多样性指数为 0.22 ~ 1.33，31 个数量性状的变异系数为 3.3% ~ 82.3%，说明其形态变化较丰富。形态学聚类分析将 34 份资源划分为两大类。研究了 62 份腌制萝卜种质资源的遗传多样性和亲缘关系，把 62 份萝卜种质分为 2 类。对 36 份小白菜耐热指数和生理指标的评价获得 5 份较耐热的资源，在人工春化条件下从 73 份萝卜种质中鉴定出 2 份极耐抽薹的材料，从 93 份萝卜种质中鉴定出莱菔子素含量极高的材料，从 40 份初选的抗源中综合鉴定出 4 份萝卜抗黑腐病材料。从 42 个种的 218 份十字花科栽培蔬菜及近缘种资源室内鉴定出 19 份抗小菜蛾材料（张晓辉等，2014）。对 70 分白菜种质抗黑斑病的鉴定，获得 14 份抗源（陈莹等，2013）。从 50 份白菜种质鉴定出 7 份抗根肿病材料。

在无性繁殖蔬菜中，王海平等（2014）对资源圃保存的 212 份大蒜种质资源的表型性状进行了系统鉴定，提出了 21 个数量性状的 5 级分级标准，对进行大蒜辣素含量的鉴定评价。根据大蒜生长势、生育期及鳞茎、蒜薹产量对 78 份大蒜种质资源进行了分类。通过对 30 份资源的储藏性评价，获得了 3 份较耐贮藏的资源。从 50 个品种中鉴定筛选出对姜瘟病表现中抗的 3 个品种。建立了大蒜辣素的超高效液相色谱（UPLC）检测技术体系，对资源的批量检测发现资源圃中 212 份大蒜资源的大蒜辣含量分布在 0.82% ~ 3.01% 之间，最高含量与最低含量之间相差近 4 倍，筛选获得到 18 份优异大蒜种质。

蔬菜种内遗传多样性评价主要集中在主要蔬菜作物上。在瓜类作物上，以来源于中国、荷兰、美国国家种质资源库的 3342 份黄瓜资源为基础，利用在 7 对染色体上分布均匀的 23 对 SSR 荧光标记引物进行遗传多样性分析，发现印度黄瓜保留大部分的遗传多样性位点，聚类分析将供试种质分为东亚、欧美、西双版纳和印度黄瓜 4 大类群，从中选取了 115 份材料作为核心样本，包含超过 77% 的 SSR 等位基因位点，为进一步开展全基因组重测序及关联分析奠定了基础。苗晗等（2014）利用 SSR 标记对黄瓜主栽品种进行遗传多样性分析可将供试材料分为 2 大类群，第 1 类群主要包括华北密刺型、华南型、日本少刺型 3 大类，第 2 类群包括 10 个欧洲温室型品种。采用代表最大限度西瓜遗传多样性的 SS R核心引物组合，分析了西瓜 DUS 测试指南中 24 份西瓜标准品种的遗传多样性，并采用二维（Q R）编码构建了西瓜 24 份标准品种的 SS R指纹图谱。采用 SCoT-PCR10 条引物对 81 份丝瓜种质资源进行遗传多样性分析，遗传相似系数在 0.5900 ~ 0.9200，在 0.5900 处可将所有供试材料划分为两大类，第Ⅰ类包括 46 份有棱丝瓜材料，第Ⅱ类包括 35 份普通丝瓜材料，广西和广东的丝瓜种质材料主要聚在第Ⅰ类。利用 16 对 SSR 引物对 50 个苦瓜基因组进行遗传多样性分析，将 50 份苦瓜聚为 6 大类。

王柏柯等（2014）利用 SSR 标记分别对 20 份鲜食和加工番茄种质进行了亲缘关系分析。

利用 65 对 TRAP 引物分析 30 份萝卜种质（Cheng *et al.*, 2013），利用 SRAP 标记鉴定 111 份芥菜种质（李宁等，2014），利用 20 对 SSR 引物构建了 94 份白菜种质。用 22 对 SSR 引物构建 75 份来源和特征不同的代表性萝卜种质（邱杨等，2014），用 EST-SSR 引物构建甘蓝代表品种指纹图谱和分子身份证（王庆彪等，2014；Ye *et al.*, 2013）。

在无性繁殖蔬菜中，李秀等（2014）在利用 SRAP 分子标记技术，对来源于世界不同地区的 51 份生姜种质进行了分析，将姜种质分为 3 个大类、9 个亚类。利用 30 对多态性良好的 SRAP 引物对 90 份山药种质资源进行 PCR 扩增，构建了山药 DNA 指纹图谱。

2.1.3　优异基因资源挖掘与分子标记研究

研究建立主要蔬菜作物种质资源分子标记和基因型快速分析技术，并应用于种质资源的鉴定。李景富等对番茄抗黄化曲叶病基因 *Ty-1*、*Ty-2*，许向阳等对番茄抗枯萎病 I–2 基因及抗叶霉病基因 *Cf-9*，许向阳等对番茄果实光滑基因 *F* 分别进行了的分子标记开发及种质资源筛选（王宁等，2015）。郭广君等（2013）对多毛番茄“LA2329”抗烟粉虱基因定位，获得 33 个与叶片烟粉虱成虫附着量、叶片烟粉虱卵量，叶片正、背面Ⅵ型腺毛密度相关的 QTL。

Liu 等（2013a）利用 170 份白菜双单倍体群体和 SSR 标记，定位了 11 个与大白菜产量有关的性状，获得了 46 主效 QTL 和 7 上位性 QTL，其中主效 QTL 对总的表型变异的贡献率为 4.85% ~ 25.06%。Lv 等（2014）利用 196 个甘蓝双单倍体群体定位获得 13 可靠的 QTLs。最显著的主效 QTLs 是与成熟期有关的 *Hm3.1*、中心柱长有关的 *Cl3.1* 和与中心柱占球纵茎比有关的 *Cl/Hvd3.1*。张小丽等（2014）利用青花菜与甘蓝近缘野生种杂交后代对根肿病抗性进行了遗传分析。通过 RT–PCR 和表达谱分析，孙玉燕等（2014）克隆了萝卜高花青素积累关键基因。比较抗、感山芥种质在小菜蛾取食下的表达差异，结合皂苷代谢途径分析，对 P450 家族与皂苷合成途径限速酶 beta–AS 和 UGT 的共表达聚类，将抗感差异的基因锁定为 beta–AS、UGT 和 P450，并进一步从 P450 家族 300 多个成员中筛选出候选基因 4 个，目前已克隆出 *beta-AS*、*UGT* 和 *CYP716* 和 *CYP72*（Zhang *et al.*, 2015），基于转录组或蛋白组分析，对萝卜硫苷合成主要相关基因（Pan *et al.*, 2014；Wang *et al.*, 2013a）、萝卜根部抗坏血酸生物合成相关基因（Xu *et al.*, 2013）、雄性不育和保持基因、叶片耐铅反应基因（Wang *et al.*, 2013b）以及萝卜叶片耐热反应基因（Zhang *et al.*, 2013）进行了鉴定。

在葫芦科作物中，Qi 等（2013）通过全基因组重测序和关联分析，找到了 112 个可能的驯化区域，其中一个与黄瓜果实苦味基因的消失有关，也确定在版纳黄瓜 β – 胡萝卜素羟化酶基因（*CsaBCH1*）的脂肪酸羟化酶结构域（PF04116）有 1 个 SNP，所编码氨基酸由丙氨酸（A）突变为天冬氨酸（D），该位点的突变使 β – 胡萝卜素不能向下游产物转化，该基因在版纳黄瓜 β – 胡萝卜素大量积累时期高表达，揭示了西双版纳黄瓜高 β – 胡萝卜素含量的成因。研究表明黄瓜成熟瓜红色果皮性状由显性单基因控制，红色对黄色为显性，并筛选出与黄瓜种瓜红色果皮基因 R 紧密连锁的 SSR 分子标记（刘书林等，2014）。另外，多位学者还分析了黄瓜嫩瓜皮色（Shen *et al.*,2014）、瓜长或瓜把长（王敏等，2014）、种子长度、单性结实（武喆，2015）等性状的遗传规律、分子标记或 QTL 位点。王敏等（2014）定位到 14 个与种子长度、宽度和百粒质量相关的 QTLs，可解释 7.4% ~ 28.3% 的表型变异率。马政等（2014）构建了西双版纳黄瓜 RIL 群体遗传图谱，并对叶片叶绿素含量、果实及侧枝等相关的 12 个农艺性状进行了 QTL 定位分析，共获得 29 个相关 QTL。Lu 等（2014）利用 QTL-seq 方法鉴定了一个黄瓜早开花的 QTL，其位于开花位点 T 附近。苗永美（2013b）等从 *LDC* 基因克隆入手，根据 *cctr132* 的序列信息和黄瓜基因组数据库信息，从相对较为耐冷黄瓜品种幼苗叶片中克隆了 *CsLDC*，该基因在低温时上调表达。在其他葫芦科作物上，刘传奇等（2014）利用 CAPS 及 SSR 标记构图和 QTL 定位，检测到 6 个西瓜果实相关性状的 8 个 QTL 位点和 1 对上位效应位点，其中包括果形指数 QFSI1、中心可溶性固形物 QCBR、中心果肉硬度 QCFF、边缘果肉硬度 QEFF、种子长度 QSL 各 1 个，种子宽度 QSWD1、QSWD2、QSWD33 个；上位效应位点包括果形指数 FSI2、FSI3。表型贡献率大于等于 10% 的 QTL 有 6 个，可解释 11.7% ~ 18.8% 的遗传变异。羊杏平等（2013）通过 35 份西瓜核心种质的抗枯萎病鉴定和 SRAP 分子多样性分析，群体遗传结构分析将 35 份西瓜核心种质分为 3 大群体：1 个野生西瓜群体和 2 个栽培种群体。还发现在 2 个栽培种群体中存在基因渗透。关联分析发现有 1 个标记位点与枯萎病抗性显著关联（$P<0.01$），该位点对表型性状的解释率为 0.2035。张屹等（2013）以栽培西瓜抗感枯萎病品种间杂交 F_2 分离群体，采用 BSA 法将 Fon-1 基因定位于 1 号染色体 15cM 区间内。对区间内的 SNP 位点信息分析，开发了 3 个 CAPS/dCAPS 标记 7716_fon、7419_fon 和 4451_fon，F_2 代分离群体以及 164 份西瓜育种材料验证显示，上述 3 个标记与 Fon-1 基因的连锁距离分别为 0.8、1.0 和 2.8cM。这些标记可以有效区分栽培西瓜对枯萎病菌生理小种 1 的抗病、感病性，为栽培西瓜品种枯萎病菌生理小种 1 抗性基因快速应用于栽培品种枯萎病抗性改良建立有效的技术手段。Wang 等（2013）利用 F_{2-3} 家系、EST-SSR、SSR、AFLP 和 SRAP 标记，对苦瓜的 13 个园艺性状进行了定位，获得了 43QTL，单个位点解释的变异占总变异的 5.1% ~ 33.1%。这 13 个性状包括雌花率、首雌花节位、果长、果直径、果肉厚、果形、果把长、果长把长比、单果质量、单株果数、单株产量、茎粗、节间长，在第 5 连锁群上的一个基因簇包括了与单株产量、单株果数、雌花率、首雌花节位、单果质量的最重要的几个 QTLs，它们对表型的贡献率达到 5.8% ~ 25.4%。

2.1.4 种质资源创新利用研究

我国专家利用远缘杂交、胚挽救等技术创新十字花科新种质取得了明显进展。河北农业大学园艺学院蔬菜遗传育种系先后培育出了整套大白菜—结球甘蓝单体异附加系、菜薹—芥蓝单体异附加系以及芥蓝—菜薹单体异附加系，为利用结球甘蓝中的有用性状来改良大白菜品种构建了物质平台。利用特异引物对添加结球甘蓝 2 号染色体的大白菜单体异附加系的基因进行鉴定，结果表明，该单体异附加系除具有大白菜的 4 个 *BrFLCs* 基因，同时添加了结球甘蓝的 *BoFLC3* 基因，为大白菜遗传背景下添加结球甘蓝 *BoFLC3* 基因易位系的获得提供了特色材料。创制比较了“北京白”萝卜及其同源三倍体、同源四倍体的特征特性，发现三倍体萝卜的综合表现最好。通过远缘杂交、回交、植物学性状、细胞染色体数、花粉活力及 SSR 分子标记观测获得了芥菜型油菜细胞质雄性不育系与红菜薹之间的远缘杂种和种间回交后代。张小丽等（2014）以高感根肿病的青花菜“93219”和高抗根肿病的甘蓝近缘野生种“B2013”为父本杂交获得了抗根肿病“桥梁材料”F_1，其杂种优势明显，研究还发现青花菜 × 甘蓝近缘野生种 B2013 后代的根肿病抗性由两对加性—显性—上位性主基因控制（B-1 模型）。过胚挽救获得青花菜与萝卜属间杂种，其生长势明显强于父本和母本，大部分形态性状超出了父、母本的范围，尤其是远缘杂种综合了二者的硫苷及其降解产物组分，远缘杂交种的获得与初步鉴定为促进萝卜属和芸薹属的基因交流提供了桥梁种质。Zhang 等（2014）鉴定出甘蓝型油菜萝卜附加系 E 携带抗南方根结线虫的基因。

在葫芦科作物上，对西印度瓜和甜瓜杂交后的幼胚进行了 Chelex-100 法 DNA 提取及 SSR 分析，结果在幼胚 DNA 中稳定地扩增出父本 SSR 特征带，表明西印度瓜和甜瓜在授粉后不久已成功地完成了杂交，研究为甜瓜远缘杂交障碍的克服提供了理论依据。采用不同浓度胺磺灵对小果型西瓜二倍体自交系幼苗生长点进行剥滴处理不同天数，发现不同处理均可诱变产生该材料的四倍体，其中最有效的处理是在播种后第 8 天剥除心叶，再用 100 毫克 / 升胺磺灵连续处理裸露的生长点 6 天，幼苗成活率达 100%，最终诱变率达 30.59%。以 12 个西瓜品种干种子为材料，通过 6 个剂量的辐射处理，研究表明，200Gy 和 400Gy 辐射对中等种子出苗有促进作用，超过 600Gy 都具有显著（$P < 005$）抑制作用；根据半致死剂量确定西瓜种子适宜辐射剂量为 600 ~ 800Gy。不同大小西瓜种子对 $^{60}Co-\gamma$ 辐射的敏感性表现为大种子＞小种子＞中等种子。为了拓宽甜瓜种质资源，将 7 份经过神舟 8 号搭载的北方寒地甜瓜亲本材料进行地面试种，择具有重演性、可遗传的变异株系 10 个，又经多代选择出性状稳定、品质及抗病鉴定优良的变异株系 4 个。以“莆 0609”种子，搭乘“实践八号”航天育种卫星，在太空环境中进行辐射诱变，经过田间定向选择育成的早熟优质苦瓜新品种。

无性繁殖蔬菜作物种质资源的创新研究取得了一定进展，尤其是生姜、大蒜的倍性改变（孔素萍等，2014; 刘颖颖等，2013），辐射诱变和化学诱变究方法的研究取得了重要进展，在有性机理研究方面进行了一定探索。中国农业科学院蔬菜花卉研究所联合其他院所，在科技支撑项目和葱姜蒜行业项目的支持完善了大蒜愈伤组织诱导技术，开展大蒜愈伤组织的化学诱变和物理诱变，研究了生姜的离体诱变技术，获得了大蒜突变系 4 个，生姜突变系 5 个。

2.1.5 国内外研究进展比较

1）我国蔬菜作物种质资源的保存数量、种质结构及保存方式与发达国家相比仍有较大差距。据不完全统计，世界上已建成至少 1300 多个种质库，保存 740 多万份资源，其中蔬菜资源 502889 份，约占 7%，其中，野生及野生近缘种约占 5%。我国国家库圃收集保存蔬菜 3.6 万份左右，200 余种，位居世界前列，但是其中本土资源占 90% 左右，地方品种占 95% 左右；育成品种约占 3%，野生蔬菜以及栽培蔬菜野生近缘种资源仅占 0.2%。显然，我国蔬菜种质资源的物种和遗传多样性仍较狭窄。相比国外异位田间、组织脱毒、低温和超低温等多种保存方式，我国蔬菜种质资源主要采取低温种质库或田间保存圃保存，资源保存方式单一，满足不了种类繁多、特性各异的蔬菜作物安全保存的要求。然而，现代蔬菜产业的局限和需求主要表现在，栽培品种日趋单一，遗传脆弱性问题突出；周年供给需求和集约化栽培条件下病虫害日趋严重、逆境亟待克服；现代生活和环境压力下人们对健康的渴望给我们对蔬菜品质的改良提出了更高的要求。因而，蔬菜多样性的收集保存不仅是开展蔬菜起源演化和遗传多样性研究、优异基因挖掘、种质创新利用的物质基础，也是促进蔬菜遗传育种、突破蔬菜产业局限、保障产业可持续发展的战略性基础。

2）种质资源鉴定评价的广度深度远远满足不了蔬菜科学研究和产业发展的需求。发达国家在注重资源的收集保存、不断拓展物种和遗传多样性的同时，十分重视资源的深度整理、循序渐进的表型鉴定和综合数据信息的整合。遥感技术、成像技术、物联网技术等先进技术正在逐步应用于种质资源田间和室内表型组学精准鉴定。在过去 30 年间，我国蔬菜种质资源鉴定评价成效明显。但是，由于对因异花授粉等原因导致的群体内生物学混杂严重的蔬菜种质资源缺乏深度整理，严重影响了种质资源农艺性状的精准鉴定和后续深入研究。尽管我们“十一五”至“十二五”研究制定了 36 种主要蔬菜种质资源描述规范和数据标准，希望能使种质资源基本农艺性状的表型鉴定逐步规范化和标准化，但是由于标准制定严重滞后“七五”就开始的种质资源鉴定工作，目前工程浩大的标准应用还非常有限。过去仅在繁种更新的同时，资源研究人员对主要蔬菜的少数基本农艺性状进行了初步鉴定，采用传统方法对保存的 18 种主要蔬菜作物、4.5 万份次种质的单项重要性状（抗病虫、抗逆和品质性状）进行了初步鉴定，获得优良种质近 3000 份。研究人员也研究建立或优化了主要蔬菜抗病性鉴定方法和番茄红素、辣椒素、辣椒红素、硫苷、莱菔子素、大蒜素等功能性成分的高效液相色谱（UPLC）检测方法。育种家针对育种的需要对各自掌握的少量主要蔬菜种质资源进行了主要性状的鉴定评价，获得了一些优异资源。但是，由于缺乏循序渐进的战略规划和稳定的资金资助，缺乏高效的稳定可靠的表型技术的储备性研究，种质资源表型鉴定评价技术的标准化、规范化和系统化程度以及应用范围还很不够。相对于资源深度整理、基础研究、遗传育种和生产的需求的蔬菜种质资源的基本农艺性状信息严重缺失，重要性状的深入评价数据严重匮乏。

3）对我国蔬菜种质资源的遗传背景还缺乏全面深入和系统的认识。对蔬菜种质资源遗传背景的全面和系统了解不仅是种质资源进一步收集过程中避免重复和掌握我国蔬菜种质资源家底的基础，更重要的是有针对性地开展资源的评价鉴定、高效挖掘利用优异基因资源的前提。尽管近年各种分子标记已被广泛应用于我国主要蔬菜作物种质资源的遗传多样性分析。但是，大多数研究人员采用的是仅能反映局部基因组变异的分子标记，而且多以少量资源为分析对象，缺乏全国协作性的重复小规模研究使得信息碎片化严重，无助于对我国蔬菜种质资源遗传背景的总体了解。依据核心种质的一个物种的遗传多样性固定群体的构建是聚焦资源重要性状深入评价和优异基因资源挖掘的必要条件。但是，我国仅仅在黄瓜、甜瓜、白菜、萝卜、胡萝卜等作物上开展了核心种质的初步研究，遗传多样性固定群体的构建几乎是空白，显然资源基础性工作的前瞻性不够。

4）蔬菜基因资源的挖掘和创新利用的水平和效率有待进一步提高。根据我国蔬菜作物育种和生产的当前实际需要，全国资源和育种科技人员竞相利用传统分子标记广泛开展了主要作物重要性状的分子标记或定位研究，获得了一些有利用价值的分子标记，鉴定出一些重要性状的效应基因。在黄瓜、番茄、白菜等主要蔬菜作物上基于全基因重测序和分子标记的重要性状基因挖掘也取得了明显的进展。但是问题仍很突出，基于单个研究材料的性状优异性并不突出，低层面的重复研究较多，至今很多研究结果的有效性和集成度不高，尚不能应用于种质资源或育种材料大规模的分子辅助鉴定筛选。以种内杂交、回交或自交为主的种质资源创新在蔬菜作物中较为普遍，但是受对分离世代群体单株的前景和背景性状选择技术的限制，通过目测的选择目标性和效率低下。通过远缘杂交在主要有性蔬菜种质资源创新中得到了较多的利用，但是因为远缘杂种甚至后代的生殖障碍、对野生种优异性状的遗传背景不清楚，不仅影响了有益基因在物种间的交流，而且使得对后代的选择尚不能通过分子标记有针对性地跟踪。物理和化学诱变、体细胞杂交和倍性改变在主要蔬菜尤其无性繁殖蔬菜种质资源创新中也有应用，但是变异产生的目的性不可控、频率很低。所以，有必要加强新技术在优异基因资源规模化深度挖掘和种质资源创新中的应用。

5）蔬菜基因组研究的比较优势有待变为后基因资源挖掘和种质创新利用的绝对优势。我国研究者通过分子标记或功能基因多样性鉴定开展了较多的蔬菜起源和分类方面研究。在主要蔬菜作物基因组研究方面居于世界领先地位，形成了较强的比较优势。研究人员也在全基因组水平对番茄、黄瓜和白菜作物的起源演化进行了研究。但是如何将这些成果更多地有效地应用于丰富多样的蔬菜作物的起源和进化研究，将是面临的技术和能力的挑战。

6）蔬菜种质资源的信息集成尚待加强。目前，发达国家建立了全国联网的种质资源信息系统。我国各类蔬菜作物种质资源信息系统多是十多年前建立的版本和功能较低内部管理系统，主要包括种质资源库管数据库、基本农艺性状数据库和分发利用数据库。面对种质资源表型鉴定评价和全基因组遗传信息解析数据的不断积累，面对大数据挖掘和分享的需求日益强烈，如何安全贮存、标准化集成、有效处理和充分利用将是我们面临的一大难题。

2.2 蔬菜基因组学与生物技术研究

2.2.1 蔬菜作物基因组序列解析研究

基因组是一个物种最基本的生物学存在，基因组学已成为蔬菜生物学研究的最重要内容和基础。2012 年以前，我国主导完成了黄瓜（*Cucumis sativus*）、马铃薯（*Solanum tuberosum*）和白菜（*Brassica rapa*）国际基因组计划（见表 1），世界上也仅有这三种蔬菜作物完成了基因组序列解析，其中黄瓜是第一个利用高通量、低成本的二代测序技术完成基因组计划的作物，奠定了我国在蔬菜基因组学领域的优势地位。2012—2015 年期间，我国主导或作为主要参与者又相继完成了番茄（*Solanum lycopersicum*）、西瓜（*Citrullus lanatus*）、莲藕（*Nelumbo nucifera*）、辣椒（*Capsicum annuum*）和甘蓝（*Brassica oleracea*）的基因组序列解析，巩固了我国在该领域的研究地位，并对推动我国蔬菜学科发展起到了至关重要的作用。

番茄基因组计划由来自中国、美国、荷兰、以色列等 14 个国家的“番茄基因组研究国际协作组”完成，中国主要由中国科学院遗传与发育生物学研究所和中国农业科学院蔬菜花卉研究所两家单位参与，负责 12 对染色体中的 2 对，完成了总任务的 1/6，成果以封面文章发表在 *Nature* 期刊。在解码的番茄基因组中共鉴定出约 34727 个基因，进化分析表明番茄基因组经历的两次三倍化使基因家族产生了特异控制果实发育及营养品质的新成员，比较分析发现了番茄果实进化的基因组学基础。同时，协作组同时绘制了栽培番茄祖先种野生醋栗番茄基因组的框架图，基因组序列的获得为在育种中进一步利用野生资源的优异基因提供了有力的工具。

北京市农林科学院为主导单位完成了西瓜基因组序列解析，经过组装后得到 353.Mb 的序列，结合基因组注释共预测出 23440 个编码基因。基于基因的共线性关系，发现目前西瓜的 11 对染色体来源于 7 对染色体的古六倍型双子叶植物祖先，首先经过三倍化，形成了 21 对染色体的古六倍中间型，再经过了多次分裂和融合，从而形成了 11 对染色体结构。西瓜果实成熟是个复杂的生理过程，基于基因注释结果和多个时期组织的转录组数据，揭示了类黄酮代谢和细胞壁合成与果肉和果皮的成熟过程密切相关，而类胡萝卜素、己糖和单糖代谢过程的变化与果肉成熟过程密切相关，这些对研究果实成熟过程中颜色变化、糖分积累、营养和风味物质积累、果实膨大等动态过程具有重要的推动作用。

中国科学院武汉植物园与美国伊利诺伊大学等合作完成了栽培莲藕的基因组，武汉蔬菜科学研究所联合国内科研单位完成了一个野生莲藕的基因组序列。由于莲藕在进化上位于双子叶植物的基部，对研究双子叶植物进化具有重要的意义，两项成果都揭示莲藕基因组没有发生古六倍化事件，以前认为该事件是双子叶植物共有，但在莲藕基因组内发现了一个特异的近期全基因组复制事件，对于研究基因的进化具有重要意义。通过分析栽培莲藕根部的基因表达谱，发现了 16 个多铜氧化酶基因在根部特异表达，这是莲藕适应根部水环境营养缺乏不利条件的重要遗传基础。莲藕种子可以保存长达千年，通过基因的进化压力分析，发现 28 个胚胎败育相关基因和 1 个膜联蛋白在莲藕中受到了正选择压力，这与种子可长期保存密切相关。淀粉合成酶基因数目在莲藕中明显扩增，这与其大量合成淀粉密切相关。

在韩国完成一个墨西哥辣椒品种基因组序列解析的同时，我国四川农业大学、遵义市农业科学院等单位也合作完成了一个我国辣椒栽培品种和一个野生品种的基因组序列解析，两个基因组大小都约为 3.3Gb，分别注释了 35336 和 34476 个编码基因，其中 90 以上的基因都可定位到12对染色体上。辣椒与番茄、马铃薯一样，都经历了共同的古六倍化和近期全基因组复制事件，没有自身独特的全基因组复制事件，但基因组大小为番茄和马铃薯的3 ~ 4倍，通过辣椒基因组分析，发现辣椒基因组是由于反转座子在30万年前的快速扩增导致基因组变大的。

中国农业科学院油料所和蔬菜花卉研究所等单位与2014年初合作完成了甘蓝基因组序列解析计划，这是继白菜基因组解析后的又一重大成果，基因组拼接大小为540Mb，注释了45758个基因。甘蓝与白菜基因组类似，与十字花科近缘模式植物拟南芥基因组具有较高的共线性关系，且基因组都发生了多倍化事件，为研究基因组多倍化对基因进化的影响提供了良好的素材。通过比较甘蓝和白菜基因组内的转座子、串联重复基因、可变剪切、非共线性基因丢失，发现两个物种内存在这些方面明显的不对称性，而在种内的多倍化引起的亚基因组间也存在基因丢失率差异以及亚基因组间同源基因的序列分化、表达分化、可变剪切分化等不对称性进化。并且，通过研究代谢产物候选基因集，发现甘蓝基因组内含有合成抗癌类物质的大量基因。

2.2.2　*蔬菜作物变异组及驯化和分化研究*

基因组序列解析完成以后，需要进一步深入研究生物个体间的遗传变异及形成变异的原因，即变异组，才能充分发挥基因组序列在作物遗传育种研究中的作用。我国研究人员在黄瓜和番茄中进行了全面的变异组研究，绘制了两种作物的全基因组遗传变异图谱，揭示了两种作物的驯化、群体分化等群体遗传学特征，通过驯化和群体分化研究发现了几千个农艺性状相关候选基因，为研究重要功能基因提供了重要的资源、工具和新思路。此外，在西瓜和辣椒中也研究了少量品种的遗传变异，对作物驯化的基因组学基础进行了初步解析。

中国农业科学院蔬菜花卉研究所通过对115个黄瓜品系进行重测序，共发现360多万个单核苷酸多态性位点（single nucleotide polymorphism, SNPs）和小插入/删除（small insertion and deletions, small indel），构建了一个单核苷酸分辨率的黄瓜遗传变异图谱。基于这些遗传变异，发现所挑选的115个黄瓜品系可分为4大类，即印度类群、欧亚类群、东亚类群和西双版纳类群，印度类群遗传多样性远远超过其他三个类群，证实了印度是黄瓜的发源地，印度类群为野生群体，其他三个类群为栽培群体。野生黄瓜果实和植株都比较矮小，果实极苦，经过人类的驯化，黄瓜果实和叶片都变大了，果实也失去了苦味。通过驯化选择信号检测，发现黄瓜基因组中有100多个区域受到了驯化选择，包含2000多个基因，其中7个区域包括了控制叶片和果实大小的基因，果实失去苦味的关键基因已经明确地定位在染色体5上一个包含67个基因的区域里，为下一步克隆这一重要蔬菜驯化基因打下了基础。大部分黄瓜的果肉颜色是白色或浅绿色的，橙色果肉这一性状为西双版纳黄瓜所特有，通过运用群体分化的分析算法，发现了一个西双版纳黄瓜特有的突变，该突变导致了编码β–胡萝卜素羟化酶的基因失效，从而使得西双版纳黄瓜在果实成熟期因不能降解β–胡萝卜素，这一发现不仅为培育营养价值更高的黄瓜品种提供了分子育种工具，也为通过变异组快速挖掘重要性状基因提供了新思路。

中国农业科学院蔬菜花卉研究所利用360份番茄种质的全基因组重测序，构建了番茄变异组图谱。基于番茄系统发生树和群体结构分析，发现番茄群体分为3个亚群，即醋栗番茄、樱桃番茄和大果栽培番茄，醋栗番茄为野生群体。结合表型数据和群体遗传学分析，证明野生醋栗番产生樱桃番茄，最终形成大果栽培番茄的两步驯化过程，即驯化和改良。群体遗传多样性比较，发现了5个驯化阶段果重QTLs，13个改良阶段单果质量QTLs。群体分化分析，首次发现5号染色体是鲜食番茄和加工番茄差异的主要基因组区域，赋予了加工番茄显著的特征。通过番茄变异组分析发现，番茄驯化和野生资源利用导致约25%（200Mb）基因组区域被固定，严重限制了番茄的改良。利用变异组信息突破这些限制将是番茄育种改良的新途径。

北京市农林科学院通过研究20份有代表性的西瓜品系材料进行了西瓜变异组研究，发现西瓜主要分为野生、半野生和栽培群体，通过野生和栽培的遗传变异比较，检测到了108个可能受到驯化选择的基因组区域，涉及741个基因，并且发现部分抗病基因在驯化过程中发生了丢失。

四川农业大学、遵义市农业科学院等单位在完成了一个辣椒栽培品种和一个野生品种的基因组序列解析的同时，也完成了20个辣椒品系的遗传变异分析，驯化分析检测到了115个可能受到驯化选择的区域，在涉及的511个基因中包括延长果实软化时间和缩短种子休眠时间的驯化性状候选基因。

2.2.3 全基因组关联分析在蔬菜重要农艺性状研究中的应用

随着基因组遗传变异数据的快速增加，全基因组关联分析已成为寻找重要表型性状相关基因的重要手段。在拟南芥、水稻和玉米等作物中，研究人员通过关联分析发现了与开花、籽粒大小、株型等农艺性状相关的重要基因。我国研究人员在蔬菜作物黄瓜和番茄中也通过此方法发现了重要农艺性状控制基因。

黄瓜有些品系叶子有苦味，有些没有，通过此表型与基因型数据的全基因组关联分析，中国农业科学院蔬菜花卉所研究人员发现位于一个三萜合成酶基因上的单碱基变异导致了黄瓜叶子由苦变为不苦，为研究黄瓜中苦味素合成奠定了基础。

番茄果实分为红果和粉果等不同颜色类型，中国农业科学院蔬菜花卉所联合其他合作单位研究人员通过全基因组关联分析，发现了位于一个MYB转录因子上的遗传变异决定了番茄果实的红粉颜色变化，为培育粉果番茄品种提供了有效的分子育种工具。

2.2.4 转录组在重要功能基因研究中的应用

转录组测序和分析不仅是提高基因组注释水平的重要工具，也为基因功能研究提供重要线索。我国研究人员通过转录组数据分析，在黄瓜、白菜等作物的多个重要农艺性状相关基因中取得重要进展。

中国农业科学院蔬菜花卉研究所研究人员通过分析黄瓜不同组织器官的转录组数据，利用共表达的分析方法为研究黄瓜苦味物质生物合成通路提供了候选基因集，快速揭示了黄瓜苦味物质生物合成通路由 9 个基因控制，包括 1 个三萜合成酶、1 个乙酰转移酶和 7 个细胞色素 P450 基因，并且通过转录组和突变体分析，快速发现了调控整个生物合成通路的 2 个 bHLH（basic helix loop helix）转录因子，分别在叶片和果实中调控苦味物质的生物合成。

中国农业大学研究人员通过比较果实长度不同近等基因系材料的基因表达差异，发现了一些与微管相关的基因和转录因子在控制果实长度中具有重要的作用。

中国农业科学院蔬菜花卉研究所研究人员通过分析锌、铁缺乏与锌、镉过量条件下白菜叶片的基因表达谱变化，发现了大量与白菜适应不同金属离子浓度条件的相关基因，其中有两个转录因子具有重要功能，并发现白菜基因组多倍化产生的多拷贝基因具备适应这些条件的冗余功能，调控网络比拟南芥更为复杂。

2.2.5 测序技术在遗传定位重要功能基因研究中的应用

高通量、低成本的二代测序技术不仅促进了全基因基因组序列分析，也加速了重要农艺性状基因的遗传定位和克隆研究。其中 QTL-seq 和 MutMap 是目前两个最常用的分析策略，QTL-seq 是对常规 F_2 群体的两种极端表型个体分别混池测序进行分析，MutMap 是根据突变体和野生型材料的后代进行分析，两个方法在蔬菜作物中都已有成功应用。

在黄瓜中，第一次利用基于测序的 QTL-seq 方法快速发现了控制黄瓜提前开花的基因 *FT*（FLOWERING LOCUS T），该基因可使黄瓜提前开花一周左右，从而提前坐果，进一步加快黄瓜果实形态建成的进程。另外，通过基于测序的 MutMap 方法分析突变体材料，也为果实果皮颜色等性状发现了关键控制基因，该基因影响叶绿体发育导致黄瓜果皮颜色浅绿，为培育不同颜色黄瓜提供了理论基础，并为通过测序方法克隆其他黄瓜突变体性状相关基因提供了方法借鉴。

2.2.6 国内外研究进展比较

（1）国外研究现状

在蔬菜作物全基因组序列解析方面，已完成 12 个蔬菜作物，其中只有 4 个作物没有中国单位作为主要完成者（见表 1），分别为甜瓜、茄子、萝卜和菜豆。其中甜瓜和菜豆基因组序列连续性和完整性都较高，scaffold 序列的 N50（序列拼接后是一些不同长度的 scaffolds，将所有的 scaffold 长度相加得到总长度，然后将所有的 scaffolds 按照从长到短进行排序，当相加的长度达到总长度的一半时，最后一个加上的 scaffold 长度即为 N50，可以作为基因组拼接的结果好坏的一个判断标准）都在 5 Mb 左右，且 85% 以上的序列都可定位到染色体的具体位置，为利用基因组序列定位和克隆重要功能基因奠定坚实基础。茄子和萝卜的基因组序列质量有待进一步提高，二者拼接 scaffold 的 N50 约为 0.05Mb，并且 75% 以上的序列都未能定位到染色体的具体位置。

表 1　截至 2015 年 1 月 1 日完成的蔬菜基因组测序

所属分类	物种	完成时间（年）	基因组大小（Mb）*	基因数 *	染色体数	中国的贡献
葫芦科	黄瓜	2009	197	23248	7	主要完成者
	甜瓜	2012	375	27427	12	未参与
	西瓜	2013	353	23440	11	主要完成者
茄科	马铃薯	2011	727	39031	12	主要完成者
	番茄	2012	739	34727	12	主要完成者
	辣椒	2014	3349	35336	12	主要完成者
	茄子	2014	833	85446	12**	未参与
十字花科	白菜	2011	284	41174	10	主要完成者
	甘蓝	2014	540	45758	9	主要完成者
	萝卜	2014	402	61572	9**	未参与
莲科	莲藕	2013	792	36385	8	主要完成者
豆科	菜豆	2014	473	27197	11	未参与

注：* 表示基因组大小指基因组序列组装长度，基因数为预测基因数。由不同团队完成同一物种不同品系的基因组，此处所列数字来自中国团队完成的栽培物种。** 75% 以上基因组序列未定位到染色体的具体位置。

在蔬菜作物变异组研究方面，国外研究人员在番茄和菜豆中也开展了一些工作。通过测序 84 份番茄资源，挖掘得到了超过一千万个 SNP 变异，并揭示了番茄的种群与地域分布具有很大的相关性，为本领域研究人员提供了重要的数据资源。在完成菜豆基因组序列解析的同时，60 份野生和 100 份栽培材料也进行了重测序分析，检测驯化信号发现菜豆内发生了 2 次独立的驯化事件，约 74Mb 的基因组序列显示经历了驯化选择，为叶子和种子大小等驯化性状提供了重要的候选基因资源。

利用全基因组关联分析方面，针对菜豆的种子质量发现了紧密关联的信号位点，且该位点位于驯化选择区域。利用转录组分析，美国密歇根大学对黄瓜果实发育过程基因表达变化进行了系统分析，为克隆果实发育相关性状功能基因提供了参考。基于新一代测序技术的 QTL-seq 和 MutMap 分析方法最先由国外研究者报道，但在蔬菜作物中还未见应用报道。

基因编辑是近几年来发展起来一种新技术，可进行基因定点突变、敲入、多位点同时突变和小片段的删失等，入选 *Nature* 和 *Science* 的 2013 年十大科技进展，已成为研究基因功能的重要方法。在番茄作物内，应用基因编辑 CRISPR/Cas9 技术突变了与一种小 RNA 产生的基因，导致叶片发育异常，是基因编辑技术在蔬菜作物内首次报道。

（2）国内外研究进展比较分析

根据以上国外进展可见，在已经完成的 12 个蔬菜作物基因组中，我国是其中 8 个的主要完成者，蔬菜作物全基因组序列解析方面我国还存在一定优势，但国外研究单位也已意识到基因组序列对功能基因研究的重大推动作用，也希望占领基因组学研究这个制高点，如日本在 2014 年快速公布了茄子和萝卜的基因组序列框架图。

基于基因组序列，利用新一代测序技术快速挖掘功能基因方面，我国在蔬菜作物内已有较多研究报道，国外单位报道相对较少，但常用 QTL-seq 和 MutMap 原创报道都是国外研究人员发表，我国在原创方法方面还需进一步加强。

基因组编辑技术在近几年显示出极大的应用潜力，国外在蔬菜作物中已有成功应用报道，而我国目前在这一方面还未有报道，可见在分子生物学技术方面我国还暂时落后。

2.3 蔬菜作物遗传育种研究

2.3.1 十字花科蔬菜研究及国内外进展比较

（1）种质资源的引进与创新

种质资源是育种的基础材料，近年来在种质资源引进、鉴定和创新等方面取得一些成果。分析 219 个甘蓝品种的系谱资料、亲本组成及亲本选配规律和特点，归纳出几个甘蓝主栽品种育种过程中亲本选择、配置组合上的规律和特点，发现不同地理来源或者植物学性状差异较大的两个亲本组配能够表现较强的杂种优势（王庆彪等，2013）。对从国外引进的 8 份黑萝卜材料进行适应性研究和综合鉴定，筛选出抗病、产量、商品性优良的材料“391633”，可用作春萝卜和水果萝卜的组合配制。

由于根肿病的日益加重，针对抗根肿病的种质资源筛选工作取得了明显进展。利用高抗根肿病大白菜 `CR' 作为母本，11 种高感根胖病不结球白菜品种作为父本，采用杂交和回交方法，创制出抗根肿病不结球白菜材料。利用人工接种方法，已鉴定出一批抗根肿病的材料，如发现萝卜品种“北京红丁”高抗根肿病，鉴定出 27 个抗根肿病的湖南主栽白菜、甘蓝品种。此外，成功将抗根肿病基因和核不育基因导入“黑叶”大白菜中，获得抗根肿病“黑叶”大白菜新甲型雄性不育“两用系”和“临时保持系”。用青花菜高代交系与高抗根肿病的甘蓝近缘野生种杂交，获得抗（耐）根肿病的杂种 F_1，可作为抗根肿病“桥梁材料”用于后续研究（张小丽等，2014）。以抗根肿病大白菜材料 CR Shinki DH 系和大白菜自交系 91–12B 为亲本，通过回交和分子标记辅助选择筛选到 7 个含抗病基因的近等基因系，其中 3 个近等基因系 B1S1、B2S2 和 B3S1 保持了 91–12B 配合力。

（2）育种研究

危害十字花科作物的病害主要有根肿病、枯萎病、黑腐病、病毒病霜霉病等，近几年在病原菌的鉴定及发病条件、抗病材料筛选、抗病基因定位克隆、抗病品种选育等方面做了大量研究。

根肿病近年来发病面积逐年扩大，病原菌寄主范围广可在土壤中存在 20 年。根据 Williams 系统鉴别根肿病生理小种，已鉴定出 13 个生理小种，在我国有十个小种，其中 4 号小种是优势小种（张小丽等，2014）。根据主根相比茎基部的肿大倍数将发病情况分为 6 级。在影响根肿病发生的外界条件（如温度、湿度、pH 值、光照等）方面的研究已取得明显进展。发现温度和 pH 值对根肿病菌致病力有显著的影响，5℃和 10℃条件下，其根肿病菌侵染力弱，15 ~ 30℃条件下致病力增加，在 35℃条件下致病力又降低；pH 为 4 时发病率高，pH 为 7 和 8 时发病率较低。发现根肿病发病最适宜 pH 为 4.5 ~ 5.5，调高土壤 pH 值可抑制根肿病发生。

枯萎病主要危害大部分甘蓝栽培变种。致病菌是尖孢镰刀菌黏团专化型［*Fusarium oxysporum* Schl. f. sp. *conglutinans*（Wollenw.）Snyder & Hansen，FOC］，尖孢镰刀菌十字花科专化型真菌生理小种 1 号在世界各地普遍存在。近年来在国内北方发病面积迅速上升。其发病受土壤温度、湿度等多种因素影响，高温、干燥条件下容易发病，病原菌能在土壤中存活 10 年以上，传统防治手段没有明显效果（张凌娇等，2013）。研究表明抗枯萎病基因符合显性单基因遗传，易于转移。已报道的抗病性鉴定方法有拌土法、浸根法和灌根法。目前国内已鉴定到获得了一些抗病材料，大多来自国外。近几年也有抗枯萎病甘蓝品种的报道，如中甘 828、秋甘 5 号。

十字花科黑腐病由野油菜黄单胞菌野油菜致病变种（*Xanthamonas campestris* pv. *campestris*）引起。黑腐病 1 号、4 号生理小种是十字花科作物上的主要生理小种，1 号生理小种危害甘蓝和花椰菜，4 号危害白菜。研究发现萝卜黑腐病抗性是数量遗传，抗性遗传以主基因为主，并找到抗黑腐病基因 14 个 QTLs。利用 cDNA-SRAP 法获得一些与甘蓝抗黑腐病相关的基因片段。

十字花科抗逆研究主要集中在生理指标特性、遗传效应、抗逆基因、抗逆材料筛选及抗逆品种选育。以不同耐热萝卜为材料，测定电解质渗漏率（EL）、丙二醛（MDA）含量、渗透调节物质及抗氧化酶活性等多个生理指标，结果表明耐热品种含有较高的渗透调节物质，EL 和 MDA 含量低，SOD 活性高，从而减轻高温热害。对 36 份白菜品种（系）进行高温胁迫处理，测定了热害指数、可溶性糖含量、SOD 活性及 MDA 含量的变化，结果表明所测各项指标均可作为耐热性鉴定标准。

对 73 份代表性萝卜自交系耐抽薹性鉴定，得到 9 份极耐抽薹材料。创制了大白菜和甘蓝的单体异附加系，添加结球甘蓝 4 号染色体的大白菜单体异附加系表现最耐抽薹，通过小孢子技术及 2 年耐抽薹性调查，获得耐抽薹大白菜—结球甘蓝易位系。对 34 个甘蓝自交系和自交不亲和系进行筛选，综合耐热性鉴定，配制杂交组合，表现最好的组合为 13G220。育成两个耐抽薹品种黔白 8 号、黔白 10 号。

雄性不育系是十字花科杂种制种的主要方法，利用雄性不育系制种纯度高、有利于保护育种者的权益。严慧玲等（2013）研究了不同的封口材料和方式、接种茎段类型及蔗糖浓度对甘蓝纯合 DGMS 材料离体保存的影响，结果表明单芽茎段适合 04Z521-12 的保存，2 ~ 3 芽茎段适合 03Z-01Z608-1 的保存，用封口膜+塑料膜封口可延长继代周期，7% 和 4% 的蔗糖浓度可延缓生长。舒金帅等（2015）研究了萝卜细胞质雄性不育系（Ogura CMS）和显性细胞核雄性不育系（DGMS）花蜜含量和成熟蜜腺的超微结构，对青花菜 4 份不育系 DGMS 8554、Ogura CMS 8554、DGMS 93219、Ogura CMS 93219 和及相应的 2 份保持系 8554 和 93219 分析，DGMS、Ogura CMS、8554 的三系的花蜜含量显著高于 93219 的三系同类试材的花蜜含量，DGMS 中线粒体、叶绿体、高尔基体、内质网及核糖体的大小和数量均优于 Ogura CMS。

利用雄性不育恢复系和保持系的关系、花粉败育方式及线粒体的分子标记等方面结果，将萝卜5个胞质不育材料分为两个类型：Ogura不育细胞质类型、NWB不育细胞质类型。通过回交方法，将甘蓝 DGMS 不育源转移到青花菜中，获得青花菜高代 DGMS 雄性不育系（舒金帅等，2015）。

影响十字花科小孢子培养的主要因素有：基因型、生理状况、预处理、小孢子发育时期、培养基及其成分、胚状体的发生和胚培养以及小孢子植株的倍性（林珲等，2014）。许多研究表明基因型是主要因素。研究温度对小孢子诱导出胚影响，发现 28℃下生长时，甘蓝花蕾小孢子能够获得较高的胚产量。对 6 个甘蓝杂交种的研究表明，基因型在小孢子胚状体诱导中起着主导作用，花蕾长度为 3.0 ～ 4.0 毫米时有利于获得胚状体，32.5℃最有利于胚状体的诱导，花蕾经低温 4℃预处理 24 h，可提高胚诱导率。孙继峰等（2015）研究青花菜小孢子胚胎发生的频率，发现（4 → 32.5）℃预处理后的成胚率最高。研究表明甘蓝小孢子在 MS+NAA 0.2mg/L+ 烯效唑 0.05mg/L+Suc 30g/L+Agar 7g/L 培养基中再生的植株，移栽后成活率高，均超过了 97.6%。对大白菜小孢子培养的研究表明，基因型对小孢子胚诱导影响最大，活性炭培养基能促进小孢子胚状体的发生，花蕾长度为 2.1 ～ 3.0 毫米时，小孢子胚诱导率最高，NLN-13 培养基为小孢子培养最佳培养基，但添加 0.1 ～ 0.3 克 / 升活性炭能明显提高小孢子胚胎产量。

以大白菜—结球甘蓝 3 号单体异附加系（AA+C3）为材料，利用小孢子培养获得了大白菜—结球甘蓝易位系（胡永霞等，2014）。对 10 份不同基因型大白菜 EMS 诱变后游离小孢子培养方法获得多种大白菜变异材料，丰富了遗传基础的育种材料。

染色体工程在创新种质、培育新品种、十字花科作物起源和进化的研究等方面橘有重要意义。比较了“中甘 11”结球甘蓝初级三体和结球甘蓝二倍体花粉生活力、花粉整齐度和花粉量，发现结球甘蓝第 6 染色体对花粉各方面的影响都较大，可能存在于花粉发育相关的基因。吕晶（2014）以花椰菜—黑芥体细胞杂种自交及回交后代为材料，获得 4 份偏花椰菜类型的异附加系材料。

大白菜、甘蓝等作物基因组测序的完成，大大促进了分子标记的开发和利用。2014 年，甘蓝基因组测序公布，报道蛋白编码基因约为 45758 个，非编码 RNA 3756 个（Liu 等，2014）。利用基于重测序技术设计的标记，对抗枯萎病基因进行了定位。

对分子标记检测方法也进行了优化。如 PCR 反应条件及 SCAR 标记反应体系的优化，大白菜纯度鉴定中对 EST-SSR 反应体系的优化，整合大白菜遗传图谱中对 InDel-PCR 反应体系的优化，萝卜 EST-SSR 标记 PCR 反应体系的建立与优化，芥蓝 SSR 检测体系建立和优化，聚丙烯酰胺凝胶电泳技术的优化。

王庆彪等（2014）筛选获得 20 对核心 EST-SSR 标记，构建了 50 个甘蓝品种 DNA 指纹数据库，可用于品种真实性的鉴定。利用 50 对 SSR 引物对 10 份甘蓝杂交种进行纯度鉴定，与田间形态鉴定结果一致或显著相关，为甘蓝蓝杂交种真实性及纯度鉴定提供了参考。张晗等（2014）筛选出 30 个 SSR 标记用于大白菜品种指纹鉴定。利用 15 对引物对

98 份芥蓝自交系进行分析，构建了一张聚类图，在相似系数 0.71 时分为 5 组，为亲本选配、杂交种鉴定和资源保护等提供了依据。建立了逆转座子间扩增多态性（IRAP）技术体系，并用于 14 个萝卜品种分析，表明 IRAP 标记技术可以有效地应用于萝卜种质鉴定和指纹图谱的构建。朱东旭等（2014）筛选出 286 个结球甘蓝相对于大白菜的特异 InDel 标记，可对大白菜—结球甘蓝易位系自交后代进行鉴定。

构建了一张包含 1227 对分子标记的结球甘蓝高密度遗传连锁图谱，覆盖基因组总长度 1197.9 cM，平均遗传距离和物理距离分别为 0.98 cM 和 503.3 kb。对 5 个与甘蓝叶球相关（叶球质量、叶球纵径、中心柱长、叶球颜色、外短缩茎长）和 6 个与植株相关（外叶数、开展度、株高、外叶长、外叶宽、外叶颜色）的农艺性状进行遗传和相关性分析。构建了结球甘蓝高密度连锁图谱，包含 162 个 AFLP 标记 52 个 SSR 标记和 26 个 SRAP 标记，标记间平均图距 3.6cM，覆盖 864.4cM，对抽薹开花性状定位，检测到 2 个控制甘蓝抽薹时间性状的 QTL（qbt-3-2qbt-9-1），以及一个同开花时间性状相关的 QTL（qft-9-1）。应用 SSR、InDel 构建了 934.06cM 的遗传图谱，并对括成熟期、单球质量、球纵径、中心柱长、中心柱长度 / 球纵径定位。

刘基生等（2014）利用 36 对多态性 EST-SSR 引物分析 8 个甘蓝变种的 101 份自交系，在相似系数 0.62 处基本可聚为 8 个类群，建立了包含 86 对引物的背景选择标记，用于甘蓝自交亲和性的回交选择。筛选到抗芜菁花叶病毒连锁的 SSR 标记 BrID10694 和 BrID101309，连锁距离分别为 0.3 和 0.6 cM，预测并克隆了侯选基因 *Bra035393*，为大白菜抗 TuMV 高效分子育种奠定了基础。基于 *TuMV CP* 基因序列设计特异引物，RT-PCR 方法快速检测芜菁花叶病毒 TuMV，开发了一种基于 RGAs 的 TRAP 分子标记可用于构建萝卜遗传图谱。

此外，分子标记还用于甘蓝硫代葡萄糖苷总量性状的 QTL 定位，青花菜 RAA 含量相关的 SSR 标记，耐寒性相关基因 *BoCBF1* 和 *BoCBF2* 基因的 CAPS 标记开发及分析，甘蓝无蜡粉亮绿性状的 SSR 标记，大白菜种皮颜色的 QTL 定位，大白菜抗根肿病基因 CRb 连锁标记开发，与大白菜抽薹开花时间相关的 SSR 和 InDel 标记。

由于十字花科作物抗虫、抗病和抗逆等种质资源比较缺乏，运用基因工程可以把抗虫、抗病、抗逆境基因转入十字花科蔬菜并使之稳定表达，用于改良作物性状，培育优质高产的新品种。十字花科蔬菜的遗传转化研究已日趋成熟，到目前为止，已进行遗传转化研究并获得转基因植株的有白菜、甘蓝、青花菜、花椰菜、芥菜和萝卜等，导入的目的基因包括抗虫、抗病、抗逆、抗除草剂及雄性不育等基因。

目前广泛应用于遗传转化研究的抗虫基因主要有三类：苏云金芽孢杆菌的毒蛋白（Bt）基因、蛋白酶抑制剂（PI）基因和植物凝集素基因（lectin）。将 cry1Ba3-cry1Ia8 双价基因转入甘蓝，抗虫鉴定结果表明转基因植株对抗性小菜蛾和敏感小菜蛾均有较强抗性。江汉民等（2013）通过农杆菌介导的遗传转化方法将来源于杨树的 Kunitz 型丝氨酸胰蛋白酶抑制剂基因分别导入花椰菜和青花菜中，获得对小菜蛾幼虫具有一定抗性的抗性植株。筛选出6种再生频率较高的白菜品种，优化了农杆菌介导的白菜遗传转化体系，成功获得63株抗虫基因 *Cry1Aa* 和15株SAD干扰载体转基因白菜植株。将克隆获得的 *T1243* 基因（在茎瘤芥胞质雄性不育系中获得）整合到大白菜基因组中，获得了转基因雄性不育植株，*T1243* 基因可以正常表达，丰富了大白菜不育系的育种材料。将 *StP5CS* 和抗除草剂 *Bar* 基因导入结球甘蓝基因组中，获得转化植株，经检测证明转基因植株对高盐环境有一定的耐受性，为培育抗盐碱、抗除草剂的结球甘蓝新品种提供了一个可行的方法。

2012—2015年期间，通过国家鉴定的大白菜、甘蓝品种分别为22和24个。在其他十字花科作物上也利用自交不亲和系育成了一些杂交品种，如耐抽薹萝卜一代杂种“凌翠”、早春白萝卜一代杂种“潍萝卜4号”、乌塌菜一代杂种“徽乌4号”等。

（3）两项重大研究成果

“甘蓝雄性不育系育种技术体系的建立与新品种选育”于2014年获国家科技进步奖二等奖。该成果由中国农科院蔬菜花卉研究所方智远院士主持完成。21世纪以前，甘蓝杂交种90%以上是用自交不亲和系配制的，该途径存在易出现假杂种、亲本繁殖需人工授粉成本高等缺陷。为克服甘蓝自交不亲和系杂交制种中的上述弊端，确立了寻找新型雄性不育源、建立雄性不育育种技术体系为主攻方向，培育优质、抗病、抗逆甘蓝新品种满足市场需求，历经30余年取得以下重要创新性成果：

1）国内外首次发现甘蓝显性核基因雄性不育源并建立不育系育种技术体系：历经多年从30多万种株中发现了甘蓝新型雄性不育源79-399-3，研究阐明其不育性为显性核单基因控制；创制出低温诱导可出现携带不育基因的微量花粉的材料，从其自交后代中鉴定出纯合不育株，进而创建了通过回交、自交、测交结合分子标记辅助选择选育显性核基因雄性不育系的育种技术体系。育成DGMs01-216等5个不育株率达到100%、不育度达到或接近100%、配合力优良、熟性不同的甘蓝显性不育系，属国内外首创（发明专利ZL 96 1 20785。X）。

2）率先建立用自交亲和系转育获得优良CMSR3胞质雄性不育系的选育技术：历经10余年从CMSR1、CMSR2、CMSR3等三代不育源中筛选出优良胞质不育材料CMSR3625、CMSR3629，建立用87-534等自交亲和系转育的技术，并获得5个优良胞质雄性不育系，苗期低温不黄化、结荚正常、不育性稳定。亲本可蜜蜂授粉繁殖，成本仅为自交不亲和系繁种的1/10（发明专利ZL 2005 1 0011406.0）。

3）创制出一批用于雄性不育系转育的优异甘蓝骨干自交系：率先育成中甘87-534等8份花期自交亲和指数达到4的自交亲和系，96-100等4份抗枯萎病两个生理小种的抗源，88-62等4份成熟后7 ~ 10天不裂球的极耐裂球自交系，为优良雄性不育系的转育奠定了种质基础（发明专利ZL 2011 1 0211317.6）。

4）利用上述专利技术培育出6个突破性甘蓝新品种，并实现甘蓝雄性不育系规模化制种：中甘21、中甘192、中甘17、中甘18、中甘96、中甘101等6个新品种早、中、晚熟配套，全国区试中比对照品种增产5.8% ~ 22.6%，其品质、产量或春甘蓝的早熟性等方面优于国内外同类品种，均通过国家审（鉴）定。规模化制种杂种杂交率 100%，比自交不亲和系制种提高 8% ~ 10%，实现了甘蓝杂交制种由自交不亲和系到雄性不育系的重大变革。六个甘蓝新品种在 25 个省区市累计推广 1175.3 万亩，新增社会经济效益约 33.6 亿元。在北方春甘蓝和高原夏甘蓝主产区占栽培面积的 60%，并出口印、俄、日等国。获发明专利 3 项，新品种权 2 项，审（鉴）定新品种 6 个，论文 58 篇（SCI 论文 14 篇），育种技术和材料已被兄弟单位应用。本成果是甘蓝育种技术的一次重大突破，开创了甘蓝杂交制种新途径，丰富了蔬菜雄性不育遗传育种理论与实践，对提升蔬菜育种水平、保障蔬菜供应、抵御国外蔬菜品种冲击发挥了重要作用。

甘蓝基因组研究结果发表在 *Nature communications* 杂志。由中国农业科学院油料作物研究所、中国农业科学院蔬菜花卉研究所、华大基因等多家研究机构合作完成了甘蓝基因组测序，并于 2014 年 5 月 23 日将基因组草图发表在 *Nature communications* 杂志。

多倍化（polyploidization）为植物的适应性进化提供了大量的遗传变异。但迄今为止人们还不清楚，这种基因组加倍是如何推动物种分化的。芸薹属（*Brassica*）植物是研究多倍体进化的一个理想模型，它属于十字花科，包含了多种重要的农业及园艺作物，例如白菜、甘蓝等等。研究人员通过 Illumina、Roche 454 和 Sanger 测序，完成了甘蓝（*Brassica oleracea*）的基因组草图，并将其与之前测序的姊妹种——白菜（*B. rapa*）进行比较。研究显示，甘蓝的基因组加倍区域存在着大量的染色体重排和基因丢失事件，其转座元件大量扩增。在甘蓝和白菜的基因组中，特定通路的基因保留和基因表达存在差异，许多旁系同源和直系同源基因出现了选择性剪切。此外，研究还鉴定了与抗癌植物素生产和形态差异有关的基因，展现了基因组加倍和差异化的结果。

（4）国外研究现状及国内外进展比较分析

国内各科研机构在育种技术方面已进入世界先进行列，尤其是建立了白菜、甘蓝、萝卜基因组测序数据库。自“十五”以来，我国蔬菜分子育种技术研究进入了快速发展阶段。分子标记辅助选择技术已经在白菜、甘蓝等主要作物的育种中得到越来越多的应用。我国组织国内外力量先后完成了黄瓜、白菜、西瓜、马铃薯、甘蓝、萝卜的基因组测序，参与完成了番茄的基因组测序，与国外同时独立完成了辣椒的基因组测序。以国内力量为主完成了白菜、甘蓝、萝卜的大量材料重测序，获得了一批重要的变异组学基础数据，发现了一批重要的基因位点，精细定位或克隆了白菜抗 *TuMV* 基因、甘蓝抗枯萎病基因、甘蓝雄性不育基因等。但仍需看到在一些育种技术方面我们仍有差距和不足，如先正达公司长期持续的投入逆向育种技术（reverse breeding）的研发，各大育种公司开展的大规模表型组技术的研究。此外，跨国种业公司在优良基因发掘、育种材料创制、亲本组配、品种测试等关键环节，运用现代自动化的技术手段，使每一个环节的研究成效最大化。无论是实验室操作还是田间大规模的种质资源筛选、大规模的杂交组合测配、大规模的田间小区试验、品种鉴定以及庞大的数据采集分析系统，跨国公司都设计和采用各种现代自动化控制的分析仪器和机械设备，极大地提高了育种实验规模和研发效率。

生产上的十字花科蔬菜品种仍以国内选育为主导，但春白菜、越冬甘蓝等类型品种的选育工作亟须加强。据统计，1978—2012 年我国审定、认定或登记的品种数：大白菜 538 个，甘蓝 201 个，萝卜 107 个，这些品种的育成对于满足十字花科蔬菜生产的需求具有重要作用。目前，秋白菜、春甘蓝等传统优势茬口的品种仍以国内育成为主导（80% 以上）。虽然我国育种科研进步较快，但是与日本、韩国及欧美发达国家相比有些新兴茬口品种的差距依然明显，这些品种的优异抗性是国内品种暂时所不具备的，如春白菜的耐抽薹性，越冬甘蓝的耐寒性及抗病性，春萝卜的耐抽薹性及根型，目前这些茬口采用的品种多为国外的。

国内各级科研机构在科研分工协作机制方面亟须创新和加强国内各级从事蔬菜育种的科研单位都同时承担着大量的公益性科研、推广和培训以及研究生培养工作，难以专注于育种技术的创新。大部分企业科研力量较弱，投入不足，难以做到依靠自身的科技力量支撑自己的发展，而二者之间尚未建立起有效的合作机制。而且科研单位之间也是同质化严重，国家级、省市级科研结构之间的研究有重复。因此，在科研分工协作机制方面有待于进行创新和加强。

2.3.2 茄科蔬菜研究及国内外进展比较

（1）重大研究成果

番茄基因组测序的完成：由来自中国、美国、荷兰、以色列等 14 个国家的 300 多位科学家组成的“番茄基因组研究国际协作组”，采用“克隆连克隆”和“全基因组鸟枪法”相结合的测序策略，历经 8 年多的艰苦努力，2012 年完成了对栽培种加工番茄 *Solanum lycopersum* H1706BG 的全基因组精细序列分析，获得了高质量的番茄基因组序列（http://solgenomics.net/）。共鉴定出约 34727 个基因，其中 97.4% 的基因已精确定位到染色体上。进化分析表明，番茄基因组经历了两次三倍化，使基因家族产生了特异控制果实发育及营养品质的新成员。协作组同时绘制了野生醋栗番茄 *S. pimpinellifolium* LA1589 的基因组框架图。分析还发现，两个基因组仅有 0.6% 的区别。基因组序列的获得为在育种中进一步利用野生资源的优异基因提供了有力的工具。这项工作将极大地推动番茄乃至包括马铃薯、辣椒、茄子等在内的茄科植物的功能基因组研究，为培育具有高产、优质、抗病虫害、抗逆等优良性状的番茄新品种打下了良好的基础，对推动全世界的番茄生产具有重要意义。

辣椒基因组测序的完成：2014 年我国和韩国几乎同时公布了辣椒全基因组信息。其中韩国对墨西哥地方品种 *Capsicum annuum* cv. CM334 进行了全基因组测序，同时对野生种 *C. chinense* PI159236 进行了从头测序，对另外两个栽培种 *Perennial* 和 *Dempsey* 进行了重测序。结果表明辣椒基因组大小约为番茄的 4 倍，辣椒基因组上存在大量 gypsy 转座子和花椰菜病毒家族元件的积累。结合转录组综合分析认为，辣椒素合成酶基因表达模式的改变及新功能化是导致辣椒素生物合成的原因，研究还发现辣椒与番茄在乙烯合成及果实成熟调控方面存在明显不同的分子模式。而我国覃成等（2014）基于栽培种 Zunla-1 和野生种 *C. annuum* var. *glabriusculum* 全基因组序列，分析了茄科植物的进化、辣椒从野生到栽培的驯化、果实发育和辣椒素合成的形成机制。辣椒参考基因组的发布为辣椒营养品质、药用价值等遗传改良提供了重要平台。

基因组分析揭示番茄的育种历程：2014 年，我国科学家通过群体遗传学分析，揭示了番茄果实变大经历了从醋栗番茄 *S. pimpinellifolium* 到樱桃番茄再到大果栽培番茄的两次进化过程，在此过程中分别有 5 个和 13 个果实重量基因受到了人类的定向选择，鉴定了 186（64.6 Mb）个驯化阶段和 133（54.5 Mb）个改良阶段的受选择区域；通过比较不同番茄群体的基因组差异，发现第 5 号染色体是决定鲜食番茄和加工番茄（主要用于生产番茄酱）差异的主要基因组区域；通过全基因组关联分析，发现了决定粉果果皮颜色的关键变异位点，此位点的变异使得成熟的粉果番茄果皮中不能积累类黄酮；通过基因组比较分析，准确界定了栽培种番茄基因组中野生渐渗片段的位置和长度。研究结果为番茄进一步遗传改良提供了新的思路。

（2）重大关键技术

遗传资源多样性分析：对番茄、辣椒、茄子等茄科蔬菜作物进行了不同程度的遗传资源多样性分析。少数研究仍基于传统的田间表型数据，而绝大多数研究已采用了第二代或第三代分子标记技术，如 SSR、InDel、SNP 标记等（魏兵强等，2013；王柏柯等，2014；Ge *et al.*, 2013）。其中中国农业科学院蔬菜花卉研究所利用重测序数据获得的 SNP，对 3000 多份加工番茄进行了分析，构建了加工番茄核心种质。对 2000 多份我国辣椒资源，明确了其地理分布，分析了遗传距离与群体结构。基于上述工作也建立了我国辣椒资源的核心种质。该核心种质的构建，无疑会为茄科作物遗传改良奠定良好的基础。针对市场需求，对现有资源材料也开展了番茄抗斑点萎凋病毒、双生病毒，辣椒抗黄瓜花叶病毒、青枯病（党峰峰等，2013），茄子抗青枯病、黄萎病（Liu *et al.*, 2015）等抗性研究；番茄耐低温、耐盐，辣椒耐涝、耐热，茄子耐低温、耐热、耐盐碱等抗非生物胁迫研究；番茄可溶性固形物和类胡萝卜素，辣椒果实性状、维生素 C 含量、植株性状、产量等园艺学性状相关的研究。

遗传连锁图谱构建与重要基因的定位和克隆：目前，在遗传连锁图谱构建及重要基因定位和克隆方面来说，无论是国内还是国外，辣椒、茄子等作物均较模式作物番茄相对滞后。针对上述情况，近年我国对辣椒作物种内和种间开展了遗传图谱构建（段蒙蒙等，2014），对辣椒抗疫病、抗南方根结线虫、抗虫及重要农艺性状等基因或数量性状位点（QTL）进行了定位。在番茄作物方面也开展了系列研究，克隆了抗晚疫病的 *Ph-3*（Zhang *et al.*, 2013；2014）、精细定位了抗番茄黄花曲叶病毒病的 *Ty-2*、初步定位了抗伦痂病 T3 小种、辣椒素合成相关（Liu *et al.*，2013）等基因。上述研究使我国茄科基因定位和克隆逐步与国际接轨。

重要性状分子标记开发与辅助选育：随着第三代分子标记技术的快速发展，根据生产实践需要，特别是针对生产中存在的主要病害，基于基因组序列，已逐步开展高通量、高特异性 InDel 尤其是 SNP 等标记的开发。如相继开发了与番茄抗叶霉病的 *Cf-5*、番茄花叶

病毒病的 *Tm-2*、细菌性斑点病的 *Pto*、番茄斑点萎凋病毒的 *Sw-5*（苏晓梅等，2014）等基因紧密连锁的 SNP 标记。该些标记的积累，将会为未来高通量、大规模辅助选育提供必要条件。

（3）重大品种或产品

番茄：我国相关单位推出系列优良鲜食番茄新品种，包括浙江省农业科学院蔬菜研究所育成的浙粉 702、浙粉 706、浙粉 708，浙杂 502、浙樱粉 1 号、浙樱粉 2 号，江苏农业科学院蔬菜研究所育成的苏粉 12 号、金陵粉玉、金陵美玉、金陵甜玉，中国农业科学院蔬菜花卉研究所育成的中杂 201、中杂 108，北京市农林科学院蔬菜研究中心育成的京番 101、京番 301、京番 501、京番白玉堂、京番彩星 1 号、仙客 8 号，西北农林科技大学育成的西农 2011，湖南省蔬菜所育成的湘粉 1 号、红石串，山西省农业科学院蔬菜研究所育成的晋番茄 10 号，山东省农业科学院蔬菜研究所育成的天正粉秀，重庆市农业科学院蔬菜花卉研究所育成渝粉 107、渝粉 109、丰硕、金刚 721，上海菲图种业有限公司育成瑞星 5 号、改良瑞星 5 号、香农 1 号、香农 2 号、欧宝 2 号、瑞星 2 号、瑞星 7 号，安徽福斯特种苗有限公司育成新贵族、美好、天福 365、新悦、瑞得宝、黄玫瑰，北京中绿亨种子科技有限公司育成威尼斯、欧霸、罗西奥、威霸 7 号、七喜、粉贝贝 1 号，沈阳谷雨种业有限公司育成古于天妃 9 号、卓粉 227、卓粉 228、天赐 595、天宝 326，河南欧兰德种业有限公司育成卡迪亚 616、卡迪亚 702、普罗迪、金刚 6 号、欧育 318，郑州郑研种苗科技有限公司育成芬卡沃、芬兰迪、欧克、瑞德佳，上海种都种业科技有限公司育成迪达、迪瑞、斯特朗、佰斯特、欧尚、迪维斯，西安金鹏种苗有限公司育成金鹏 8 号、金鹏 M6，天津德澳特种业有限公司育成德澳特 7845、丰硕、普罗旺斯、红双喜，西安双飞种业有限责任公司育成双飞 8 号、双飞 2018、双飞 4 号、双飞 9 号，青岛金妈妈农业科技有限公司育成宝嘉丽、裕达、博菲特 2 号、盛瑞繁、盛兰新 2 号、锐奇，华中农业大学园艺植物生物学教育部重点实验室华番 11，青岛市农业科学研究院莎冠。广州市农业科学研究院益丰 2 号，甘肃省农业科学院蔬菜研究所陇番 10 号，山东省烟台市农业科学研究院烟番 9 号。相对于鲜食番茄而言，加工番茄优良新品种包括中国农业科学院选育出的 IVF3155、IVF1301、IVF3302、IVF6172，中粮屯河和新疆农科院园艺所共同选育出的 TH211、TH17，新疆石河子蔬菜研究所选育出的新番 48 号，甘肃省张掖市农业科学研究院选育出的优立 1 号。

甜辣椒：中国农业科学院蔬菜花卉研究所育成中椒 106、中椒 105、中椒 107、中椒 108、中椒 0808，北京市农林科学院蔬菜研究中心育成国福 308、国福 401、京创、京锐 3 号、京旋 1 号、京甜 3 号，北京市海淀区植物组织培养实验室育成海丰 23 号、海丰 16 号、海丰 25 号，江苏省农业科学院蔬菜研究所育成苏椒 14 号、苏椒 15 号、苏椒 16 号、苏椒 17 号、苏彩椒 1 号、苏椒 20 号、苏椒 103 号，湖南省蔬菜研究所育成博辣 9 号、12Z78、兴蔬皱皮椒、博辣红星、博辣红牛，长沙市蔬菜科学研究所育成长辣 5 号，广东省农科科学院蔬菜研究所育成金田 8 号粤研 1 号、汇丰 3 号，广州市农业科学院育成辣优 13 号、辣优 15 号，四川省农业科学院园艺研究所育成川腾 5 号、川腾 8 号，沈阳市农业科学院育成沈椒 18 号、沈研 15 号、沈研 20 号，甘肃省农业科学院蔬菜研究所育成陇椒 5 号、陇椒 8 号，天水市农业科学研究所育成天椒 6 号，黑龙江省农业科学园艺分院育成龙椒 10 号，江西省农业科学院蔬菜花卉研究所育成赣丰 15 号，广西农业科学院蔬菜研究所育成桂椒 7 号、桂椒 8 号，内蒙古农牧业科学院蔬菜研究所育成北星 5 号，中国热带农业科学院热带作物品种资源研究所育成热椒 2 号，重庆市农业科学院蔬菜花卉研究所育成艳椒 425、艳椒 13 号，河北省农林科学院经济作物研究所育成冀研 15 号、冀研 16 号，安徽省农业科学院园艺研究所育成皖椒 18，湖南湘研种业有限公司育成湘辣 14 号、湘辣 16 号、湘辣 17 号、湘辣 18 号、圆珠 1 号，江西农望高科技有限公司育成南螺 2 号、大汉 2 号、绿剑 12 号、辛香 8 号，深圳市永利种业有限公司育成辣椒王妃、辣椒艳红、永优亮剑，安徽福斯特种苗有限公司育成早秀王 212、早秀王 252、美极 118、福椒 36、大圣，四川川椒种业科技有限责任公司育成干鲜 4 号、川甘香 1 号辣椒、线椒王、川优 16 号、干椒 3 号、干椒 5 号、特大川椒，北京中农绿亨种子科技有限公司育成亨椒神龙、亨椒 1 号、亨椒龙悦、金剑 208、亨椒龙腾、长虹 368，西安桑农种业有限公司育成满丰 2 号、淮北市久保田种业有限公司育成久保田螺椒王、香辣特早、天香，欧兰德种业有限公司育成汤铨训经典 001、绿黄剑、国线 003，青岛金妈妈农业科技有限公司育成金妈妈 1285、必胜马 504、必胜马 21–7，安徽江淮园艺种业股份有限公司育成强丰 7318、高丰 602、辣先锋、天椒 2 号、报春 101、皇冠，四川种都种业科技有限公司育成种都 208A、香辣 2 号、龙形椒，天成农业发展有限公司育成圣保罗、喜洋洋、美瑞特 117，新疆乌鲁木齐市蔬菜研究所新椒 23 号，西北农林科技大学园艺学院碧螺 6 号，青海省农林科学院园艺研究所青线椒 2 号。

茄子：浙江省农业科学院蔬菜研究所育成浙茄 8 号，四川种都种业有限公司育成墨凯龙，哈尔滨市农业科学院育成哈农杂茄 3 号、哈农杂茄 4 号，福州市蔬菜科学研究所育成闽茄 5 号，云南省农业科学院园艺作物研究所育成云茄 3 号，河南周口市农业科学院育成周杂 2 号，北京市海淀区植物组织培养技术实验室育成海丰长茄 1 号，黑龙江省农业科学院园艺分院育成龙杂茄 8 号，山西省农业科学院蔬菜研究所育成晋茄早 1 号，广东省农业科学院蔬菜研究所育成农丰长茄，广州市农业科学研究院育成紫荣 7 号，江苏省农业科学院蔬菜研究所育成苏崎 3 号，河南省驻马店市农业科学院育成驻茄 9 号。

（4）国内外进展比较

遗传资源收集与基因挖掘：近些年，国外对于种质资源的重视程度不断加强，全球 190 多个国家建立了 1750 个种质资源库，而且对于资源的输出管控日益加强。在种质资源创新方面，国外已开展精确鉴定和标准描述；对资源的评价，已从简单的表型描述快速进入全基因组信息评价（http://www.tomatogenome.net/）；鉴于茄科作物栽培种狭窄的遗传背景，开展了大量的野生资源挖掘，如针对全球爆发的番茄黄花曲叶病毒，从智利 *S. chilense*、秘鲁 *S. peruvinum* 等野生番茄资源中挖掘出系列抗病基因，在生产中发挥了极其重要的作用；从野生种潘那利 *S. pennellii* LA0716 中鉴定了大量由于人类不断选择栽培种果实中所丧失的遗传和化学物质，并基于全基因组揭示了转座子与野生资源的耐胁迫性相关。近年来，辣椒作物开展了雄性不育（核不育和胞质不育）和抗炭疽病、根结线虫、病毒病、疫病等基因的定位，特别是精细定位了辣椒核不育基因、胞质雄性不育恢复性的主效基因，研究了环境调控的微效基因对于雄性不育的影响；从灯笼椒（*Capsicum baccatum*）转育风味到甜椒。基于全基因组对茄子花青素、果实颜色进行全基因组分析。番茄、辣椒（Qin *et al.*, 2014）、茄子等均已完成全基因组测序，并随着第三代测序技术的飞速发展，将会基于全基因组信息水平深度剖析遗传资源的多样性。对于我国而言，由于番茄原产于南美，辣椒原产于中南美洲热带地区，而茄子原产于亚洲南部热带地区。因此，育种资源材料一直相对匮乏。我国对于资源的收集整理也起步较晚，虽然随着种业市场化升级，相关单位对于遗传资源的收集、整理也在不断加强，然而与国外相关研究机构相比，无论是数量还是管理方面仍存在较大差异。在种质创新能力方面，国外育种从业人员基础扎实系统，知识更新快，育种目标明确细化，市场结合紧密，强调资源创新；而国内育种人员总体表现知识陈旧，技术落后，市场导向意识薄弱，育种工作多停留在分离国外资源材料阶段。在资源挖掘方面，这些年虽已取得系列突破性进展，如我国研究人员，对番茄栽培种、樱桃和醋栗番茄 341 份资源材料进行了重测序，基于全基因组分析了其遗传多样性（Lin *et al.*, 2014），对加工番茄 3000 多份资源进行了评价，获得了辣椒素合成代谢相关基因（Liu *et. al*, 2013），但是整体水平较低，育种技术总体处于跟踪和模仿阶段，分子育种技术、细胞育种技术等在创新性、系统性、应用规模以及应用效率上与发达国家相比依然滞后；缺乏自动化、高通量的分子技术辅助育种平台，不具备进行大规模的分子标记自动化分型能力；基因组信息的挖掘利用有限，尚未真正实现传统育种技术与现代生物育种技术的有机结合；由于对资源的认识和挖掘不够以及育种目标设置单一等原因，我们对茄科作物产品的特殊性状如加工品质、营养品质等基础研究比较薄弱，对资源的遗传背景和优异基因的了解和挖掘不够深入，资源创新薄弱，导致育种创新能力不强。

遗传育种技术：从宏观层面可以综合发现，随着分子育种手段和基因改良技术的不断转型升级，国外蔬菜育种技术已由传统育种方式过渡到基于全基因组的分子设计育种，逐步开展大数据、大平台育种，并由高投入、低产出逐步发展为高通量、低成本，由各自为战逐步走向大联合综合研发。茄科蔬菜，特别是番茄作物已基本实现全基因组前景和背景同时选择；新的技术如同源转基因、异源转基因、基因修饰编辑、反向育种、RNA 介导的 DNA 甲基化技术等不断涌现；精确育种业已被国外大公司用于表型数据的采集和实践育种。国内蔬菜育种方面多停留在传统育种，或分子育种的初级阶段，研发团队多以课题组或个人为单位的分散模式，生产方式也以家庭作坊为主，不利于产学研一体化和大联合发展。上述诸多原因，致使我国处于蔬菜品种选育速度及品种更新慢，应对市场变化能力差的被动局面。

茄科蔬菜品种选育：为了节约成本和合理配置资源，国际大型种子企业开展分子育种和生物技术育种等高技术研发十分集中，但对于常规育种而言，在世界各地布置试验站，已实现全球化科研资源配置；对科技投入强度极高，特别是茄科蔬菜等全球范围内竞争极其激烈的作物。继基因组技术取得突破之后，各大育种公司普遍开展了大规模表型组技术研究等。当前，高通量基因型及表型分析技术的应用日趋成熟、全基因组分子标记辅助育种与材料创制技术已得到普遍应用，功能基因组与常规育种之间的桥梁已经架起。我国育种团队不仅分散，主要仍依靠传统育种，虽然近几年开展了一些苗期标记辅助选育，但仍然停留在单个标记，而且主要是抗病基因的选择，通量十分有限，资源配置较差，科技投入强度低，主要跟踪国外，以分离国外材料为主，自主创新能力薄弱，知识结构老化，认识水平低，育种体系零散。

2.3.3 瓜类蔬菜研究及国内外进展比较

近年来，我国瓜类蔬菜作物遗传育种研究取得了重要进展。黄瓜和西瓜的基因组学研究成果发表在国际顶尖杂志上。南瓜和冬瓜的全基因组测序已经接近尾声。甜瓜基因组重测序已经在国内多家单位展开。基于基因组序列信息，实现了瓜类蔬菜分子育种技术创新的突破。选育并推广了一批综合农艺性状优良的瓜类蔬菜新品种，获得国家科技进步奖 1 项、省部级一等奖 4 项、二等奖 1 项、三等奖 1 项，省级农业技术推广奖一等奖 2 项。

（1）黄瓜遗传育种研究

由山东省农业科学院蔬菜研究所、青岛市农业科学院、中国农业大学等单位共同完成的研究成果“优质、抗逆设施黄瓜种质创新及新品种选育”，获得 2012 年度山东省科技进步奖一等奖。该成果以设施黄瓜专用系列品种选育为目标育成华北型密刺新品种 5 个（鲁蔬 869、博新 3 号、鲁蔬 C07、鲁蔬 21 号、鲁蔬 120），华南型浅色果皮新品种 2 个（翠龙、玉龙）；欧美型水果黄瓜新品种 2 个（中农大 41 号、中农大 51 号）。各品种的突出特点是商品性优良、耐低温弱光、抗 2 种以上主要病害，较主栽品种增产 10% 以上。在对国内外 1500 余份黄瓜种质资源，重点对百余份山东地方资源亲缘关系及遗传多样性评价基础上，制定出以山东优势资源为轮回亲本，对引进雌性系进行回交重组的战略，创制出以 MC2065 为主的华北型密刺雌性系新种质，聚合了全雌性、抗三种叶部主要病害和耐低温特性；以 HB96125 为主的华南型雌性系新种质，表现为果皮黄白色，风味品质突出，高抗霜霉病或白粉病、炭疽病、枯萎病。形成黄瓜等级规格、黄瓜集约化嫁接育苗技术规程等国家及地方行业标准、技术规程 7 项。2009—2011 年累计推广 152.34 万亩，约占全省设施黄瓜栽培面积的 35% 左右，创社会经济效益 51.06 亿元。

由中国农业科学院蔬菜花卉研究所主持完成的研究成果“黄瓜优质多抗分子标记技术研究及配套新品种选育”，获得 2014 年度北京市科学技术奖一等奖。本成果首次完成了 13 个黄瓜品质性状和 4 个抗病性状在染色体上的遗传定位，率先开发出紧密连锁的基因组 SSR 和 Indel 标记 32 个，用于抗病和品质分子育种的平均准确率达到 92.3%，提高选择效率 5 倍以上，缩短育种周期 2 ~ 3 年。利用分子标记聚合技术结合常规育种技术，创制出聚合 5 ～ 6 个优质品质性状和抗 7 ～ 8 种病害的 8 份优异自交系，培育出第三代中农系列优质多抗 6 个黄瓜新品种，实现了品种的更新换代。密刺类型品种产量较原主栽品种平均增产 10% 以上，商品瓜率超过 90%，多抗性由原来的抗 3 ～ 4 种病害提高到最多抗 8 种病害，其中抗黄瓜叶脉黄化病毒病（CVYV）是国内首次报道。水果型品种与国外同类品种相比，产量水平相当，但耐寒性和品质显著提高。新品种在全国 27 个省市累计推广 565.5 万亩，累计增加经济效益 76.86 亿元。其中，在北京市累计推广面积达到 21.7 万亩，占本市黄瓜栽培总面积的 50% 以上。该成果实现了我国黄瓜育种由常规育种到分子标记辅助育种的变革。

由中国农业科学院蔬菜花卉研究所科研人员完成的研究论文“利用基因组变异图谱揭示黄瓜进化和分化的遗传基础”，于 2013 年 10 月在国际顶尖杂志 *Nature Genetics* 上发表。该成果对 115 份黄瓜核心种质进行了深度重测序，构建了包含 360 万个位点的全基因组遗传变异图谱。通过比较分析表明果实类作物比谷物作物具有更窄的进化瓶颈。挖掘了控制黄瓜果实苦味和 β－胡萝卜素合成的关键基因组变异。该成果揭示的黄瓜基因组进化历程为基于基因组育种奠定了基础。另一篇论文“黄瓜苦味的生物合成、调控和进化”，于 2014 年 11 月在国际顶级期刊 *Science* 上发表。该成果鉴定出黄瓜果实葫芦素 C 生物合成途径中的 9 个相关基因参与了合成的 4 步催化反应。发现了转录因子 Bl 和 Bt 分别调控黄瓜叶片和果实苦味的合成。基因组分析表明，在进化过程中对于 Bt 的选择导致了无苦味黄瓜从有苦味的祖先中分化出来。

在黄瓜遗传图谱构建方面，利用 23 对高多态性 SSR 标记对 3342 份材料进行遗传变异和群体结构分析，确定了 115 份核心种质用于重测序。基于重测序构建了包含 360 多万个位点的全基因组遗传变异图谱。开发出 116 对多态性 InDel 标记。完成了高密度遗传图谱整合工作，建立了包含 1681 个标记的分子连锁图谱，重新定位了 67 个抗病基因。利用 FISH 技术，绘制了 Chr.1、3、4、5 四条染色体高分辨率的细胞遗传学图谱。创新了基于单拷贝基因的染色体涂染技术，并评价了黄瓜基因组组装质量。通过野生黄瓜与栽培黄瓜染色体重排及黄瓜与甜瓜染色体共线性分析研究，在黄瓜的 chr.4、5、7 上发现 6 个染色体倒位区域，其中 5 个臂内倒位，1 个壁间倒位，是在野生黄瓜驯化过程中形成的。

基因定位研究上，报道了新发现的控制营养体苦味的新基因 *Bi-3*，并将其定位在 Chr.5 上。完成了黄瓜 β 胡萝卜素含量基因 *ore* 在 3 号染色体上的定位。发现了 1 个西双版纳黄瓜特有的突变，导致编码 β－胡萝卜素羟化酶的基因失效，而使其在果实成熟期具橙色果肉。构建了黄瓜－酸黄瓜染色体片段导入系，并完成果实相关数量性状基因定位。完成了霜霉病抗性 QTL 的染色体定位和苗期主要农艺性状相关 QTL 定位。将西葫芦黄化花叶病毒抗病基因 *zymv* 精细定位于 Chr.6 上小于 50 kb 的区段内，并获得一个候选基因。将黄瓜抗黑斑病基因 *Acu* 初步定位于 Chr.5 上。将多效应黑刺基因 *B* 精细定位于 Chr.4 上 50 kb 的区段内，获得候选基因 R2R3-MYB 转录因子。将暗果皮基因 *D* 定位于 Chr.5 上标记 SSR37 和 SSR112 之间 244.9 kb 且含有 31 个候选基因的区段内。将果皮光泽 *G* 基因定位到 Chr.5 上，侧翼标记为 Cs28 和 SSR15818，遗传距离分别为 2.0 cM 和 6.4 cM。将果色一致基因 *u* 定位在 5 号染色体上 313.2 kb 内，位于两标记 SSR10 和 SSR27 之间，距离分别为 0.8 和 0.5 cM。精细定位了果实无光泽基因 *D* 位于 chr5 上标记 SSR37 和 SSR112 之间，物理距离 244.9 kb，Csa016880 和 Csa016887 可能是候选基因。将成熟瓜果皮红色基因 *R* 定位到 Chr.4 上 213.4 kb 的区段内，侧翼标记为 UW019319 和 UW019203，距离分别为 0.8 和 0.7 cM。将黑色果刺基因 *B* 定位到 Chr.4 上 422.1 kb 的区段，两侧翼标记 SSRB-181 和 SSRB-130，距离为 2.0 和 1.6 cM。将枯萎病抗病主效 QTL 定位在 Chr.2 上，位于 SSR03084 ~ SSR17631 之间 2.4 cM 内。将成熟瓜网纹基因 *H* 定位到 Chr.5 上 297.7 kb 内，获得侧翼标记 SSR13006 和 SSRH-90，距离分别为 3.6 cM 和 1.7 cM。检测到 14 个与种子长度、宽度和百粒质量相关的 QTL。

利用半野生黄瓜西双版纳和栽培类型黄瓜构建遗传图谱，结果发现第 4、5 和 7 这 3 条染色体发生了重排，定位了 13 个与花期、果长、果粗、果重等性状相关的 QTL 位点。利用二代测序技术，在 Chr.1 上精细定位到与早花基因连锁的主效 QTL 位点 Ef1.1；比较了 *C. hystrix* 和甜瓜的染色体共线性，发现在 *C. hystrix* 和甜瓜之间有 14 个染色体倒位发生，在黄瓜 7 条染色体上至少发生了 59 个染色体重排事件。在黄瓜 4 号染色体上发现了 3 处 mis-aligned 区域。发现了 14 个与单性结实相关的候选基因。完成野生黄瓜 *hystrix* 的叶绿体基因组测序。搭建了黄瓜的 TILLinG 平台用于正向和反向遗传学分析。

基因克隆方面，首次图位克隆了果瘤基因 *Tu*，并完成功能验证。克隆了黄瓜脂氢过氧化物裂解酶基因（*CsHPL*）、乙烯不敏感基因 3（*EIN3*）、转酮酶基因（*TK*）、紫黄质脱环氧化酶基因（*VDE*）、黄瓜低温信号转导途径中的关键转录因子 *CsCBF3*、赖氨酸脱羧酶（LDC）的全长 cDNA。通过黄瓜基因组数据库共鉴定出 14 个 MLO 型抗病基因家族成员。克隆了黄瓜细胞质型谷氨酰胺合成酶基因、棉籽糖合成酶关键基因 *CsRS*、磷酸酶基因 *D*、硝酸还原酶基因 *CsNR*、谷胱甘肽还原酶基因 *GR* 和 S- 腺苷 -L- 高半胱氨酸水解酶基因，并完成表达分析。*CsSEF1* 基因可以编码 CCCH 锌指蛋白，可能与光合同化受限的信号传导有关，导致黄瓜果实暂停生长。克隆了黄瓜 *CsNRT1.7* 基因、*CsSUP* 基因、*CYCDs* 基因、*CTR1* 基因、*CsTIR1* 和 *CsAFB2* 基因。在黄瓜基因数据库中检索到与拟南芥中的 ABA signal transduction 基因具有高度同源性的 9 个 *CsPYLs* 基因。获得 13 个黄瓜 *MLO-like* 基因。明确了基因 *dm1* 在植株矮化中的作用制。

黄瓜离体再生及遗传转化体系方面，大多数研究仍然停留在对外植体类型、切割方式、外源激素进行筛选，优化再生体系。华北类型黄瓜未受精子房离体培养的胚珠诱导率达到 7.85% ~ 12.14%。开展了原生质体培养及融合的影响因素如酶解时间、酶浓度、渗透剂浓度等的研究。成功将一个胞外信号调节激酶基因通过农杆菌介导转化黄瓜。建立起黄瓜 Rubisco 活化酶基因的遗传转化体系。建立了黄瓜种质 14-1 和 26 号的高频再生体系，再生率均达到 85% 以上。利用 7 天苗龄的幼苗茎尖组织诱导丛生芽，频率高达 93.1%。不同基因型的黄瓜在愈伤组织形成的时间和激素的最佳配比浓度上均呈现明显差异，植株再生率取决于基因型、外植体类型和培养基，通过 TIBA 降低内源生长素可提高黄瓜植株的再生频率。利用黄瓜幼苗的上胚轴组织微繁技术进行了人工种子研发。遗传转化上，建立了以华南型黄瓜“二早子”“白丝条”“川绿 2 号”近叶柄子叶为外植体的高效黄瓜子叶遗传转化体系。成功将含有黄瓜果瘤基因（*Tu*）表达载体 pCAMBIA2301-Tu 和南方根结线虫寄生相关基因的 RNA 干扰载体以及抗除草剂 Bar 基因导入黄瓜。

另外，明确了黄瓜苦味代谢和进化源于两个主转录因子直接调控的一个 9 基因模块。完成了同源异型亮氨酸拉链转录因子 IV 基因、生长素转录因子（ARFs）、NBS 编码的抗病基因的全基因组分析。完成了黄瓜 RAV 基因家族的全基因组分析，发现黄瓜基因组中存在 4 个 RAV 基因（RAV 是植物特有的一类含有 AP2（APETALA2）结构域和 B3 结构域的转录因子，在植物的发育过程中发挥着重要的调控作用），其蛋白序列均具有完整的 AP2 和 B3 结构域；对黄瓜、拟南芥、水稻和葡萄 RAV 蛋白进行多序列联配，结果表明该基因家族具有高度保守性。在黄瓜全基因组范围内发现 43 个 MADS-box 基因，这些基因在多个组织器官中均有表达。完成了黄瓜细胞分裂素合成关键酶 IPT 基因家族序列特征及其表达分析。转录组测序明确了褪黑素对黄瓜侧根形成的分子机理。揭示了乙烯可能参与冷胁迫诱导的细胞程序性死亡的证据。研究表明 WRKY 和 MYB 基因可能与黄瓜白粉病抗性相关；转录因子 R2R3MYB 家族蛋白具有保守性，可能参与细胞调控；黄瓜的 NRT1 基因与拟南芥、葡萄、杨树的 NRT 基因在基因结构及数量上有明显的差异。对涝、旱、盐胁迫环境下的多个基因表达进行了分析，为明确抗逆基因的作用机制奠定了基础。黄瓜叶片中 Rubisco 和 Rubiscoactivase（RCA）基因表达的变化与净光合效率相关。基于 RNA-Seq 技术分析盐胁迫下褪黑素诱导黄瓜侧根形成中相关基因表达。对 LecRK 基因，WD-repeat 蛋白家族，LOX 基因家族，auxin response-related 基因家族，bZIP 转录因子等多个基因家族进行了分析。

黄瓜新品种选育方面，近四年报道育成的新品种有：日光温室新品种中农 27 号、中农 31 号、津优 49 号、津优 308、京研 207、济优 13 号；水果黄瓜新品种京研迷你 5 号、越秀 3 号、碧翠 18、东农 808；大棚和露地兼用新品种中农 18 号和中农 28 号；优质新品种中农 116 号；露地新品种粤青 1 号、力丰黄瓜、北京 403、北京新 401；油亮型新品种德瑞特 10 号；白黄瓜新品种农城新玉 1 号；秋黄瓜新品种“中玉”；强雌性华北型新品种青研密刺 1 号；华南型新品种青研黄瓜 2 号、唐秋 208；黄瓜专用砧木新品种威盛 1 号、北农亮砧等。

利用 SSR 标记，建立起 116 份国内主栽黄瓜品种的分子指纹图谱。研制出农业行业标准 NY/T 2474-2013：黄瓜品种鉴定技术规程（SSR 分子标记法），2013 年 12 月发布，2014 年 4 月 1 日起实施。为黄瓜新品种的 DUS 测试以及新品种审定、真实性鉴定、知识产权保护等提供了依据。同时，创新出基于 SSR 和 SNP 标记的黄瓜杂交种纯度鉴定方法。

（2）西瓜遗传育种研究

由北京市农林科学院蔬菜研究中心主持完成的研究成果“西瓜优异抗病种质创制与京

欣系列新品种选育及推广”，获得 2013 年度北京市科学技术奖一等奖，并获得 2014 年度国家科学技术进步奖二等奖。本成果率先开展了第一代西瓜分子标记技术研究，首次绘制了全球第一张西瓜全基因组序列图谱与变异图。鉴定出西瓜抗枯萎病、病毒病与白粉病以及果实糖积累和转运、瓤色、苦味等重要农艺性状关键基因或连锁标记，建立了更为精准的西瓜抗病第二代分子标记辅助育种以及高通量的标记检测技术体系。建立了 1373 个西瓜品种资源的核酸指纹库以及西瓜品种真实性与纯度检测技术体系。上述技术是对传统育种技术的有效辅助与补充，确立了我国在西瓜分子育种技术上的领先地位。

由北京市农林科学院蔬菜研究中心科研人员完成的研究论文“西瓜的基因组草图及 20 份典型种质的重测序”，于 2012 年 11 月在国际顶尖杂志 *Nature Genetics* 上发表。本研究完成了东亚类型栽培西瓜 97103 的高质量全基因组序列，注释获得了 23440 个蛋白编码基因。通过进一步比较基因组学分析，确定了西瓜进化过程中从 7 对祖先染色体到 11 对染色体的断裂和融合事件。同时完成了 20 份代表性西瓜种质资源全基因组重测序，明确了西瓜种质资源的全基因组遗传变异和群体结构，并确定了西瓜驯化过程中受选择的基因组区域，表明大量抗病基因在从野生西瓜到栽培西瓜的驯化过程中丢失。结合基因组和西瓜果实发育转录组分析，确定了西瓜和黄瓜韧皮部维管束信号传导机制以及调控西瓜糖积累、瓜氨酸代谢等果实品质性状的关键基因网络。

2012 年以来，国内学者在西瓜基因组图谱构建、转录组学数据分析、重要基因定位特别是瓤色基因定位、育种基础理论等方面取得了一定的成绩。在基因组图谱构建方面，主要集中于利用现有基因组数据进行全基因组范围的图谱构建以及连锁不平衡分析。在这方面我国已经在国际上取得了一定地位。在转录组学研究方面，找到了一些同 K 离子吸收与利用密切相关的基因。还发现西瓜中 *ClYLS8* 和 *ClPP2A* 基因可以当做很好的内参基因。探讨了红瓤、黄瓤无籽西瓜果实在不同发育时期番茄红素的积累差异以及番茄红素合成关键酶基因的表达差异。确定西瓜红色果肉性状为单隐形基因控制，其决定基因为番茄红素 β-环化酶基因。

在起源进化方面，发现西瓜属植物存在 7 个种，栽培西瓜起源于西非；甜瓜、栽培黄瓜以及野生黄瓜材料存在大量异位、倒位以及重组位点；这些结果揭示了西瓜起源的历史，也为我们今后更加充分利用近缘种提供了依据。在基因定位与挖掘方面，对西瓜果实性状、枯萎病抗病基因进行了 QTL 分析，得到了 13 个 SBP-box 蛋白编码序列，找到了聚半乳糖醛酸酶基因家族基因，对于明确葫芦科作物组织分化调控机理以及这些基因是如何在基因组内和种间进化有一定参考价值。在基因功能解析方面，发现铁离子与铜离子的吸收有显著的协同作用，NAC 转录因子 CcNAC1 和 CcNAC2 在西瓜光信号传导过程中起重要作用，并且能与生长素等植物激素信号相互作用，在西瓜耐旱反应中起到作用。在育种基础理论方面，主要集中在抗逆（病）性评价、数量性状的分析及相关自根砧的评价上。

近 4 年来，通过审定的西瓜品种主要有：欣锐、超越、京阑、京颖、华欣 2 号、华欣 -8 等新品种。其中，京颖为早春红玉类型西瓜品种，作为日本 L600 的替代品种，倍受瓜农青睐，目前已经成为观光采摘的主栽品种。其突出优点是易坐果、抗裂、耐储运、肉质脆嫩、糖度高，适合早春保护地栽培。“京颖”在第26届大兴西瓜节上获得小型西瓜综合瓜王奖冠、亚军。

（3）甜瓜遗传育种研究

由天津科润农业科技股份有限公司蔬菜研究所主持完成的研究成果“甜瓜育种技术创新与设施专用新品种选育及应用”，获得2013年度中华农业科技奖二等奖。该成果创建了甜瓜隐性基因转育、分子标记辅助单性花近等基因系的选育及耐低温、耐热材料的鉴定方法和评价指标体系，创新一批珍贵资源材料，培育出了具有我国自主知识产权、适合东部地区设施栽培的“丰雷”“金蜜龙”“甜9号”“花雷”等10个具有创新特点的优良新品种，改变了我国东部地区甜瓜良种短缺和依赖进口的局面，并在国内甜瓜种业占据了明显的强势地位。品种与配套栽培技术体系的建立与推广，有效提升了设施甜瓜的栽培技术水平，农民实现了生产增收，投入节支；种植结构得到了有效调整的多方效果。2001—2012年累计全国推广面积120.6万亩，新增产量96480万千克，新增产值42.2亿元。社会经济效益十分显著。

2012—2015年，国内甜瓜作物基础研究工作呈发展趋势，在基因组学、基因定位与克隆研究方面取得一定进展。新疆哈密瓜研究中心、东北农业大学、中国农业科学院蔬菜花卉研究所、华中农业大学等单位也陆续开展了甜瓜基因组学的研究。构建了黄瓜和甜瓜染色体比较图谱。获得了比较适合于甜瓜基因表达定量分析的内参基因 *CmRPL* 和 *CmADP*。

关于甜瓜重要基因定位、标记与克隆方面，在甜瓜第1、4、7连锁群上定位到了3个与果实 β－胡萝卜素含量有关的QTL位点，其中位于第1连锁群的 β－car1 为主效QTL。在甜瓜果实的甜瓜单果质量、果实硬度、果实长度、果形指数及果肉厚度以及耐贮性方面也获得了QTL位点和相关RAPD引物标记。相继获得了甜瓜白粉病、蔓枯病Gsb–4、蔓枯病Gsb–3、霜霉病等的标记，但距离尚远。克隆了乙烯受体基因 *Cm-ETR1* 和 *Cm-EILs* 的cDNA片段，并证明甜瓜果实内源乙烯合成量与乙烯受体基因 *Cm-ETR1*、*Cm-EILs* 表达量间呈显著正相关，*Cm-ETR1* 在甜瓜果实成熟过程中具有重要作用。克隆到了甜瓜番茄红素 β－环化酶基因，并证明 β－胡萝卜素的积累即甜瓜果实颜色的深浅与该基因的表达量成正相关。从甜瓜叶片中克隆到1个甜菜碱醛脱氢酶基因 *CmBADH*，在GenBank中的注册号为:JN091961.1。该基因编码蛋白有4个强的跨膜螺旋结构，*CmBADH* 受盐、干旱、低温、高温诱导，并随外源ABA诱导时间的延长呈现上升表达的趋势。获得了丝氨酸/苏氨酸蛋白激酶类抗病基因产物催化结构域Ⅰ和Ⅸ的保守氨基酸序列对该序列的抗病生物学功能研究正在进行中。克隆到白粉病感病相关基因 *CmMLO2* 的cDNA序列，并获得转化的甜瓜材料，该转化植株对白粉病具有抗性；获得了含有双价抗真菌基因的19株甜瓜转基因植株，在枯萎病抗性检测中发现12株转基因甜瓜株系表现出中抗。

转录组测序方面，研究了甜瓜盐胁迫下的转录因子基因表达变化，根据转录组测序结果共找到了 103 个转录因子差异表达。利用重组自交系群体中雌雄异花同株及全雌系植株的转录组测序，分析了与甜瓜性别差异表达相关的植物激素合成途径，发现共有 8966 个基因差异表达，参与了 121 个合成路径。对甜瓜叶色黄化突变体叶片蛋白质组差异表达进行分析与鉴定，共鉴定出 15 个参与功能作用的蛋白质组，其差异表达均可能与叶色黄化有关。

2012—2015 年，通过审定或文献发表的甜瓜新品种大约有 20 多个。其中包括厚皮甜瓜新品种金冠、京玉 3 号、金鹿、西蜜 3 号、湖甜 1 号、绿乐、西农脆宝、西农早蜜 1 号、桂蜜 12 号、敦蜜 1 号；优质哈密瓜新品种西州密 25 号、西州密 17 号；小型哈密瓜新品种金脆丰；薄皮甜瓜新品种齐杂甜一号、苏甜一号、农大 9 号、龙庆 5 号、津甜 100、花雷；网纹甜瓜新品种金利；脆肉型甜瓜新品种海蜜 5 号。

（4）南瓜遗传育种研究

北京市农林科学院蔬菜研究中心选育的“京葫 36 号”品种，一举打破了国外跨国公司对我国西葫芦市场长达 14 年的垄断地位，为国家节省了大量的外汇，为农民节省了购种成本，增加了效益。2014 年“京葫”系列西葫芦品种的推广应用获得北京市农业技术推广奖一等奖。

由北京市农林科学院蔬菜研究中心主持的南瓜基因组测序工作已经基本完成，利用功能基因组信息和全基因组序列信息大规模开发基于 PCR 的第二代分子标记 SSR 标记，使得南瓜的分子设计育种技术已经具备基础。将南瓜白粉病、病毒病（ZYMV、WMV）分子标记辅助育种技术在选育过程中进行实际应用，选育出的品种对病毒病、白粉病具有很好的抗性，其商品性及适应性均超过国外同类进口品种，同时将分子标记技术用于南瓜、西葫芦杂交种纯度准确、快速鉴定，将高纯度种子提供给生产者，确保了农民的安全生产。

遗传研究表明，在南瓜农艺性状中，生长势、雌花间隔、单瓜重、果实纵径的变异系数达到了 35% 及以上，而蔓粗、节间长、叶柄长、可溶性固形物含量的变异系数在 20% 及以下，其中以果实纵径的变异系数最大，为 41%，蔓粗的变异系数最小，仅为 10%。除单瓜种子数外，被调查的 15 个农艺性状间均存在显著或极显著的相关关系，为相关目标性状的选育提供了参考。在籽用南瓜研究方面，单瓜质量、瓜纵径、单瓜籽粒数、单瓜产籽量等 4 个性状遗传型间的差异主要取决于基因的非加性效应，利用这些效应最可靠的方法就是通过优势育种途径；籽粒长、瓜横径、百粒质量、籽粒宽等 4 个性状主要受基因的加性效应控制，能够较稳定地遗传，可以在早代亲本选配时选择这些性状。另有研究表明，密本南瓜白粉病抗性属于单隐性基因控制的遗传。

南瓜的分子标记研究相对较少，研究者应用 ISSR 和 SRAP 标记技术对 28 份海南农家品种间的遗传特异性进行了分析，并构建指纹图谱，为中国南瓜品种鉴定、评价、保护和利用提供了科学依据。应用 AFLP 和 SSR 分子标记技术，检测到控制南瓜籽粒宽度的 4 个数量性状位点（QTL），分别位于 3 个连锁群上，各 QTL 的贡献率在 2.87% ~ 29.68% 之间。

双单倍体培养是植物细胞工程育种，瓜类未授粉胚珠培养和辐射花粉诱导单倍体育种技术也是国内外研究热点之一，北京市蔬菜研究中心已开展西葫芦单倍体育种，共获得1200多株再生胚囊植株（R_0），其中得到少量单倍体植株，同时也开展了通过辐射花粉诱导产生单倍体技术研究，也得到了单倍体植株，但存在单倍体率偏低的问题。

2012—2014年国内文献报道和市场调查显示，直接用于试种推广的肉用南瓜新品种有38个，其中中国南瓜新品种12个，印度南瓜新品种10个，西葫芦新品种16个。在生产上推广面积较大的西葫芦品种有：京葫1号、京葫8号、京葫36号、京珠、京香蕉、玉莹西葫芦等；南瓜品种包括：早熟京红栗、短蔓京红栗、早熟京绿栗、短蔓京绿栗、迷你京绿栗、吉祥1号、中栗3号、红栗2号、荃银黑晶、黑晶三号、金韩蜜本南瓜、兴蔬大果蜜本、兴蔬红蜜一号、瑞丰九号、丹红3号、广蜜1号、香蜜小南瓜等。其中，“红栗2号”和“红栗”将泰国品种“红英”、我国台湾农友品种“东升”基本取代，“蜜本南瓜”和“兴蔬蜜本”等基本取代了常规品种的种植。

（5）冬瓜遗传育种研究

由广东省农业科学院蔬菜研究所主持完成的研究成果“华南特色瓜类蔬菜新品种选育及产业化推广应用”，获得2013年度中华农业科技奖一等奖。该成果针对近年来华南地区特别是广东省内瓜类蔬菜作物生态环境恶化、品种相对单一及更新缓慢等状况，综合研制形成华南特色瓜类抗逆性生态育种技术，创制出品质优良材料106份、耐热材料29份、耐寒材料25份、主侧蔓坐果株型材料10份、抗病材料23份、雌性系材料18份。获得国家发明专利授权4件。选育出13个通过品种审定的市场效益明显、各具生态特色的一代杂种，新品种推广53.78万公顷，年推广面积占广东省同种瓜类面积30%以上，社会经济效益明显，促进了华南地区瓜类品种的调整和升级。项目内容整体达到国内同类研究领先水平。

遗传研究表明，冬瓜第一雌花节位的遗传主要受到两主基因的加性效应及两主基因的加性 × 加性互作效应控制，同时受环境影响较大。冬瓜种子千粒重性状为1对加性主基因＋加性－显性多基因遗传，主要受主基因和多基因的加性效应控制，不存在杂种优势。冬瓜材料的核糖体内转录间隔区（ITS）序列长度变异很小，且长度变异仅发生在ITS1区，不同生态型的冬瓜资源的ITS序列没有明显变异，序列非常保守。来源于不同地区的冬瓜种质资源间的遗传相似系数在0.26 ~ 1.00之间，大部分在0.70以上。利用UPGMA聚类分析，可将供试57份冬瓜种质划分为6个类群，类群的划分与地理来源有较高的相关性。

开展了冬瓜转录组测序工作，共获得44925792个片段，序列总长度超过4 Gb，Unigene65061个，序列总长度为46146322 bp，N50达到1132bp。根据GO分类，可将Unigene分为生物过程、细胞成分和分子功能等三大类型，其中生物过程的Unigene数目最多，其次为细胞成分。根据COG功能分类，可将冬瓜Unigene分为25个类型，其中一般功能预测基因数最多，达到3908个。有18713个Unigene得到了KEGG数据库注释，共归类到281个Pathway中，其中代谢途径中的Unigene数最多，达到4274个。代谢途径中的Unigene又可进一步分成46个类型，其中苯丙生物合成的Unigene数最多，为359个。

基于冬瓜转录组测序结果搜寻 SSR 位点，最终在 5416 个 unigenes 中检测到 6242 个 SSR 位点。同时对 SSR 位点的长度也进行了分析，主要长度变化范围在 12 ~ 20 bp 之间，占总数的 86.66%。在搜索到的 SSR 中，共有 183 个基序序列类型。

在冬瓜逆转座子分析上，根据逆转录酶基因的保守区设计引物，从冬瓜基因组中分别扩增出 Ty1–copia 类和 Ty3–gypsy 类逆转座子逆转录酶基因序列。其中 Ty1–copia 类逆转录酶序列 28 条，Ty3–gypsy 类逆转座子逆转录酶序列 35 条，同源性变化范围分别为 47.5% ~ 94.3%，64.8% ~ 99.8%。将 28 条 Ty1–copia 序列分成 5 个家族，其中第 Ⅱ 和第 Ⅴ 家族是冬瓜 Ty1–copia 逆转座子的主要成分；35 条 Ty3–gypsy 类序列分成 4 个家族，其中第 Ⅰ 和第 Ⅱ 家族是冬瓜 Ty3–gypsy 类逆转座子的主要成分。进一步对葫芦科作物 139 条逆转座子序列构建系统进化树，结果表明每个作物的逆转座子序列均具有高度的保守性。此外，利用荧光原位杂交研究了这两类逆转座子的染色体分布规律，结果发现在冬瓜所有染色体上都有 Ty1–copia 类和 Ty3–gypsy 类逆转座子的存在，并在某些异染色质区富集，表明了逆转座子的不均匀分布的特点。

（6）丝瓜遗传育种研究

由广东省农业科学院蔬菜研究所主持完成的研究成果“抗病、优质、高产大肉丝瓜新品种选育与推广”，获得 2014 年度广东省科学技术三等奖和广东省农业技术推广奖一等奖。该成果针对在广东省春夏季高温高湿的气候条件下，丝瓜病害经常大规模发生和流行的现象，育成了集抗病、优质、高产、抗逆性强与适应性广于一身的优良新品种“粤优”、“粤优 2 号”，分别于 2004 年和 2012 年通过广东省农作物品种审定，改变了大肉丝瓜生产上长期使用常规品种的局面。累计示范推广面积 58100 公顷，占广东省同类大肉丝瓜面积的 30% 以上，获得了显著的经济效益、社会效益和生态效益。

完成了有棱丝瓜茎尖转录组测序、拼接及注释工作。对拼接好的 Unigenes 进行了 SSR 位点的搜索，筛选出了 12932 个 SSRs 位点，成功设计了 8523 对高质量的 EST–SSR 引物。利用新开发的 EST–SSR 分子标记对国内外 60 份丝瓜种质资源材料进行遗传多样性分析。选择 77 对在 S1174 和 93075 中表现多态性的 EST–SSR 标记，在南瓜、黄瓜、苦瓜、冬瓜、节瓜和瓠瓜中检测标记的通用性。结果表明，供试标记在所有物种中均得到了较高的通用性（大于 70%），其中，在南瓜、黄瓜和冬瓜中通用性高达 80% 以上。开展了丝瓜 EST–SSR 分子遗传连锁图谱的构建。将有棱丝瓜 S304 和普通丝瓜 P93075 杂交，获得了一个种间杂交 F2 分离群体。利用其中 190 个单株初步构建了一张包含 170 个 EST–SSR 标记的丝瓜分子遗传连锁图谱，包含 15 个连锁群，该图谱覆盖丝瓜基因组约 1609.95cM、平均标记间距离为 9.47cM。

近 4 年，通过审定的丝瓜新品种有：粤优 2 号、绿源、夏绿 4 号、夏胜 1 号、雅绿 6 号、绿源 2 号、江秀 7 号等。

（7）苦瓜遗传育种研究

从 641 对丝瓜 EST–SSR 标记中筛选出 16 对在苦瓜中扩增稳定、多态性丰富的标记，对48份苦瓜种质资源进行了多样性分析。建立起苦瓜遗传再生体系，以子叶为外植体，摸索出以高浓度TDZ和低浓度的6–BA的激素新组合，最高可使苦瓜子叶的出芽率达到80%以上。同时，摸索出以低浓度IBA为主体的生根培养基，有效克服苦瓜生根困难而导致移栽成活率低的问题。对油瓜、大顶和珍珠瓜三种生态型苦瓜的多个品种进行再生试验，比较再生频率，最终选定子叶再生频率高，生根快的珍珠瓜M90为培养对象，拟繁殖大量种子用于转基因实验。利用拟南芥抗寒基因载体，进行了苦瓜耐寒转基因相关研究。

2012—2015年，通过审定的苦瓜新品种有：江科1号、碧丰2号、碧丰3号、丰绿2号、长绿2号、瑞丰1号、瑞丰2号、强野苦瓜、海宝、吉美1号、南山1号、吉美2号、澄选珍珠苦瓜、利农珍珠苦瓜等。

（8）国内外进展比较

目前国外从事黄瓜基础研究的单位不多，美国、波兰、印度等国家科研机构或大学有从事黄瓜图谱构建及分子标记、种质创新方面的研究。相比较而言黄瓜基础研究目前主要集中在国内科研单位及大学，研究主要集中在高密度图谱构建、实用分子标记筛选、重要基因克隆等。国外的黄瓜育种工作主要由公司承担，研究比较好的公司有瑞克斯旺、纽内姆、安莎、利马格兰、Monsanto等，在欧洲温室型黄瓜、水果黄瓜、加工黄瓜品种选育方面占有较大优势，也开始华北型黄瓜的选育工作，但还没有成型好品种推出，国内在华北型、华南型黄瓜品种选育方面占有绝对优势。国外公司在育种技术上公开报道的内容较少。比如荷兰的利用未受精子房进行单倍体育种技术已经应用非常广泛，国内在这方面还存在差距。

在西瓜应用基础研究上，我国率先完成西瓜全基因组测序，论文在《自然·遗传学》上发表，被国内外同行公认为西瓜基础研究突破性成果。国内研究者首次绘制了全球第一张西瓜全基因组序列图谱与变异图谱。鉴定出西瓜抗枯萎病、病毒病与白粉病以及果实糖积累和转运、瓤色、苦味等重要农艺性状关键基因或连锁标记，建立了西瓜抗病第二代分子标记辅助育种以及高通量的标记检测技术体系。确立了我国在西瓜分子育种技术上的领先地位。

国外，发达国家对南瓜的研究起步早、研究内容有深度和广度，尤其对品种资源的收集研究利用工作极为重视，早在20世纪20年代初就组织科学探险队在中南美洲进行南瓜品种的起源分布等科学研究，收集了大量的南瓜品种，搞清了南瓜种很多性状的遗传规律，现已知的南瓜遗传基因已达92个，通过对这些主要性状的深入研究大大促进了南瓜品种的高效快速选育。印度南瓜的育种首推日本，早在60年代就育出了许多品质优良的品种，有些至今仍然在生产中发挥作用，有许多品种以鲜食或罐头长年出口到欧美国家，日本许多南瓜种子也多年出口欧美国家。欧美一些跨国种业集团，具有育种技术先进、品质资源丰富和科研投入强大的优势，其选育的西葫芦品种类型多，适应性较强，特别是在抗白粉病与病毒病的研究获得了重大突破。国内研究在以上这些方面与其还是有一定的差距。

冬瓜研究起步较晚，其研究深度和广度均不及黄瓜、甜瓜、西瓜等其他葫芦科作物。

目前，冬瓜研究主要集中在中国、印度和东南亚国家。国外冬瓜研究主要局限在资源遗传多样性分析、抗病机理等方面。国内对冬瓜遗传育种的研究居国际领先水平。由于丝瓜、苦瓜属于小众蔬菜，欧美等发达国家日常消费较少，我国在该领域的相关研究也居领先水平。

2.3.4 其他蔬菜作物研究及国内外进展比较

其他蔬菜作物主要包括胡萝卜、芹菜、洋葱、大葱、大蒜、菜豆、豇豆、莴苣（叶用莴苣和茎用莴苣）和菠菜等。根据 FAO（2013）数据，我国种植胡萝卜 47.7 万公顷、洋葱 105.3 万公顷、大蒜 78.3 万公顷、豆类蔬菜 157.4 万公顷、莴苣 57 万公顷、菠菜 72.8 万公顷，占蔬菜总面积的 21.2%，在我国蔬菜产业中起着重要作用。这些蔬菜以常规品种为主，特别是自花授粉的菜豆、豇豆、莴苣，无性繁殖的大蒜，还有芹菜。但是在国内高端市场或者规模化种植基地，胡萝卜、洋葱、大葱和菠菜杂交品种已成为市场主导，而且主要是从国外引进，其种子价格比常规品种高出十倍到百倍以上。2013 年排在蔬菜种子进口量前十位的有菠菜、胡萝卜和洋葱，排在蔬菜种子进口额前十位的有胡萝卜、洋葱、菠菜、大葱。而我国自主培育的这些蔬菜杂交品种较少，目前推广面积和市场影响非常有限。

（1）胡萝卜遗传育种研究

目前我国收集保存的地方胡萝卜种质资源有 389 份，但对于种质资源研究还处于收集、更新的水平，对于优异种质的评价与利用、优异基因的挖掘、种质亲缘关系及演化过程等方面的研究较少。通过转录组数据分析发现西方类型源于东方类型胡萝卜，东方类型可能直接来源于亚洲西部地区的野生品种；栽培胡萝卜与野生胡萝卜之间存在基因漂移现象，认为现代橘色栽培胡萝卜是人类对野生胡萝卜选择、驯化的结果。着重分析了我国地方种质与国外种质的亲缘关系，发现我国地方橘色种质与其他根色的地方种质的亲缘关系较近，而与日本、韩国等国外引进的橘色品种关系较远，认为我国橘色资源并不是由日本黑田类型驯化而成的，可能存在自身独立的驯化过程。我国胡萝卜地方资源还是存在特异优异基因资源，如抗根结线虫、花青素基因。

我国在胡萝卜游离小孢子培养、基因组等方面研究走在国际前列。胡萝卜游离小孢子培养的诱导效果受基因型影响较大，胚状体诱导率最高的为 21 个胚状体 / 皿，材料间胚状体的发生时间变异较大，为 38 ~ 192 天；再生植株中单倍体比例达到 68.6%，来源于同一基因型的再生植株后代的表型呈现多样性（Li *et al*., 2013）。Xu 等（2014）率先报道了胡萝卜基因组测序工作，组装数据覆盖 78.6%（371.6 Mb）的胡萝卜基因组，比对注释 78935 个基因，有 57 个家族的 2826 个转录因子，开发出 5.75 万个 SSR 标记，并以此构建胡萝卜基因组数据库（CarrotDB），为胡萝卜重要农艺性状的研究提供数据支持。

胡萝卜中类胡萝卜素合成积累一直是研究热点。PSY1 和 PSY2 的表达与胡萝卜肉质根中类胡萝卜素含量的积累呈显著正相关，在叶片中 PSY1 对光周期表现更为敏感，这与 PSY1 和 PSY2 启动子区上的顺式作用元件不同，PSY1 上存在更多的光响应元件可能有关

（Wang *et al.*，2014）。此外，位于合成路径上 α－分支和 β－分支上的番茄红素 ε－环化酶（LCYE）对于类胡萝卜素的合成与积累也起着重要作用，其表达水平与根中 α、β－胡萝卜素含量显著正相关，而与叶中的叶黄素含量显著负相关。花青素也是胡萝卜中一个重要的次生代谢产物，参与植物体的光保护和营养物质积累，参与花青素合成的结构基因在富含花青素的紫根胡萝卜中均高水平表达，其中 *CHS1*，*CHI1*，*F3H1* 等 6 个基因在不含花青素的橘色或黄色胡萝卜根中不表达或微量表达，这可能是影响胡萝卜肉质根中花青素合成的重要因素（Xu *et al.*，2014）。

在胡萝卜春播栽培、早熟栽培过程中，由于受到冷凉气候以及长日照的影响，极易发生先期抽薹现象，但相关遗传机制研究十分缓慢。胡萝卜先期抽薹性的遗传效应以加性效应为主，主要受亲本基因型的影响，并存在显性效应和环境互作效应；弱光、短日照对先期抽薹现象具有抑制效应。春化途径是调控植物抽薹开花的重要方式，*FLC* 基因又是这个路径上的关键基因。胡萝卜中存在 3 个 *FLC* 的同源基因，*FLC1* 和 *FLC2* 在易抽薹的 Ws 和耐抽薹的 Af 中的表达受低温和连续光照影响；*FLC3* 在 Af 中的表达受低温促进，但在 Ws 中不表达，并且在部分种质中也表达缺失，这可能是影响胡萝卜抽薹开花的关键基因。

近年我国胡萝卜种植模式发生了巨大改变，机械化、规模化的种植方式逐渐成为我国胡萝卜生产的发展趋势，市场对优质新品种的需求也越来越强烈。目前，我国胡萝卜的育种工作主要是由国家和各省市的农业科研单位进行，经过多年努力也取得一定进展，如中国农业科学院蔬菜花卉研究所培育的新型水果胡萝卜 H1063 和 H1040，普通胡萝卜 H1182；内蒙古农牧业科学院蔬菜研究所培育的“金红 6 号”，北京农林科学院蔬菜中心的红芯系列，郑州市蔬菜研究所培育的“郑参秀红”，目前正在市场推广应用。

（2）芹菜遗传育种研究

20 世纪 90 年代，美国文图拉、加州皇、荷兰帝王、法国皇后等引入对芹菜生产起到很大推动作用，我国育种工作者利用引进芹菜资源通过现代育种技术选育出多个优良的西芹新品种，如四季西芹、西雅图、尤文图斯、津奇 1 号、津奇 2 号、双港西芹、黄嫩西芹等，这些品种已经得到大面积推广应用，并迅速替代国外品种。芹菜杂种优势利用也取得了一定进展，主要采用雄性不育两用系和胞质型雄性不育系。利用 2 个芹菜变种间杂交得到了胞质型不育源材料，并进一步选育获得了芹菜胞质型雄性不育系 0863A，进行了初步杂交种的配制，获得了相关发明专利。

国内关于芹菜遗传研究较为缓慢。Li 等（2014）通过深度测序发现津南西芹品种中有 431 个 miRNAs（418 个已知和 13 个新的），文图拉中有 346 个 miRNAs（341 个已知和 5 个新的），qRT-PCR 结果表明有 6 个 miRNAs 在低温和高温逆境中高度表达。Jia 等（2014）从芹菜中克隆了与叶片发育的 7 个基因，分别是 *AgTCP1*，*AgTCP2*，*AgTCP3*，*AgTCP4*，*AgDELLA*，*AgLEP* 和 *AgARGOS*，其表达水平与叶柄和小叶快速生长呈显著正相关。

（3）洋葱和大葱遗传育种研究

杂交优势利用是洋葱、大葱遗传育种研究的重要方向，洋葱主要采用 S 型和 T 型细胞质雄性不育系，大葱采用细胞质雄性不育系。洋葱细胞质雄性不育系和保持系选育过程中难点是，从不同遗传背景常规品种或保持系材料中区分出 3 种含有恢复基因的基因型，分别是 *MsMs*、*Msms*、*msms*，其中 *msms* 是目标选育株系。报道与 *Ms* 基因连锁的分子标记很多，其中紧密的有 3 个 CAPS 标记 ACms.1100、jnurf05 和 jnurf17，其中 jnurf05 与 *Ms* 基因距离小于 0.05 cM，在回交群体材料中可有效筛选出目标保持系材料，但不适用于对常规品种的筛选。基于多重 PCR 设计了 1 个共显性标记 AcSKP1，该标记与洋葱的恢复基因 *Ms* 之间完全不连锁，可通过一次 PCR 扩增区分具有不同遗传背景常规品种中不同基因型株系，从而快速确定目标株系。

对大葱细胞质雄性不育系 58A1、58A2 及其保持系 58B 的花药发育过程中花粉粒比较发现，不育系 58A1 花药绒毡层提前解体，影响了正常小孢子的形成，导致花粉败育；而 58A2 的花药绒毡层异常增厚，挤压药室内的小孢子，小孢子内的物质流失，导致花粉败育。以日本铁杆大葱品种中发现的雄性不育株为不育源，结合测交、回交及自交方法，选育出了耐抽薹雄性不育系 200730A 和相应保持系 20070873B。探讨了大葱三交种的利用，发现三交种的制种产量显著高于单交种，与常规种基本相当。

甘肃省酒泉市农业科学研究所从国外引进洋葱种质资源 553 份，入选保存资源 350 份，其中不育系 3 个，为新品种选育奠定了基础。山东省农业科学院蔬菜研究所结合分子标记辅助育种选育出了多个中早熟品种，并在日本、韩国试种成功，分别是天正紫玉和天正黄金，选育出了大葱品种鲁葱杂 5 号和早黄金。西昌学院通过 20 年的实践证明，激光比 ^{60}Co-γ、秋水仙碱溶液诱变方法作用温和、成活率高，有益突变多，容易产生早熟变异，并选育出了洋葱新品种西葱 1 号、西葱 2 号、西葱 3 号及西葱 4 号。以抗寒性强、粗壮抗倒伏的“日本宏太郎”大葱为母本，葱白长、品质佳的“郑州长白条”大葱为父本，培育出了抗寒大葱新品种“郑研寒葱”。

（4）菜豆和豇豆遗传育种研究

我国蔬菜种质资源中期库中保存菜豆种质 3555 份，豇豆种质 1715 份，但是关于种质资源的相关研究十分薄弱。利用 SRAP 和 SSR 标记分析我国和马来西亚豇豆种质的多样性，发现其亲缘关系与地理来源具有相关性，国内种质的亲缘关系与国外种质的关系较远，同一来源的种质的遗传背景比较狭窄。采用转录组测序方法挖掘调控菜豆耐旱性状的功能基因，转录组测序获得 62828 个 unigenes，有 42.2% 的 unigenes（26501）获得注释，开发出 10482 SSRs 和 4099 SNPs 标记，通过 DEG 分析找到 9298 个 unigenes 与干旱胁迫相关的候选基因，并选取 16 个 unigenes 进行了表达验证，其中包括与 ABA 响应因子、WRKY 转录因子、DREB 转录因子等同源的 unigenes。

我国的菜豆、豇豆新品种培育工作主要由各省、市农科院进行，培育出一批优质新品种。菜豆新品种有中国农业科学院蔬菜花卉研究所培育的“丰旺”，山西省农业科学院农作物品种资源研究所培育的“品架 1 号”，哈尔滨市农业科学院培育的“哈菜豆 15 号”等；豇豆新品种有浙江省农业科学院蔬菜研究所培育的“之豇 60”，江苏省农业科学院蔬菜研究所培育的“早豇5号”“早豇6号”，湖南农业大学培育的“湘豇2001-4”，江汉大学生命科学学院培育了“鄂豇7号”。

（5）菠菜遗传育种研究

国家作物种质库收集保存的菠菜种质资源333份（Li，2013），近年重点围绕菠菜抗病性、耐寒性、耐热性、硝酸盐含量、草酸含量等方面对种质资源进行了鉴定评价。对45份菠菜品种材料的亲缘关系研究，分成了欧美类群、日本类群、中国类群3类，其中中国类群和日本类群亲缘关系较近，与欧美类群亲缘关系较远。Wang等（2013）采用Illumina HiSeq系统对120份菠菜材料进行转录本测序分析，开发了大量SSR标记和SNP标记。Shi等（2013）采用GBS技术进行菠菜全基因组SNP标记开发，构建遗传图谱，并对叶型、抗病性等性状进行关联分析。近十年来，北京市农林科学院蔬菜研究中心、华中农业大学园艺系、中国农业科学院蔬菜花卉研究所等科研单位及公司开展了菠菜杂种优势利用，主要通过雌性系或强雌性系选育，并已推出用于生产的品种，如菠杂58号、京菠1号、东新1号、东新2号、绿秋、绿华、蔬菠1号、蔬菠2号。

（6）大蒜遗传育种研究

我国对大蒜资源评价、诱变育种和单倍体育种等方面取得一定进展。中国农业科学院蔬菜花卉研究所已经保存来自21个省、直辖市、自治区370多份地方品种资源，通过对表型和大蒜素含量进行了评价（Wang *et al.*，2014）。对78份国内外大蒜种质资源农艺性状调查，表明决定大蒜蒜薹和鳞茎产量形成的关键农艺性状显著不同，除蒜薹和鳞茎自身性状外，以较高株型大蒜的蒜薹产量较高，以较粗株型大蒜的鳞茎产量较高。刘颖颖等（2013）诱导未受精子房产生愈伤组织的适宜培养基为B5+2 mg·L^{-1}6-BA+1 mg·L^{-1}NAA，愈伤组织及雌核发育胚总诱导率可达12.24%；诱导愈伤组织分化不定芽的适宜培养基为B5+3 mg·L^{-1} 6-BA + 1 mg·L^{-1} NAA，不定芽分化频率可达46.15%。采用流式细胞仪对所得18株再生植株进行倍性鉴定，有16株为单倍体植株。从大蒜种质资源“G-12-15”中进行混合选择出来的新品种“徐蒜815”，蒜头皮色白色，横径6.46厘米，高4.45厘米，单蒜头鲜质量95.87克，干蒜头产量达到每公顷24360千克，品质好，商品性佳，适合露地栽培。从云南省保山市农户种植的大蒜地方品种中选育出的开花变异新品种“紫星”，花葶直立且硬质，花球大，直径约10厘米，萼片紫红色，具有较高的观赏价值。

（7）国内外进展比较

国外胡萝卜、洋葱、大葱、生菜及菠菜品种选育主要由企业主导，相关遗传育种研究由大学、科研单位及企业共同联合。目前市场上胡萝卜杂交种主要来自于坂田、利马格兰、必久、世农等公司，洋葱杂交种主要来自圣尼斯、纽内姆、坂田、泷井、必久等公司，大葱杂交种主要来自泷井，菠菜杂交种主要来自圣尼斯、先正达、坂田、泷井、瑞克斯旺等公司。国外在资源研究、杂种优势利用、种间远缘杂交、转基因技术、单倍体培养、抗性育种、基因组及转录组、分子标记辅助等方面进行，比较而言我国这些蔬菜作物育种基础相当薄弱，遗传育种工作只是处于起始阶段，主要围绕杂种优势利用、单倍体培养等方面进行，育种水平与国外差距较大。

1）胡萝卜。国外对胡萝卜演化、类胡萝卜素、花青素、雄性不育等重要农艺性状的分子遗传机制研究比较深入，认为由于人类的驯化，栽培胡萝卜存在两次迁移过程。由于基因漂移等影响，现代栽培品种中依然存在野生品种的基因。现代育种增加东方型和西方型胡萝卜之间的基因交流，这可能会再次改变胡萝卜的演化历程，增加了物种的多样性，例如在一些来源于日本的橘色品种中，可以找到欧洲胡萝卜的遗传背景。此外，相对西方型胡萝卜，东方型胡萝卜中含有更多的紫色和红色资源，他们比橘色胡萝卜具有更多的酚类物质以及抗氧化、抗自由基活性。

胡萝卜根中类胡萝卜素合成基因的表达水平会受到光照影响，随着肉质根发育，光照处理的根中（R/L）的 *PSY1*、*PSY2*、*PDS*、*ZDS2*、*LCYB1* 和 *LCYE* 始终保持恒定的表达水平，而正常生长的根中（R/D）*PSY1*、*LCYB1* 和 *LCYE* 的表达分别上调 2、10 和 25 倍；相应的 R/D 根中的 α、β-胡萝卜素含量始终保持低水平，而 R/D 根中的 α、β-胡萝卜素含量持续增加，最多是 R/L 的 8.6 倍，说明肉质根中类胡萝卜素合成基因的表达与光信号存在互作关系。根中 *PSY1* 和 *PSY2* 的表达水平与类胡萝卜素含量密切相关；虽然 *LCYB1* 在类胡萝卜素合成过程中并不具有主导作用，但其表达的改变可以反馈调节 *PSY2* 和 *LCYB2* 的表达水平，引起肉质根中类胡萝卜素含量的改变。利用一个非结构性群体分析发现，总胡萝卜素、β-胡萝卜素含量与 *ZEP*、*PDS* 和 *CRTISO* 基因的表达水平显著相关，α-胡萝卜素含量与 *CRTISO* 和 *PTOX* 基因的表达显著相关，根色与 *ZEP* 的表达相关。此外，过表达 *CYP97A3* 基因会显著减少橘色胡萝卜叶和根中 α-胡萝卜素含量，总类胡萝卜素含量减少 30% ~ 50%，上游的 PSY 蛋白水平也相应下降，基因结构分析发现橘色胡萝卜中的 *CYP97A3* 存在一个移码插入而导致功能丧失，说明 *CYP97A3* 基因对于 PSY 蛋白水平具有逆向负调控效应，并且控制类胡萝卜素向 α-分支和 β-分支的流量，从而影响胡萝卜中 α-胡萝卜素含量以及 α/β-胡萝卜素的比值。

与类胡萝卜素相似，花青素的生物合成路径也已被诠释。研究表明花青素合成基因的表达水平与胡萝卜根中的花青素含量密切相关，在紫色根材料中 *CHS1*、*DFR1*、*F3H*、*LDOX2* 和 *PAL3* 高表达，而在橘色根材料中不表达或低表达，并将 *FLS1*（风味合成基因）、*F3H*、*LDOX2*、*PAL3* 以及三个花青素转录因子 *DcEFR1*、*DcMYB3* 和 *DcMYB5* 定位到遗传连锁图。利用 SNP 标记构建了一张由 894 个标记组成，平均标记密度 1.3 cM，总长度 635.1 cM 的精细遗传图谱，定位了 15 个与花青素相关的 QTL，分布在 6 个染色体上，这些位点可能涉及花青素的合成、积累和化学修饰等功能；其中在第 3 染色体上 12 cM 区域中，锚定了 4 个与花色素苷和根色连锁的位点，并且在第 3 染色体上还找到与控制酰基化花色素苷合成的 Raa1 紧密连锁的标记。

胡萝卜雄性不育性的研究进展相对缓慢。已有报道将瓣化型雄性不育基因 *Rf1* 定位在 9 号染色体上 1.12 和 4.38 cM 之间。发现胡萝卜线粒体中 *atp9* 基因与瓣化型不育性相关，可育植株的 N- 胞质型中以 *atp9-3* 的形式存在，而雄性不育植株的 Sp- 胞质型中则以

atp9-1 形式存在，在 *atp9* 的 ORF 上存在 4 个 C/U 的编辑位点，其中一个位点的改变会形成终止密码子，平衡 *atp9-1* 和 *atp9-3* 在细胞质中的转录本；可育植株中的 ATP9 蛋白水平显著高于雄性不育株，过表达 Sp- 胞质型中的 *atp9-1* 基因，可以增加 ATP9 蛋白含量，但并未能改变雄性不育植株的育性，因此，*atp9* 在胡萝卜育性调控中的作用还有待于进一步研究。

除此之外，在胡萝卜抗性研究中也取得一定进展。例如，在 2 号染色体上定位了一个春化基因 V*rn1*；从我国胡萝卜品种定位了一个抗根结线虫基因 *Mj-2*，与先期报道的抗性基因 *Mj-1* 位于同一条染色体上。

2）莴苣。对于莴苣种质资源、远缘杂交、抗逆性、抗病性、分子标记辅助育种研究进展较快。利用栽培莴苣“Salinas”和野生种 *L. serriola* 构建的 RIL 系对莴苣驯化性状进行了 QTL 定位，发现连锁群 3 和 7 上存在两个主要区域，还鉴定出了 3 个与根系发育、盐害条件及钾离子积累的 QTLs，分别是 qRC9.1、qRS2.1 和 qLS7.2，与其连锁的标记分别是 E35/M59-F-425、LE9050 和 LE1053，为进一步鉴定耐盐性基因奠定基础。对结球莴苣 cv. Emperor × cv. El Dorado 构建的 RIL 系进行了 7 个生理病害和 3 个农艺性状的研究，发现了 36 个 QTL 位点与 8 个性状有关，其中位于 7 号染色体上的 QTL 位点可以解释 83% 的形态变异，有 3 个 QTL 可以解释 7% ~ 21% 的叶主脉失绿的变异，并发现 qTPB5.2 可以解释 38% ~ 70% 烧心病的变异，可作为有效的选抗烧心病的标记。提出了对氮素营养吸收及效率的模型，148 份品种验证了不同材料之间对氮素营养吸收及效率表现出较大差异。

利用栽培莴苣‘Salinas’和 Iceberg 构建的 RIL 系，鉴定出了 7 个与采后失绿的 QTLs，可用于分子标记辅助育种。Lu 等（2014）对 179 份不同类型莴苣进行关联作图，采用 Q 线性模型和 Q+K 混合线性模型鉴定出了对细菌性叶斑病（*Xanthomonas campestris* pv. *vitians*）敏感的一个 SNP 位点（QGB19C20.yg-1-OP5），位于连锁群 2 上，2 个与免疫材料 PI358000-1 关联的 SNP（Contig15389-1-OP1 和 Contig6039-19-OP1），均位于连锁群 4 上。莴苣霜霉病存在许多生理小种，而且不同莴苣亚种与霜霉病之间互作存在小种专一性。对 8 个抗生菜霜霉病的 QTL 位点进行重组，在 10 个叠加的重组系中仅有 3 个在田间表现出抗性增强。对 298 份资源进行多样性分析，通过关联分析，有 5 个与种皮，1 个与叶皱褶，2 个与叶花青素，1 个与茎花青素相关的 SNP 标记。对两份抗根结线虫（*Meloidogyne incognita*）小种 1 的两份资源（“Grand Rapids”和“Salinas-88”）杂交后代进行了评价，发现两者抗性基因是不同，可以在 F_4 代中筛选出超亲优势的株系。发现了一份抗蚜虫（*Nasonovia ribisnigri*）野生种莴苣 *L. virosa* IVT 280。

3）菜豆和豇豆。国外关于菜豆转录组和基因组测序研究较快，进行了全基因组测序，组装了 80.6% 的菜豆基因组（473 Mb），锚定 11 条染色体上 98% 的序列；通过比较分析来自中美洲和安第斯山脉地区的 160 份菜豆种质的基因组序列，发现在人类开拓这些地区以前，分别发生过一次独立的驯化事件，并在中美洲的栽培种中发现一些与增加叶片和种子大小相关的基因。研究表明菜豆中有 11010 个基因在不同组织中差异表达显著，15752 个基因在不同发育阶段差异表达，2315 个基因具有组织表达特异性，2970 个基因参与氮源的利用。

利用 SNP 标记鉴定了 113 份豇豆种质，有效的区分出杂交品种，并构建了由 48 份种质构成的核心种质。筛选到 3 个控制豇豆种皮热诱导褐变的 QTLs（Hbs-1、Hbs-2 和 Hbs-3），表型贡献率分别为 28.3% ~ 77.3%，9.5% ~ 12.3% 和 6.2% ~ 6.8%，位于 Hbs-1 和 Hbs-3 位点的 SNP 标记 1_0032、1_1128 和 1_0640 与表型性状共分离；通过 BAC 筛选，分别在 Hbs-1 和 Hlbs-3 定位的克隆中找到乙烯合成酶和 ACC 合成酶 1 基因。

Fusarium oxysporum f. sp. *tracheiphilum*（Fot）严重危害豇豆生产，在第 6 连锁群上的 0.5 cM 距离内找到一个抗 Fot 小种 3 的位点 Fot3-1，该位点位于 1_0860 和 1_1107 标记之间，标记 1_1107 与群体抗性共分离；通过 BAC 筛选，发现 LRR 丝氨酸 / 苏氨酸蛋白激酶可能是该位点的候选基因。对 Fot 小种 4 的抗性位点有两个，Fot4-1 位于第 5 连锁群 21.57 ~ 29.40 cM 区间上，Fot4-2 位于第 2 连锁群 71.52 ~ 71.75 cM 的区间上。比较大豆基因组发现，与 Fot4-1 共线性的大豆 14 号染色体片段上，分布着 TIR-NBS-LRR 基因和 LRR 蛋白激酶，而与 Fot4-2 共线性的大豆 16 号染色体片段上，分布着一个 TIR-NBS-LRR 基因和 6 个 LRR 蛋白激酶，这些基因可能是 Fot4-1 和 Fot4-2 的候选基因。找到一个抗菜豆叶斑病（ALS）的 QTL（ALS10.1），表型贡献率 16% ~ 22%，与 B10 连锁群上的 GATS11b 标记紧密连锁。ALS10.1 位于 10 号染色体末端，包括 323 个基因，同时找到两个 *R* 基因簇，通过分析基因簇中的基因功能，说明正是 ALS10.1 中不同抗性基因的调控表达造成菜豆植株抗病性的差异。

豇豆蚜虫［*Aphis craccivora* Koch（CPA）］对豇豆生产具有很强的破坏性。在第 7 连锁群上定位到一个主效 QTL（QAc-vu7.1），该位点来自抗虫种质 IT97K-556-6 中，为显性遗传。通过与其他豆类基因组比较，该区域内包含一些与植物防御相关基因，如 LRR，NB-ARC 和 UDP- 葡萄糖基转移酶。用差减文库（SSH）筛选出 31 条 EST 序列的表达响应干旱胁迫。

4）菠菜。对菠菜栽培种 Viroflay 进行测序，初步估计基因组大小为 956.2 Mb，其中 88% 已经完成。采用 RNA-seq 技术对 7 个菠菜栽培种和 1 个野生种进行转录本测序分析，共开发出 1789 个 SSR 标记和 6195 个 SNP 标记。采用特异标记 T11A 证实了菠菜最大染色体为 Y 性染色体，并对 Y 染色体进行了显微分离和涂染。

5）洋葱。Duangjit 等（2013）基于转录组测序开发了 3364 个 SNP 标记，可区分两个自交系 OH1（黄皮）和 5225（红皮），其中 597 个 SNP 标记在其杂交群体分离，构建了一个 10 个连锁群的遗传图谱，其中 339 个 SNP 标记可构建到 BYG15-23 × AC43 杂交群体中，并发现控制可溶性固形物 QTL 位于染色体 5 上，影响花青素含量的位点主要位于 1、4、8 号染色体上。初步定位了洋葱抽薹基因 *AcBlt1* 在 1 号染色体上。通过比较洋葱正常型、T 型和 S 型细胞质雄性不育系的线粒体和叶绿体染色体序列，发现 CMS-S 型的 *atp6*

和 *orf22* 分别有 2 个 SNP 和 1 个 4bp 的插入，而正常型与 CMS-T 型之间一致，并发现 CMS-S 型存在 ycf2 和 cob 基因之间的重组，同时还发现 CMS-S 型线粒体 *cox2* 基因的外显子 1 和 2 序列与正常型和 CMS-T 型之间差异较大，推测 CMS-T 型来自于正常型。最近发现了 3 个活跃的转座因子，可插入 3 个独立的 DFR-A 等位基因，编码 dihydroflavonol4-reductase（DFR），参与花青素生物合成途径，并从粉红色的 ANS-p 等位基因中分离了一个高拷贝的 DNA 转座子。Suzuki 等（2013）在洋葱中克隆了有丝分裂基因 AcRAD21-1，形成了一个可直接观察染色体有丝分裂运动的分子标记。

6）大蒜。国外虽然在大蒜生产和贸易中不处于主导地位，但美国、德国、日本、韩国、印度、捷克等国家在大蒜的种质研究与育种技术上较为领先。首先非常重视大蒜种质资源的收集和保存。据不完全统计，世界上栽培大蒜品种近 2000 种，其中美国、德国分别保存有 300 多份来自世界各地的大蒜资源，捷克保存包括本国与其他国家的大蒜资源 600 多份，印度保存 150 多份本国大蒜资源。美国、德国、印度除了进行田间种质圃保存外，还采用超低温保存技术对部分资源进行长久的复份保存。其次，国外重点对大蒜种质资源评价、遗传背景、与重要性状关联的分子标记开发进行了较为深入研究，并在原生质体培养、体细胞杂交、辐射诱变、单倍体育种、多倍体育种、转基因育种、有性杂交、花发育等方面取得了一定进展。对大蒜冻害过程中发现有 19 个基因受到调控，其中 4 个在不同组织中表达水平不同，其中 *CR* 基因可以作为筛选抗冻分子标记。对大蒜素合成关键酶蒜氨酸酶的序列多态性分析，发现来自中国和日本的较为相似，印度的存在丰富的多态性，而西班牙和法国的明显存在不同的变异位点。对 11 个生态型的大蒜品种育性研究，发现 3 个不育类型，在 rRNA 的 ITS1 和 ITS2 区域存在高度保守，但在双向电泳中发现不育类型和可育类型之间的差异。对可育的大蒜不同组织部位进行了转录组测序分析，获得了与开花相关的基因，如 *CO*，*FLC*，*SOC1*，*LFY*，*AP1* 等，不同器官表达存在组织特异性，同时还发现不同器官中存在大蒜病毒病 A，C，E 和 X 的表达序列，可以作为大蒜病毒鉴定的方法。

2.4 蔬菜作物生长发育与栽培技术研究

2.4.1 生长发育与代谢品质调控

（1）生长发育调控

植物叶片的生长发育受到了一系列基因严格和精细的调控。RNA 诱导的 RNA 沉默复合体（RNA-induced RNA silencing complex，RISC）在调控基因转录表达和转录后修饰中起着关键作用。重庆大学李正国研究组通过遗传转化的方法找到了番茄 RISC 核心元件 AGO1（ARGONAUTE1）的两个亚基 AGO1A/B 能够通过与 MicroRNA168 相互作用，改变番茄（*Solanum lycopersicum*）植株的生长速率和叶片偏上性，进而调控果实发育（Xian *et al.*, 2014）。南京农业大学熊爱生研究组通过对芹菜（*Apium graveolens*）高抗高产品种“Ventura”叶片高通量测序分析了 MicroRNA 在芹菜叶片发育中可能的功能和分子调控机制，并利用解剖学手段分析了不同生长阶段芹菜叶片和叶柄的主要形态学特征（Jia *et al.*, 2015）。重庆大学胡宗利研究组通过基因干涉（RNA interference，RANi）的方法，发现番茄中的一个延长复合蛋白 2 相似基因（*SlELP2L*）在叶片生长和衰老、果实着色和成熟中起着重要的作用。在 *SlELP2L* 沉默植株中叶片生长受到抑制，衰老进程加快，叶片中 GA 和 IAA 含量降低；并导致果皮叶绿素积累，颜色深绿。此外，*SlELP2L* 沉默后，番茄 DNA 甲基转移酶基因表达上调，幼苗对 ABA 敏感性增加（Zhu *et al.*, 2015a）。叶片的暗呼吸是决定植物生长和碳循环的关键因素。浙江大学师恺研究组发现在高 CO_2 环境下，番茄叶片大量糖酵解代谢、三羧酸循环和线粒体电子传递链途径的蛋白、碳水化合物和相关转录水平得到加强，进而提高了植物的暗呼吸能力（Li *et al.*, 2013）。大白菜结球是细胞快速分裂伸长、叶球生长迅速、养分大量积累的时期。中科院上海生命科学研究院何玉科研究组发现 Micro319a 的目标基因 *BrpTCP* 通过控制叶片中细胞分裂差异来调控大白菜叶球的形状（Mao *et al.,* 2014）。该研究组还发现，大白菜 *BrpSPL9*（*Brassica rapassp. pekinensis* SPL9）基因是 MicroRNA Brp-miR156 的目标基因，能够调控大白菜的结球时期（Wang *et al.*, 2014a）。

莴苣种子萌发对环境温度具有高度敏感性。中国科学院植物研究所宋松泉研究组通过蛋白组学和聚乙二醇沉淀法，分析得到了生菜种子萌发相关蛋白，发现甲硫氨酸代谢、乙烯产生、油脂迁移、细胞延长和醛类物质的解毒可能与生菜种子萌发和温度抑制相关。化学药剂洛伐他汀（lovastatin）抑制 MVA（mevalonate）途径后，种子萌发延迟并增加了对 ABA 的敏感性。MVA 的衍生物生长素可以部分恢复洛伐他汀对种子萌发的抑制效果，促进种子在高温下萌发（Wang *et al.*, 2015a）。此外，胚乳弱化和胚根伸长是生菜种子萌发的先决条件。华南农业大学王晓峰研究组发现 ROS（reactive oxygen species）可作为非酶因子参与细胞壁松弛，促进培根的生长；而清除或抑制 ROS 产生后，抑制了生菜种子胚乳弱化和胚根伸长，进而影响萌发率（Zhang *et al.*, 2014a）。

植物的表皮蜡质和毛状体在保护植物地上部分免受生物和非生物胁迫危害中起着重要的作用。中国农业大学任华中研究组通过比较基因组学，发现了与拟南芥（*Arabidopsis thaliana*）蜡质合成基因 *AtWAX2* 同源的黄瓜（*Cucumis sativus*）*CsWAX2* 能够在叶片表皮上大量表达。亚细胞定位发现 CsWAX2 蛋白主要定位在内质网上；并且该基因受到低温、干旱、盐害和 ABA 诱导。在黄瓜体内过量表达 *CsWAX2* 后，显著增加了长链烷烃和蜡质的合成，而 *CsWAX2* RNA 干涉后，长链烷烃和蜡质的含量下降。过量或 RNAi *CsWAX2* 均影响了黄瓜花粉活力（Wang *et al.*, 2015b）。中国农业大学张小兰研究组通过对野生型和自发无毛突变（*tbh, tiny branched hair*）转录组分析，发现分生组织调控和极性基因在黄瓜果实毛状体发育中有着重要的作用（Chen *et al.*, 2014）。

花粉管伸长需要高效的糖运输来提供能量。虽然有报道表明糖转运因子参与花粉管的发育，但己糖及其转运因子在其中的作用还不明确。中国农业大学张振贤研究组通过反向遗传学方法，发现黄瓜 CsHT1 蛋白是一个位于细胞膜的己糖转运体，能够与葡萄糖高度亲和，在花粉发育和花粉管伸长中专一性表达。在黄瓜中过量表达 *CsHT1* 基因，能够在葡萄糖半乳糖培养基上显著提高花粉萌发和花粉管伸长；而反义抑制该基因阻碍了花粉萌发和花粉管伸长并降低了每个果实的种子数目和大小（Cheng *et al.*, 2015）。MicroRNA 在调控植物生长发育中起着关键的调控作用。南京农业大学柳李旺研究组通过 solexa 测序方法分析了萝卜（*Raphanus sativus*）生长和开花阶段 MicroRNA 转录水平的变化，发现 42 个已知和 17 个未知的 MicroRNA 在萝卜生长和开花阶段存在表达差异。此外，RT-PCR 分析显示部分 MicroRNA 表达存在组织和发育阶段的特异性，并能够调控植物发育、信号传导和转录调控等基因的转录水平（Nie *et al.*, 2015）。中国农业大学任华中研究组在黄瓜中鉴定出了 *GAMYB* 的同源基因 *CsGAMYB1*，研究表明该基因主要在雄蕊中表达，能够调控黄花的性别分化，且不依赖于乙烯途径（Zhang *et al.*, 2014b）。

茄科酸浆属（*Physalis* L.）植物具有膨大花萼症状，是花萼随着浆果的生长发育而迅速膨大的结果。中国科学院植物研究所贺超英研究组对“中国灯笼”毛酸浆（*Physalis pubescens*）的器官身份决定过程开展了深入研究，发现毛酸浆中 euAP1 类 MADS-box 基因 *MPF3* 和 *MPF2* 及其蛋白产物间的相互作用对“中国灯笼”的发育具有重要作用。*MPF3* 通过与 *MPF2* 的互作以及对 *MPF2* 基因的抑制来决定花萼的身份、大小和雄性育性（Zhang *et al.*, 2013a）。其研究还表明毛酸浆双层灯笼突变体（*doll1*）突变体是由单个 MADS-box 基因 *PFGLO1* 的缺失突变引起的，而它的旁系同源基因 *PFGLO2* 只决定雄性育性，其揭示了育性与毛酸浆发育的密切联系（Zhang *et al.*, 2014c）。此外，该研究组还发现 *POS1*（*Physalis Organ Size 1*）基因在毛酸浆生殖器官大小的自然变异中起重要作用。*POS1* 编码一个 AP2 类的转录因子，它的第一内含子存在一段长度为 37 bp 的调控序列。该调控序列拷贝数的变异与 *POS1* 基因在生殖器官中的表达量呈显著负相关，而基因的表达量与器官大小呈显著正相关。研究揭示了由于内含子调控区变异导致调控基因自身表达量改变在器官大小自然变异中的重要作用，对于理解器官形态多样性的进化机制具有重要意义（Wang *et al.*, 2014a）。

茄果类蔬菜果实成熟受到了多种基因的不同修饰与调控。杭州师范大学洪义国研究组发现番茄染色质甲基化酶 3（SlCMT3）在维持自发的表观突变和番茄果实成熟中起着重要作用（Chen *et al.*, 2015a）。此外，该研究组还发现番茄 MicroRNA157 通过结合干扰目标基因 *LeSPL-CNR* 的表达进而影响番茄果实的成熟或软化（Chen *et al.*, 2015b）。重庆大学陈国平研究组研究发现番茄 MADS 盒基因 *SlMADS1* 和 *SlFYFL* 在成熟叶片和果实中有较高的表达量。通过过量表达该基因，能够延迟叶片衰老、果实成熟和萼片脱落，提高番茄果实的储存时间（Dong *et al.*, 2013; Xie *et al.*, 2014）。中国农业大学朱洪亮研究组通过 RNA 测序技术，发现长链非编码 RNA（long non-coding RNA）参与调控番茄果实成熟（Zhu *et al.*, 2015b）。中国农业大学朱本中研究组发现转录因子 RIN（ripening inhibitor）能够调控 MicroRNA 的表达来抑制番茄果实的成熟（Gao *et al.*, 2015）。

黄瓜果实发育早期细胞的迅速分裂和膨大对黄瓜产量和品质具有重要作用。驱动蛋白

（kinesin）是一类微管动力蛋白，负责调控细胞的分裂和延伸。中国农业科学院蔬菜花卉研究所蒋卫杰研究组通过对果实发育不同时期驱动蛋白转录组分析，发现 *CsKF2-CsKF6* 基因与细胞迅速分裂有关，*CsKF1*、*CsKF7* 与细胞迅速膨大有关。此外，*CsKF1* 被发现定位与快速膨大细胞的质膜上，*CsKF2* 可能参果实叶绿体细胞的分裂，而 *CsKF3* 参与果实后期细胞膜体微管的形成（Yang *et al.*, 2013）。

中国农业大学郭仰东研究组发现外源褪黑素能够促进黄瓜侧根的发生，并通过 RNA 测序技术，发现了对褪黑素处理存在响应的侧根发生相关基因，为研究褪黑素影响侧根发育的分子作用机制提供了新思路（Zhang *et al.*, 2014d）。

（2）代谢调控

植物的代谢物质在植物与其生存环境之间的适应以及发掘一些重要经济价值的珍贵资源方面具有重要的作用。葫芦素是一类三萜类化合物，在黄瓜、甜瓜、西瓜、南瓜和西葫芦等瓜类蔬菜中呈现苦味。研究表明，葫芦素具有驱虫和抗癌的功能，但是其合成与代谢并不清楚。中国农业科学院蔬菜花卉研究所黄三文研究组利用基因组学和生物化学的方法鉴定了 9 个黄瓜葫芦素 C 的合成基因并阐明了 4 个起催化作用的过程。转录因子 *Bl*（Bitter leaf）和 *Bt*（Bitter fruit）分别在叶片和果实中调控葫芦素 C 的合成，基因组印记表明对 *Bt* 的选择驯化导致了从苦味的祖先中衍生出没有苦味葫芦（Shang *et al.*, 2014）。

马铃薯低温诱导的变甜（cold-induced sweetening，CIS）即还原糖（reducing sugar，RS）的积累对块茎采后的品质至关重要。淀粉降解和液泡转化酶在 CIS 过程中起重要作用，但是淀粉降解及调节酶活相关的基因还鲜有报道。华中农业大学谢丛华研究组从野生马铃薯（*Solanum tuberosum*）中克隆得到 *SbAI*，是一个淀粉酶抑制基因。在 CIS 敏感的马铃薯中过表达 *SbAI* 导致淀粉酶活性降低以及较少的还原糖含量，*SbAI* 通过抑制 α-淀粉酶和 β-淀粉酶的活性从而抑制淀粉降解和 RS 的积累（Zhang *et al.*, 2014e）。此外，由酸性转化酶 StvacINV1 催化的蔗糖向 RS 的转换对 CIS 非常重要，StInvInh2A 和 StInvInh2B 是 StvacINV1 的抑制因子且在功能上具有相似性，在 CIS 敏感和抗性的马铃薯中分别过表达和干涉 *StInvInh2A* 和 *StInvInh2B* 并没有影响 *StvacINV1* 的转录然而显著地影响了 StvacINV1 的活性（Liu *et al.*, 2013b）。在 CIS 敏感的马铃薯中过表达 *SbSnRK1α* 证实了其在酸性转化酶介导的蔗糖降解过程中的重要作用。较高的 *SbSnRK1α* 表达伴随着较高的 SbSnRK1 α-磷酸化程度，降低了酸性转化酶的活性、较高的蔗糖 / 己糖的比率并且提高了薯片的色泽（Lin *et al.*, 2015）。

类胡萝卜素参与植物生长、发育及应对环境胁迫等多种生理过程，因此提高蔬菜类胡萝卜素的含量具有重要的意义。浙江大学汪俏梅研究组在番茄中异源过表达拟南芥油菜素内酯（brassinosteroid，BR），信号转导中的 BZR1-1D 转录因子提高了类胡萝卜素的含量，改善了果实品质（Liu *et al.*, 2014，2015a）。此外，华中农业大学叶志彪研究组发现番茄果实成熟过程关键的负调控因子 SlSGR1 通过与 SlPSY1 互作调节番茄红素和胡萝卜素的积累（Luo *et al.*, 2013）。东北林业大学李玉华研究组发现萝卜 *BrMYB4* 是苯丙烷和花青素合成的负调控因子，*BrMYB4* 的表达受 UV–B 辐射抑制而不能被花青素诱导的光照所抑制（Zhang *et al.*, 2015a）。

（3）农艺与品质性状调控

顶花带刺是黄瓜果实的两个重要品质性状，然而目前关于调控黄瓜顶花带刺的基因还未见报道。山东农业大学任仲海研究组筛选得到了一个黄瓜无毛的自然突变体 *csgl1*（*glabrous1*），其地上部各器官均光滑无毛；并通过定位克隆 *CsGL1* 基因，发现该基因编码一个 HD–Zip I 蛋白。组织特异性表达分析表明该基因主要在毛状体和果刺中表达。对野生型和突变体 *csgl1* 进行表达谱分析比较，发现 *CsGL1* 基因显著影响了黄瓜基因的表达谱，尤其是一些与毛状体表型相关的细胞进程相关基因；并且发现 *CsMYB6* 和 *CsGA20ox1* 两个基因，可能参与了黄瓜毛状体和果刺的形成（Li *et al.*, 2015a）。此外，上海交通大学潘军松研究组发现黄瓜中瘤状果实基因 *Tu* 能够编码一个乙烯锌指蛋白，调控激素平衡进而形成果实的瘤状表型（Yang *et al.*, 2014b）。

番茄果实成熟和品质风味受到了多种植物激素的调控。中国农业大学冷平研究组发现 *SlNCED1* 与 *SlCYP707A2* 是调控脱落酸合成与分解代谢的关键基因，并且分别作为正向和负向调控因子参与果实成熟的调控（Kai *et al.*, 2014）。而中国科学院上海生命科学研究院植物生理生态研究所肖晗研究组发现番茄中锌指结构转录因子 *SlZFP2* 通过负向调控脱落酸生物合成，来延缓果实成熟速率（Weng *et al.*, 2015）。此外，中国农业大学郭仰东和赵兵研究组发现外源褪黑素处理，诱导细胞壁修饰蛋白和乙烯合成基因的表达，进而促进了番茄果实成熟并且提高了果实品质（Sun *et al.*, 2014）。

（4）植物激素与信号传导

植物激素及其信号调控参与了蔬菜作物生长发育的各个阶段。浙江大学喻景权研究组利用病毒诱导的基因沉默（virus induced gene silencing，VIGS）技术以及相关激素突变体，研究发现信号物质 H_2O_2 在 BR 诱导的番茄气孔开闭过程中发挥的作用（Xia *et al.*, 2014）。提高环境 CO_2 浓度，能够诱导番茄 *OST1*（*OPEN STOMATA 1*）基因表达，促进 NADPH 氧化酶（RBOHs）产生 H_2O_2 和硝酸还原酶（NR）产生 NO 信号，激活来促进气孔的运动（Shi *et al.*, 2015）。该研究组还发现叶绿体硫氧还蛋白 TRX–f 和 TRX–m1/4 在 BR 诱导的光合作用 CO_2 同化和细胞氧化还原稳态中发挥重要作用（Cheng *et al.*, 2014）。2,4– 二氯苯氧乙酸（2，4–D），是一种生长素类似物，作为重要的植物生长调节剂，常用作除草剂。沈阳农业大学李天来研究组对番茄进行外源高浓度 2,4–D 处理后发现，生长素 / 吲哚乙酸（AUX/IAA）基因中的 *SlIAA15* 和 *SlIAA29* 表达明显上调。过表达 *SlIAA15* 后，番茄表现出明显的除草剂损伤表型，气孔密度明显降低，根的伸长对 ABA 敏感，表明 *SlIAA15* 可能是通过介导 ABA 信号来参与调控 2,4–D 的代谢过程（Xu *et al.*, 2015）。华中农业大学叶志彪研究组利用 RNAi 技术研究了 Jumonji 蛋白家族基因 *JMJ524* 的功能，发现该基因能够通过转录调控 *SlGLD1*（DELLA–like 基因）来改变番茄对 GA 的响应，从而影响番茄的茎长（Li *et al.*, 2015b）。

2.4.2 抗病抗逆机制与信号调控

（1）与病原菌互作及抗病机制

辣椒疫霉病（phytoph-thora capsici Leonian）是世界性的土传病害，也可侵染其他果菜类蔬菜等作物。教育部植物遗传改良和综合利用重点实验室何水林研究组研究发现了一个编码辣椒疫霉病激发子的基因 *PcINF1*，通过瞬时过表达该基因可以触发辣椒的细胞死亡，并且上调超敏反应相关基因 *HIR1*，*DEF1* 等表达；并通过酵母双杂交、双分子荧光互补、免疫共沉淀等技术发现了与激发子 PcINF 互作蛋白 *SRC2-1*，同时瞬时过表达这两个蛋白触发更强烈的细胞死亡，利用 VIGS 技术沉默 *SRC2-1* 之后，阻断了 *PcINF1* 诱导的细胞死亡，并且增加了辣椒对疫霉病的敏感性（Liu *et al.*, 2015b）。浙江大学周杰研究组对 *WRKY33* 同源基因进行了全面的结构、功能和进化分析，其中发现番茄中有两个同源序列（*SlWRKY33A* 和 *SlWRKY33B*）。这两个基因能被灰霉菌（*Botrytis cinerea*）和热胁迫强烈诱导。番茄 *SlWRKY33A* 和 *SlWRKY33B* 基因沉默植株对灰霉菌和热胁迫更敏感，而由 *AtWRKY33* 启动子驱动的 *SlWRKY33A* 和 *SlWRKY33B* 能完全恢复拟南芥 *atwrky33* 对灰霉菌和热胁迫的敏感性（Zhou *et al.*, 2015a）。浙江大学师恺研究组研究发现 CO_2 加富可以提高番茄植株对丁香假单胞菌（*Pseudomonas syringae*）的抗性。通过利用 VIGS 技术沉默 NO 合成和气孔关闭相关基因 *NR* 和保卫细胞慢型阴离子通道 1（*SLAC1*）后，抑制了 CO_2 加富导致的气孔关闭，并且减弱了番茄植株对丁香假单胞菌的抗性（Li *et al.*, 2015c）。

棉蚜（*Aphis gossypii* Glover）是黄瓜生产中最严重的害虫之一。扬州大学陈学好研究组利用基因组测序平台对一个黄瓜抗蚜虫品种转录组分析发现，蚜虫处理诱导了黄瓜包括信号转导、植物病原物相互作用、类黄酮生物合成、氨基酸代谢和糖代谢途径相关基因的表达（Liang *et al.*, 2015）。烟粉虱（*Bemisia tabaci*）是一种至少由 32 个生物型（或被称为隐种）组成的复合种，其中 B 型和 Q 型烟粉虱入侵性强，危害也更严重。由烟粉虱传播的番茄黄化曲叶病毒（tomato yellow leaf curl virus，TYLCV）导致的番茄黄化曲叶病毒病在我国从南到北多地发生并流行蔓延，给我国的番茄生产带来了巨大的经济损失，中国农业科学院蔬菜花卉研究所张友军团队研究发现烟粉虱 Q 可降低 JA（jasmonic acid）含量、蛋白酶抑制因子活性、下调 JA 相关基因表达从而降低番茄对黄化曲叶病毒的抗性（Shi *et al.*, 2014）。中国科学院动物研究所戈峰发现高浓度 O_3 和粉虱取食显著提高番茄的挥发物，这吸引了丽蚜小蜂（*Encarsia formosa* Gahan）和减少烟粉虱取食。番茄 JA 超量表达的植株比野生型植株有更高的粉虱抗性，大气臭氧浓度增加可加强抗性品种对烟粉虱的抗性（Cui *et al.*, 2014）。

菌根菌丝桥是植物间在地下进行物质交流的通道，但它能否作为植物间地下化学通信的通道来传递抗病信号尚缺乏研究。华南农业大学曾任森研究组利用丛枝菌根真菌（*Arbuscular mycorrhizae*，AM）摩西球囊霉（*Glomus mosseae*）在供体与受体番茄植株间建立菌丝桥，对供体植株做卡特彼勒斜纹夜蛾处理，发现虫害诱导番茄供体根系产生的抗病信号可以通过菌丝桥传递到受体根系并且该传递需要 JA 信号的参与（Song *et al.*,

2014）。南京农业大学作物遗传与种质创新国家重点实验室徐国华研究组鉴定了番茄六个生长素抑制基因，并发现其中一个成员 *SlGH3.4* 对丛枝菌根共生有强烈的响应（Liao *et al*., 2015a）。

（2）抗病激素与调控网络

植物在整个生命周期中经常受到各种病原的入侵，在长期的进化过程中植物体形成了复杂的调控网络应对不同的病原物，其中水杨酸（salicylic acid，SA）乙烯（ethylene，ET）在病原防御中扮演着重要的角色。JA 和 ET 主要应对死体营养型病原菌和食草昆虫，而 SA 信号主要介导了活体营养型和半活体营养型病原菌的防御。浙江大学汪俏梅研究组发现番茄 ET 和 JA 信号对 *Alternaria alternata* f. sp. *lycopersici*（AAL）较敏感，而 SA 能抵御 AAL 的入侵，此外 JA 对 AAL 的敏感部分依赖于 ET 的合成和感知，然而 SA 提高对 AAL 的抗性并且与 ET 响应相拮抗（Jia *et al*., 2013）。北京农学院王绍辉研究组对番茄野生型和 JA 突变体（*spr2*）接种根结线虫后 miRNA 进行分析，发现了 263 条已知的和 441 条新的 miRNAs，明确了 miR319 负调控 *TCP4* 从而影响 JA 的合成和内源 JA 的含量介导根结线虫的防御（Zhao *et al*., 2015）。

全球气候变化显著影响了自然生态系统，自从工业革命以来大气 CO_2 浓度持续增加，CO_2 增加如何影响植物—病原之间的互作？浙江大学师恺研究组发现 CO_2 加富下 SA 和 JA 拮抗影响植物对病原物的侵染。CO_2 加富可以激活 SA 合成和信号反而抑制了 JA 途径。CO_2 加富能够缓解番茄对烟草花叶病毒（tobacco mosaic virus，TMV）和 *Pseudomonas syringae*，但增加了 *Botrytis cinerea* 的敏感性。*NPR1* 沉默植株或 SA 合成突变体失去了 CO_2 加富对 TMV 和 *Pseudomonas syringae* 的缓解，相反，*PI* 沉默植株或 JA 合成突变体在正常和 CO_2 加富条件下均增加了 *Botrytis cinerea* 的敏感性（Zhang *et al*., 2015b）。此外，TMV 侵染番茄后内源 SA 迅速积累，同时 SA 合成和抗病信号途径相关的基因表达上调，线粒体呼吸相关基因表达迅速变化。*Sl α -kGDH E2* 沉默植株增加了 TMV 的抗性，且 SA 不能进一步增强 *Slα-kGDH E2* 沉默植株的抗病能力，却可以防御本氏烟（*Nicotiana benthamiana*）因 *Slα-kGDH E2* 瞬时过量表达导致的感病性；米醇菌酸（bongkrekic acid）预处理和 AOX1a 沉默能消除 *Slα-kGDH E2* 沉默引起的 TMV 抗性（Liao *et al*., 2015b）。

植物遭受病原侵染后会诱导防御相关基因的表达，许多转录因子参与调控这一过程，其中乙烯响应因子（ethyleneresponsive factor，ERF）在调节代谢、生长发育和应对环境刺激中防御和胁迫相关的基因表达起着至关重要的作用。华中农业大学田振东研究组马铃薯 *StERF3* 沉默植株增强了晚疫病和 NaCl 胁迫的抗性并伴随着 *PR1*、*NPR1* 和 *WRKY1* 防御相关基因的上调表达，而过表达植株增加了晚疫病的敏感性。有趣的是，StERF3 定位于细胞核，StERF3 可以与定位于细胞质的 StCYN、StKIN1 和 StCIP 蛋白互作，可能导致 StERF3 的重新定位进而调节对晚疫病和非生物胁迫的抗性（Tian *et al*., 2015）。

（3）环境响应与应答调控

浙江大学喻景权研究组通过基因沉默技术，揭示了驯化诱导的番茄对不同逆境的交叉抗性很大程度上是由于驯化诱导了质膜上 NADPH 氧化酶产生 H_2O_2 信号以及随后激活 MAPK（mitogen-activated protein kinase）信号级联（Zhou *et al.*, 2014a）。中国科学院华南植物园叶青研究组发现黄瓜根系和叶片中质膜水通道蛋白（CsPIPs）调控的水分运输对渗透胁迫和盐胁迫有着不同响应（Qian *et al.*, 2015）。中国农业大学张振贤研究组通过反义抑制定位于黄瓜根系细胞质和质膜上的蔗糖合酶 3（CsSUS3），发现干涉植株对淹水低氧胁迫的抗性显著下降，表明 *CsSUS3* 基因参与了黄瓜对淹水低氧胁迫的耐性（Wang *et al.*, 2014b）。

由于蔬菜作物高效集约化栽培和连作，极易导致土壤的次生盐渍化。中国科学院植物研究所李银心研究组利用基因沉默技术，发现番茄 γ-氨基丁酸（GABA）可能通过影响代谢平衡（如琥珀酸和羟基丁酸）和调控活性氧的代谢来参与番茄的盐胁迫调控（Bao *et al.*, 2015）。华中农业大学周永明研究组利用酵母单杂、EMSA 等技术发现甘蓝型油菜 WRKY 转录因 TTG2 能够结合到生长素合成基因 *TRP5*（TRYPTOPHAN BIOSYNTHESIS 5）和 *YUC2*（YUCCA2）的启动子上，负调控甘蓝型油菜的盐胁迫抗（Li *et al.*, 2015b）。S-腺苷甲硫氨酸（SAM）合成酶是生物合成多胺和乙烯前体 SAM 的关键酶。山东农业大学王秀峰研究组通过过量表达番茄 S-腺苷甲硫氨酸合成酶（*SlSAMA1*）能够提高番茄植株根系生长和多胺的含量，促进 K^+ 吸收，降低 Na^+ 吸收，从而提高对 $NaHCO_3$ 碱胁迫的抗性（Gong *et al.*, 2014）。激素和信号物质在植物盐害抗性中也起着重要作用。南京农业大学郭世荣研究组发现外源腐胺能够通过增加类囊体膜上多胺的含量来调控蛋白的转录和翻译水平从而稳定黄瓜在盐胁迫下的光合作用，提高植物抗性（Shu *et al.*, 2015）。中国农业大学郭仰东研究组发现外源褪黑素处理能够通过调控黄瓜种子抗氧化物酶系统，抑制 ABA 合成，提高 GA 合成来缓解盐胁迫对黄瓜种子的抑制作用（Zhang *et al.*, 2014）。山东农业大学史庆华研究组通过过量表达和反义抑制番茄亚硝基谷胱甘肽还原酶（*GSNOR*），发现 GSNOR 通过调控包括活性氮（RNS）和 ROS 氧化还原信号来维持高 Na^+ 下的 K^+-Na^+ 平衡，从而提高番茄在碱胁迫下的抗性（Gong *et al.*, 2015）。

蔬菜作物，尤其是设施蔬菜在生长过程中容易遭受冬春低温和夏秋高温气候的影响。浙江大学喻景权研究组发现 BR 能够通过诱导番茄 NADPH 氧化酶产生质外体 H_2O_2 来激活 ABA 合成并促使 H_2O_2 信号的持续放大，进而提高番茄植株对高温和氧化胁迫的抗性（Zhou *et al.*, 2014b）。此外，该研究组还发现 NADPH 氧化酶 *RBOH1* 基因和 *MPK2* 基因参与了 BR 诱导的 H_2O_2 产生以及高温和氧化胁迫抗性（Nie *et al.*, 2013）。浙江大学周艳虹研究组发现嫁接丝瓜砧木通过质外体 H_2O_2 介导 ABA 积累，并通过木质液运输到地上部诱导热激蛋白 70（HSP70）积累来提高番茄高温抗性（Li *et al.*, 2014a）。浙江大学张明方研究组筛选得到了与拟南芥 *AtCASPL4C1*（Casparian strip domain-like gene 1）同源的西瓜低温响应基因 *ClCASPL*（Casparian strip domain-like gene）基因，将 *ClCASPL* 基因在拟南芥中异源表达抑制了植株生长和低温抗性，表明 *CASPL* 在植物生长和低温抗性中起着负调控的作用（Yang *et al.*, 2015）。山东农业大学孟庆伟研究组通过构建番茄 DnaJ 蛋白 *LeCDJ1*

基因的过表达和反义抑制材料，发现该基因在低温下能够保护光系统 II 的稳定性，从而提高对低温冷害的抗性（Kong *et al.*, 2014）。

由于工业污染和化肥农药的大量施用，土壤重金属污染日益成为威胁蔬菜产业正常发展的突出问题，因此研究蔬菜作物对重金属毒害的响应机制有着十分重要的意义。南京农业大学柳李旺研究组通过全基因组筛选方法，分别鉴定了萝卜响应重金属镉和铬的 MicroRNA 及其目标靶基因，并初步分析了重金属胁迫下，MicroRNA 的调控网络（Liu *et al.*, 2015b）。中国农业科学院蔬菜花卉研究所武剑研究组利用 Tag-Seq 技术分析了白菜缺锌、缺铁、锌胁迫和镉胁迫下基因表达，分别鉴定了 543、812、331 和 447 个不同表达的基因，转录因子 bHLH038 或 bHLH100 在锌胁迫和缺铁时表达不同，进一步分析发现很多锌、铁和镉胁迫响应基因存在功能冗余（Li *et al.*, 2014b）。

农业生产中，农药是防止病虫害和杂草的有效方法，但是过多地使用不仅污染环境而且对食品安全构成很大的威胁，如何降低农药残留成为人们关注的焦点问题。浙江大学喻景权研究组发现 BR 通过激活 NADPH 氧化酶产生质外体 H_2O_2 引起细胞氧化还原状态的改变有效地降低番茄、水稻、茶叶、花椰菜、黄瓜和草莓等其他植物上有机磷、有机氯和氨基甲酸酯类农药残留（Zhou *et al.*, 2015b）。

（4）营养转运与胁迫适应

磷元素在土壤中迁移扩散能力低，容易转化为溶解度极低的磷酸盐或被土壤吸附，从而难以被作物吸收和利用，成为作物正常生长的重要限制因子。华南农业大学田江研究组发现菜豆（*Phaseolus vulgaris*）的 *SPX1* 基因能够通过调控根系生长和磷的代谢平衡，在磷信号网络中起着关键的作用（Yao *et al.*, 2014）。南京农业大学郭世荣研究组发现外源钙处理能够保护低氧下黄瓜线粒体结构，恢复呼吸代谢相关酶活性，促进钾离子吸收与平衡（He *et al.*, 2015）。浙江大学林咸永研究组发现缺铁提高了番茄根系 NO 水平，进而通过减少细胞壁果胶的甲基化增加根系非原生质体中铁的固定（Ye *et al.*, 2015）。

我国蔬菜设施智能化装备及自动控制、设施蔬菜单产与发达国家存在很大差距，但是在设施蔬菜节能栽培技术的研究与应用方面处于国际领先水平。

2.4.3 设施结构优化与环境控制

日光温室是我国设施蔬菜生产的主要设施，但是存在结构不够优化、采光保温性能差、环境控制程度较低、土地利用率不高等问题。近年来通过多学科产学研联合攻关，在日光温室设计理论、结构改进和环境控制等方面取得了显著进展。

提出了日光温室西北典型日光温室结构的热学性能及基本传热规律，建立了传热学简化模型；提出了西北地区日光温室全屋面最佳入射角理论。日光温室整体的热量损失中，白天的热损失占到总热损的约 80%，夜间的损失仅为 20%。日光温室的蓄热关键在于增加白天储热构件的蓄热量。得到了温室主要构件的散热能耗率，建立了日光温室后墙经济厚度的理论。明确西北地区典型代表温室后墙的最佳经济后墙厚度：无限厚度原土后墙为 1.5 米；碾压土后墙为 1.0 米；异质复合夹土后墙为 0.8 米。提出了按冬至温室采光屋面与春分北纬 40°地区地平面截获的太阳能相等、设计日光温室采光结构的合理采光设计理论；按冬至温室热收支平衡确定热阻的合理保温设计理论；按冬至温室昼夜蓄放热平衡确定蓄热体（土壤、墙体等）厚度的合理蓄热设计理论。建立了日光温室节能结构、保温和蓄热体厚度的设计方法。确定了北纬 38° ~ 44°地区节能日光温室的结构参数。

建立了日光温室采光保温模拟模型及日光温室的结构传热理论，创新了日光温室冬季逐日逐时采光量最佳倾角计算及采光角的新理论，开发出主动采光的可变倾角新型日光温室和主动式蓄热温室，提高光照 25%，提高温度 3 ~ 5℃。

设计了新型三连栋日光温室，在华北地区冬季室内最低气温达 2℃以上，10 厘米地温达 8℃以上；土地利用率达 93.3%，比传统日光温室提高 40% ~ 45%，适宜机械化操作。双向日光温室大大提高了日光温室的土地利用效率，利用风机南北双向通风，可以提高北向温室日平均温度 2.0 ~ 2.9℃，降低南向温室温度 0.4 ~ 0.8℃。研发了管式屋面骨架集热装置，以水作为传热介质，通过屋面骨架与室内深层（50 厘米）土壤中 PVC 管连接组成循环管道系统，把采集的热量储存于土壤中，取得良好蓄热效果。设计建造了适合西北旱作区的双层幕日光温室、山地日光温室、异质夹土后墙日光温室、相变后墙日光温室、非对称大跨度双层内保温温室等。发现粉煤灰砌块和梅花丁孔黏土砖墙体的日光温室无论晴天还是阴天，保温蓄热效果均好于其他温室。

以 GSM 模块 TC35 和单片机 PIC 16F877–I/P 研发了基于手机短信的日光温室控制系统，可以通过管理员手机发送短信实时监测室内温度和湿度环境因子，并且可以通过发送手机短信设置系统参数，方便用户对日光温室环境进行及时调控，投资少，操作简单，工作可靠，系统构建灵活，适用于基层的日光温室环境监控。针对我国北方日光温室的结构特点、生产条件及管理现状，应用计算机控制技术、通信技术和网络技术等，研制开发出集多功能于一体的温室群智能化控制系统。通过对温室内环境因子的实时检测，使用模糊控制算法，控制温室内设备，使温室内的环境因子达到适合作物生长的要求。

2.4.4 设施农业资源的高效利用

近年来，设施蔬菜以约 25% 的面积，产出约 35% 产量和约 55% 的产值，已经成为农业增产、菜农增收的支柱性产业。目前我国设施蔬菜生产仍存在突出问题特别是农业资源利用率偏低，成为限制设施蔬菜产业的主要因素，开展了设施蔬菜水分、土地、土壤和光热等农业资源的高效利用关键技术研究提高设施蔬菜自然资源利用率，保障蔬菜高效安全生产具有非常重要的意义。

（1）水分高效利用

我国水资源极度短缺，人均淡水占有量仅为世界平均水平的 1/4，特别是干旱、半干旱地区水资源极度短缺。而设施蔬菜生产是水资源利用大户，年亩灌水量高达 800 ~ 1000 立方米，缺乏量化管理指标，与水资源极度短缺的矛盾日益突出，过量肥水及氮淋洗造成地下水污染等备受关注，因此，研究水资源高效利用意义重大。

近年来，通过多点重复试验，首次探明了传统畦灌条件下，设施蔬菜生物学产量、蒸腾、蒸发和渗漏（1.2 米以下）分别占灌溉水量的 2.2% ~ 3.8%、25.5% ~ 32.1%、18.3% ~ 22.2% 和 50.2% ~ 55.6%，明确了不同生育时期设施蔬菜水分管理量化指标，为农艺节水技术体系的建立奠定了坚实的理论基础。基于现有成果，提出“控漏减蒸”的节水思路，在研究了灌溉方式、灌水量、灌水频率等十几项农艺节水技术的基础上，重点研发并推广了高效实用、易于推广的地下渗灌、膜下滴灌、定量袋灌、定量沟灌、膜下异区交替灌溉、水肥一体化和促根节水等核心节水技术，使目前形成 1 千克黄瓜果实灌溉用水由 60 ~ 63 千克降低到 38 ~ 40 千克，设施果菜年亩灌水量由 800 ~ 1000 立方米降低到 450 ~ 500 立方米，可节水 35% ~ 45%，从根本上扭转了设施蔬菜“粪大水勤、不用问人”的传统管理模式，节水节肥效果显著。

在栽培上水肥管理密切相关，节水的同时也可节约肥料。研究了不同水分管理条件下耕层氮素的运移规律，摸清了经验水肥管理模式下氮素渗漏量可达到 200.7 千克 /（公顷·年），明确了黄瓜不同生育时期根层土壤适宜氮素浓度为 150 ~ 200 千克 /（小时·平方米），提出了基于蔬菜需肥规律和目标产量的根层氮素调控技术，在节水、减肥的条件下，降低了氮素的深层渗漏，可节氮肥 30.5% ~ 33.2%，为量化施肥和水肥耦合提供了参考指标。

轻度的水分亏缺不会显著影响番茄株高茎粗的增长，而中度和重度水分亏缺抑制了番茄植株的生长发育。研发了多种节水灌溉技术。痕量灌溉管埋深后能够促进植株生长，埋深 10 厘米处理茄子产量最高，耗水量相对较少，水分生产效率最高，而埋深 30 厘米是日光温室春茬番茄较适宜的埋设深度。与畦灌定期追肥和常规滴灌定期追肥相比，滴灌营养液显著促进了黄瓜生长，产量提高，果实品质改善；1/4 剂量山崎专用配方 + 微量元素的黄瓜单株产量最高，每天滴灌 1 次的土壤具有更优良的理化和生物学性状，黄瓜生长势最强，根系活力最大；滴灌比畦灌节水约 60%，且灌溉水利用效率提高了 2 倍多。在负水头供水控水技术条件下，适当提高营养液中磷酸二氢钾浓度，有利于增加樱桃番茄株高、茎粗，提高果实产量、水分利用效率和 N、K 利用效率以及根系活力。负水头供给营养液樱桃番茄栽培生产中，340 毫克 / 升的 KH_2PO_4 浓度可作为推荐用量。冬季，温水灌溉温室黄瓜幼苗可提高幼苗的茎粗、叶面积、根系数、光合速率、单位鲜质量的干物质量、根冠比和壮苗指数等指标，处理的效果由大到小依次为水温 40℃、30℃、50℃、20℃。无压灌溉和滴灌根系密度分布在出水口附近 3.0 ~ 22.5 厘米；番茄干物质量大小为沟灌 > 滴灌 > 无压灌溉；与沟灌和滴灌相比，无压灌溉降低了耗水量，提高了产量，明显地提高了水分利用效率。加气灌溉可以提高番茄的生长量、产量及品质，灌水频率为 1 次 /6 天且 Kcp = 1.0 最优。

（2）土地高效利用

近 30 多年来，虽然对日光温室结构进行了较多研究，仍存在结构不尽合理，特别是土地有效利用率仍然偏低（不足 50%）等问题，在很大程度上限制了单位土地面积上的经济效益。目前，有较多的研究成果可以提高设施土地利用率，如作为日光温室的必须的配套设施——工具间，面积一般 10 ~ 12 平方米，传统上都是侧置在东侧或西侧墙上，现在已经取得的成果把工具间侧置改为后置，在同一土地面积上使日光温室的长度增加 3 ~ 5 米，使设施蔬菜有效种植面积增加 5% ~ 6%；另外，优化日光温室结构参数，也可以大幅度提高日光温室的利用效率，如目前，日光温室的前底角一般为 60°，由于靠前底角温室高度低，限制了果类蔬菜每畦种植数量，该成果把前底角增至为 75°，进深 0.5 米处的垂直高度达 1.7 米，使设施果菜类蔬菜有效种植面积增加 5% ~ 6%；两项技术合计使日光温室的有效种植面积提高 10% ~ 12%。

阴阳日光温室是高效利用设施土地的最有效的方法之一，土地利用率可达 80% ~ 85%。所谓阴阳日光温室就是在目前日光温室的背面，即背面有加上一个半圆形骨架，形成一个坡面向北的温室，早春、晚秋可种植喜凉蔬菜，夏季适当遮荫种植食用菌，可获得很高的经济效益。

连栋日光温室是土地利用率最高的设施形式，可使设施土地的利用率提高到 85% ~ 90%，尽管保温效果略低于常规日光温室，但是，由于土地利用率高可明显提高经济效益。

（3）光热高效利用

通过播种期的优化和调整，是提高光热资源利用效率的有效方法之一，特别是提前育苗，把产品器官形成期安排在光照温度最适宜的季节，可明显提高光热资源的利用效率。

设施栽培是调控光热资源利用率最好手段，目前，已经构建了日光温室光热环境动态模拟模型，并首次引入“云遮系数”，使模型拟合度更加精确，为提高日光温室光热利用效率、优化结构提供了可靠参数和理论依据；揭示了日光温室温光环境与室外气候、温室结构间的定量关系，摸清了不同异质复合墙体保温效果。通过优化温室角度和结构，使后屋面仰角从 36° 增加到 40° ；前底角从约 60° 增至为 75°，使采光量增加 10% 以上，显著提高了光能利用效率。探明了不同异质复合墙体的保温效果，提出了日光温室墙体从内到外依次分为吸热、蓄热、隔热层的概念，并将传统的隔热材料中置改为后置，并优化了隔热层施工工艺，蓄热层体积增加近 1 倍，蓄热量增加 40% ~ 50%；冬季日光温室夜间温度提高 2 ~ 3℃，光热利用效率大幅提高，灾害性天气低温冷害风险降低。

土壤覆盖与加温：发现秸秆覆盖延缓了土壤温度变化的速度，对土壤增温作用小，且土壤最高温度低于对照而最低温度高于对照，温差最小，土壤温度保持相对稳定状态。（21 ± 1）℃和 10:00 ~ 14:00 时根际加温可以显著促进油菜的生长，增加水培油菜产量，改善油菜的品质。土壤加温至 18℃ ~ 26℃、6:00 ~ 8:00 时土壤定时加温可以克服冬季土壤低温对黄瓜生长的限制作用，促进黄瓜苗的生长。

补光与光周期：近年来，LED 光源的利用研究较多，在荷兰已广泛应用于蔬菜育苗和园艺作物的生产。而国内研究发现，LED 光质育苗，补红光有利于培育壮苗。开花结果期不同光质 LED 灯侧面补光能促进黄瓜果实生长和营养品质的增加，红光比例较高的 8 红 1 蓝（8R1B）补光处理效果最好。光周期设置在 16 小时 / 天时有利于促进黄瓜和番茄幼苗的生长，培育壮苗。利用红光夜间延时补光能够促进前期黄瓜幼苗的生长，红蓝混合光夜间延时补光可促进后期黄瓜幼苗的生长、提高幼苗壮苗指数。

（4）非可耕地高效利用技术

近年来，针对我国大量的戈壁沙漠、盐碱地、滩涂、沙土地、山坡贫瘠等非可耕地资源，开发了一系列新技术，如中国农业科学院蔬菜花卉研究所等单位研究发的简易无土栽培技术，开发了因地制宜的栽培基质，利用槽栽、袋培等技术，成功利用了非可耕地，并获得很高的经济效益。

中国农业大学开发了“一种用于非可耕地设施栽培的堵漏限蒸高效节水新技术”并申请了专利，这项技术主要是依托于大棚、日光温室等园艺设施的、以“堵漏限蒸”节水技术为核心的客土或基质栽培技术体系，实现了非可耕地和水分资源的高效利用（节水 60% 以上），并获得较高的产量和经济效益，具有极高的推广利用价值。

由于温室气体限制排放和化石能源日益枯竭等原因，针对我国设施蔬菜生产中资源利用率低的实际问题，近年来提高温度、光能、水分和养分利用率的研究较多，取得了系列进展。

（5）肥料高效利用

研发了多种适合设施蔬菜应用的新型肥料。微生物菌肥光合细菌菌剂对日光温室黄瓜高产优质生产效果较好，五色土次之。沼液中的营养成分基本可以满足快菜的生长发育的需要，促进了植株生长，提高了产量，沼液营养液添加量 60% 处理在番茄幼苗上的应用最好。0.2 克 / 株毛壳生物菌肥处理能显著增加黄瓜株高和叶面积，提高黄瓜产量。城市餐厨垃圾厌氧消化，做成不同配方的叶面肥，可促进番茄植株生长，显著提高番茄品质。喷施叶绿酸铁在一定程度上可增强黄瓜幼苗对亚适温的适应性。施用植物源药肥替代常规化学肥料，有利于改善土壤微生物群落结构，提高土壤微生物数量和土壤酶活性，促进作物生长，改善品质和提高产量。其中，植物酵素对黄瓜植株生长具有明显的促进作用，能显著减少植株发病率，增加产量。聚氨酸肥料可促进普通白菜的生长。低温条件下，外施 25 微摩尔 / 升的咖啡酸能够通过增强保护性酶活性、脯氨酸和可溶性糖含量增强黄瓜对低温的抗性。叶面喷施蛋氨酸硒不仅提高了厚皮甜瓜的硒含量，还可增强光合能力，从而提高产量和综合品质，以喷施 2 次 30 毫克 / 升的蛋氨酸硒溶液处理最好。

矿质元素与作用机理：短期磷饥饿番茄幼苗根中可溶性蛋白质含量显著高于对照，而茎叶中可溶性蛋白质含量变化不显著；茎叶中可溶性蛋白变化比根中迟；磷胁迫番茄幼苗根中的磷可能被转移到茎叶中重新利用；磷饥饿番茄幼苗根中液泡膜蛋白中新增 49.9、52.6 kD 多肽谱带，该多肽可能是磷饥饿特异诱导多肽。缺钼加重了低温对细胞膜的伤害，降低了黄瓜幼苗的耐冷性；抗氧化能力和渗透调节能力下降是缺钼引起黄瓜幼苗耐冷性减弱的重要原因。合理施肥可有效提高番茄产量和番茄红素含量，营养液氮浓度 9.970 ~ 10.860 毫摩尔 / 升、磷浓度 1.364 ~ 1.635 毫摩尔 / 升、钾浓度 5.113 ~ 5.158 毫

摩尔 / 升时，可以获得高产量和高番茄红素的番茄。

二氧化碳加富配合高温可以更有效地提高温室嫁接黄瓜的光合作用，进而促进了温室嫁接黄瓜植株的生长。增施 CO_2 对日光温室黄瓜产量的影响主要在采收中后期；而有机基质栽培对黄瓜产量的影响主要是在采收的前中期。有机基质栽培不仅改善了根区环境，还对温室 CO_2 浓度有很好改善作用，可以不用增施 CO_2 而实现优质高产。

充分湿润栽培能明显降低 0 ~ 30 厘米土层的总盐含量，且降幅高于淹水栽培，而 NO_3^- 在作物根系主要吸收层反而上升。交替水氮异区处理是黄瓜最佳的水氮耦合处理方式。节水控肥后日光温室 0 ~ 100 厘米土体硝态氮积累量、矿质氮和有机氮渗漏量均明显下降，施用秸秆促进了土壤无机氮固持，降低根区土壤硝态氮供应水平，提高土壤养分保蓄能力。番茄果实中的番茄红素含量，随灌水量的增加呈线性降低趋势，随施氮量与施磷量增加呈开口向上抛物线变化，但不随施钾量而变化。灌水量与施钾量、施氮量与施磷量的交互作用表现为阻碍果实番茄红素的积累。根系分区交替灌溉条件下，灌水量过高不利于番茄红素含量的增加，合理增施氮、磷肥可有效提高果实中番茄红素含量。在不显著降低番茄品质和净收益的情况下，中肥（51470 毫克）中水（120 升）处理可作为番茄的最优水肥组合。与传统漫灌施肥相比，滴灌施肥每季氮肥和水分投入量分别降低 78% 和 46%，氮肥偏生产力和灌溉水利用效率则分别提高 5 和 2 倍，番茄产量和经济效益分别提高 6% 和 22%，且产量年际变异显著降低，滴灌施肥降低 50% 的土壤硝态氮残留。

2.4.5 连作障碍克服技术

（1）栽培模式

大葱伴生栽培降低了土壤细菌种群的多样性指数和均匀度指数；并且随着黄瓜的发育根区土壤细菌多样性也发生了变化，出现了某些细菌特有的序列。日光温室厚皮甜瓜和韭菜轮作，可实现每亩厚皮甜瓜产量 3500 千克，鲜韭产量 4500 千克以上。基质栽培番茄轮作蒜苗、白菜和莴苣均能显著增加基质中微生物总量、细菌数量和细菌 / 真菌比例，降低真菌数量；轮作蒜苗效果优于白菜和莴苣，产量最高。分蘖洋葱根系分泌物总体提高了黄瓜幼苗根际土壤碱解氮、有机质、速效磷和速效钾含量，化感潜力强、根系分泌物浓度高的处理效果更佳，高浓度的分蘖洋葱根系分泌物有利于土壤过氧化氢酶、过氧化物酶、转化酶及脲酶活性的提高。不同填闲模式对土壤酶活性和细菌群落均产生一定影响，改变了土壤环境，其中夏季填闲小麦能保持相对较高的土壤酶活性、土壤细菌群落结构多样性及细菌数量。早春茬黄瓜 – 夏茬茼蒿 – 秋冬茬黄瓜的栽培方式提高连作土壤中的微生物量碳、碳 / 氮，作物产量最高。

（2）土壤消毒与改良

以芥菜作为生物熏蒸材料进行生物熏蒸，能够改善土壤生态环境，促进连作黄瓜养分吸收，提高黄瓜产量，对克服设施黄瓜连作障碍有一定的调节作用。在连作营养基质添加生物炭显著提高营养基质 pH、有机质和速效钾含量，促进黄瓜叶片光合作用，提高产量，降低果实硝酸盐含量，其中以添加 5% 生物炭处理效果最为明显。

（3）基质配方与栽培

黄瓜藤堆制物单独作为育苗基质效果较差，黄瓜藤堆制物与醋糟、蛭石配比为 1∶2∶1，以及与醋糟、草炭、蛭石配比为 1∶1∶1∶1 适合作为黄瓜和番茄的育苗基质；玉米秸秆、番茄藤堆制物分别与醋糟复配的基质育苗效果不如对照。鲜食玉米秸秆堆制物与醋糟、蛭石的配比为 3∶6∶1 时生菜的栽培效果最好。黄瓜藤堆制物与醋糟 1:2 配比栽培番茄生长良好。

（4）嫁接

单砧与双砧嫁接均显著增加了黄瓜产量和根际土壤细菌和放线菌数量，显著降低了土壤真菌和尖孢镰刀菌（黄瓜病原菌）数量，秋茬黄瓜根际土壤脲酶、中性磷酸酶、蔗糖酶和过氧化氢酶活性大小依次为双砧嫁接＞单砧嫁接＞自根对照。

（5）生物防治

从连作黄瓜根际土壤中分离得到黑曲霉（*Aspergillusniger*），该菌能够在以肉桂酸为唯一碳源的无机盐培养基上生长，可有效降解肉桂酸，从而缓解对黄瓜发芽的抑制作用。间作一定比例的万寿菊可降低土壤根结线虫的密度，增加黄瓜产量，万寿菊的间作密度为黄瓜密度的 2 倍，是防治黄瓜根结线虫较为适宜的间作密度。

2.5 蔬菜作物病虫害综合防治研究

2.5.1 蔬菜病虫害病菌资源研究

近两年来，在进行全国范围内病虫害调查的基础上，逐步收集、整理和建立了蔬菜病虫害病菌资源库和标本库。目前我国已经成立了多个微生物菌种资源保藏中心，并建立了多个微生物资源库，除了我国第一个统一数据结构的国家级菌种保藏数据库——中国微生物菌种目录数据库外，从事蔬菜病害专业研究的单位也建立了病菌资源库。在蔬菜病原菌方面，目前已经收集整理了包含了 60 多种蔬菜的 500 多种病原菌的 10000 多个菌株。同时，建立了我国蔬菜病虫害样本信息共享数据库，与微生物病菌资源库共享基础数据，搭建了我国蔬菜病害病菌资源研究与数据共享平台。

而蔬菜病虫害标本库可为病虫害的研究和防控提供最真实、可靠的数据基础。目前，已保存了蔬菜作物病害标本资源库和农业害虫标本资源库，包括了 200 多种蔬菜的 4000 多种病害标本和 2000 多种害虫标本。

2.5.2 蔬菜病虫害检测与诊断技术研究

国内外植物病害的检测方法很多，传统的病原学检测方法主要根据病害的症状、病原菌的特征以及研究人员的经验进行。该方法对植物病理学专家的依赖性较大，难以快速地对病害进行早期诊断，不能适应现代植物病害快速、准确诊断的要求。近年来，随着科学技术的发展，新的技术方法不断引入该领域，如免疫学技术、分子生物学检测技术、计算机视觉诊断和光谱学诊断方法等，逐渐在植物病虫害的检测与诊断中得到推广，并取得了有效的成果。

首先是免疫学诊断技术。通常采用间接 ELISA 或夹心 ELISA 方法。PCR-ELISA 是 ELISA 检测技术中的一种新颖的方式，其与 ELISA 相比具有更高的特异性及灵敏性。近年来，免疫学技术在病原真菌和细菌的检测方面发展极快，已经在疫霉属（*Phytophthora*）、腐霉属（*Pythium*）、丝核菌属（*Rhizoctoria*）、镰刀菌属（*Fusarium*）等植物病原真菌和假单胞菌属（*Pseudomonas*）、欧文氏菌属（*Erwinia*）、土壤杆菌属（*Agrobacterium*）等许多植物病原细菌检测中应用，而且已有许多蔬菜病原菌属的诊断试剂盒面世。

其次是分子生物学诊断技术。实时荧光定量（real-time quantitative，PCR）技术已逐渐应用到多种蔬菜作物的真菌、细菌、病毒病害和蓟马、粉虱等虫害的检测研究方面，并且已有多种试剂盒生产面世。在黄瓜棒孢叶斑病菌（*Corynesporacassiicola*）、辣椒疫霉菌（*Phytophthora capsici*）、西瓜细菌性果斑病菌（*Acidovorax avenae* subsp. *citrulli*）、西花蓟马（*Frankiniella occidentalis*）等多种蔬菜病害和虫害的检测中获得成功。

第三就是计算机视觉诊断技术。计算机视觉技术（computer vision technology）是近 40 年来伴随着信息技术的发展应运而生的一门技术，从其诞生开始就受到国内外学者的广泛重视。近两年来这项技术在蔬菜作物病害诊断中开始研究和应用，已经建立的病虫害诊断系统有黄瓜病虫害诊断系统、番茄病虫害诊断系统、辣椒病虫害诊断系统等。

第四，光谱学诊断技术。近年来，光谱学技术逐步应用到植物病虫害的诊断和监测中来，但主要集中在大范围的大田作物病害遥感监测方面。对于蔬菜病害的光谱学诊断，虽然目前尚处于研究起步阶段，但也有少数成功的实例，如高光谱成像技术在黄瓜叶部病害诊断中的应用，傅立叶变换红外光谱技术在病害烟叶识别中的应用和对黄瓜棒孢叶斑病（*Corynesporacassiicola*）的早期检测等。

2.5.3 蔬菜病虫害控制关键技术研究

种传病害是通过种子携带并传播病原菌的一类植物病害。对种子进行处理是阻断种传病害传播的有效手段。国际上种业发达的国家已经广泛应用种子包衣技术处理蔬菜种子，在美国、欧洲、日本已大规模应用。而在我国尚未进行国家注册生产，在蔬菜种子处理方面的研究也较少，目前登记在园艺作物上的悬浮种衣剂仅有 2.2% 甲霜・百菌清和 20% 多・福・五，也仅限于对枯萎病、立枯病和猝倒病的早期防治，而对于控制蔬菜的地下害虫则尚无登记药剂。

我国在种子包衣、丸化技术方面虽然与国外相比还存在一定的差距，但也取得了一定的进展，如成功制备了控制辣椒种传疫病和炭疽病的悬浮种衣剂，控制甘蓝黑斑病和黑腐病的种衣剂和控制西甜瓜细菌性果腐病的种衣剂等。随着包衣、丸化配方的不断优化，生物防治剂将被大量引入种子处理剂中，专用种子处理剂也将得到大量发展，种子包衣、丸化技术将在我国蔬菜种子处理技术中得到迅速普及。

蔬菜无论是露地栽培还是保护地栽培，无论是在正常生长季节还是在反季节，都会发生病虫害，病虫害是蔬菜生产过程中不可避免的。同时不可否认，在当今农业生产的收获品中，约有 1/3 的产量是依靠农药从病虫草害中夺回的，农药在农作物病虫草鼠害防控中的贡献率达到 70% ~ 80%，因此除了依靠改良品种、提高栽培技术、应用转基因技术、保证水源清洁以及使用农机、化肥等措施以外，使用农药这一不可或缺的生产资料来防治病虫草害对农作物的肆虐，是提高农作物单产的一个十分重要的手段。如果不使用农药，我国将损失 50% ~ 80% 的蔬菜。我国每年通过使用农药挽回蔬菜 5000 万吨，水果 600 万吨。

根据我国蔬菜生长复杂的自然环境以及目前我国的科技水平，防治蔬菜病虫害最有效的方法仍然是合理使用化学农药。近两年来，我国筛选出防治蔬菜病虫害的生物药剂木霉菌素、多抗霉素、春雷霉素、枯草芽孢杆菌剂、丁子香酚、蜡蚧轮枝菌、宁南霉素、中生菌素、白僵菌等 12 种，及低毒化学药剂烯肟菌酯、氟吗啉、唑菌酯、嘧菌酯、醚菌酯、苯醚甲环唑、噻菌铜、咪鲜胺、吡唑醚菌酯等。

建立了色卡防治西花蓟马的生物防控技术，明确蓝色卡对西花蓟马的诱杀作用最好；利用丽蚜小蜂和低毒化学药剂协同防治粉虱技术，同时建立了该技术规程。

设施蔬菜栽培的特点是环境的可调性，生态调控是防治设施蔬菜病害行之有效的方法。欧洲、北美和亚洲的日本等设施农业较发达的国家，在病害的环境控制上取得了显著成绩。这些国家的病虫发生规律大多是在连栋式智能温室下的研究结果，与适合我国国情的节能型日光温室差别较大，我们仍需要探索适宜国内生产需要的生态调控控制病害的技术，为我国的生态调控提供新的思路。

“十一五”期间完成的“重大外来入侵害虫——烟粉虱的研究与综合防治”获国家科技进步奖二等奖，该项成果创造性地提出了与我国设施栽培条件相适应、以“隔离、净苗、诱捕、生防和调控”为核心技术的烟粉虱可持续控制技术体系。

土壤是多种病原微生物和害虫等的栖息地，目前我国菜农较多地是采用高毒、高残留的化学农药防治土传病虫害，农药的不合理使用是造成农产品和环境污染的重要来源之一。近年来，在“十五”“十一五”国家科技计划项目的支持下，研究制订了适合我国华北、东北、南方、西北生态区的设施园艺作物土壤节能环保型日光消毒技术规程，包括适合于华北与东北生态区设施蔬菜土壤消毒的“氰氮化钙与生物农药结合的日光消毒技术”，适合华北地区设施蔬菜土壤消毒的“填闲作物与土壤生物熏蒸结合的日光消毒技术”，适合于南方设施大棚蔬菜、瓜类土壤消毒的“双膜法”日光土壤消毒技术和西北地区设施果菜连作土壤日光消毒技术规程，对主要土传病害的控制效果达 80%以上。上述技术成果分别获得国家发明专利、并进行了不同地区的成果鉴定，目前已经在我国不同生态区的蔬菜生产基地大面积应用，对土传病害的控制起到很大作用。

在土壤消毒剂方面，近两年来，我国筛选出高效、无残留的土壤熏蒸剂硫酰氟、1,3–二氯丙烯是当前防治线虫病的高效药剂，明确了硫酰氟作为土壤熏蒸剂的效果，并制定了相应的使用技术规程。同时将高毒、高危险农药氯化苦、1,3– 二氯丙烯加工成具有市场开发潜力的胶囊制剂产品。

合理用药是一个系统工程，不仅要考虑农药的效果评价，更要考虑农药对环境和非靶标生物的安全风险，特别是随着人们生活质量和食品安全意识的不断提高，对绿色、无公害食品要求愈来愈强，蔬菜病虫害防治中的安全用药至关重要。

近年来，在建立我国农药安全使用过程和关键控制技术的基本框架的基础上，分别对登记用于防治蔬菜病虫害的农药有效成分进行分析，运用农药理化参数和毒理学参数进行预测，计算得到相应推荐用量下蔬菜上登记农药的预测浓度和风险指数，采用比较的方法，选择风险较小的农药，建立了蔬菜病虫害控制的安全用药工作表。在防治黄瓜病害方面，完成了烯酰吗啉、霜脲氰、乙霉威、百菌清、氟硅唑、醚菌酯、福美双、啶虫脒、吡虫啉、顺式氯氰菊酯、抗蚜威、灭蝇胺12种农药用于防治目标病虫害（黄瓜霜霉病、灰霉病、白粉病、枯萎病、蚜虫、白粉虱、潜叶蝇）的安全用药技术指标（单次用量、生长季节用药次数、收获前间隔期）和最高残留限量推荐值；目前已经筛选出29种杀菌、杀虫剂用于辣椒的主要病虫害防治，其安全风险指数RI均低于1.0。在杀菌剂中，氟硅唑、乙霉威、烯酰吗啉、咪鲜胺等，杀虫剂中有吡虫啉、啶虫脒、联苯菊酯、顺式氯氰菊酯、抗蚜威、哒螨灵和浏阳霉素可用于防治白粉虱、蚜虫、蓟马和红蜘蛛；建立适合我国露地蔬菜生产上防治病虫害的安全用药工作表，表中给出了防治对象、用药通用名、药剂剂型、施药方式、施药剂量、安全间隔期，共列出了杀菌剂中生菌素、叶枯唑、春雷霉素、烯酰吗啉、菌核净、异菌脲、嘧菌酯、咪鲜胺、甲霜灵、戊唑醇、氰霜唑、苯醚甲环唑、噁霉灵、宁南霉素等，杀虫剂中亚胺硫磷等5中药剂用于防治小菜蛾，抗蚜威等7种药剂防治蚜虫，氟啶脲等8种药剂防治甜菜夜蛾，甲氨基阿维菌素苯甲酸盐等11种药剂防治菜青虫，马拉硫磷等两种药剂防治地下害虫。应用该类农药防治病虫害，既能有效地控制病害，又能保障产品与环境安全。

2.5.4 *蔬菜作物病虫害防控技术体系及示范区的建立*

从20世纪80年代初期，我国开始重视蔬菜的无公害生产，并全面开展了蔬菜病虫害综防技术体系建立的研究。近年来，根据我国不同生态区和保护地蔬菜生态系统特点，各地重点研究蔬菜重大病虫害监测的时效性和准确率，以及可持续控制和持效性等重大科学技术问题，研究符合蔬菜安全和可持续发展的生态调控结束、生物防治新技术以及化学农药减量和精准使用新技术，建立了适合我国不同生态区的蔬菜重大病虫害防控技术体系。

在上述研究的基础上，以生态区为单元，在各地的蔬菜生产重点区县建立了设施和露地蔬菜病虫害防控技术的核心示范区和辐射带动区，对已有高效、经济、安全的蔬菜病虫害防控技术在示范区进行应用效果展示和示范，并通过组织观摩扩大示范效应，供生产上大面积推广应用。

近年来发展起来的光谱学诊断技术，可以根据被危害植物内部细胞的生理生化变化，在病虫害潜育期内检测出特定光谱波段反射率的变化，进而快速、准确地判断病害的发生种类和程度，具有反应灵敏、快速、特异性强、结果客观等特点，是病害早期检测的发展趋势。

近年来，我国对有机、绿色蔬菜越来越重视，安全可靠的新型生物农药因此也得到了迅猛的发展。国内外已开发研制生产出多种利用细菌、病毒、真菌及拮抗微生物等来控制蔬菜病虫害的新型生物农药制剂，并有多数产品上市，在蔬菜病虫害得到有效控制的同时，保证了环境和人类的安全。创制和开发拥有我国自主知识产权、高效安全而又具使用价值的生物农药新品种，加速我国生物农药产业的发展已是大势所趋。

活跃在一线的农业基层技术人员，是及时发现病虫害、及时提出防治技术的关键，对其技术培训和提供专业学习机会，可解决蔬菜生产中病虫害的防治难题。“十一五”期间，在国家科技计划及农业部现代农业产业技术体系的大力支持下，近两年开展起来的全国范围内“蔬菜病害显微镜诊断技术培训班”，先后在山东、北京、河北、辽宁、甘肃、海南等地已经举办了十八期，培训了大批的一线农业技术人员及农资经销商，从源头帮助蔬菜生产一线的人员认识病害、“对症下药”。

在蔬菜新的病虫害不断出现、外来入侵生物对蔬菜生产的危害，传统的植物保护技术研究必将在新的时期发挥其重要作用。

2.6 蔬菜采后处理与贮藏技术研究

2.6.1 物理保鲜技术

表 2 阐述了 2012—2015 年物理保鲜技术在蔬菜中的若干应用的实例。通过调查研究发现，超高压、紫外线（UV–B, UV–C）、控制温度、气调包装以及包装材料等保鲜技术在蔬菜中的应用研究居多，超高压主要应用的蔬菜有白萝卜、莴笋、山茱萸、泡豇豆、泡萝卜、莲藕、胡萝卜汁、黄瓜汁、结球甘蓝、紫皮洋葱、胡萝卜、辣椒、黄瓜、泡菜、鲜切南瓜、鲜切雪莲果等；紫外线主要应用的蔬菜有芥蓝、鸡毛菜、番茄等；热处理主要的蔬菜有鲜切黄瓜、青椒等。其中研究不同贮藏温度对各种蔬菜保鲜效果的实例最多，原因是温度是影响采后蔬菜贮藏品质的重要因素之一，蔬菜的呼吸强度、新陈代谢等会随着温度的升高而增强，导致蔬菜的贮藏品质下降，因此一般利用低温来抑制采后蔬菜的各种生理生化反应，从而延缓蔬菜的成熟衰老的一种低温贮藏保鲜技术应运而生[8–19]。低温贮藏保鲜技术是一种非常重要的贮藏保鲜方式，适应的低温环境贮藏可有效地抑制蔬菜采后的呼吸强度及新陈代谢活动，但是不适宜的低温贮藏也会加快蔬菜的代谢，使蔬菜发生冷害现象，促进蔬菜腐烂变质。比较国内外在蔬菜保鲜技术的水平，也主要从蔬菜的冷链物流上以及设备设施上进行分析，这是影响蔬菜货架寿命的关键因素。

肖璐等（2014）基于预报微生物学理论，预测了鲜切青花菜的货架期模型，建立了减压保鲜技术处理鲜切青花菜货架寿命的预测模型，有效地预测了减压保鲜技术处理鲜切青花菜在贮藏温度 0 ~ 20℃范围内任意温度下的货架寿命。

表 2　物理保鲜技术在蔬菜中的若干应用实例

处理方法	实验材料	改善指标	参考文献
热处理	竹笋	硬度、木质化、ACS、ACO、PAL、CAD、POD	Luo 等，2012
脉冲光	紫苏叶	货架期	
超高压	南瓜	菌落总数；色泽；VC；总酚	Zhou 等，2014c
减压	西兰花	货架期	肖璐等，2014
辐照	鲜切彩椒	菌落总数；感官品质	沈月等，2014
超声波	鲜切紫薯	褐变度	
微波	竹笋	营养成分，菌落总数	
高压静电	鲜切南瓜	菌落总数；VC；硬度；色泽；葡萄糖；果糖；烯类、醛类、酚类、酮类物质	周春丽等，2014
紫外线	番茄、土豆、生菜	可溶性酚	Du 等，2014
温度	绿色萝卜	O_2/CO_2；叶绿素；色差；微生物；呼吸强度；货架期	Zhao 等，2014

吕运萍（2012）研究了臭氧对鲜切马铃薯的保鲜效果，结果表明，0.45 毫克 / 升臭氧水能有效抑制鲜切马铃薯微生物的生长繁殖，但是对鲜切马铃薯的失重率、还原型抗坏血酸含量以及色泽没有太大的影响。王宏延等（2012）研究了臭氧化水对鲜切青花菜贮藏品质的影响，结果表明，2.0 毫克 / 升臭氧化水处理鲜切西兰花保鲜效果最优，在贮藏 12 天时，与对照组相比，青花菜的失重率降低 24.37%，维生素 C 含量提高 40.7%，POD 酶活性降低 25.6%，PPO 酶活性降低 23.5%；在低温 4℃的贮藏条件下，2.0 毫克 / 升臭氧化水处理组的鲜切青花菜货架寿命能够达到 15 天。胡云峰等（2012）研究表明，适当浓度的臭氧处理可显著抑制切分青椒叶绿素含量、维生素 C 含量、感官品质和硬度的下降，并能够有效抑制微生物的生长繁殖；6.42 毫克 / 立方厘米臭氧处理鲜切青椒 15 分钟，在低温 5 ~ 8℃下贮藏 6 天，鲜切青椒的感观评分为 32 分，基本保持了新鲜青椒外观品质。

自发气调包装目前应用较多的包装材料有 PE（polyethylene，聚乙烯）、PP（polypropylene，聚丙烯）、PVC（polyvinylchloride，聚氯乙烯）、LDPE（low density polyethylene，高压低密度聚乙烯）和 PVDC（polyvinyl dichloride，聚偏二氯乙烯）等，复合包装材料常采用 EVA（ethylene-vinyl acetate，乙烯 - 乙酸乙烯共聚物），可以满足不同的透气率，有效地隔氧、隔光。此外微孔薄膜、可降解新型杀菌包装材料、纳米复合包装材料、乙烯气体吸附膜、智能包装材料等常被用于蔬菜的包装保鲜。有研究表明，微孔膜能够有效抑制绿芦笋的呼吸作用，降低其失重率以及叶绿素的降解率，较好地维持贮藏品质。PVC 硅窗袋对青菜头的保鲜效果较好，PE 硅窗袋、SCA 袋次之，定期换气袋较差；当袋装菜量为 15 千克，硅窗面积为 110 毫米 ×75 毫米时，PVC 硅窗袋对青菜头的保鲜效果最好。

2.6.2　化学保鲜技术

化学保鲜剂种类较多，我国近几年采用较多的有 1-MCP、ClO_2、次氯酸、NO、异抗坏血酸钠、硅酸钠 / 钾、H_2O_2、柠檬酸、植酸、水杨酸、茉莉酸甲酯、乙二胺四乙酸及其钠盐（EDTA 和 EDAT-2Na）、$CaCl_2$、乳酸钙、NaCl 等（表 3）。虽然化学保鲜技术对蔬菜的保鲜效果较为显著，但同时会给人们带来潜在的健康危害、环境污染等问题，因此，在选择化学保鲜剂的种类和剂量方面，需要慎重。1-MCP 在保鲜蔬菜上使用最为广泛，原因是 1-MCP 不会存在化学残留等问题，符合天然、安全、无副作用的理念，对蔬菜具有较好地保鲜效果。1-MCP 能明显延缓跃变型蔬菜的成熟衰老，但对非跃变型蔬菜的影响和作用却有所不同，许多研究学者已对此做出了大量研究，今后还需进一步对其在各类蔬菜中的应用进行探讨。

表 3　化学保鲜技术在蔬菜中的若干应用实例

主要材料	应用实例	改善指标	参考文献
1-MCP	芥蓝	失重率；营养成分；货架期	
柠檬酸 + 抗坏血酸 + 半胱氨酸	鲜切莲藕	呼吸强度；MDA；过氧化氢；SOD、POD、CAT	Jiang 等，2014
茉莉酸甲酯	鲜切芹菜	叶绿素；纤维素；可溶性蛋白；维生素 C；失重率	李天等，2014
异抗坏血酸钠	鲜切茄子	感官；菌落总数	吕运萍等，2012
植酸	番茄	货架期；感官	
硼酸钠	土豆	菌落总数	Li 等，2012.
水杨酸	竹笋	营养成分；菌落总数	
乳酸钙	鲜切菠菜	货架期	金文斌等，2013
油菜酸内酯	青椒	CAT；POD；PPO	Wang 等，2012

谭谊谈等（2014a）用 1-MCP 处理鲜切芋艿，10 微升 / 升 1-MCP 处理可有效维持鲜切芋艿的良好色泽，且能够降低苯丙氨酸解氨酶活性以及总酚合成速度，维持细胞膜的完整性，进而延缓鲜切芋艿的褐变程度。余定浪等（2014）研究发现，室温（20 ~ 25℃）和低温（10 ± 1）℃下，1-MCP、1-MCP+ClO_2 处理都可延缓番茄果实转色，降低腐烂率，推迟呼吸跃变的到来，延缓硬度的下降；其中 1-MCP+ClO_2 处理优于 1-MCP 单独处理，低温（10 ± 1）℃结合 1-MCP+ClO_2 处理效果最佳。

目前在 CRAS 评价体系中，可安全放心使用的抗褐变剂有维生素 C、异抗坏血酸、柠檬酸盐、半胱氨酸等。谭谊谈等（2014b）利用维生素 C、半胱氨酸与 $CaCl_2$ 复合处理鲜切芋艿，结果发现，2.5% 维生素 C+0.05% 半胱氨酸 +0.4% $CaCl_2$ 复合处理能够有效维持鲜切芋艿良好的外观品质，延缓其褐变度，并抑制了苯丙氨酸解氨酶、PPO、POD、脂氧合酶活性和相对电导率的升高。Jiang 等（2014），发现 0.1% 柠檬酸 +0.005% VC+0.05% 半胱氨酸处理鲜切莲藕，褐变最小。

目前主要使用的抗菌剂有机酸（柠檬酸、醋酸、乳酸、植酸等）不会带来副作用。陈晨等（2014）研究了 Nisin 和柠檬酸对鲜切黄瓜中单增李斯特菌（LM）的杀菌效果，结果表明，柠檬酸对鲜切黄瓜上的单增李斯特菌具有一定的杀菌效果，并且随着其浓度和杀菌时间的延长而增强。

目前已经被公布的具有良好成膜效果的涂膜剂有醇溶蛋白、乳清蛋白、小麦蛋白、玉米蛋白、蜂胶、紫胶、果胶、淀粉、壳聚糖、魔芋葡甘聚糖、海藻酸钠等。可食性涂膜主要应用于一些鲜切块茎的蔬菜中，如鲜切马铃薯、鲜切山药、鲜切胡萝卜、鲜切莲藕等。马利华等（2013）研究了魔芋膜、壳聚糖膜、大豆分离蛋白（SPI）膜及复合膜的透光率、阻氧性等，还研究了这些涂膜液对鲜切山药生理生化的影响；结果表明，复合膜的最佳，能有效维持其新鲜度和营养性，明显延长货架寿命。王新伟等（2014）研究了添加可食性肉桂酸的可食膜涂膜对鲜切胡萝卜的保鲜效果，结果表明，在（4±1）℃低温贮藏条件下，涂膜处理能够有效抑制鲜切胡萝卜的细菌、霉菌、酵母菌的生长繁殖，从而延长了货架寿命。

2.6.3 生物保鲜技术

蔬菜的生物保鲜技术可分为 3 类：第一，利用拮抗菌来保鲜；第二，利用天然提取物及仿生保鲜剂保鲜；第三，利用基因工程将蔬菜采前与采后相结合进行保鲜。

国内外研究者发现了一些具有发展潜力的蔬菜拮抗菌：酵母菌，如柠檬形克勒克酵母、假丝酵母、隐球酵母、汉逊德巴利酵母、红酵母、丝孢酵母、膜醭毕赤酵母等；细菌，如假单胞杆菌、放线菌、芽孢杆菌等；霉菌，如木霉、青霉等。研究了酵母菌处理对黄瓜冷害品质的影响，结果表明，酵母菌处理能够有效增强黄瓜的耐冷性，减少了黄瓜的冷害率，且还能够增加黄瓜的 NO 含量，发现了黄瓜的抗冷性与 NO 产生量是有密切联系的。

利用植物中的抗菌成分，对蔬菜采后病害进行生物防治，已经取得了较为理想的保鲜效果。从中药和香辛料中提取的天然防腐保鲜剂，已被认为是食品添加剂研究领域最具潜力的发展方向，是开发新型、高效蔬菜保鲜剂的重要途径（表 4）。

表 4　天然提取液在蔬菜中的若干应用实例

主要材料	应用实例	改善指标
大蒜 + 生姜提取液	油菜、青椒、西红柿和香菇	外观
香辛料（桂皮、草果）	鲜切生菜	可溶性糖；维生素 C；叶绿素；POD、PPO
洋葱提取液	鲜切莲藕	呼吸强度；PPO 酶；抑菌；色泽；硬度
甘草、高良姜复合提取液	菠菜	外观
胡椒碱	豇豆	失重率、pH 值、维生素 C、总糖
金银花、丁香及其复合提取液	鲜切西兰花	感官
小茴香提取液和食品保鲜剂协同小茴香提取液	黄花菜	腐烂率；失重率；褐变率

基因工程保鲜技术，例如采用转基因技术抑制蔬菜采后乙烯的合成，采前和采后的抗性诱导，采用转基因技术控制蔬菜细胞壁降解酶活等技术。然而转基因产品因其安全性的问题已经受到了社会的广泛关注。

2.6.4 综合保鲜技术

国内关于蔬菜保鲜技术的研究较多，研究方向已逐渐向食品化学、有机化学、遗传生物学、材料学、机械工程学等诸多领域发展。为延长保鲜时间、提高保鲜效果、降低成本、提高综合效益，蔬菜保鲜技术正在由单一技术向复合技术方向发展。

此外，蔬菜品质的保持最终是建立在综合保鲜技术基础上的，它包括了加工前适宜原料种类品种的选择和田间的栽培管理以及加工过程中和加工后系列配套处理技术实验表明，综合保鲜技术可大大改善蔬菜的品质，延长其货架寿命。通常会选择不同的物理、化学、生物等保鲜处理方式与冷藏以及包装材料联合使用，并且得到了较理想的保鲜效果。我国研究学者已经致力于此方向的研究，也得到了较好的效果。并且许多研究专家把育种、栽培、储运、加工、贮藏、销售等一个流水线等联合观察蔬菜的成熟衰老等现象，选择出较好的保鲜技术。曹裕等（2014）研究了品种和切割方式对鲜切马铃薯保鲜效果，结果表明，鲜切马铃薯品种间褐变差异性显著，紫花白品种在切片后 3 天即发生较严重的褐变，而荷兰 –7 号品种在切片后 6 天褐变仍然不明显；除此之外，使用锋利刀具和在水中切割能够有效抑制鲜切马铃薯产生褐变。

2.6.5　国内外研究进展比较

国内采后基础研究实力逐渐增强，在此方面国内外差异逐步缩小，但实际应用与基础研究脱节。另外，我国的一些蔬菜保鲜处理设备匮乏，基础设施落后，导致了蔬菜损耗大、环境污染等问题，而发达国家在蔬菜的冷链运输方面的设备和基础设施都较为完善，避免了蔬菜的损耗大等问题。在保鲜技术上，国外专家学者逐渐采用一种天然、安全、无副作用的保鲜方法，如一些天然的植物提取液等，而国内专家学者基本集中在化学保鲜技术上，而化学保鲜技术会带来一定的副作用，但在蔬菜的生产实际过程中，并不常采用化学保鲜技术，而是多采用一些物理保鲜技术，比如控制温度、内包装材料、外包装等。

蔬菜产业化中最薄弱的环节——蔬菜加工业，我国已经具备了一定的技术水平和较大的生产规模，外向型蔬菜加工产业布局也已基本形成，但与发达国家相比，我国蔬菜加工业发展相对滞后，蔬菜加工业市场绩效低，蔬菜产品的简单加工多，精深加工少，企业竞争力弱，初级产品多，深加工产品少；除此之外，我国的加工技术装备与工艺水平相对落后，蔬菜加工相关标准仍需进一步制定完善，蔬菜基地建设有待进一步规范，投入品使用有待严格要求，蔬菜加工产业组织化、标准化程度相对较低，蔬菜产区、加工集中产区及大型农贸市场的副产物和废弃物的问题日趋严峻，新的税收政策对蔬菜行业的影响喜忧参半等。

3　蔬菜学学科发展趋势与对策

3.1　蔬菜种质资源、基因组学与生物技术研究

（1）野生资源挖掘利用、核心种质和多样性固定群体的建立

主栽蔬菜品种和育种材料的遗传多样性狭窄成为蔬菜作物遗传改良的瓶颈问题。全国各地，尤其是异域的野生近缘植物资源和地方特色栽培资源往往具有主栽蔬菜品种所没有的抗病虫、抗逆和优质基因。所以，针对我国蔬菜种质资源的收集保存现状，迫切需要广

泛开展栽培蔬菜特色资源和野生近缘植物资源的收集引进，拓展我国蔬菜资源库多样性。

长期以来，面对种质库庞大的、群体内存在不同程度异质性、缺乏遗传背景认知的种质资源原始收集品，资源研究者在新资源的收集保存、已有资源的鉴定评价和深入研究过程中变得束手无策；育种家在资源材料的引种和选择利用上只能大海捞针；基础生物学家更是只关注少数特异材料的研究。这就是为什么大多数蔬菜作物的种质资源依然沉睡于种质库得不到应有研究和利用的根本原因。所以，必须制定合理的策略，从促进资源研究和利用的角度，在兼顾多样性和一致性的基础上，搞好资源群体内的“纯化”和基本农艺性状鉴定，综合利用高效的表型和分子鉴定技术推动蔬菜核心种质及其遗传多样性固定群体的构建和评价向广度和深度发展，以利于从巨量原始收集品中高效挖掘丰富多样的目标性状优异基因资源和提高种质资源利用效率。

（2）物种及其遗传多样性形成和特化的机制研究

自然起源和人工驯化是蔬菜物种和遗传多样性形成的基础。对主要蔬菜的起源进化和分类研究将为作物的种质资源遗传背景拓展与利用、重要性状优异基因的挖掘和种质创新奠定基础。面对越来越多的蔬菜作物全基因组序列的释放，必须加强相关人才队伍建设和能力培养，加强相关的条件建设，抓住后基因组时代的发展机遇，加强蔬菜作物的起源和进化研究，解析近缘蔬菜物种及其种内的遗传演化关系，揭示各蔬菜种间和种内的遗传差异与人工选择分化位点的关系，快速优特种质资源中控制重要性状基因的挖掘和保护，为蔬菜种质资源创新和遗传育种提供大量有效的多态性标记和宝贵的基因资源。

（3）种质资源挖掘利用的精准化和高效化

发达国家资源鉴定和挖掘利用从宏观到微观循序渐进，标准化、精准化、规模化、自动化是种质资源鉴定的必然趋势。植物的表型组和代谢组水平的鉴定评价涉及植物资源、植物生理生化、植物病理、植物昆虫等各学科的理论知识和技术。所以，必须加强蔬菜作物主要病虫害种类的分类鉴定，主要生境下的生长发育、产品器官形成和品质特点的基础研究，以便于研究建立各种抗病性、抗虫性、抗逆性和代谢组分的标准化鉴定评价技术规程。随着卫星遥感、信息网络等先进技术向生物学科的渗透和应用，种质资源表型数据的采集和处理将会逐渐标准化、自动化和规模化。随着分子基因组学和分子生物学技术的快速发展，种质资源基因型鉴定和优异基因的挖掘已成为国际关注的重点和热点。特别是随着越来越多的蔬菜基因组测序的完成，基因组重测序、转录组、蛋白组等技术的应用，基于全基因组的 SSR、InDel、KASP-SNP、基因芯片等高通量分子标记技术的开发，更为精准高效的基因型分析技术和优异基因挖掘技术将会应运而生，从基于单一材料的单个性状的标记和定位，到基于大规模种质基因分型和关联分析的批量等位基因鉴定，蔬菜种质资源优异基因的大规模鉴定和挖掘将成为必然。

（4）集成种质资源综合信息和利用各种新技术创新蔬菜新种质

以往蔬菜种质资源创新主要通过品种间基因交流，多关注少数不良性状的改良，对生产需求而言，真正创新出的突破性种质很少。随着对种质资源表型组和代谢组的系统评价以及基于全基因组的遗传信息解析，集成、挖掘和利用大数据，突出传统技术与现代生物技术的结合，兼顾前景和背景选择将成为种质创新的主旋律。

应该从战略高度，加强学科发展的顶层设计，理顺蔬菜资源学科与其他学科的关系，确立种质资源学科的基础性和公益性研究主体地位，正视资源工作的投入需求多、短期内直接经济效益少、长期社会经济和生态效应突出的特点，加强政府对蔬菜资源研究的人力和财力的支持，搞好人才队伍建设，推动资源科学研究的渐进式发展，解决资源学科发展应该解决的关键问题，促进种质资源学科及其相关学科的协同发展，保障我国蔬菜产业可持续发展。

（5）开展变异组和转录组研究推动重要功能基因研究

新一代测序技术具有高通量、低成本的优势，在完成了全基因组序列解析的基础上，可以大规模开展不同品系材料的变异组和转录组等研究，运用关联分析、受选择压力分析、共表达分析、比较基因组分析等多种方法，可快速、大规模、高通量发掘蔬菜作物种质资源中蕴藏的高产、优质、抗病虫、抗逆等优异基因，已成为蔬菜种质资源研究和优异基因发掘的主要方向。因此，我国应继续加强蔬菜作物基因组学研究，占领基础生物学研究的制高点，同时全方位地开展变异组和转录组等研究，推动重要功能基因研究。

我国作为第一大蔬菜生产国，各地栽培环境差异大，蔬菜品种类型多样，蔬菜种质资源评价和利用具有明显的材料优势，这些种质资源是作物种质创新与利用的基础材料，合适、丰富的材料也将是将来研究的一个重要制约因素。因此，我国应充分利用基因组研究的优势，系统收集世界范围内的种质资源，大规模开展重要经济性状的评价，对于加强其与育种工作的“无缝对接”，促进育种目标与生产需求的衔接具有重要意义。

关联分析挖掘基因需要准确、大量的基因型和表型数据，高通量的测序可快速获得海量的基因型数据，而依靠人工收集的表型数据肯定无法适应基因型数据的增长速度。因此，我国迫切需要开发收集表型数据的自动化工具，为加速优异基因挖掘提供必要条件。

基因组编辑技术在未来几年将是研究基因功能的一种重要分子操作技术，也是快速高效的植物育种技术，该技术并不引入外源基因，可避免转基因引起的争议。因此，我国在蔬菜学领域应大力发展基因编辑技术，促进重要基因的功能解析，并用于创制育种的优异新种质。

3.2 蔬菜作物遗传育种研究

（1）育种技术创新

由单一性状、单一分子标记技术向多性状、全基因组标记技术转变：白菜、甘蓝、萝卜等十字花科蔬菜的基因组测序工作已完成，这为高通量分子标记的开发和应用提供了实用平台。实用性好、选择效率高的 SNP 和 InDel 等第三代分子标记逐步成为分子育种的主要标记工具；自动化、规模化、高通量、低成本的标记检测方法将得到广泛应用；分子育种的目标性状从简单的质量性状向复杂的数量性状过渡，从单基因筛选向多基因聚合转变；在利用前景选择分子标记育种的同时，背景选择标记系统研发正在逐渐深入开展，蔬菜全基因组分子设计育种成为育种技术发展的必然。

细胞工程育种技术应用日益广泛：十字花科蔬菜小孢子培养技术得以迅速发展并日趋成熟，但在机械化、简约化、规模化和流程化方面略显不足，需要建立高效实用的 DH 育种技术平台和适应商业化育种的育种信息管理与分析系统。另外，通过原生质体培养、体细胞融合和细胞杂交等细胞工程育种技术，与分子标记选择相结合，加速育种材料纯合进度，提高新种质资源创制效率，将是细胞工程育种的重要方向。也可利用远缘杂交或非对称性体细胞杂交等技术获得优异基因渐渗系，创制优异育种材料；以及建立突变群体筛选获得具有丰富遗传多样性的新种质。需要加强细胞学研究、分子标记育种技术的研究，尤其是重要农艺性状的 QTL 位点标记技术、难诱导基因型的双单倍体培养技术，并将这些技术与育种实践紧密结合，提升育种效率，缩短育种周期。

目前，从国外作物现代育种技术发展趋势来看，高通量基因分型及表型分析技术已日渐成熟，全基因组分子标记辅助育种技术已得到普遍应用。基于基因组学杂种优势利用技术业已逐步在作物遗传改良中表现出明显的优势。近年来，一些新型技术还在不断涌现，包括反向育种技术（reverse breeding）、同源（cisgenesis）和异源转基因技术（intragenesis）、基因组编辑技术、RNA 介导的 DNA 甲基化技术（RdDM）等。就茄科作物而言，现已发现辣椒基因组与番茄基因组具有高度保守的线性同源区，包括茄子，表明它们在茄科作物中亲缘关系最近。通过比较基因组学分析发现辣椒和番茄果实成熟相关基因非常保守，推测可能是基因调控机制导致了果实成熟的差异化。果实软化是区分辣椒与番茄果实的显著特征之一，主要因为多聚半乳糖醛酸酶（PG）在果实软化过程中具有重要作用。结合最近发布的番茄和马铃薯基因组，辣椒基因组还有利于阐明超过 3000 个种的茄科家族从沙漠到热带雨林广泛分布的多样性、适应性的进化机理。目前，番茄、辣椒、茄子全基因组测序均已完成，应该加大力度挖掘相关数据，在充分利用新技术进行遗传改良的同时，结合茄科作物遗传进化机制，将会极大地推动茄科育种技术创新。

（2）种质资源创新

我国十字花科蔬菜品种选育的成就举世瞩目，主要得益于一批重要种质的发现和改良以及育种技术的创新和应用，特别是近年来由于细胞工程和分子生物技术的发展，进一步拓宽了种质资源创新和利用范围。但仍需看到，与国外相比，我国蔬菜资源的数量仍明显不足，资源材料大多数仍以国内的为主。因此今后在注重国内资源材料的搜集利用的同时，应加强国外资源材料的搜集、鉴定工作。今后在优异种质资源的表型精准鉴定技术方面、全基因组遗传背景筛选技术方面需要进一步加强研究。利用全基因组重测序和 SNP 芯片技术，结合表型精准鉴定和全基因组关联分析（GWAS），对核心和优异种质的遗传背景进行规模化的基因分型，挖掘具有重要利用价值的目标性状的重要基因源及基因组区段；明确核心和优异种质的遗传背景，深入挖掘优异基因，为分子设计育种提供依据。

我国并非茄科蔬菜作物的原产地，我国对于茄科蔬菜保存的数量、种质结构和保存方式与发达国家相比有较大差距。番茄遗传改良在过去几十年期间，主要受益于抗病基因的转育，而几乎全部抗病基因均来自野生资源。针对现代栽培种番茄遗传背景狭窄，近几年深入挖掘了野生资源产量、耐非生物胁迫、高品质等多个性状。在美国和法国的国家种质资源库，除了对于辣椒植株和果实性状的多年评价之外，还有对于多种病害的鉴定以及重要品质性状的评价。我国应该加大力度，通过公共平台或者不同类型合作研究，尽快收集具有全球代表性的资源材料，逐步建立科学保存资源的技术体系。对于已收集、整理获得的资源，应逐步开展基于基因组水平的鉴定评价体系。如中国农业科学院蔬菜花卉研究所拥有辣椒资源 2000 余份，在深入了解我国辣椒资源遗传多样性和结构特点，园艺性状差异和主要抗性的基础上，通过全基因组扫描，构建了我国辣椒的骨干亲本的分子指纹图谱，为全基因组选择和分子设计育种奠定了良好基础。对核心资源可以进行多个适宜生态区域的多年鉴定和综合评价，对鉴定出的优异种质资源，开展全基因组水平的基因检测，发掘控制优异性状的基因组区段、基因簇、单倍型、关键基因极其有利等位基因，开发紧密连锁的特异分子标记，实现优异种质资源的高效利用。

（3）品种选育

蔬菜产品正在以追求数量向质量效益型转变：随着人民生活水平的提高、消费方式的改变以及产品出口贸易的发展，对蔬菜商品品质和风味品质的要求越来越高。由于长期追求高产、抗病的育种目标，许多现代品种的风味品质不佳。因此，我国蔬菜产业将更加重视蔬菜的产品品质。

蔬菜育种目标和产品生产进一步专用化、多样化、标准化：针对不同用途（鲜食和加工专用品种），不同消费群体，不同的地域生态条件，蔬菜品种将进一步专用化和多样化。

适于机械化作业和轻简化管理的品种选育：近几年来，我国人力资源成本持续走高，为提高效益，培育适合机械操作、采收和运输等的品种将成为必然趋势。要求采收期集中，商品一致性好，机械采收率高，损伤小，耐贮运性强。

与国外蔬菜育种相比，我国蔬菜育种的目标更加多元化。在注重产量、多种病害抗性，特别是新流行的病害（十字花科蔬菜根肿病、甘蓝枯萎病等）的抗性同时，要在产品品质上继续下工夫，争取更大的突破。要紧跟市场的新变化，加强新品种的选育工作。当前家庭的小型化对十字花科蔬菜品种也提出了新的需求，对商品菜的大小和质量的需求都有新的变化，如娃娃菜的生产面积在逐年增加，传统意义上的冬贮大白菜的生产面积逐年减少，因此育种工作就要紧密结合生产实际。要加强专用品种的选育，包括温室专用、大棚专用以及功能性专用品种等。要提高品种的广适性和资源利用率。要选育对不同生态环境适应能强的品种，特别是要研究节水耐旱品种的选育。

品质育种已逐步突破了以外观和商品品质为目标的育种，营养和风味品质已成为主要的育种方向。农业生产的全程机械化是现代农业的发展趋势，与此相适应，适应机械化生产的品种选育是国际种业发展的一大趋势。全球气候变化剧烈，适应性广的品种选育也是未来发展的趋势。茄果类蔬菜在我国栽培面积较大，而且不同区域、季节、消费习惯等也存在较大差异，因此在关注国外品种选育发展趋势的同时，针对我国还应注意品种多样化和地方化以及品种专用化。国内大多数品种类型差异较小，而专用型品种，如适合轻简化栽培、机械化采收、加工专用型等品种比较缺乏。根据生产实践，逐步开发市场专用型品种，如加工番茄，过去我国一直采用人工采摘，随着市场劳动力成本的增加，机械采摘已成为必然趋势，选育适合机械化采收的品种已成为进一步保障加工产业可持续发展的主要因素。在辣椒育种方面，一直以甜椒、鲜食椒为主，对于干制辣椒研究较少，特别是干制专用杂种一代新品种的选育需要加强。

对于茄果类蔬菜而言，具有符合抗性新品种的选育仍然是育种的重要目标之一。如栽培面积广泛的番茄作物，在国内现已发现 40 多种病害。另外，由于气候变化、环境污染、多年连作的影响，一些新病害如番茄灰叶斑病、番茄斑点萎凋病毒病、番茄褪绿病毒等不断出现，而且一些老病害如叶霉病、枯萎病、晚疫病等新的生理小种或株系也不断进化。过去 20 年间，我国育种家相继培育了抗番茄花叶病毒 TMV 和黄瓜花叶病毒 CMV 的辣椒品种，然而目前生产上病毒病重新严重起来，如可以克服抗 *L1*、*L2*、*L3* 基因的辣椒轻斑驳病毒 PMMV。在 2000 年还发现了可侵染辣椒的外来西花蓟马害虫，目前已在广东、海南、云南等多地泛滥，由此引发了番茄斑点萎蔫性病毒。因此，具有复合抗性新品种的选育仍然是茄果类育种的重点目标。另外，针对一些遗传改良难以解决或暂时不能解决的主要病害，国内外砧木嫁接已悄然形成一个新的市场，选育优良的砧木品种，已成为解决土传病害的主要手段之一（高方胜等，2014）。

另外，我国南北方地区气候差异大，近几年气候反常现象时有发生，不同地区栽培模式和设施也存在较大差异，茄果类蔬菜尤其是辣椒容易出现坐果率低、畸形果率高、病害普遍发生的现象。因此，在注意复合抗性选育的同时，还应该加强抗逆、适应性广等材料的积累，同时开展多年、多生态区域育种和品种试验，如国外在不同区域设置试验站，对于选育出的新组合进行多区域、多年度试种，以便于选育出抗逆、适应性广的新品种。

我国相关科研单位从事茄果类育种研究已有几十年的历史，虽然在不同地区、不同单位形成了一些特色，但是随着时间的推移整个遗传改良体系没有良好的建立，特别是应对目前大信息量、大数据量时代的快速发展，已经滞后于历史发展的脚步，与国外育种公司相比，不仅规模、投入差距较大，而且知识结构陈旧、人员结构不合理。目前，虽然我国已对番茄、辣椒等测序，开展了大量的不同遗传资源的重测序，国外已完成茄子测序，但是我国基础研究和遗传育种改良严重脱钩。当前，应该及时调整整个茄科蔬菜遗传改良的体系，合理分配资源，建立良好的人员队伍，全面协作攻关，发挥各自的优势，集中力量，充分挖掘现有数据，开发基于全基因组的 SNP，建立基于全基因组分子设计育种平台。

（4）学科基本建设

应创新学科运行体制，完善学科基本条件，拓宽学科发展资金渠道，鼓励企业和科学家的联合，从整体提高我国蔬菜学科的总体水平。以人才为核心，积极吸引长期从事模式植物的科研人员加入到蔬菜学科研究，建设一支实力强、水平高、视野宽、有国际竞争力的蔬菜学科学术队伍。

3.3 病虫害综合防治与产品采后处理贮藏技术研究

（1）蔬菜重要病虫害的早期监测与预警技术研究

重点研究蔬菜重要病虫害发生发展规律、病原物的生物学特性与生态、气候环境的关系，建立蔬菜病虫害的风险分析方法和早期监测、预警模型。借助光谱遥感技术、远程诊断技术、网络信息化等方法和技术，研制其野外监测、远程信息交换与处理技术平台，构建蔬菜重要病虫害的早期监测与预警系统。

（2）绿色生物农药新剂型推动有机蔬菜的健康发展

近年来，无公害蔬菜、绿色蔬菜、有机蔬菜的生产推动杀菌剂向高效（超高效）、低毒、低残留和环境相容性好的方向发展，促进了绿色农药、生物农药、高效无机盐农药的快速研发和应用，加速了农药新剂型的开发和使用。绿色环保的生物农药新剂型和无机化合物的使用不但提高了安全性，减少了农药在蔬菜中的残留，而且性能良好，符合有机蔬菜可持续发展的需要。

（3）新型植物抗病激活剂对蔬菜诱导抗病虫技术的研究

植物抗病激活剂具有持效性和广谱性，甚至能遗传给后代；是近几年发展起来的环保型农药，如：菇类蛋白多糖、氨基寡糖素等，可以提高蔬菜作物的整体抗病水平。研究筛选新的抗逆性好、效果高、产业化性状优良的环境友好型抗病诱导剂是该技术成功应用需解决的关键问题。

（4）蔬菜安全生产过程中土壤健康的生态恢复与维护

土壤是植物病原微生物主要的栖息地，由于蔬菜常年连作，使土传病害的发生日趋严重，土传病害防治药剂的过量施用是造成蔬菜产品污染的来源之一。以蔬菜难于防治的土传病害为对象，以农药减量施用和保产、稳产为目标，研究蔬菜安全生产中土壤健康的生态维护技术，研发以无公害土壤熏蒸和微生态制剂运用为核心的土壤连作障碍快速生态修复技术，研究适合我国国情的土壤无害化消毒技术，以及研究微生物土壤添加剂控制土传病害等环保型的病害控制技术是当务之急。

（5）蔬菜产品采后处理及贮藏加工的发展趋势与对策

目前，物理保鲜技术由于具有成本低、处理条件易于控制、受外界环境影响小、不破坏蔬菜营养结构自然风味等诸多优点，仍是今后研究的主要方向；化学保鲜技术虽然具有较好的保鲜效果，但存在化学试剂残留的缺陷，因此我们需要通过化学试剂对蔬菜产生的生理生化指标产生的影响，寻求一种具有同样作用效果的安全、天然的蔬菜保鲜技术；转基因技术是近几年国内外专家研究的重点，主要致力于研究与蔬菜采后品质相关的基因，通过控制这些基因的表达，从而达到延长蔬菜货架期的目的，也是今后研究的重点。加大物理、化学、生物及综合保鲜等技术的研究力度，将更好地保持蔬菜的营养品质新鲜度、风味及良好的外观品质，对蔬菜行业的快速发展有重要的意义。

蔬菜保鲜技术正向着综合控制的方向发展，其中包括化学控制、物理控制、生物技术控制和农业控制。且标准化、自动化、信息化和配套化以及有机（绿色）蔬菜贮藏保鲜技术是时代发展的趋势。

参考文献

Bao H, Chen XY, Lv SL, et al. 2015. Virus-induced gene silencing reveals control of reactive oxygen species accumulation and salt tolerance in tomato by gamma-aminobutyric acid metabolic pathway [J]. Plant Cell And Environment, 38, 600-613.

Du W X, Avena-Bustillos R J, Breksa Ⅲ A P, et al. 2014. UV-B light as a factor affecting total soluble phenolic contents of various whole and fresh-cut specialty crops [J]. Postharvest Biology and Technology, 93: 72-82.

Chen CH, Liu ML, Jiang L, et al. 2014. Transcriptome profiling reveals roles of meristem regulators and polarity genes during fruit trichome development in cucumber (Cucumis sativus L.) [J]. Journal of Experimental Botany, 65, 4943-4958.

Chen WW, Kong JH, Lai TF, et al. 2015a. Tuning LeSPL-CNR expression by SlymiR157 affects tomato fruit ripening [J]. Scientific Reports 5, 7852.

Chen WW, Kong JH, Qin C, et al. 2015b. Requirement of CHROMOMETHYLASE3 for somatic inheritance of the spontaneous tomato epimutation Colourless non-ripening [J]. Scientific Reports 5, 9192.

Cheng F, Zhou YH, Xia XJ, et al. 2014. Chloroplastic thioredoxin-f and thioredoxin-m1/4 play important roles in brassinosteroids-induced changes in CO_2 assimilation and cellular redox homeostasis in tomato [J]. Journal of Experimental Botany 65, 4335-4347.

Cheng JT, Wang ZY, Yao FZ, et al. 2015. Down-regulating CsHT1, a cucumber pollen-specific hexose transporter, inhibits pollen germination, tube growth, and seed development [J]. Plant Physiology, 168, 635-647.

Cheng F, Wu J, Fang L , Wang X W. 2012. Syntenic gene analysis between Brassica rapa and other *Brassicaceae* species [J]. Front. Plant Sci., 3: 1-6.

Cheng F, Wu J, Wang X W. 2014. Genome triplication drove the diversification of Brassica plants [J]. Horticulture Research, doi:10.1038/hortres. Genetics [J]. 127: 1491-1499.

Cheng F, Mand ά kov ά T, Wu J, et al. 2013. Deciphering the diploid ancestral genome of the mesohexaploid *Brassica rapa* [J]. The Plant Cell, tpc.113.110486.

Cui HY, Su JW, Wei JN, et al. 2014. Elevated O3 enhances the attraction of whitefly-infested tomato plants to Encarsia formosa. Scientific Reports 4, 5250.

Dong TT, Hu ZL, Deng L, et al. 2013. A tomato MADS-Box transcription factor, SlMADS1, acts as a negative regulator of fruit ripening [J]. Plant Physiology, 163, 1026-1036.

Gao C, Ju Z, Cao DY, et al. 2015. MicroRNA profiling analysis throughout tomato fruit development and ripening reveals potential regulatory role of RIN on microRNAs accumulation [J]. Plant Biotechnology Journal, 13, 370-382.

Ge H, Liu Y, Jiang M, et al. 2013. Analysis of genetic diversity and structure of eggplant populations (*Solanum melongena* L.) in China using simple sequence repeat markers [J]. Scientia Horticulturae, 162: 71-75.

Gong B, Li X, VandenLangenberg KM, et al. 2014. Overexpression of S-adenosyl-L-methionine synthetase increased tomato tolerance to alkali stress through polyamine metabolism [J]. Plant Biotechnology Journal, 12, 694-708.

Gong B, Wen D, Wang XF, et al. 2015. S-nitrosoglutathione reductase-modulated redox signaling controls sodic alkaline stress responses in Solanum lycopersicum L [J]. Plant and Cell Physiology, 56, 790-802.

He L, Li B, Lu X, et al. 2015. The effect of exogenous calcium on mitochondria, respiratory metabolism enzymes and ion transport in cucumber roots under hypoxia Scientific Reports 5,11391

Jia CG, Zhang LP, Liu LH, et al. 2013. Multiple phytohormone signalling pathways modulate susceptibility of tomato plants to Alternaria alternata f. sp. lycopersici, Journal of Experimental Botany, 64, 637–650.

Jia XL, Li MY, Jiang Q, et al. 2015. High–throughput sequencing of small RNAs and anatomical characteristics associated with leaf development in celery [J]. Scientific Reports 5, 11093.

Jiang J, Jiang L, Luo H B, et al. 2014. Establishment of a statistical model for browning of fresh–cut lotus root during storage [J]. Postharvest Biology and Technology, 92: 164–171.

Kai Ji, Wenbin Kai, Bo Zhao, et al. 2014. SlNCED1and SlCYP707A2: key genes involved in ABA metabolism during tomato fruit ripening [J]. Journal of Experimental Botany, 65, 5243–5255.

Kong FY, Deng YS, Zhou B, et al. 2014. A chloroplast–targeted DnaJ protein contributes to maintenance of photosystem II under chilling stress [J]. Journal of Experimental Botany, 65, 143–158.

Li H, Liu SS, Yi CY, et al. 2014a. Hydrogen peroxide mediates abscisic acid–induced HSP70 accumulation and heat tolerance in grafted cucumber plants [J]. Plant Cell And Environment, 37, 2768–2780.

Li Q, Cao CX, ZhangCJ, et al. 2015a. The identification of Cucumis sativus Glabrous 1 (CsGL1) required for the formation of trichomes uncovers a novel function for the homeodomain–leucine zipper I gene [J]. Journal of Experimental Botany, 66: 2515–2526.

Li JH, Yu CY, Wu H, et al. 2015b. Knockdown of a JmjC domain–containing gene JMJ524 confers altered gibberellin responses by transcriptional regulation of GRAS protein lacking the DELLA domain genes in tomato [J]. Journal of Experimental Botany 66, 1413–1426.

Li JM, Liu B, Cheng F, et al. 2014b. Expression profiling reveals functionally redundant multiple–copy genes related to zinc, iron and cadmium responses in Brassica rapa [J]. New Phytologist 203, 182–194.

Li X, Sun ZH, Shao SJ, et al. 2015c. Tomato–Pseudomonas syringae interactions under elevated CO_2 concentration: the role of stomata [J]. Journal of Experimental Botany, 66, 307–316.

Li X, Zhang GQ, Sun B, et al. 2013. Stimulated leaf dark respiration in tomato in an elevated carbon dioxide atmosphere [J]. Scientific Reports 3, 3433.

Li Y C, Yang Z M, Bi Y, et al. 2012. Antifungal effect of borates against Fusarium sulphureum on potato tubers and its possible mechanisms of action [J]. Postharvest Biology and Technology, 74: 55–61.

Liang DN, Liu M, Hu QJ, et al. 2015. Identification of differentially expressed genes related to aphid resistance in cucumber(Cucumis sativus L.)[J]. Scientific Reports 5, 9645.

Liao DH, Chen X, Chen AQ, et al. 2015a. The Characterization of Six Auxin–Induced Tomato GH3 Genes Uncovers a Member, SlGH3.4, Strongly Responsive to Arbuscular Mycorrhizal Symbiosis [J]. Plant and Cell Physiology 56, 674–687.

Liao YWK, Tian MY, Zhang H, et al. 2015b. Salicylic acid binding of mitochondrial alpha–ketoglutarate dehydrogenase E2 affects mitochondrial oxidative phosphorylation and electron transport chain components and plays a role in basal defense against tobacco mosaic virus in tomato [J]. New Phytologist 205, 1296–1307.

Lin Y, Liu TF, Liu J, et al. 2015. Subtle regulation of potato acid invertase activity by a protein complex of invertase, invertase inhibitor, and SUCROSE NONFERMENTING1–RELATED PROTEIN KINASE [J]. Plant Physiology, 168, 1807–U1202.

Lin T, Zhu G, Zhang J, et al. 2014. Genomic analyses provide insights into the history of tomato breeding [J]. Nat Genet, 46 (11): 1220–6.

Liu B, Wang Y, ZhaiW, et al. 2013a. Development of InDel markers for *Brassica rapa* based on whole–genome re–sequencing [J] .Theoretical and Applied Genetics, 26 (1) :231–239.

Liu LH, Jia CG, Zhang M, et al. 2014. Ectopic expression of a BZR1–1D transcription factor in brassinosteroid signalling enhances carotenoid accumulation and fruit quality attributes in tomato [J]. Plant Biotechnology Journal, 12:105–115.

Liu LH, Shao ZY, Zhang M, Wang QM. 2015a. Regulation of carotenoid metabolism in tomato[J]. Molecular Plant, 8, 28–39.

Liu S, Liu Y, Yang X, Tong C, et al. 2014. The Brassica oleracea genome reveals the asymmetrical evolution of polyploid genomes [J] . Nature Communications, 5:3930-3941.

Liu W, Xu L, Wang Y, et al. 2015b. Transcriptome-wide analysis of chromium-stress responsive microRNAs to explore miRNA-mediated regulatory networks in radish (Raphanus sativus L.) [J] . Scientific Reports, 5, 14024.

Liu X, Lin Y, Liu J, et al. 2013b. StInvInh2 as an inhibitor of StvacINV1 regulates the cold-induced sweetening of potato tubers by specifically capping vacuolar invertase activity [J] . Plant Biotechnology Journal, 11, 640-647.

Liu Y, Zhang Y, Xing J Y, et al. 2013. Mapping quantitative trait loci for yield-related traits in Chinese cabbage (Brassica rapa L. ssp. pekinensis) [J] . Euphytica, 193: 221-234.

Liu ZQ, Qiu AL, Shi LP, et al. 2015b. SRC2-1 is required in PcINF1-induced pepper immunity by acting as an interacting partner of PcINF1. Journal of Experimental Botany 66, 3683-3698.

Lu H F, Lin T, Klein J, et al. 2014. QTL-seq identifies an early flowering QTL located near flowering locus T in cucumber [J] . Theoretical and Applied Genetics, 127: 1491-1499.

Luo ZD, Zhang JH., Li JH., et al. 2013. A STAY-GREEN protein SlSGR1 regulates lycopene and beta-carotene accumulation by interacting directly with SlPSY1 during ripening processes in tomato [J] . New Phytologist, 198, 442-452.

Luo Z S, Feng S M, Pang J, et al. 2012. Effect of heat treatment on lignification of postharvest bamboo shoots (*Phyllostachyspraecox f. prevernalis.*) [J] . Food Chemistry, 135: 2182-2187.

LV H H, Wand Q B, Zhang Y Y et al. 2014.Linkage map construction using InDel and SSR markers and QTL analysis of heading traits in Brassica oleracea var. capitata L [J] . Molecular Breeding, 34:87-98.

Mao YF, Wu FJ, Yu X, et al. 2014. microRNA319a-targeted Brassica rapa ssp pekinensis TCP genes modulate head shape in chinese cabbage by differential cell division arrest in leaf regions [J] . Plant Physiology, 164, 710-720.

Meng X Y, Zhang M, Adhikari B. Extending shelf-life of fresh-cut green peppers using pressurized argon treatment [J] . PostharvestBiology and Technology, 2012, (71) : 13-20.

Nie SS, Xu L, Wang Y, et al. 2015. Identification of bolting-related microRNAs and their targets reveals complex miRNA-mediated flowering-time regulatory networks in radish (Raphanus sativus L.) [J] . Scientific Reports 5, 14034.

Nie WF, Wang MM, Xia XJ, et al. 2013. Silencing of tomato RBOH1 and MPK2 abolishes brassinosteroid-induced H_2O_2 generation and stress tolerance. Plant Cell And Environment 36, 789-803.

Pan Yan, XU Yuanyuan, Zhu Xianwen, et al. 2014. Molecular characterization and expression profiles of myrosinase gene (*RsMyr2*) in radish (*Raphanus sativus L.*)[J] . Journal of Integrative Agriculture, 13 (9) : 1877-1888.

Qi J, Liu X, She D, et al. 2013. A genomic variation map provides insights into the genetic basis of cucumber domestication and diversity [J] . Nature Genetics, 45: 1510-1515.

Qin, C. et al. 2014. Whole-genome sequencing of cultivated and wild peppers provides insights into *Capsicum domestication* and specialization [J] . Proc Natl Acad Sci USA, 111 (14) : 5135-40.

Qin C, Yu C, Shen Y, et al. 2014. Whole-genome sequencing of cultivated and wild peppers provides insights into *Capsicum domestication* and specialization [J] . Proceedings of the National Academy of Sciences, 111 (14) : 5135-5140.

Qian ZJ, Song JJ, Chaumont F, Ye Q. 2015. Differential responses of plasma membrane aquaporins in mediating water transport of cucumber seedlings under osmotic and salt stresses [J] . Plant Cell And Environment 38, 461-473.

Shang Y, et al. 2014. Biosynthesis regulation and domestication of bitterness in cucumber [J] . Science, 346:1084-1088.

Shen X, Chen S, Pan Y, et al. 2014. Genetic research on fruit color traits of cucumber (Cucumis sativus L.) [J] . Journal of Agricultural Biotechnology, 22: 37-46.

Shi K, Li X, Zhang H, et al. 2015. Guard cell hydrogen peroxide and nitric oxide mediate elevated CO2-induced stomatal movement in tomato [J] . New Phytologist 208:342-353.

Shi XB, Pan HP, Zhang HY, et al. 2014. Bemisia tabaci Q carrying tomato yellow leaf curl virus strongly suppresses host plant defenses [J] . Scientific Reports 4, 5230.

Song YY, Ye M, Li CY, et al. 2014. Hijacking common mycorrhizal networks for herbivore–induced defence signal transfer between tomato plants [J] . Scientific Reports 4, 3915.

Shu S, Yuan YH, Chen J, et al. 2015. The role of putrescine in the regulation of proteins and fatty acids of thylakoid membranes under salt stress [J] . Scientific Reports 5, 14390.

Sun QQ, Zhang N, Wang JF, et al. 2014. Melatonin promotes ripening and improves quality of tomato fruit during postharvest life [J] . Journal of Experimental Botany, 66,657–668.

Tian ZD, He Q, Wang HX, et al. 2015. The potato ERF transcription factor StERF3 negatively regulates resistance to *Phytophthora infestans* and salt tolerance in potato [J] . Plant and Cell Physiology, 56, 992–1005.

Wang HY, Sui XL, Guo JJ, et al. 2014b. Antisense suppression of cucumber (*Cucumis sativus* L.) *sucrose synthase 3* (*CsSUS3*) reduces hypoxic stress tolerance [J] . Plant Cell and Environment, 37, 795–810.

Wang Q, Ding T, Gao L P, et al. 2012. Effect of brassinolide on chilling injury of green bell pepper in storage [J] . Scientia Horticulturae, (144) : 195–200.

Wang L, He LL, Li J, et al. 2014a. Regulatory change at Physalis Organ Size 1 locus correlates to natural variation in tomatillo reproductive organ size [J] . Nature Communications, 5: 4271.

Wang WQ, Song B Y, Deng ZJ, et al. 2015a. Proteomic analysis of lettuce seed germination and thermoinhibition by sampling of individual seeds at germination and removal of storage proteins by polyethylene glycol fractionation [J] . Plant Physiology 167, 1332–1350.

Wang WJ, Liu XW, Gai XS, et al. 2015b. *Cucumis sativus* L. WAX2 plays a pivotal role in wax biosynthesis, influencing pollen fertility and plant biotic and abiotic stress responses [J] . Plant and Cell Physiology, 56, 1339–1354.

Wang Y, Xu L, Chen Y, et al. 2013b. Transcriptome profiling of radish (*Raphanussativus* L.) root and identification of genes involved in response to lead (Pb) Stress with next generation sequencing. PLoS ONE 8 (6) : e66539. doi:10.1371/journal.pone.0066539.

Wang Yan, Pan Yan, Liu Zhe, et al. 2013a. De novo transcriptome sequencing of radish (*Raphanussativus L.*) and analysis of major genes involved in glucosinolate metabolism [J] . BMC genomics, 14:836, DOI:10.1186/1471–2164–14–836.

Wang Y, et al. 2014. Genome sequence of the hot pepper provides insights into the evolution of pungency in *Capsicum species* [J] . Nat Genet, 46 (3) : 270–278.

Wang YL, Wu FJ, Bai JJ, He YK. 2014. *BrpSPL9* (*Brassica rapa* ssp *pekinensisSPL9*) controls the earliness of heading time in Chinese cabbage [J] . Plant Biotechnology Journal, 12, 312–321.

Weng L, Zhao FF, Li R, Xu CJ, et al. 2015. The zinc finger transcription factor SlZFP2 negatively regulates abscisic acid biosynthesis and fruit ripening in tomato [J] . Plant Physiology, 167, 931–949.

Xia XJ, Gao CJ, Song LX, et al. 2014. Role of H_2O_2 dynamics in brassinosteroid–induced stomatal closure and opening in *Solanum lycopersicum* [J] . Plant Cell And Environment 37, 2036–2050.

Xian ZQ, Huang W, Yang YW, et al. 2014. miR168 influences phase transition, leaf epinasty, and fruit development via SlAGO1s in tomato [J] . Journal of Experimental Botany 65, 6655–6666.

Xie QL, Hu ZL, Zhu ZG, Dong TT, Zhao ZP, Cui BL, Chen GP. 2014. Overexpression of a novel MADS–box gene *SlFYFL* delays senescence, fruit ripening and abscission in tomato [J] . Scientific Reports 4, 4367.

Xu L, Wang Y, Zhai LL, et al. 2014. Genome–wide identification and characterization of cadmium–responsive microRNAs and their target genes in radish (*Raphanus sativus* L.) roots [J] . Journal of Experimental Botany, 64, 4271–4287.

Xu T, Wang YL, Liu X, et al. 2015. *Solanum lycopersicum* IAA15 functions in the 2,4–dichlorophenoxyacetic acid herbicide mechanism of action by mediating abscisic acid signalling [J] . Journal of Experimental Botany 66, 3977–3990.

Yang J, Song N, Zhao X, et al. 2014a. Genome survey sequencing provides clues into glucosinolate biosynthesis and flowering pathway evolution in allotetrapolyploid *Brassica juncea* [J] . BMC Genomics, 15:107 doi:10.1186/1471–2164–15–107.

Yang JH, Ding CQ, Xu BC, et al. 2015. A casparian strip domain-like gene, *CASPL*, negatively alters growth and cold tolerance [J]. Scientific Reports 5, 14299.

Yang XQ, Zhang WW, He HL, et al. 2014b. Tuberculate fruit gene *Tu* encodes a C_2H_2 zinc finger protein that is required for the warty fruit phenotype in cucumber (*Cucumis sativus* L.) [J]. Plant Journal, 78, 1034–1046.

Yang XY, Wang Y, Jiang WJ, et al. 2013. Characterization and expression profiling of cucumber kinesin genes during early fruit development: revealing the roles of kinesins in exponential cell production and enlargement in cucumber fruit [J]. Journal of Experimental Botany, 64, 4541–4557.

Yao ZF, Liang CY, Zhang Q, et al. 2014. SPX1 is an important component in the phosphorus signalling network of common bean regulating root growth and phosphorus homeostasis [J]. Journal of Experimental Botany 65, 3299–3310.

Ye Shan, Wang Yan, Huang Danqiong, et al. 2013. Genetic purity testing of F_1 hybrid seed with molecular markers in cabbage (*Brassica oleracea* var. *capitata*) [J]. Scientia Horticulturae, 155: 92–96.

Ye YQ, Jin CW, Fan SK, et al. 2015. Elevation of NO production increases Fe immobilization in the Fe–deficiency roots apoplast by decreasing pectin methylation of cell wall. Scientific Reports 5, 10746.

Zhang HJ, Zhang N, Yang RC, et al. 2014d. Melatonin promotes seed germination under high salinity by regulating antioxidant systems, ABA and GA4 interaction in cucumber (*Cucumis sativus* L.) [J]. Journal of Pineal Research, 57, 269–279.

Zhang HL, Liu J, Hou J, et al. 2014e. The potato amylase inhibitor gene *SbAI* regulates cold–induced sweetening in potato tubers by modulating amylase activity [J]. Plant Biotechnology Journal, 12, 984–993.

Zhang JS, Li ZC, Zhan J, et al. 2014c. Deciphering the Physalis floridana Double–Layered–Lantern1 mutant provides insights into functional divergence of the GLOBOSA Duplicates within the Solanaceae [J]. Plant Physiology, 164, 748–764.

Zhang J, Tian Y, Zhang JS, et al. 2013a. The euAP1 protein MPF3 represses MPF2 to specify floral calyx identity and displays crucial roles in Chinese lantern development in *Physalis* [J]. Plant Cell, 25, 2002–2021.

Zhang Y, Chen BX, Xu ZJ, et al. 2014a. Involvement of reactive oxygen species in endosperm cap weakening and embryo elongation growth during lettuce seed germination [J]. Journal of Experimental Botany, 65, 3189–3200.

Zhang Y, Zhang XL, Liu B, et al. 2014b. A *GAMYB* homologue *CsGAMYB1* regulates sex expression of cucumber via an ethylene–independent pathway [J]. Journal of Experimental Botany, 65, 3201–3213.

Zhang LL, WangY, Sun M, et al. 2015a. *BrMYB4*, a suppressor of genes for phenylpropanoid and anthocyanin biosynthesis, is down–regulated by UV–B but not by pigment–inducing sunlight in *Turnip* cv. Tsuda [J]. Plant and Cell Physiology, 55, 2092–2101.

Zhang S, Li X, Sun ZH, et al. 2015b. Antagonism between phytohormone signalling underlies the variation in disease susceptibility of tomato plants under elevated CO_2 [J]. Journal of Experimental Botany, 66, 1951–1963.

Zhao WC, Li ZL, Fan JW, et al. 2015. Identification of jasmonic acid–associated microRNAs and characterization of the regulatory roles of the miR319/TCP4 module under root–knot nematode stress in tomato [J]. Journal of Experimental Botany, 66, 4653–4667.

Zhao Z L, Luo Y G, Gene E L, et al. 2014. Postharvest quality and shelf life of radish microgreens as impacted by storage temperature, packaging film, and chlorine wash treatment [J]. LWT – Food Science and Technology, 55 (2) : 551–558.

Zhou C, LiuW, ZhaoJ, et al. 2014c. The effect of high hydrostatic pressure on the microbiological quality and physical–chemical characteristics of Pumpkin (*Cucurbita maxima Duch.*) during refrigerated storage [J]. Innovative Food Science & Emerging Technologies, 21: 24–34.

Zhou J, Xia XJ, Zhou YH, et al. 2014a. *RBOH1*–dependent H_2O_2 production and subsequent activation of MPK1/2 play an important role in acclimation–induced cross–tolerance in tomato [J]. Journal of Experimental Botany 65, 595–607.

Zhou J, Wang J, Li X, et al. 2014b. H_2O_2 mediates the crosstalk of brassinosteroid and abscisic acid in tomato responses to heat and oxidative stresses [J]. Journal of Experimental Botany, 65, 4371–4383.

Zhou J, Wang J, Zheng ZY, et al. 2015a. Characterization of the promoter and extended C-terminal domain of Arabidopsis WRKY33 and functional analysis of tomato *WRKY33* homologues in plant stress responses [J]. Journal of Experimental Botany 66, 4567-4583.

Zhou YH, Xia XJ, Yu GB, et al. 2015b. *Brassinosteriods play* a critical role in the regulation of pesticide metablism in crop plants. Scientific Reports 5: 9018.

Zhu MK, Li YL, Chen GP, et al. 2015a. Silencing *SlELP2L*, a tomato Elongator complex protein 2-like gene, inhibits leaf growth, accelerates leaf, sepal senescence, and produces dark-green fruit [J]. Scientific Reports 5, 7693.

Zhu BZ, Yang YF, Li R, et al. 2015b. RNA sequencing and functional analysis implicate the regulatory role of long non-coding RNAs in tomato fruit ripening [J]. Journal of Experimental Botany, 66, 4483-4495.

Zhang X, Liu T, Wei X, et al. 2015. Expression patterns, molecular markers and genetic diversity of insect-susceptible and resistant Barbarea genotypes by comparative transcriptome analysis [J]. BMC Genomics , 16:486.

Zhang Y, Xu L, Zhu X, et al. 2013. Proteomic analysis of heat stress response in leaves of radish (*Raphanussativus* L)[J]. Plant MolBiol Rep, 31 (1):195-203.

包崇来，杜黎明，胡天华，等. 2013. 茄子耐低温材料的筛选及其耐低温生理响应研究 [J]. 植物遗传资源学报，14（6）：1161-1166.

曹齐卫，李利斌，孔素萍，等. 2014. 设施黄瓜新育成品种果实外观品质的遗传多样性分析. 植物遗传资源学报，15（2）：305-312.

曹裕，张兵兵，牛玉洁，等. 2014. 品种和切割方式对鲜切马铃薯品质的影响 [J]. 食品与发酵科技 ,50（2）：43-47，56.

陈晨，胡文忠，何煜波，等. Nisin 和柠檬酸对纯培养及鲜切黄瓜中单增李斯特菌的杀菌效果 [J]. 食品工业科技，2014，35（05）：273-276.

陈莹，柳李旺，谢学文，等. 2013. 白菜黑斑病抗性鉴定及 QTL 定位 [J]. 中国农业科学，(24)：5173-5179.

党峰峰，雷玉芬，官德义，等. 2013. 辣椒种质资源抗青枯病的鉴定与评价 [J]. 植物科学学报，31（4）：378-384.

段蒙蒙，王宁，毛胜利，等. 2014. 辣椒种内遗传图谱的构建及主要农艺性状的 QTL 分析 [J]. 园艺学报，12：020.

方荣，周坤华，马辉刚，等. 2014. 中国灌木辣椒种质农艺性状鉴定与疫病抗性评价 [J]. 植物遗传资源学报，15（1）：186-191. DOI：10.13430/j.cnki.jpgr.2014.01.027.

高方胜，王磊，徐坤. 2014. 砧木与嫁接番茄产量品质关系的综合评价 [J]. 中国农业科学，47（3）：605-621.

郭广君，高建昌，王孝宣，等. 2013. 多毛番茄‘LA2329’对 B 型烟粉虱抗性的 QTL 分析 [J]. 园艺学报，40（4）：663-674 .

胡建斌，等. 2013. 国外甜瓜种质资源形态性状遗传多样性分析 [J]. 植物学报，48（1）：42-51.

胡永霞，李晓峰，轩淑欣，等. 2014. 利用小孢子培养创建大白菜—结球甘蓝易位系 [J]. 园艺学报，41（7）：1361-1368.

江汉民，宋文芹，刘莉莉，等. 2013. 抗虫相关基因 KTI 对青花菜的转化及其对小菜蛾抗性的分析 [J]. 园艺学报，40（3）：498-504.

金文斌，董姻然，岳溪，等. 乳酸钙处理对鲜切菠菜生理生化的影响 [J]. 食品工业科技，2013，34（19）：303-307.

孔素萍，曹齐卫，孙敬强，等. 秋水仙素对大蒜茎尖试管苗四倍体的诱导 [J]. 中国农业科学，2014.

李天，王艳颖，张馨跃，等. 茉莉酸甲酯处理对鲜切芹菜生理品质的影响 [J]. 食品研究与开发，2014，35（9）：120-124.

李秀，徐坤，巩彪，2014. 生姜种质遗传多样性和亲缘关系的 SRAP 分析 [J]. 中国农业科学，47，718-726.

鲁亚辉，杜永臣，王孝宣，等. 2012. 契斯曼尼番茄果实中可溶性固形物和 β-胡萝卜素含量相关基因

QTL 分析［J］. 园艺学报，39（011）：2151-2158.

刘传奇，高鹏，栾非时. 2014. 西瓜遗传图谱构建及果实相关性状 QTLQ 分析［J］. 中国农业科学，47(14)：2814-2829.

刘基生，苗雯雯，王冬梅，等. 2014. 甘蓝自交系背景选择标记的建立［J］. 园艺学报，41（8）：1620-1630.

刘书林，顾兴芳，苗晗，等. 2014. 成熟黄瓜果皮红色性状的遗传分析及其基因定位［J］. 园艺学报，41（2）：259-267.

刘颖颖，刘世琦，薛小艳，等. 2013. 大蒜未受精子房离体诱导单倍体的研究［J］. 园艺学报，40：1178-1184.

吕晶，刘凡，宗梅，等. 2014 . 花椰菜—黑芥渐渗系和异附加系的获得与分析［J］. 园艺学报，41（003）：456-468.

吕运萍，覃海元. 臭氧和异抗坏血酸钠处理对鲜切马铃薯保鲜效果的影响［J］. 轻工科技，2012,（6）：1-2.

马利华，秦卫东，陈学红，等. 可食性膜特性与鲜切山药涂膜保鲜效果的研究［J］. 食品工业科技，2013，34（17）：326-330.

马政，薄凯亮，李蕾，等. 2014. 基于西双版纳黄瓜的遗传图谱构建及其重要农艺性状 QTL 定位分析［J］. 中国农业科学，47（9）：528-536.

苗晗，张圣平，顾兴芳，等. 2014. 中国黄瓜主栽品种 SSR 遗传多样性分析及指纹图谱构建［J］. 植物遗传资源学报，15(2)：333-341.

苗永美，宁宇，曹玉杰，等. 2013a. 黄瓜萌芽期和苗期耐冷性评价［J］. 应用生态学报，24(7)：1914-1922.

苗永美，宁宇，沈佳，等. 2013b. 黄瓜 LDC 基因克隆及逆境胁迫下的表达分析［J］. 南京农业大学学报，36（3）：8-14.

邱树亮，王孝宣，杜永臣，等. 2012. 番茄斑萎病毒 TSWV 的鉴定及抗病种质的筛选［J］. 园艺学报，39(6)：1107-1114.

沈月，刘超超，高美须，等. 辐照对鲜切彩椒品质的影响［J］. 现代食品科技，2014，30（8）：212-218.

孙继峰，方智远，袁素霞，等. 2015. 不同温度预处理对青花菜小孢子胚胎发生的影响［J］. 园艺学报，42（3）：563-568.

舒金帅，刘玉梅，李占省，等. 2015. 青花菜两类雄性不育系主要农艺性状的研究［J］. 植物遗传资源学报，1：003.

苏晓梅，高建昌，王孝宣，等. 2014. 番茄抗病基因 Tm-2,Pto,Sw-5 和 Ve1 的 SNP［J］. 园艺学报，41（10）：2012-2020.

孙玉燕，张晓辉，邱杨，等. 2014. 二氢黄酮醇还原酶基因在红肉萝卜和白肉萝卜中的序列变异和表达差异［J］. 植物遗传资源学报，15（3）：554-560.

谭谊谈，曾凯芳. 1-MCP 处理对鲜切芋艿褐变的影响［J］. 食品科学，2014，35（2）：305-309.

谭谊谈，曾凯芳. 抗坏血酸、半胱氨酸与氯化钙复合处理对鲜切芋艿褐变的影响［J］. 食品科学，2014，35（04）：231-235.

王柏柯，杨生保，余庆辉，等. 加工番茄种质资源的 SSR 分析［J］. 植物遗传资源学报，2014，15（1）：196-200.

王海平，Philipp，W.Simon，等. 2012. 中国大蒜种质资源遗传多样性和群体遗传结构分析［J］. 中国农业科学，45，1267-1269.

王海平，李锡香，沈镝，等. 2014. 基于表型性状的中国大蒜资源遗传多样性分析［J］. 植物遗传资源学报，15，24-31.

王敏，苗晗，张圣平，等. 2014. 黄瓜种子大小遗传分析与 QTL 定位［J］. 园艺学报，41（1）：63-72.

王宏延，曾凯芳，贾凝，等. 不同质量浓度臭氧化水对鲜切西兰花贮藏品质的影响［J］. 食品科学，2012，

33（02）：267–271.

王宁，李景富，李会佳. 2015. 番茄抗黄化曲叶病基因 Ty–2 的分子标记及种质资源初步鉴定［J］. 植物保护，41（1）：78–83.

王庆彪，方智远，杨丽梅，等. 2013. 中国甘蓝育成品种系谱分析［J］. 园艺学报，40（5）：869–886.

王庆彪，张扬勇，庄木，等. 2014. 中国50个甘蓝代表品种EST–SSR 指纹图谱的构建［J］. 中国农业科学，47（1）：111–121.

王新伟，崔言开，赵仁勇. 添加肉桂醛的可食膜涂膜处理对鲜切胡萝卜的微生物影响［J］. 食品工业，2014，35（8）：126–128.

魏兵强，刘飞云，马宗桓，等. 2013. 辣椒 EST–SSRs 的分布特征及在品种多样性研究中的应用［J］. 园艺学报，40（2）：265–274.

武喆. 黄瓜单性结实性状的 QTL 定位［J］. 2015. 中国农业科学，（1）：112–119.

肖璐，范新光，王美兰，等. 基于预报微生物学理论的鲜切西兰花货架期预测模型［J］. 中国食品学报，2014，14（9）：141–146.

严慧玲，方智远，刘玉梅，等. 2013. 甘蓝显性雄性不育材料离体保存技术的研究［J］. 热带农业科学，33（7）：35–39.

杨瑞环，李淑菊，王惠哲，曹明明. 347 份黄瓜育种材料霜霉病抗性评价与分析［J］. 农业科技通讯，2013，（7）：119–122.

羊杏平，刘广，侯喜林，徐锦华，张曼. 2013. 西瓜核心种质枯萎病抗性与 SRAP 分子标记的关联分析［J］. 园艺学报，40（7）：1298–1308.

余定浪，任柯霖，欧州，等. 1–MCP 结合 ClO_2 固体缓释剂处理对番茄贮藏的保鲜效果［J］. 食品与发酵工业，2014，40（60）：205–210.

张晗，王东建，孙加梅，等. 2014. 大白菜高通量 SSR 标记鉴定体系的建立和应用［J］. 植物遗传资源学报，4：021.

张凌娇，李世东，缪作清. 2013. 连作条件下土壤中甘蓝枯萎病菌的致病力变化和种群遗传结构分化［J］. 植物病理学报，43（1）：58–68.

张晓辉，邱杨，王海平，宋江萍，沈镝，李锡香. 2014. 十字花科栽培蔬菜及野生近缘种资源对小菜蛾的抗性分析［J］. 植物遗传资源学报，15（2）：229–235.

张小丽，李占省，方智远，等. 2014. 青花菜与甘蓝近缘野生种‘B2013’杂交后代对根肿病抗性的遗传分析［J］. 园艺学报，4 1（11）：2225– 2230.

张屹，张海英，郭绍贵，任毅，张洁，耿丽华，梁志怀，许勇. 2013. 西瓜枯萎病菌生理小种 1 抗性基因连锁标记开发［J］. 中国农业科学，46（10）：2085–2093.

曾华兰，张宗勋，刘朝辉，等. 2014. 番茄材料对主要病害的抗性筛选研究［J］. 西南农业学报，27（4）：1532–1535.

周春丽，刘伟，袁驰，等. 高静压处理对鲜切南瓜杀菌效果与品质的影响［J］. 农业机械学报，2014，45（6）：227–236.

朱东旭，王彦华，赵建军，等. 2014. 结球甘蓝相对于大白菜连锁群特异 InDel 标记的建立及应用［J］. 园艺学报，41（8）：1699–1706.

撰稿人：孙日飞　李锡香　张忠华　张杨勇　李君明　张圣平　庄飞云　于贤昌
李衍素　李宝聚　石延霞　王　清　高丽朴　喻景权　王晓武　张　显
刘君璞　许　勇　孙小武

观赏园艺学学科发展研究

1 引言

观赏园艺学的研究领域包括观赏植物资源与育种研究、优良品种的繁殖理论与技术研究、商品化栽培生产理论与技术研究、切花采后生理与处理理论与技术研究、观赏植物应用与生态效益评价、观赏植物的销售与国际贸易等。

近几年，我国观赏园艺学学科取得重要发展。首先，科技创新得到加强，具体表现在种质资源调查、收集、保存、评价和利用；优良花卉新品种选育；优良花卉种子、种球、种苗培育；花卉高效栽培和病虫害防治；花卉采后处理；花卉销售与流通等研究领域都得到技术支持。其次，花卉研发平台和研发人员都得到前所未有的发展，我国现有省级以上花卉科研机构100多个，花卉专业技术人员达到30余万人，全国性花卉科技平台如“国家花卉工程技术研究中心”“国家观赏园艺工程技术研究中心”等机构进一步完善。我国2013年分别获得竹类、海棠属植物、蜡梅国际登录权威。第三，我国花卉人才培养体系从大学到硕博培养都形成了完备培养体系。第四，我国花卉产业稳步发展，2014年，全国花卉种植面积达到127.02万公顷；销售额达1279.23亿元，出口创汇6.20亿美元，国内的花卉市场为3286家，花卉行业从业人员525万人。昆明国际花卉拍卖交易中心有限公司（KIFA）的拍卖量已经位列亚洲第二，仅次于日本东京大田花卉拍卖市场。绿化观赏苗木是全国花卉种植面积大幅增长的主力军，目前除江苏、浙江等传统苗木大省，一些新兴产区如广西、安徽、陕西、湖北等也开始兴起；从2006—2013年，种植面积增长率开始下降，销售额和出口额开始上升，说明我国花卉产业开始从数量型向质量型转变。

虽然我国观赏园艺行业近几年发展迅猛，还存在以下主要问题：①种质资源的保护力度不够，品种创新和技术研发能力仍亟待加强，花卉生产、教育和科研脱节现象仍然存在，科技成果转化率较低，许多优良品种仍需要进口；②从业人员素质普遍较低，生产技术和经营管理粗放，导致花卉品质相较于发达国家还有一定的差距；③质量检测和标准认证方面比较薄弱：质量检测方面没有重视也导致了花卉品质的问题，没有完善的行业标准导致产品质量参差不齐。

本报告重点概述了 2012—2015 年我国观赏园艺学研究在挖掘评价新花卉资源、培育具有我国自主知识产权花卉新品种、花卉高效繁育技术、重要盆花和切花产业化生产、有害生物防治技术、花卉采后技术、观赏园艺不同领域的标准化程度等方面的重要进展，介绍了观赏园艺学的发展前景。

2　观赏园艺学科最新研究进展

2.1　花卉种质资源研究

2015 年中国千种新花卉高峰论坛上交流了我国各区域特有花卉种质资源研究现状，强调保护和开发丰富的花卉种质资源是培育我国花卉产业核心竞争力的关键。2013 年发布并实施了林业行业标准——花卉名称（LY/T 1576–2000），规定了栽培与野生、本本与草本、藤本与竹类、观花与观叶、观果与观技等共 4708 种花卉的名称，包括中文名称、拉了学名、中文别名。本标准适用于花卉的科研、教学、生产、商贸和国内外交流等。

2.1.1　野生花卉资源研究

检索发现，2013 年在我国期刊上发表的野生花卉资源研究文献为 41 篇，2014 年 37 篇，2015 年 28 篇。这些野生花卉资源的地区分布包括我国的东北地区、胶东半岛、秦岭与子午岭地区、秦巴山区、武汉黄陂区清凉寨景区、秦岭至南岭，乃至西藏地区等。调查的花卉种类广泛。

为了摸清我国野生花卉资源的本底，对 6000 余种野生花卉进行了编目，对我国北京、宁夏、西藏等 20 个省、自治区的重要野生花卉种质资源进行了调查，对蔷薇属、报春属、栒子属、鸢尾属、丁香属、芍药属等重点属野生花卉种质资源进行了重点调查。野生蔷薇属花卉在新疆分布范围最广，适应性强，是用来改良现代月季品种的优秀亲本。对从新疆采集的单叶蔷薇、密刺蔷薇、宽刺蔷薇、弯刺蔷薇、刺蔷薇、疏花蔷薇等 13 份野生蔷薇属植物进行了核型分析，其中 7 份为二倍体（$2n=2x=14$），其余为四倍体（$2n=4x=28$）不仅为疏花蔷薇变种的分类提供依据，更为其利用提供了清晰的来源（于超，2015）。

秦巴山区野生杜鹃花属植物 4 个亚属 5 个组 8 个亚组 20 种。在水平分布上，仅在秦岭北坡分布的有 4 种：金背杜鹃、麻花杜鹃、干净杜鹃和弯杜鹃；仅在秦岭南坡分布的有 9 种：四川杜鹃、毛肋杜鹃、粉白杜鹃、满山红、映山红、银叶杜鹃、粉红杜鹃、长蕊杜鹃、汶川杜鹃；南北坡均有分布的有 7 种：头花杜鹃、太白杜鹃、美容杜鹃、秦岭杜鹃、迎红杜鹃、照山白与秀雅杜鹃。在垂直分布上，杜鹃花主要分布在海拔 760 ~ 3700 米的范围内，分布种类最多的范围是 1400 ~ 2800 米，包括 14 个种。海拔较高时，杜鹃花群落比较复杂，种类比较丰富；海拔较低时，杜鹃花属于优势种，群落较简单，种类较少，与落叶阔叶林和草本伴生。对秦巴山区野生杜鹃花的综合价值评价可知，秀雅杜鹃的综合得分最高，综合价值最大；其次是美容杜鹃、太白杜鹃；综合价值最小的是照山白。（司国臣，2013）。

杜鹃花国内主栽品种的数量分类研究，以 66 个国内常见杜鹃花品种为材料，调查了 30 个表型性状（质量性状 14 个，数量性状 16 个）。对从各品种资源保护地和公园采集的 130 份杜鹃花种质（包括东鹃、西鹃、毛鹃和夏鹃中的主要品种，部分未知品种以及近缘种），利用 3 对 AFLP 荧光标记引物组合进行分析，结果显示西鹃和夏鹃品种在传统分类体系里的区分度较好，而东鹃和毛鹃类界限不明。利用 Dendauw 等开发的 6 对 SSR 荧光标记研究 130 个杜鹃花种质的遗传多样性，结果基本支持传统分类中将杜鹃花品种分成东鹃、毛鹃、夏鹃、西鹃的观点，并且进一步认为西鹃和东鹃品种的来源较夏鹃和毛鹃复杂。尝试以“二元分类”为原则，以品种来源和演化为基础、花形为辅，探讨春鹃品种分类体系，初步确立第一级分类标准为株形、枝条姿态，第二级分类标准为瓣类，第三级标准为花形，将所搜集的 58 个春鹃品种分为 2 类、6 群、14 型（周泓，2012）。

在对河北省蓝色野生花卉进行界定和资料整理汇总及实地调查的基础上，编制形成了包括 132 种蓝色野生花卉名录，并在名录中对科属、生活型、生境及花期进行了记载，同时附部分彩色图片。在河北省坝上塞北管理区成功栽培了华北蓝盆花、翠雀和囊花鸢尾：华北蓝盆花植株高度无显著变化，单株花朵数、分枝数和基生叶数增加 3 倍左右；翠雀植株高度无显著变化，单株花朵数、分枝数增加 5 倍左右，花冠冠幅增大 0.5 厘米左右；囊花鸢尾生长季末成活率为 86%，返青成活率为 67%。3 种野生花卉原产于寒冷地区，具有较强的抗寒性，并且耐旱、耐贫瘠，适应环境能力强，管理相对粗放，一次种植，多年利用，病虫害少，繁殖容易，适合在园林中适宜的地点推广。经过对这 3 种蓝色野生花卉的栽培驯化，发现人工栽培使其花期延长，花株密集，具有很好的经济价值（侯微，2014）。

西北农林科技大学于 2013 年对陕西省境内野生牡丹资源进行了调查，并对 6 个紫斑牡丹天然居群和 8 个杨山牡丹居群进行表型多样性分析。特别是对秦岭与子午岭地区野生紫斑牡丹的 6 个野生居群的叶、果的 8 个质量性状和 14 个数量性状进行了系统观察分析，认为经过长期的地理隔离、自然选择和人工选择，其产生了丰富的表型变异，提出紫斑牡丹具有重要应用价值，应采取措施进行有效的保护。西藏野生牡丹包括黄牡丹和大花黄牡丹，其中大花黄牡丹是西藏特有种，黄牡丹为西南地区特有种。对其分类学、资源学、生态学、孢粉学、生理生化、遗传多样性进行了研究，根据其濒危原因提出了保护措施并开展了杂交育种的研究（杨勇，2014）。湖南牡丹品种资源现状进行调查分析，整理出现有观赏及药用品种 23 个，其中重瓣品种 13 个，单瓣品种 10 个，还对其栽培现状进行调查，突出了资源保护和开发利用的对策和建议。利用 CDDP 分子标记技术对不同颜色的 64 种牡丹种质资源的基因库 DNA 进行遗传多样性和遗传关系分析，研究证明了 CDDP 标记可以有效地进行遗传关系分析。

在川、陕及其毗邻地区共收集到野生百合 16 个种、3 个变种。在水平分布上，宜昌百合分布最广，在 30 个县区有分布；卷丹其次，在 28 个县区有分布；岷江百合、细叶百合、泸定百合、尖被百合、乳头百合、玫红百合、黄绿花滇百合、大理百合分布范围最小，仅在 1 个县区有分布。在垂直分布上，野生百合主要分布在海拔 685 ~ 3755 米的范围，海拔 851 ~ 2640 米间分布的种类最多，包括 14 个种。从资源特性看，野生百合主要生长在河边、山坡灌丛、林下、草丛、崖壁或高山草甸。伴生植物主要有黄精、杜鹃、野艾蒿、野蔷薇、竹类等（梁振旭，2014）。

2.1.2 花卉核心种质研究

在花卉领域已有郁金香、梅花和牡丹、兰科花卉开展了核心种质的研究。

采用 SRAP 分子标记技术对 58 个中原牡丹核心种质进行了遗传多样性分析，表明中原牡丹核心种质具有较丰富的遗传多样性。聚类结果显示，单花类和台阁类有分别聚在一起的趋势，但与牡丹花形分类并不完全一致；花色相近的品种没有聚到一类中，而是分散在各个类别中，即聚类结果与牡丹品种的花形、花色等性状没有明显的关系，说明重瓣性低的品种与重瓣性高的品种间存在较大的遗传差异。这可能与牡丹长期引种、选择和反复杂交等导致的品种来源复杂有关（周秀梅等，2015）。

采用 ISSR 分子标记技术对兰州百合 8 个不同产地的种群进行了遗传多样性分析，基于 ISSR 分子标记数据研究了构建兰州百合核心种质的方法。基于 ISSR 分析获得的数据，研究了依据 Nei & Li、SM 和 Jaccard 遗传距离，采用 UPGMA 聚类法进行逐步聚类随机取样构建核心种质的方法，最终采用 SM 遗传距离逐步聚类随机取样从 175 份兰州百合种质中筛选出了 37 份核心种质（李谋强，2014）。

对红山茶品系进行原始资源数据的调查与赋值处理，采用聚类与抽样方法的不同组合分别构建核心种质库，并通过符合性与有效性指标的运算分析，鉴定和评价构建核心种质库不同的策略和方案。选定 46 个分类性状指标（涵盖到花、叶、芽等山茶主要观赏部位），并建立了 1075 个红山茶品系的种质资源数据库总表。统计数据显现出较高的异质性，说明山茶本身具显著的变异性。分别构建 15 个核心种质库。运用马氏遗传距离、多次聚类差异度、最短距离或重心法构建核心种质库效果最为理想。表明对于遗传距离范围固定且异质度大的基础数据，采用多次聚类差异度取样效果最佳；而若为遗传距离情况未知或范围均一度大的基础数据，则需重点考虑多次聚类优先取样进行构建处理。构建核心种质库需考虑到基础数据特征与处理、构建策略方案、评价鉴定指标选定三者之间的统一搭配（陈焕杰，2013）。

利用 SSR 分子标记技术对白蜡种质以及绒毛白蜡无性系进行了分析，筛选出了一批多态性丰富的 SSR 引物，构建了 SSR 指纹图谱并对 12 份白蜡核心种质材料、46 份绒毛白蜡无性系进行了遗传多样性评价（王健兵，2014）。

以引进的 14 个樱花品种为研究对象，在宁波仗锡樱花基地樱花品种母本园对影响樱花观赏价值的形态指标进行观测记录，并应用层次分析法对供试的 14 个樱花品种进行观赏性状的综合评价（刘晓莉，2012）。

2.1.3 花卉抗性评价研究

花卉种质资源抗寒性、抗旱性、耐热性和抗病性是资源好坏的重要指标，对其抗性的综合评价是种质资源研究的重要内容，也是近年研究的热点之一。

百合灰霉病在生产中危害严重而广泛，但是目前有关百合抗灰霉病资源评价与筛选、抗病品种选育、抗病基因定位与克隆等方面十分薄弱。从表型性状和 AHP 评价、亲缘关系和分子系统学、灰霉病抗性评价 3 个层面对百合野生资源进行了系统评价；进行了百合抗病基因同源序列的克隆与表达分析，为百合抗灰霉病基因的克隆奠定基础。对我国百合属植物分布集中的东北地区、中部地区以及西南地区进行了系统的调查，收集资源 34 个种 / 变种，86 份资源。对原生境土壤特性分析发现，不同种类野生百合原生境土壤的全氮、有机质含量、有效磷、速效钾、全盐及 pH 值都存在一定的差异；同种不同种源地原生境土壤特性也存在差异，其中 *L. davidii* 可作为培育耐盐碱百合的优良亲本；*L. regale*、*L. lancifolium*、*L. henryi*、*L. rosthornii*、*L. leucanthum*、*L. sargentiae* 的适应性都较强，可作为抗逆育种亲本和应用于园林绿化。通过对分布于中国所有的组的代表种 25 个种和 5 个变种以及从目前已登录在 NCBI 的 170 份材料，共计 98 个种，5 个变种的 214 份材料构建了目前百合属最大的 ITS 进化树。通过离体接种，筛选出 8 个高抗灰霉病的资源：*L. leucanthum*、*L. regale*、*L. sargentiae*、*L. henryi*、*L. rosthornii*、*L. taliense*、*L. dauricum* 及 *L. tsingtauense*，可为百合抗灰霉病育种提供亲本材料以及用于挖掘相关抗病基因。通过抗性表型与抗病基因同源序列的多态性分析，发现百合扩增谱带较为丰富，而且抗性相似的趋于聚在一起。通过不同家族的百合 NBS 型 RGAs 在不同灰霉菌侵染时间的样品的表达分析可看出，都不同程度的参与了抗病反应；Southern 杂交分析表明，百合 RGA 都以多拷贝形式存在（杜运鹏，2014）。

百合品种及野生种中蕴藏丰富的抗枯萎病种质资源。采用鳞片接种法对 36 个百合品种及 5 个野生种进行枯萎病（*Fusarium oxysporumf.* sp. *lilii*）接种鉴定，筛选抗性优异资源。利用 RGA-PCR 方法对百合遗传多样性进行分析，抗性表型与 RGA 相似性聚类结果表明，利用品种的抗性表型聚类，趋于抗病性相近的聚为一类；利用 RGA 相似性聚类，趋于遗传背景相近的聚为一类。百合品种 RGA 的 DNA 指纹多态性与枯萎病抗性遗传表型多样性无明显的对应关系。对亲本材料进行抗性鉴定和抗病基因同源序列多态性分析，能更准确地反映亲本的遗传背景，为百合枯萎病抗性基因鉴定及品种培育提供一定的理论依据（杨秀梅等，2012）。

以湖南株洲地区的东方百合材料为研究对象，开展了茎腐病病原菌和抗病性等相关研究。形态学观察、致病性测定和 ITS 序列分析共同确证：湖南株洲地区东方百合茎腐病的病原菌为尖孢镰刀菌（*Fusarium oxysporum*）。室内药剂毒力测定发现：对病原菌菌丝生长具有良好抑制作用的药剂是多菌灵（汤普森）和百菌清，其中多菌灵（汤普森）的 EC50 仅为 3.17 毫克 / 升；代森锰锌、多菌灵（韦尔奇）和敌磺钠的抑制效果一般；农用链霉素效果最差，EC50 高达 841.72 毫克 / 升。7 种不同接种方法的效果比较发现：刺伤浸苗接种法较为适用于东方百合茎腐病抗性鉴定。30 份东方百合材料茎腐病抗性鉴定结果表明：东方百合抗病性确实普遍不高，大多处于中抗和感病水平。染色体参数及核型分析结果推测：染色体上的顶端随体可能与抗病性正相关，而染色体相对越长可能其抗病性越差。总皂苷含量测定发现：东方百合不同抗性水平材料的总皂苷含量不同；抗病指数与总皂苷含量之间存在极显著的正相关关系（r=0.819）。此外，通过混液平板法发现总皂苷提取液对病原菌菌丝生长和产孢确有一定抑制作用（魏志刚，2014）。

对百合属 20 种（或品种）百合的组培苗进行镰刀菌茎腐病的抗性测定，鉴定出高抗种质资源 5 个，中抗种质资源 5 个；中感种质资源 6 个，高感种质资源 4 个。对部分百合种质资源的组培苗进行了组织学和防御酶活性的研究（詹德智，2012）。

红掌疫病是一种由黄单胞菌引起的细菌性病害，该病一旦发生就会严重影响红掌的产量和品质，且目前没有药物可以根治，选育和种植抗病性品种是高效环保的防治策略。对红掌不同品种的抗疫病评价及抗病机理研究，将为规模化经营提供生产指导。从海南露天栽培的红掌盆花品种“Arizona”和“Dakota”疑似感染株上，进行病原菌采集、分离、鉴定和培养，将所培养的病原菌接种在 23 个不同品种的红掌叶片上，并对接种后不同红掌品种进行抗病性鉴定及生理生化指标分析测定。经纯化培养、形态观察、寄主和分子鉴定，分离到 12 个细菌菌株均为红掌细菌性叶疫病病原菌——地毯草黄单胞菌万年青致病变种（*Xanthomonas axonopodis* pv. *dieffenbachiae*）。致病性测定结果表明菌株间致病力差异不明显。采用人工接种的方法将细菌性疫病病原菌接种于 23 个参试品种的叶片上，根据感病能力表征鉴定评价结果发现，不同品种对细菌性疫病的感病能力表现出较大差异，其中高抗性品种为“Pink Champion”和“Manaka”，占所有品种的 8.7%；中抗品种有“Stallis”“Vitara”“Altimo”“Dakota”“Red”“Champion”“White Champion”“New Pink Champion”，占所有品种的 30.4%；中感品种有“Sweet dream”“Arab”“Cheers”“Simpra”“Alabama”“Impreza”“Acropolis”“Arizona”“Cherry”，占所有品种的 39.1%；而感病品种为“Sharade”“Tropical”“Sierra”“Choco”“Fiesta”，占所有品种的 21.8%。对接种后的抗 / 感病品种定期进行细胞防御相关酶活性生理生化指标测定，结果表明，APX、POD、PAL、SOD、CAT 活性在植株接种病原菌后有明显的变化规律。在接种病原菌后，以上 5 种酶的活性总体呈现先上升后下降的趋势，且抗病品种的平均值和增加幅度大于感病品种，即以上酶的活性与抗病性呈正相关。而 PPO 活性虽然在受病原菌侵染后增强且其活性水平始终高于对照，但其在抗感品种中变化趋势不明显（曹瑜，2012）。

选择中国国花园、国家牡丹园、国际牡丹园和牡丹公园等洛阳主要牡丹种植园区，对牡丹根部、茎部真菌病害进行田间调查、症状诊断及病原鉴定，共发现洛阳地区牡丹根部真菌病害 3 种，分别为牡丹白绢病（*Sclerotium rolfsii* Succ.）、牡丹立枯病［双核丝核菌 AG-A 融合型（*Rhizoctonia* sp. AG-A）］和牡丹根腐病［*Fusarium solain*（Mart.）Sacc.］，其中以牡丹根腐病发病最重；茎部真菌病害 6 种，分别为牡丹红斑病（*Cladosporium paeoniae* Pass）、牡丹瘤点病［*Pilidium concavum*（Desm.）H hn.］、牡丹灰霉病（*Botrytis paeoniae* Oudem）、牡丹轮纹斑病（*Pestalotiopsispaeoniae* Serv.）、牡丹溃疡病（*Botryosphaeria* sp.）和牡丹枝枯病（*Phoma* sp.，*Diplodia* sp.，Seiridium sp.，*et al.*），其中以牡丹瘤点病和牡丹溃疡病发病最重。通过形态学鉴定、ITS 序列比对以及致病性测定，将牡丹溃疡病的病原鉴定为茶藨子葡萄座腔菌［*B. dothidea*（Moug.）Ces. et de Not.］，无性型为七叶树壳梭孢（*Fusicoccum aesculi* Corda）。将牡丹枝枯病的主要病原鉴定为茎点霉属的头状茎点霉［*P. glomerata*（Corda）Wollenw. & Hochapfel］，有性型为球腔菌属（*Mycosphaerella*）；平截色二孢（*Diplodia mutila* Fr.），有性型为葡萄座腔菌属的 *B. stevensii* Shoemaker；盘色梭孢属的 *Seiridium ceratosporum*（De Not.）NagRaj；颖枯壳多隔孢［*Stagonospora nodorum*（Berk.）Castellani&E. G. Germano］，有性型为 *Phaeophaeria nodorum* E. Müler。几种病原菌均为常见致病菌，但侵染牡丹引起溃疡病和枝枯病，目前尚未报道。从牡丹发病根部、根颈部样品中分离获得的分离物，经筛选、纯化及致病性离体测定，结合病原菌培养性状、形态特征以及 ITS 序列比对，明确了牡丹根腐病的主要致病菌为茄病镰刀菌（*F. solani*），占分离物的 80% 以上，与以往报道结果一致。其他分离物如尖孢镰刀菌（*F. oxysporum*）、木贼镰刀菌（*F. eguiseti*）、丝核菌属（*Rhizoctonia* sp.）、拟盘多毛孢属（*Pestalotiopsis* sp.）等，往往与茄病镰刀菌混合侵染，加重根腐病的危害程度（赵丹，2012）。

2.1.4 花卉起源与分类研究

菊花（*Chrysanthemum morifolium* Ramat.）品种数量繁多，变异丰富。前人在菊花品种鉴定和分类的研究中缺乏对鉴定指标和分类标准的准确定义，遗漏了一些具有鉴定和分类价值的指标。以 735 个中国传统菊花品种为试验材料，采用多元统计分析方法对 20 个花部形态性状和 18 个叶部形态性状连续 5 年的测试数据进行了计算分析，筛选出了品种内一致性强、品种间差异显著并具有较大权重值的 10 个花部形态性状和 10 个叶部形态性状作为最具品种鉴定价值的形态性状，并将花部形态性状、花色和叶部形态性状分别作为品种鉴定的一级、二级和三级标准。对所选 735 个中国传统菊花品种进行了逐级鉴定，综合分辨率达到 79.18%；通过对花部形态性状的线性回归分析发现，菊花的瓣形和花形是品种分类的重要要素，通过聚类分析，将所选品种分为 4 类瓣形和 18 类花形。通过微卫星磁珠富集法成功构建了一个富含 AC 和 GT 基序的微卫星文库，在此基础上成功开发了 35 个菊花特异性 SSR 标记，经检测其中 26 个位点具有多态性。使用其中 20 个特异性 SSR 位点对形态学标记已鉴定的 327 个品种的基因组 DNA 进行了扩增，利用理想解法筛选出了 5 个具有较高多态性和鉴别力的位点作为核心位点，在此基础上建立了所选品种的 SSR 指纹图谱和 19 位的十进制分子身份证，并在形态学标记无法鉴别的 153 个品种中进行了验证，鉴别率达到 100%。将形态学标记与分子标记的分类结果进行综合比较发现，瓣形和花形分类结果的整体拟合率分别为 74.84% 和 66.58%，故将瓣形和花形分别作为菊花品种分类的一级和二级标准，进一步验证了 4 类 18 型的菊花品种分类体系。使用多种分析软件和统计学方法对 70 个菊花品种的核型多样性进行了分析，筛选出 6 个最具分类价值的核型参数。核型参数的聚类结果能够将平匙瓣类、管瓣类和桂瓣类品种明显区分开，在很大程度上证实了4类18型的菊花品种分类体系的准确性（张辕,2014）。

利用来源保守DNA序列多态性（CDDP）标记技术，探讨53个不同花径、瓣形、花色类型的菊花种质资源的遗传多样性。53份菊花材料的平均观察等位基因数（Na）为1.9253，平均有效等位基因数（Ne）为1.4333。平均Nei's遗传多样性指数（He）为0.2629，平均Shannon信息指数（I）为0.4065，遗传距离介于0.0601（‘罗西白’与‘罗西鲜’）~ 0.7267（菊花脑与野菊）之间，平均为0.3585。表明菊花遗传背景比较复杂，材料间存在较丰富的遗传多样性（李田，2014）。

利用AFLP分子标记技术对70个菊花栽培品种进行了遗传多样性研究，多数瓣形相同的菊花种质表现出较为密切的亲缘关系。采用生物素——磁珠吸附微卫星富集法对菊花SSR分子标记进行开发，获得了8对菊花SSR引物，用含44个菊花品种的5个群体对这8对引物进行检测，其中的6对具有多态性，2对不具有多态性（刘路贤，2013）。

南京农业大学完善建立了“中国菊花种质资源保存中心”，收集保存各类菊花及其近缘种属资源5000余份，广泛开展了种质保存与评价研究，挖掘出抗锈病、抗黑斑病、耐盐、耐寒等优异种质60余份，从中分离克隆了一批抗性、发育及品质相关基因，并在明确其功能的基础上开展了基因工程育种。

通过ISSR-PCR技术对萱草属（*Hemerocallis*）3个原始种及97个栽培种的亲缘关系及遗传多样性进行分析。聚类结果分析表明：*H. Little business*、*H. foshou*、*H. Buffyis* Doll、*H. Daring* Deception、*H. Zhujin*、*H. rRosy* 应属于大花萱草；*H. chaoyang* 应为北黄花菜（*H. lilio-asphodelus* L）的杂交种。对大花萱草“红宝”“维尼”“香妃”“夏日酒红”4个优良品种进行染色体核型分析，结果表明其均为染色体数为22的二倍体，并且通过染色体形态、不对称系数、相对长度系数、核型类型的相似程度分析得出“维尼”和“夏日酒红”具有较近的亲缘关系。当前虽然萱草的育种工作已经广泛开展，但是由于长期反复杂交，性状相对混乱，给育种工作带来一定的难度（刘昕，2014）。

国兰是兰科（Orchidaceae）兰属（*Cymbidium*）植物中的小型花地生兰，具有极高的观赏价值和文化价值。传统意义上的国兰主要包括7个种系：即春兰系（Series Goeringii）、春剑系（Series Longibractium）、蕙兰系（Series Faberi）、建兰系（Series Ensifolium）、寒兰系（Series Kanran）、墨兰系（Series Sinense）和莲瓣兰系（Series Lianpan），另有一些杂交种。已被命名的国兰品种已经多达3000个以上。收集了涵盖7个种系的国兰种质样本139份，运用SRAP及ITS+trnH-psbA序列测定方法，通过17对核心引物组合48条谱带构建139份国兰种质资源的分子身份证。7大种系中，春剑系与莲瓣兰系的亲缘关系较与其他种系近，而建兰系与墨兰系亲缘关系较近；寒兰系种质遗传背景相对复杂。SRAP标记对国兰种质鉴定、谱系梳理及遗传关系的分析等是一种有效的方法，而ITS和psbA-trnH序列分析对国兰种质的鉴定在种的水平有一定意义，但对品种鉴定力有限（曹雯静，2014）。

2.2 花卉常规育种研究

2.2.1 菊花的常规育种

近年我国育出菊花新品种 100 余个，其中 40 余个申请保护，20 余个获国家新品种权，1 个获美国植物品种专利，16 个获江苏省新品种鉴定（审定）。

为实现菊花的周年生产，选育光周期不敏感的优良菊花新品种。运用化学诱变剂甲基磺酸乙酯（EMS）处理菊花品种“神马”茎尖，并对其 M_1 代和 M_2 代无性系变异植株的观赏特性进行调查、鉴定和分析，得出突变群体的表型变异率达到 6.31%，获得了菊花株高、叶片、开花期、花序以及花瓣等观赏性状的突变体，获得了突变体库，特别是获得了开花期提早的突变体和花器官的变异类型。这一成果可以有效被应用于菊花新品种培育当中，使菊花的优良品种更丰富。

为了给盆栽多头菊的品种选育和杂交育种工作提供指导和理论依据，选取了 49 个多头菊品种（系），对其主要观赏性状进行了变异性和聚类分析。其中可分为两个类群，第Ⅰ类群全部为德国球菊，特点为节间和花梗均较短，叶片较小，花朵直径较小，全部为平瓣类，舌状花数均大于 5 轮；第Ⅱ类群包括荷兰盆栽多头菊的 43 个品系，和上述德国球菊亲缘关系较远。

在对现有盆栽多头小菊种质资源研究的基础上，引入优良的种质进行杂交育种，通过对主要观赏性状进行分析，筛选适合产业化生产的盆栽多头小菊新品种。①制定了适宜产业化栽培生产的盆栽多头小菊育种目标——能够自然分枝成型、自然花期在国庆节且花色鲜艳的盆栽多头小菊品种。②对自然杂交产生的 430 个小菊株系进行评价，综合分析其主要观赏价值和栽培特点，筛选出优良株系 43 个，可以通过进一步的栽培和筛选选育出新品种。③对从德国引进的 7 个多头菊品种和优选出的 43 个小菊株系进行聚类分析，将其明显分为两个群组，表明这两个群组的品种存在着较明显的差异，同时又将 43 个小菊株系分为 3 个组。多头球菊品种群和小菊株系间没有出现明显的杂交不亲和现象。杂交后代的分枝特性存在 4 种不同的类型，杂种后代分枝力强弱受到母本的影响较大。采用灰色关联法结合层次分析法，对 262 个分枝力较强的单株进行综合评价，筛选出性状最优良的 58 个单株，这些单株分枝繁密，株形紧凑，开花期早且开花覆盖效果良好，通过进一步的选育可培育出适合产业化生产的新品种。

连续两年对切花菊品种进行 DUS 测试的基础上，对切花菊 60 个品种的表型性状进行一致性分析、变异分析、R 类聚分析和主成分分析，筛选出 21 个特异性状适于切花菊品种的分类与鉴定。其中包括花序直径、花序类型、舌状花类型数量、舌状花主要类型等花部特征，整体来说，其花部性状相对稳定，对品种分类影响较大。

2.2.2 百合的常规育种

我国目前大多数百合品种都为从国外引进，国内在近几年积极研究，从不同方面对百合的品种分类、新品种选育等进行深入探讨。

由于百合各个品系均为多亲本杂交起源，亲缘关系相对较远，所以杂交常存在不亲和的现象。在2012年的实验研究中，选取了亚洲百合、OT系列、LA系列和麝香百合中共13个百合品种做系内杂交和系间杂交，初步得出亚洲百合与麝香百合的亲缘关系相对于亚洲百合与东方百合来说比较近，发现父本花粉萌发率和母本结实率的提前测定可以极大地提高杂交育种的效率。

选取了东方百合、亚洲百合、LA百合、铁炮百合和野生百合中一共32个品种，通过TTC染色法、醋酸洋红染色法和离体萌发法初步测定了其花粉的生活力。结果表明东方系和LA系的生活力最高。在贮藏方面，低温冻藏最适于贮藏百合的花粉，为花期不遇的解决提供了方法。

以6种野生百合和亚洲百合、东方百合杂种系的栽培品种为材料，采用不同的授粉方法进行杂交试验。对获得的部分杂种后代进行了细胞学水平的鉴定。结果发现：有斑百合、细叶百合作父本与亚洲百合杂交，切割花柱授粉方法能有效克服受精前障碍，获得膨大的蒴果和有胚种子。卷丹和大花卷丹作母本与亚洲百合杂交的亲和性较高，结实性好。卷丹的花粉在亚洲百合柱头和花柱中都不能萌发，不适合作父本。设计不同倍性亚洲百合之间的杂交组合42个，授粉750朵花，获得444个果实，10294粒种子。不同倍性亚洲百合之间的杂交，高倍体适合作母本，三倍体不适合作父本。二倍体与四倍体之间的杂交得到了三倍体。

百合杂交亲和性评价及染色体原位杂交：以收集的各系百合品种及野生种为材料，研究了其杂交亲和性，并利用45S rDNA进行了FISH观察，对部分品种及杂交后代进行了GISH观察。通过近150个杂交组合的结实性，发现亲缘关系较近的组合易获得后代，杂交成功与否还与亲本的倍性有关，三倍体不仅可以作母本，部分还可以作为父本。对近30种野生百合的FISH观察发现，信号数为4～15个，均成对存在，不同组间差别较大，组内信号分布类型相似。卷瓣组多在1、2、6号染色体上，喇叭组除台湾百合和麝香百合外，均在前5号染色体着丝点处，轮叶组多在3、4、5号染色体长臂中部，斑瓣组中1、5号染色体上信号为明显特征。这些信号的特征为百合属的分类提供了细胞学依据。对LA系列品种及其杂种后代的GISH观察发现，L与A染色体组间存在大量的重组，三倍体LA系列百合可以产生3n雌配子。

浙江在2012年引进了32个东方百合品种，对生育期、生物学特性和切花品质等方面进行综合比较分析，筛选出新品种“Barletta”“Valdez”“Aracia”和“Lambrusco”，综合形状表现良好，适宜于浙江省温室切花栽培扩大试种。在2013年，浙江省扩大了百合引种数量，包括东方百合系和OT、OA杂种系60个切花品种，筛选出了“Zambesi”“Tabledance”“Manissa”“Robina”“Sensi”和“Esta Bonica”等6个品种适宜种植。2014年引进了39个百合品种，其中还包括了6个盆栽东方百合品种，综合评价后选择红色帝国、瑟堡、可可茶、巴拉多纳以及盆栽品种八点后、阳光婆罗洲作为有潜力的品种推广。

在2013年对28个进口百合品种开展表型性状分类研究，其中包括亚洲百合、东方百合、铁炮百合、LA 百合、OT 百合和 LO 百合等 6 个品系测量了 18 个表型性状，通过 SPSS 统计软件对数据进行相关分析和主成分分析和 Q 型聚类分析。通过相关分析可以得知：各表型性状之间的相关性比较复杂，营养性状之间、生殖性状之间以及两者之间均存在显著相关性或极显著相关性。通过一系列聚类研究可以将不同品种百合区分开。同时，研究强调了在对植物性状进行数量分析时，选择具有同源性、稳定性、相关性的性状是进行数量分析的核心。

2.2.3 兰科花卉的常规育种

在 2013—2014 年，中国花卉协会兰花分会审定注册莲瓣兰、蕙兰、墨兰等 24 个新品种。

截至 2013 年蝴蝶兰属（*Phalaenopsis* Blume）已有 32 325 个杂交种，其中品种间杂交种达 25 000 个。广义的蝴蝶兰还包括蝴蝶兰与朵丽兰杂交形成的朵丽蝶兰属。杂交育种是当今蝴蝶兰新品种选育的重要手段。在 2012 年，广东省选取了 15 个蝴蝶兰品种进行不完全双列杂交，统计结实率和测量果实大小及质量，观察种子的颜色和种子的萌发情况，为蝴蝶兰的杂交育种筛选亲本、提高育种效率提供参考。

通过精卵细胞离体受精可能为远缘杂交开辟新途径。对蝴蝶兰的胚囊分离测试，获得了具有生活力的胚囊，对其的解剖分析，为进一步的卵细胞分离和离体受精研究打下基础。

对 421 份形状稳定且表现多样的蝴蝶兰品种的 7 个主要数量性状进行数据的采集并统计分析，得到各自的频次分布特点，据此对性状分级方法提出了建议。在 2014 年，从抽梗期、现蕾期、始花期和盛花期等生长发育时期和花枝长度、单支总花数、花径、花蜡质、花香和花色等观赏性状方面进行调查。

近年来在兜兰属（*Paphiopedilum*）的育种方面也有所突破。以兜兰属 4 个原生种杏黄兜兰、硬叶兜兰、同色兜兰和带宽兜兰为材料设计双列杂交，组合授粉后对不同果龄的种子和种胚进行形态观察。通过种子的一系列外观特征寻找其与种胚培养的关系。后期又对兜兰属的卷萼兜兰进行花粉生活力的测定，并研究了不同浓度钙、硼对花粉萌发的影响，得到了适宜其花粉萌发的最佳培养基。

文心兰是世界重要的盆花和切花种类，我国虽然已在广东、海南、福建和云南等地开展了一定规模的文心兰生产，但品种大多为进口。对文心兰 13 个引进品种花粉生活力进行了测定，并且研究了杂交结荚性。卡特兰有“洋兰之王”之称，目前已形成了超过 2 万个卡特兰家族品种。为克服各类卡特兰花期不一致的情况，以品种“绿世界”为试材研究了其花粉贮藏性的问题，对液体培养基中蔗糖、硼、钙、镁、钾对其影响进行了分析，得到了适宜的花粉培养基。

2.2.4 报春花的常规育种

报春花属（*Primula*）全世界约 500 种，主要分布于北半球凉爽潮湿地区，我国拥有其中的 293 种 21 亚种和 18 变种。

在 2013 年研究了岩生报春（*Primula saxatilis*）与翠南报春两种濒危物种杂交胚萌发的情况，通过胚拯救技术成功获得 23 株杂种苗。

对小报春（*Primula forbesii*）与欧报春这一杂交组合进行了育种的初步研究，以期获得株形紧凑、花大、花多、颜色丰富、花期长、芳香的新品种。利用两种报春分别设计不同的正反交授粉组合，发现胚拯救的最适胚龄为 29 天左右，欧报春为母本的杂交组合的亲和性优于以小报春为母本。

以小报春花药作为外植体，建立愈伤组织诱导及单倍体培养体系。对 516 个花药培养获得的植株进行流式细胞仪和染色体计数分析，发现 2% 的植株为单倍体，65% 二倍体，9% 三倍体，5% 四倍体，2% 六倍体，还有 17% 混倍体。研究结果为小报春单倍体育种奠定了基础。

2.2.5 山茶的常规育种

中国花协茶花分会完成了 23 个茶花新品种命名登录。世界上目前有 3 万多个山茶花品种，其中大约 90% 为红山茶组内种或品种杂交得来。

杜鹃红山茶具有全年开花不断的性状，是迄今为止世界上发现的山茶属中唯一能够全年开花的珍惜原种。选取 10 个杂交组合 28 个杂交实生单株进行试验，发现杜鹃红山茶种间杂交 F_1 代在花蕾形成和发育进程、开花期、叶片形状和生长势方面趋向于杜鹃红山茶；而花色、花形和花径大小等，很大程度上取决于另一个非杜鹃红山茶的亲本。

耐冬山茶是山茶科最北缘分布的种群。以耐冬山茶为母本，南方地区山茶原种为父本，设计 23 个杂交组合进行试验。有 16 个杂交组合可以结实，且耐冬山茶与红山茶组内的杂交相较其他组合有较高的亲和性，但杂交果实结实指数及种子质量均低于对照耐冬山茶种子。

2.2.6 杜鹃花的常规育种

截至 2012 年，我国广泛栽培的杜鹃花（*Rhododendron*）园艺品种约有 200 ~ 300 种。按照花期可以分为春鹃（4 ~ 5 月开花）、春夏鹃（5 ~ 6 月开花）和夏鹃。

浙江大学联合浙江三家杜鹃生产与育种企业成立育种协作组，搜集杜鹃花各类种质资源（含品种）达 776 份，仅 2014 年的杂交组合量就达到 410 个，目前已获得国家林业局授权杜鹃品种达 17 个，已建立杜鹃育苗基地 1000 余亩。

中国科学院昆明植物研究所昆明植物园、中国科学院植物研究所华西亚高山植物园、杭州植物园以我国本土杜鹃种为基础，选育出 10 多个杜鹃新品种，大部分通过国家审定，部分在评审过程中。

2.2.7 牡丹芍药的常规育种

牡丹（*Paeonia suffruticosa* Andr.）传统品种的遗传背景相较于现代品种更加复杂、形态变异性更大。为解决其观赏性状等易受栽培环境和技艺的影响，应明确其变化规律，分析其稳定性。

“凤丹白”自然授粉结实率高（19.13 粒 / 朵），且明显高于自花授粉结实率（0.4 粒 /

朵），属于异花授粉植物，且不存在无融合生殖现象；“凤丹白”与中原牡丹、日本牡丹、紫斑牡丹杂交结实率均较高（18.44 粒 / 朵，23.84 粒 / 朵，26.62 粒 / 朵），表明‘凤丹白’的杂交亲和性较强；结实率受父本花形影响，皇冠型最低（10.42 粒 / 朵）且与其他花型存在极显著差异，这与雄蕊高度瓣化而花粉减少且生活力下降有关。“凤丹白”与“贵妃插翠”“黑龙锦”等 39 个品种杂交结实率（33.33 粒 / 朵、35.89 粒 / 朵）高于其自然授粉结实率，对提高油用牡丹种子产量有重要参考价值。

以牡丹组内 2 个亚组（革质花盘亚组和肉质花盘亚组）杂交试验结果为依据，对以黄牡丹为主要亲本的杂交组合进行了综合分析：①肉质花盘亚组内的种间杂交，结籽数和成苗数均较高，但后代观赏性一般；黄牡丹与革质花盘亚组野生种和栽培品种杂交，黄牡丹做母本，以花形简单的牡丹栽培品种做父本的组合的后代性状优良；黄牡丹与芍药组间杂交，部分组合可以结实，但出苗率很低。②杂交不亲和组合，花粉管及柱头组织中胼胝质的沉积，阻碍花粉管生长。③杂交后代开花时，花盘革质、心皮被毛、叶裂片加宽等可作为黄牡丹为母本的亚组间杂交后代鉴定的标准。④黄牡丹及其远缘杂交后代花粉粒为超长球形，具三拟孔沟；外壁纹饰为小穴状、穴状、网状和粗网状；杂交后代花粉粒小于双亲，外壁纹饰受父本影响较大，多数与父本相同或介于双亲之间但偏父本的特点，少数后代不同于双亲或偏母本。杂交后代花粉量极少，畸形率极高，萌发率极低。这些特征可结合形态性状用于远缘杂交后代的鉴定。

以芍药品种“粉玉奴”（*Paeonia lactiflora* “Fenyunu”）为母本，牡丹品种“凤丹”（*Paeonia ostii* ‘Fengdan’）为父本进行远缘杂交。通过对其花粉的贮藏和活力测定以及电镜扫描，对比杂交亲本花粉贮藏过程中花粉活力变化、花粉形态差异；对母本‘粉玉奴’开花习性和柱头可授期进行了观察统计，确定了最佳授粉时期；通过对人工授粉后柱头和胚胎的跟踪观察，探究了远缘杂交不育的原因。

中国科学院植物研究所建立了牡丹资源圃，共收集牡丹野生种 8 个，国内栽培品种 760 多个，覆盖中原、西北、江南、西南四大品种群，国外栽培品种 80 余个，共 840 余种。多年测量和调查了 56 项和品质性状相关的指标，建立了品质性状基础数据库。首次发现能够正常开花、性状稳定的牡丹和芍药远缘杂交后代，命名为“和谐”。“和谐”的雄蕊量少，50 ~ 100 枚；花丝长短不一，0.1 ~ 2.5 厘米；雌蕊 4 ~ 5 枚；花盘肉质，包裹心皮 2/3 左右；花粉多数败育，花粉活力为 4.1%。牡丹和芍药混合花粉在“和谐”柱头上萌发率很高，多数花粉管成团盘绕在柱头上，少数花粉管能进入柱头，但花粉管在花柱内因顶端膨大、胼胝质积累而停止生长，表明“和谐”不结实是由受精前障碍造成的。以“和谐”为父本与“艳紫”和“粉蝴蝶”2 个芍药品种杂交有一定的亲和性，并获得了少量的种子和种苗，说明“和谐”是珍贵的牡丹与芍药远缘杂交育种的桥梁亲本。

在 2014 年有 4 个牡丹新品种获得国际登录，有 12 个牡丹新品种获得国家林业植物新品种权。

利用磁珠富集法构建了芍药的微卫星富集文库，从 253 个阳性克隆中挑选出 193 个进行测序，共得到82个微卫星位点，并设计引物50对，得到15对具有多态性（30%）引物。利用开发出的15对多态性引物对89份芍药种质的遗传多样性进行了分析。

自2013年起以“杭白芍”和中原传统芍药品种为亲本，通过杂交育种的方法已获得大量杂交后代，目前正在观察生长性状，拟筛选出具有本地适应性的芍药新品种。

以16个牡丹亲本品种和13份牡丹杂交一代为材料，共获得种子2380粒，得到幼苗879株，出苗率36.9%。对13份杂交一代进行形态学鉴定，大致将其分为偏母型（6株）、偏父型（3株）、中间型（4株）。在考虑性状搭配和亲本自身育性的情况下，为了能提高杂交的亲和性，应以单瓣型品种为母本，选择亲缘关系远的品种进行杂交。最终选出凤丹白、黑海撒金、朱砂垒、彩绘等4种优秀的母本品种。杂交一代间遗传变异增大，较亲本的遗传多样性丰富。分析杂交一代与其亲本间扩增谱带的多态性，结合聚类分析结果可知，牡丹杂交为偏母性遗传，说明细胞质基因在牡丹遗传性状的表达中发挥了作用。结合形态学鉴定结果得到偏父型杂交子代2、4、6、13，预测其成株性状可能表现偏向父本性状；得到偏母型杂交子代1、3、5、7，预测其成株性状可能表型偏向母本性状；得到中间型杂交子代8、9、10、11、12，可能会在出现双亲共有性状或与亲本不同的特异性状，需重点培育和利用（孙逢毅，2014）。

2.2.8 紫薇的常规育种

紫薇（*Lagerstroemia indica*）是世界著名的夏秋观花灌木，在中国具有悠久的栽培历史。由于缺乏对重要观赏性状遗传背景的了解，紫薇传统育种随机性大，效率低。

利用香花的尾叶紫薇与紫薇品种设置37个杂交组合（包括正反交、回交、F_1自交及三交），利用抗白粉病的屋久岛紫薇与矮生型紫薇品种设置10个杂交组合（包括正反交、回交及F_1自交），累计获得杂种后代7000余株。对各杂交世代子代进行表型评价，认为在花香性状方面表现最优的是自交一代，2级香气及以上的占90.62%；在株形性状方面表现最优的则是F_1代，变异系数达62%，属于强度变异。从杂交群体中优选出9个花香、花色及株形性状表现优异的紫薇新品系，向国家林业局新品种保护办公室提交申请新品种保护。此外，对尾叶紫薇及其与紫薇品种“多花粉”杂交各世代（F_1、F_2及BC_1）子代的挥发性有机成分分析结果表明，亲本及子代的挥发性有机成分和相对百分含量存在很大差异，萜烯类是其主要的释香物质。

以尾叶紫薇与紫薇“香雪云”为材料，构建了拟测交F_1作图群体，从F_1代群体中随机选取192株作为分离群体。采用AFLP和SSR分子标记技术构建紫薇遗传连锁图谱，共包含284个AFLP多态性位点和46个SSR标记位点，330个标记位点分属于20个连锁群和157个未连锁的标记，形成了4个较大的连锁群、9个较小的连锁群、2个三联体和5个二联体。20个连锁群中共包含了160个AFLP标记及13个SSR标记，覆盖紫薇的基因组总长1162.1 cM，平均每两个标记之间的距离为10.69 cM。对群体植株叶长、叶宽、叶面积、地径和株高5个表型性状进行了描述性统计。采用复合区间作图法进行QTL定位，检测到控制上述性状的11个QTL位点。最高解释表型变异率为25.17%，最低解释表型变异率为 4.48%。

构建了紫薇的微卫星富集文库，成功测序 155 个阳性克隆，得到 64 条含 SSR 位点序列及 73 个 SSR 位点，设计 54 条引物进行筛选，共有 20 对引物可有效扩增。利用 10 个品种对 20 对引物进行多态性检测，共得到 11 对多态性较高的引物。利用 41 对多态性较高的 SSR 引物对 43 个紫薇品种和 5 个紫薇原种进行了遗传多样性的评价，从 41 对多态性引物中筛选出 10 对核心引物，绘制了 35 个国外引进品种的 SSR 指纹图谱。选用屋久岛紫薇 × 紫薇杂交 F_1 群体，根据不同株高将群体分为矮生型和普通型，对分离比进行遗传分析和 X_2 检验，结果表明紫薇矮生性状受一对完全显性主效基因控制，同时存在微效修饰基因。采用集团分离分析法构建普通型 / 矮生型基因池，筛选出与矮化基因遗传距离 23.33cM 的标记 M53E39-92。

2.2.9　月季的常规育种

利用对白粉病具有较强抗性的疏花蔷薇（*R. laxa*）与现代月季和古老月季进行杂交，培育抗白粉病的庭院月季新品种。结果筛选出结实率高于 25% 的组合 44 个，利用形态学对所得到的杂交后代进行了鉴定；选择后代较多的 3 个组合，利用流式细胞术对其进行倍性分析，利用常规压片技术对其进行核型分析，利用筛选出的 9 对 SSR 引物，对其进行杂种鉴定。3 个现代月季亲本是 4 倍体，疏花蔷薇是 2 倍体，子代中除疏花蔷薇 ×“红衣主教”组合的一个子代是 2 倍体外，其他子代均为 3 倍体；疏花蔷薇的核型为 12m+2sm，属 1A 型；“红衣主教”“索力多”“友禅”核型分别为 28m、28m、24m（2SAT）+4sm，核型类型分别为 1A 型、1B 型、2B 型；子代中出现了 1A、1B、2A 和 2B4 种核型；SSR 的鉴定结合表型观察表明，后代中除一株 2 倍体外，其他均为杂种。利用孢子悬浮液喷雾法对疏花蔷薇 ×“红衣主教”，疏花蔷薇 ×“索力多”和“友禅”× 疏花蔷薇的亲本及 15 个子代进行了抗白粉病评价，在 F_1 代群体中筛选出高抗材料 5 份，中抗材料 8 份（王金耀，2014）。

2.2.10　其他草本花卉的常规育种

对 113 个萱草（*Hemerocallis* spp.）品种进行种间杂交试验，不同品种组合间杂交结实率有很大差异，且所有自交品种的自交结实率均较低。为研究萱草花朵开放和闭合的规律，对 3 个夜间开花的萱草种和品种以及 4 个白天开品种进行了杂交，设计 4 对杂交组合，共获得 F_1 代 386 株。北黄花菜（*Hemerocallis lilioasphodelus*）和黄花菜（*H. citrina*）做亲本的杂交组合后代中 99.74% 的植株表现为夜间开放；黄花菜品种“四月花”（*H.*“April Flower”）做亲本的各杂交组合中，夜间开花的“诺米路”×“四月花”杂交组合的后代全部表现为夜间开放；与白天开花型杂交的 3 个组合后代中夜间开放类型与白天开放类型株数的比例接近 1∶1 或 3∶1。花朵闭合时间变异较大，黄花菜和北黄花菜做亲本的杂交后代主要集中在夜间和白天闭合；“四月花”杂交后代在一天中各个时段均有闭合。结果表明：萱草花朵开放与闭合受不同基因控制；花朵开放受一个主基因控制，夜间开花性状是显性，白天开花则为隐性性状；控制花朵开放时间的基因属于核基因；萱草花朵闭合时间表现复杂，可能受多基因调控。

在对大丽花的研究中，以4个大丽花花型品种群32个品种作为试材，对12个表型性状进行多样性分析，结果显示群间变异是大丽花表型变异的主要来源。

福建农林大学在2013年选育出多花水仙新品种“云香”。北京市植物园选育观赏性优良且抗光性强的玉簪品种，通过玉簪品种“秀丽”和“得意高”的杂交育种选出2个优良株系。将鸡冠花品种“早水鸡冠”种子通过卫星搭载，第2代开始出现变异植株，经过5个世代的分离培育得到性状稳定、群体性状一致的新品系，从而培育出新品种“荣华”“霞光”等。

浙江大学对收集到的76种（含品种）鸢尾属植物进行种间、品种间杂交育种，结果表明其种间存在生殖隔离，亲和性差，杂交困难。以原生种和园艺品种作为杂交亲本，可提高杂交亲和性，同时可能增强杂交后代对当地环境的适应性。通过近3年的杂交育种工作，目前已经获得鸢尾属杂交苗共1500余株，已初步筛选一些表现优异的育种新材料。如：西伯利亚鸢尾与溪荪杂交后代中，出现了花色纯白及旗瓣明显增大的单株；纯花色路易斯安娜鸢尾品种间杂交出现花色为复色的后代；玉蝉花与白色花菖蒲杂交，后代中也有复色后代出现。由于鸢尾属植物种子普遍存在休眠，且一年内不能完全萌发，为提高杂交种子萌发率，缩短育种时间，对鸢尾属杂交种进行无菌条件下的离体胚培养和完整种子培养，均获得较好的结果。离体胚的萌发率82.5%，污染率17.5%，可有效地克服种子休眠，提高萌发率，缩短育苗时间。

石蒜属植物一般以自然分球为主，但其繁殖率很低，平均每年仅产生1 ~ 2个子球，子球到开花需2 ~ 4年；而种子繁殖却不易正常结实，通过人工授粉获得的实生苗发育至开花球则需3 ~ 5年。浙江大学通过尝试使用不同植物生长调节剂促进鳞茎发育，初步筛选出适宜浓度的CPPU处理对换锦花、忽地笑的小鳞茎膨大发育均有一定促进作用，处理的最适浓度分别为7.5毫克/升，1毫克/升。此外，石蒜属植物花器官愈伤诱导方面也有一定的突破，其中忽地笑子房的愈伤组织诱导率最高，达88.2%；并进一步根据色泽、质地、亚显微结构分析，认为浅黄色颗粒状愈伤组织为胚性愈伤组织。近年来，浙江大学利用石蒜属植物的10余个种间杂交组合获得了杂交种子，最高杂交结实率达80%。

以引进的优良非洲菊主栽品种“白马王子”和“黄金海岸”为材料，从四倍体选育和雌核双单倍体群体（MDH）构建两个层面开展了非洲菊种质创新研究。成功筛选出了2个非洲菊四倍体植株（$2n=4x=100$）。通过ISSR分子标记辅助筛选出的3个ISSR引物可有效区分二倍体及四倍体植株，其检测结果与染色体鉴定结果基本一致。开展了四倍体植株与二倍体对照植株形态、主要园艺和农艺性状、耐冷性、抗疫病性等性状的比较鉴定。二倍体植株花色标准为YELLOE GROUP B，四倍体植株花色标准为YELLOE GROUP A。2个四倍体材料花枝直径及花朵直径均明显增加；花粉粒形态呈现明显变化；耐寒性生理指标优于二倍体对照，在胁迫各阶段冻伤及脱水症状均比二倍体对照植株症状轻；栽培后90天进行隐性疫霉病原菌接种试验，与二倍体株系相比发病时间平均延长3天，发病指数下降，抗性标准提升一级，均从MR提高到了R。通过胚状体直接诱导及间接诱导的方式共获得了“白马王子”单倍体植株12株，“黄金海岸”单倍体植株7株。以单倍体植株丛生芽为材料用秋水仙素诱导加倍。0.5%浓度的秋水仙素处理2天时，诱变率最高，达46%及42%。通过叶片气孔、DNA流式细胞仪及染色体数观察，共检测出源自“白马王子”母体的双单倍体株系4株（DDHl-4），源自“黄金海岸”母体的双单倍体株系6株（CDH1-6）。染色体数均为 $2n=2x=50$。经鉴定的MDH材料，其株系间相关性状如生育期、花形、花色等呈现明显差异。随机选取15株开花的DDH2和CDH6株系，针对叶长、叶宽、叶面积、花枝直径及花朵直径等指标，与对应母本进行对比测试：除DDH2株系叶宽无显著差异外，其他各指标均呈减小趋势，综合性状比母本差（李涵，2014）。

2.3 花卉分子育种研究

2.3.1 花卉基因组学研究

梅花、结缕草、毛竹功能基因组学研究取得新进展：在梅花传统杂交育种中，梅花抗寒性的提高会导致失去花香，成功克隆了梅花花香基因 *PmBEAT*，并初步阐明了梅花花香形成的分子机理，为梅花通过分子育种培育出具备怡人的芳香且抗寒性强的新品种奠定基础。结缕草具有适应性广、抗逆性强等优良特性，是一种具有极大应用潜力的牧草兼草坪草。针对结缕草生长缓慢，在北方地区生长绿期很短，极大地限制了结缕草在我国北方地区的应用等问题，对结缕草滞绿基因 *ZjSGR* 进行了克隆和功能研究。对毛竹开花基因调控的可能途径进行了较深入研究，为毛竹安全生产奠定了重要的理论基础。

2014年11月24日 *Nature Genetics* 杂志以封面文章的形式公布了植物界种类最丰富的家族之一：兰花（orchid）的全基因组测序结果。这项研究属于兰花基因组计划（orchid genome project）的最新成果，由清华大学深圳研究生院黄来强教授和国家兰科植物种质资源保护中心暨深圳市兰科植物保护研究中心刘仲健教授领衔完成，参与单位还包括台湾成功大学、中国科学院植物所、比利时根特大学、深圳华大基因研究院、华南农业大学林学院等多个研究团队。这项研究完成了小兰屿蝴蝶兰（*Phalaenopsis equestris*）全基因组测序和组装。小兰屿蝴蝶兰共有29431个蛋白编码基因。这些蛋白编码基因的平均内含子长度达到2922碱基对，这一长度显著超过了迄今为止所有植物基因组中平均内含子长度，进一步分析发现蝴蝶兰内含子中的大量的转座元件是蝴蝶兰超长内含子的主要原因。研究人员发现兰花基因组中重叠区域可能是由杂合产生，在参与自交不亲和途径（self-incompatibility）的基因中尤为富集。这些基因也是下一步分析兰花自交不亲和作用机制的候选途径之一。研究人员在小兰屿蝴蝶兰中发现了一种兰花特有的古多倍化事件（paleopolyploidy，古代植物细胞中基因成倍复制），这也许能用于解释为何兰花会成为地球上最大的植物家族之一。研究人员还通过比较其他植物基因组同源基因，发现随着兰花品系发展，出现了基因重复和CAM基因丢失的现象，这表明基因重复事件可能导致了蝴蝶兰CAM光合作用的演变。此外，MADS-box C/D-class，B-class AP3和AGL6-class基因出现了扩增，形成了多样化家族，这些基因帮助兰花形成了高度特异化的花朵形态。

在牡丹基因组研究方面，通过深圳华大科技人员与洛阳农林科学院技术人员的共同努力，完成了对1000份牡丹种质资源和120份杂交后代的单个样本的基因组测序分析，获得了3500 G的测序数据，取得了重要的阶段性研究成果，对牡丹资源分类和品种选育改良具有重大的科学意义。洛阳市人民政府与华大基因合作进行的牡丹基因组学研究成果，取得了5项世界领先：第一次系统性进行了牡丹种质资源研究，摸清了牡丹“家底”；第一次绘制出牡丹聚类树，搞清了牡丹“亲缘关系”；第一次大规模开发出269万个多态性的SNP分子标记，绘制了牡丹DNA指纹图谱，为牡丹品种办理了“身份证”；第一次定位牡丹农艺性状相关基因，明晰了分子育种“路径”；第一次绘制出牡丹高密度遗传连锁图，为牡丹基因组图谱绘制“奠定了基础”。

中国科学院武汉植物园研究人员与国外多家科研机构合作，顺利完成中国莲的基因组测序，构建了首张中国莲全基因组图谱，相关论文在线发表于《基因组生物学》杂志。莲属包含中国莲和美洲莲两个种，前者广泛分布于中国、印度、日本等亚洲国家，后者主要分布于北美洲和加勒比海。我国是世界莲花起源和种植中心之一，早在7000多年前的河姆渡文化遗址中就发现莲的遗迹。莲基因组的成功测序标志着水生植物、水生经济作物的研究进入基因组学时代。该研究为功能基因组学、发掘新基因提供了序列和基因资源。此前由于没有基因组序列，也没有序列背景比较清楚的近缘物种，莲的新基因发掘进展异常缓慢。莲基因组草图从多个方面将大大促进新基因克隆。基因组测序便于遗传作图、促进莲分子育种。在比较基因学和进化学方面，研究人员通过莲基因组中存在的各种生物进化的“蛛丝马迹”，结合其他物种的类似证据，整理出被子植物的进化脉络。

2.3.2 分子标记辅助育种

中国科学院植物研究所建立了牡丹基因组SSR富集文库，结合454高通量测序技术，获得牡丹基因组中的237134个SSR位点，其中复合型占43%，1–4碱基重复单位的SSR占全部99.8%；42111个含有SSR的序列与拟南芥编码基因具有很高的同源性（BMC Genomics 2013, 14: 886）。从牡丹cDNA文库中的EST序列开发了TRAP分子标记，获得了14个TRAP标记，建立了TRAP标记的技术平台。选择56个牡丹品种及野生种进行TRAP实验，多态性在92.9%以上，获得了上述材料的TRAP指纹图谱。同时，建立了EST–SSR分子标记技术平台，获得9个分辨率较高的SSR标记，对56个牡丹品种及野生种进行EST–SSR分析，得到33个等位基因，这些SSR标记可以有效解决育种上的同物异名和同名异物问题。这两项技术获得了国家发明专利。

近年来对于SSR标记，研究了紫斑牡丹实生群体中其易扩增性和多态性，发现有38对SSR引物可以扩增出产物，扩增率为48.1%，并且筛选出了11对多态性较好的引物可用于紫斑牡丹的关联分析研究。对于建兰，同样研究了其基因内部SSR标记的开发，选取30个SSR引物在10个品种中尝试扩增，结果发现22对引物成功扩增，其中有12对引物具有多态性，可以用于其遗传多样性、图谱构建和基因定位等研究。北京林业大学以“凤丹白”M24和中原牡丹“红乔”杂交获得的F_1群体为作图材料，采用SLAF–seq（Specific–

locus amplified fragment sequencing）简化基因组测序技术和简单重复序列（SSR）分子标记技术，构建了第一张牡丹高密度遗传连锁图谱，继而开展了牡丹重要表型性状的数量性状位点（QTLs）定位研究。

在 ISSR 分子标记技术的运用方面，对中国兰春剑“隆昌索”、春兰“宋梅”茎尖诱导分化并经多次几代培养的组培苗进行了基因组 DNA 分析，结果表明组培苗的遗传物质稳定，在 DNA 水平上未见明显差异，保持了母株的特性。分析 89 个内国外牡丹品种的 ISSR 遗传多样性，结果表明，多态性条带占 94.15%，能将不同来源的品种区分开，品种相似系数平均为 0.5722，因此，ISSR 技术对牡丹种质资源具有较高的区别效率，且该技术开发费用较低，具有较大的应用潜力。

运用 SRAP 技术对部分引进的百合品种进行分子标记，结果发现百合粉色系原生种与浅粉 / 白色系列的东方百合杂交品种为一个亚类，验证了东方百合来源与我国原种杂交后代的理论。以此方法，2014 年对鸡冠花诱变选育系进行分子标记分析，26 个引物组合共扩增出 129 个位点，其中多态性位点为 29 个，通过聚类分析，将“荣华”单独聚为一类，“霞光”“彩虹”和“骄阳”聚为一类，与农艺性状分析结果一致，说明了 SRAP 鉴定可以作为新品种鉴定的依据。

通过上述 RNA 提取方法和分子标记方法，对建兰“铁骨素”进行了转录组的测序，发现了 158 和 119 个分别与花器官发育和开花相关的基因。

以四倍体古老月季品种“云蒸霞蔚”及四倍体现代月季品种“太阳城”作为亲本，杂交得到遗传作图群体，利用 AFLPs 及 SSRs，通过 JoinMap 5.0 软件构建了至今为止密度最高的月季四倍体遗传连锁图谱，将 298 个多态性位点定位于母本“云蒸霞蔚”的 26 条连锁群上，295 个多态性位点定位于父本“太阳城”的 32 条连锁群上。“云蒸霞蔚”及“太阳城”图谱各自整合后分别覆盖基因组长度 737 cM 及 752 cM。两个亲本间图谱整合后共计得到 7 个连锁群，295 个多态性位点覆盖基因组长度 874 cM，标记间平均距离为 2.9cM。筛选得到了一系列多态性高的蔷薇属 EST-SSR。通过 EST 序列开发设计 SSR 引物并在群体中扩增验证其多态性。在最终得到的整合图谱上分布有 108 对新开发的 EST-SSR，共计 149 个位点，约占全部位点数量的 50%。通过 2 年共计 5 次对作图群体花期表型进行田间调查统计以及数据的处理分析，在最终的整合图谱上初步定位了与控制花瓣数量及花色相关的染色体区间 9 个。在初始图谱上检测到的 7 个与控制花瓣数量相关联的 QTL 能够解释表型变异率 12.1% ~ 68.7%。此外，定位得到的与花色（黄色或粉色）相关的 QTL 位点，均能稳定地检测到且可靠性极高。（于超，2015）。

创建了非洲菊后代分离群体，对非洲菊抗白粉病进行了遗传分析、QTL 定位和细胞学观察。共获得 84 个非洲菊 RGCs。选取 15 个非洲菊 RGCs 序列设计引物，以非洲菊高抗白粉病品种 UFGE4033 和高感品种“Sunburst Snow White”为材料，共开发 1 个 SCAR 标记，11 个 CAPS 标记和 242 个 TRAP 标记。TRAP 标记中，每对特异引物可平均扩增出 28.5 个 DNA 片段（50 ~ 700 bp），平均有 1.8 个 DNA 条带在 UFGE4033 和“Sunburst

Snow White”中有多态性。这有多态性的DNA条带将用于非洲菊抗白粉病分子标记（宋晓贺,2013）。

彩叶芋RGCs序列分离克隆中，选用14个抗病基因简并引物，以4个彩叶芋品种为材料，应用PCR方法共获得71个彩叶芋RGCs序列。获得了8个彩叶芋品种的聚类图，将供试材料分为两个主要类群。这些结果有助于有目的地选择和保存彩叶芋遗传种质资源，减缓多样性的丧失。UFGE31-19是从2000多个非洲菊品系中筛选出来的抗病品种，UFGE4033是UFGE31-19与高感白粉病品种UFGE35-4杂交后代选育出来的抗白粉病品种。历时近15个月的群体抗白粉病调查结果显示，自然发病条件下，群体单株的严重度呈连续分布，分别有两个峰值，说明非洲菊UFGE4033和UFGE31-19对白粉病抗性属于数量性状遗传，可能存在主效抗白粉病基因。共选用648对引物，包括15对非洲菊RGCs序列、99对EST-SSR序列、518对TRAP引物，在抗病亲本、感病亲本、PM-R池和PM-S池中共鉴定出17个多态性片段，其中有11个引物组合属于同一个连锁群，检测到2个与非洲菊抗白粉病相关的QTLs，共有71.1%的表型变异。组织学观察表明，*P. fusca* 在UFGE4033和“Sunburst Snow White”上分生孢子的萌发、附着胞的产生和次生菌丝的形成均没有明显差异。*P. fusca* 在不同侵染类型植株上的差异在于菌丝的分支数、菌丝的线性长度、单菌落产孢量（宋晓贺，2013）。

以郁金香 *Tulip gesneriana*“Kees Nelis”和 *Tulip fosteriana*“Cantata”种间杂交 F_1 代为作图群体，基于SNP、SSR、AFLP和NBS标记，采用双拟假测交策略，首次构建了双亲遗传连锁图谱，对郁金香基腐病和灰霉病进行了抗性鉴定和QTL定位分析，同时利用SNP标记对72份郁金香种质进行了遗传多样性和亲缘关系分析。采用KASPar基因分型技术，利用316个SNP标记（151个KN_SNP，165个CA_SNP）对郁金香杂交 F_1 代及亲本进行分型，共有275个具有多态性，其中122个KN_SNP只在母本中多态，121个CA_SNP只在父本中多态，仅有1个KN_SNP和4个CA_SNP在双亲中都具有多态性。分别利用444和380个在 F_1 代分离的分子标记（SNP、SSR、AFLP及NBS）构建了母本和父本的遗传图谱。母本遗传图谱共包含27个连锁群，342个分子标记（SNP，110；SSR，2；AFLP，238；NBS，5），覆盖基因组总图距1707 cM，平均图距3.9 cM，连锁群长度范围17.7 ~ 130.1 cM。父本遗传图谱共包含21个连锁群，300个分子标记（SNP，99；SSR，3；AFLP，190；NBS，8），覆盖基因组总图距1201 cM，平均图距3.1 cM，连锁群长度范围6.7 ~ 122.8 cM。通过连续两年的土壤感病和GFP-tagged *F. oxysporum* 接种两种鉴定方法，发现基腐病抗性在两亲本间差异显著，在杂交 F_1 代中呈连续分布，为数量性状遗传，且存在明显的超亲分离。本研究第一次利用携带绿色荧光蛋白基因（*gfp*）的 *F. oxysporum* 病原进行郁金香基腐病的抗性鉴定，利用绿色荧光蛋白释放的荧光信号对郁金香的感抗水平进行精确的量化。共检测到6个与郁金香基腐病抗性相关的QTL位点。首次采用离体微滴接种法，通过人工测量和叶绿素荧光动力学分析两种途径，对郁金香杂交 F_1 代的灰霉病抗性进行定量分析。利用121个SNP标记对72份郁金香材料进行亲缘关系和遗传多样性分析（唐楠，2014）。

2.3.3 关键基因克隆与功能研究

近年来通过基因克隆和表达分析等方法研究了如梅花的乙烯反应转录因子基因 *ERF* 和垂枝梅花赤霉素 *GA20ox*、*GA3ox*、*GID1* 基因，观赏向日葵类胡萝卜素合成相关酶基因，牡丹的热激诱导表达基因 *PselF5A*，牡丹花发育相关基因 *PsAP2*，洋桔梗开花素表达基因的同源基因 *EgFT*，甘菊控制开花时间基因 *SOC1* 的同源基因 *ClSOC1-a* 和 *ClSOC1-b*，朵丽蝶兰二氢黄酮醇 4- 还原酶基因 *DtpsDFR*，多花水仙 *WD40* 基因。

以 9 个具有不同蓝色色调的葡萄风信子为材料，以 4 个白色葡萄风信子为对照，通过花瓣解剖结构观察，花青素和辅色素成分及含量分析，花瓣 pH 和金属元素测定，系统研究了葡萄风信子蓝色形成的物质基础和理化因素。确定了飞燕草素在葡萄风信子花色形成 / 缺失过程中的核心地位。采用转录组测序建立了蓝色葡萄风信子 *M. armeniacum* 和蓝色葡萄风信子的白色突变体转录组数据库，获得了 90 477 条 unigenes，功能注释表明其中 143 条序列可能涉及葡萄风信子花色形成过程；结合代谢谱信息分析与代谢物质变化研究，初步阐述了葡萄风信子花色代谢途径。结合类黄酮物质测定和生物信息学分析，建立了一套研究花色变异机制的系统方法。提出了白色葡萄风信子蓝色缺失可能是二氢黄酮醇 4- 还原酶（dihydroflavonol4-reductase，DFR）的低表达和黄酮醇合酶（flavonol synthase，FLS）的强烈竞争，两者不同的存在方式和作用是导致白色葡萄风信子无法合成飞燕草素的关键因素的假说；而整个矢车菊代谢途径相对较低的生物通量和下游多级分流是导致红色矢车菊素无法积累的主要原因（娄倩，2014）。

以野蔷薇（又称多花蔷薇，*Rosa multiflora*）及其杂交后代为研究材料，采用 RT-PCR 和 RACE 等技术克隆得到 4 个月季抗白粉病候选基因的 c DNA 和 gDNA 全长序列，分别命名为 *RhMLO1* ~ *RhMLO4*。4 个基因的 cDNA 全长分别为 1779、1767、1692 和 1695 bp，最大开放阅读框分别编码 592、588、563 和 564 个氨基酸。其编码蛋白均包含 7 个跨膜结构域及两个典型的 MLO 模体结构，即 Calmodulin-binding-site（Ca MBD）和 C 末端的 D/E-F-S/T-F 结构域。蛋白分子量分别为 67.79、67.22、64.55 和 64.61 kD，理论等电点分别为 9.53、8.96、9.00 和 9.26。4 个基因的基因组序列长度分别为 6.1、3.7、9.3 和 3.5 kb。序列分析显示这 4 个基因均包含 15 个外显子和 14 个内含子。上述研究结果说明 4 个基因是 *Mlo* 基因家族的新成员。构建了 4 个 *Mlo* 基因的遗传连锁图谱，*RhMLO1* 定位在 5 号连锁群 NBS104-31 与 CAg-ATg355-31 两标记之间，*RhMLO2* 定位在 3 号连锁群上并与重瓣花相关基因 *Blfo* 的遗传距离较近，*RhMLO3* 和 *RhMLO4* 紧密连锁并定位在 1 号连锁群上，该区域附近有月季黑斑病抗性相关基因和白粉病抗性相关数量性状基因。*RhMLO1* 和 *RhMLO2* 在不同组织部位及不同胁迫中的表达模式趋于一致，在不同胁迫下均表现为积极响应诱导上调，并且在受白粉病菌侵染的不同阶段均表现为表达量明显上调趋势，可能在月季与白粉病菌互作的过程中扮演着重要角色。分别构建了月季 *RhMLO1* 的正义表达载体和反义抑制表达载体，并通过农杆菌介导法分别对“白玉”植株材料的体细胞胚进行遗传转化。利用 PCR 法和 FQ-PCR 法对转基因植株进行检测，结果表明目的基因已经整合到转基因植株的基因组之中。分别利用离体鉴定法和显微镜观察法对转基因植株和对照植物进行白粉病抗性鉴定，两种方法显示的结果一致：正义载体的导入使转基因植株白粉病抗性降低，反义载体的导入使转基因植株白粉病抗性增强。该结果说明 *RhMLO1* 在月季与白粉病菌互作的过程中发挥着重要作用（邱显钦，2015）。

以矮牵牛（*Petunia hybrid*）“Primetime Blue”和“Mitchell diploid”为试验材料，通过对蛋白酶体相关基因的筛选，发现蛋白酶体核心颗粒基因 *PBB* 对矮牵牛花朵衰老进程有重要作用，分离得到蛋白酶体核心颗粒基因 *PBB*。使用诱导遗传转化的方法获得矮牵牛 *PBB* 沉默植株。DEX 诱导后，*PBB* 沉默植株的花朵寿命明显延长，花开放时间可达到对照花朵的 3 倍，衰老标记基因 *SAG* 的表达量明显下降。*PBB* 沉默后，赤霉素信号传导过程中的重要蛋白 GAI 蛋白表达水平上升。使用诱导表达遗传转化体系获得 *gai* 过表达植株，植株花朵寿命明显高于野生型，衰老标记基因 *SAG* 表达量低于野生型花朵，与 *PBB* 沉默植株一致。这些结果表明 GAI 蛋白是 *PBB* 影响花朵衰老的靶蛋白之一。在矮牵牛中分离得到 1394 bp 的 *PhFBH4* 基因。该基因在衰老叶片和花朵中高量表达，且被多种激素和非生物逆境诱导。与对照植株相比，矮牵牛 *PhFBH4* 过表达植株花朵中 *SAGs*、*ACO1* 及 *ACSl* 基因表达量升高，且乙烯的生成量也升高，而花朵的开放寿命缩短。*PhFBH4* 沉默植株则表现出相反的表型。这些结果表明 *PhFBH4* 在矮牵牛 PBB-GAI 影响花朵衰老的网络中发挥作用。这一结果与已有的研究“*AtFBH4* 转录因子与 GAI 蛋白互作”的结论相一致（殷静，2015）。

对东方百合“Sorbonne”鳞茎低温冷藏过程中芽的变化，以及鳞茎碳水化合物代谢及内源激素含量的测定分析，确定其在 3 ~ 5℃下解除休眠需要 49 天。对低温（3 ~ 5℃）和常温（20 ~ 24℃）对照以及低温处理花芽分化完成时的茎尖进行转录组测序，获得总非冗余重叠群（unigenes）为 68036 条。将 3 组样品进行比对，得到 unvernalized 和 vernalized 样本的差异基因为 1907 条，其中上调基因为 807 条，下调基因为 1100 条。Vernalized 和 flower differentiation 的差异基因为 3 801 条，其中上调基因为 1 846 条，下调基因为 1 958 条。将 Unigene 进行 COG 功能分类预测，3 个样本中共有 30406 个 Unigene 被注释上 25 种 COG 分类中。将 Unigene 进行 GO 功能注释，得到 60787 个功能注释。随机选择 10 条与成花相关的 EST 序列进行荧光定量 PCR 进行 qRT-PCR 表达分析，其中有 5 个基因（*LoSOC1*、*LoVRN2*、LoFT、*LoLFY* 和 *LoCBF*）在春化样品中的表达量高于未春化样品，而另外 5 个基因（*LoARF*、*LoIAA*、*LoAP2*、*LoFLC* 和 *LoMAF*）则在未春化样品中表达高于春化样品。这些结果与转录组测序结果基本一致。

以 OT 百合杂种系“黄色风暴”（*Lilium*“Yelloween”）为材料，通过同源克隆结合 RACE 技术从花瓣中克隆得到了苯甲酸甲酯合成途径的最后一步关键酶基因，并对该基因的表达模式和功能进行了分析。“黄色风暴”百合苯甲酸甲酯的释放表现一定的时空规律，花瓣是主要释放部位；随开花进程呈现先升高后降低的释放模式；在 1 天中存在明显的动态变化，15:00 ~ 21:00 释放量较高，其余时间段释放量较低。克隆得到苯甲酸 / 水杨酸羧基甲基转移酶基因的 cDNA 全长，命名为 *LiBSMT*，GenBank 登录号为 KJ755672，开放阅读框为 1083 bp，编码 360 个氨基酸，预测蛋白的分子量为 41.05 kD。该基因与其他植物 SAMT，BSMT 和 BAMT 的同源性为 40% ~ 50%，并与水稻 OsBSMT 亲缘关系较近。实时荧光定量 PCR 结果表明，*LiBSMT* 的表达模式与苯甲酸甲酯的释放规律基本一致，在花瓣中表达量最高，在开花过程中达呈现先升高后降低的趋势，在盛花期达到最高，在下午的表达量较高，15:00 时左右达到最高。*LiBSMT* 在淡黄花百合、岷江百合、"黄色风暴"和"木门"中的表达量相对较高，而在青岛百合、"西伯利亚""索邦""穿梭""耀眼"中极低或不表达。由此可以推测 *LiBSMT* 可能参与了苯甲酸甲酯的释放调控。原核表达产生的 BSMT 蛋白具有催化生成苯甲酸甲酯的功能。构建了 pET-28a-LiBSMT 原核表达载体，成功在大肠杆菌中表达了大小约为 40 kD 的蛋白，与预测蛋白大小相近；在诱导后的大肠杆菌培养基中加入底物苯甲酸和水杨酸，反应物萃取后经 GC/MS 分析，表明有苯甲酸甲酯和水杨酸甲酯生成，且苯甲酸甲酯的生成量较高（王欢，2015）。

以百子莲（*Agapanthus praecox* ssp.*orientalis*）为材料，在前期转录组文库获得大量 unigene 信息基础上，利用 RNA-seq 技术对百子莲不同分化阶段花芽基因表达谱进行分析。结果表明，不同分化阶段的花芽间差异基因数量较大，营养芽与其他分化阶段花芽间差异表达基因数量在 4310 ~ 7105 间，共表达基因 1957 个，诱导芽和花序芽中特异性表达基因分别是 2655 和 1895 个。共表达差异基因 GO 功能主要富集在质膜、细胞壁、细胞骨架、结合活性、转录活性、复制、生物调控、代谢过程等。诱导芽与花序芽特异性表达差异基因在转录、蛋白修饰、细胞周期、基因表达和表观遗传调控、花发育以及对刺激的响应过程等方面有很大的差别。鉴定了与拟南芥开花途径相关的 34 个重要开花基因，在百子莲花芽分化过程中大部分呈上调表达。对花期提前明显的变温处理百子莲花芽进行 RNA-seq 分析，与同时期取材温室内样品相比，差异表达基因 2778 ~ 4173 个。调控乙烯信号和细胞分裂素信号的基因上调表达，生长素信号减弱。变温处理过程中有大量的基因参与了光周期及赤霉素信号转导途径，它们可能与百子莲花芽分化具有密切联系。应用 RACE 技术获得了百子莲 CO、FT 和 VIN3 同源的基因，分别命名为 *ApCOL*、*ApFT* 和 *ApVIN3*。实时荧光定量分析表明，3 个基因在百子莲不同发育阶段的组织和器官中表达具有空间差异性。*ApCOL* 和 *ApFT* 在叶片中表达量均高于茎尖，诱导期花芽中 *ApFT* 表达量高于营养期和花芽分化期；*ApVIN3* 在茎尖中表达量受温度的调控，随着低温时间的延长逐渐上升。这 3 个基因可能在百子莲成花诱导的过程中发挥重要作用，可对其功能和调控机理进行深入研究（石玉波，2014）。

以"萨曼莎"月季为研究材料，从月季花乙烯和失水转录组数据库中筛选得到 8 个 HD-Zip I 家族成员的拼接转录本。通过 PCR 初步得到一个响应月季花瓣衰老的 HD-Zip I 类转录因子，命名为 *RhHBl*。其具有 HD-Zip I 转录因子家族典型的结构特征，具有保守的 Homeodomain 和 leucine zipper 结构域。同源性分析表明 *RhHB1* 与拟南芥 *AtHB7* 和

AtHB12 具有较高同源性。洋葱表皮细胞瞬时表达分析表明 *RhHB1* 定位在细胞核内。酵母单杂交实验表明 *RhHB1* 全长和 C 端具有转录激活活性。ABA 和乙烯处理能够显著诱导 *RhHB1* 的表达，同时随着花朵开放程度增加表达也增强，暗示其可能在乙烯、ABA 和花瓣衰老进程方面发挥重要的作用。以月季花瓣圆片为材料，通过观察圆片褪色的速度以此确定花瓣的衰老速度，同时通过可溶性蛋白、离子渗透率、花青素含量和衰老标志基因 *RhSAG12* 的表达测定，发现花瓣圆片的衰老进程比完整的花瓣提前，但各项指标都呈现相似趋势，表明花瓣圆片是一个合适的实验系统。通过病毒诱导的基因沉默（VTGS）方法在月季花瓣圆片中沉默 *RhHB1*，同时分别进行 ABA 和乙烯处理。沉默样本与对照 TRV 相比，同样在 ABA 或乙烯处理条件下沉默的花瓣圆片衰老进程明显延缓。而沉默样本的花瓣圆片处理 ABA 或乙烯，同时再加入 GAs 合成抑制剂多效唑后，沉默样本与对照 TRV 衰老进程并没有表现出明显差异。表明 ABA 和乙烯促进花瓣衰老至少部分通过诱导 *RhHB1* 的表达，并且上述出现衰老进程的差异可能是由于沉默 *RhHB1* 后花瓣具有更高的内源 GAs 含量所导致的。在此基础上发现赤霉素合成关键酶基因 *RhGA20ox1* 在 *RhHB1* 的沉默样本中表达显著上调。沉默 *RhGA20ox1* 后的花瓣圆片表现出促进衰老的表型，同时多效唑处理的结果也相似。进一步检测沉默 *RhGA20ox1* 和多效唑处理的样本中内源活性 GA_s 的含量，结果显示，和对照相比，沉默 *RhGA20ox1* 和多效唑处理的样本中内源活性 GA_s 都显著降低，并且 8 个衰老相关基因在 GA_3 处理的样本中的表达水平显著低于同年龄的多效唑处理和对照样本。表明 *RhGA20ox1* 在月季花瓣衰老中起到重要的作用，并且 *RhHB1* 可能是通过抑制赤霉素合成关键酶基因 *RhGA20ox1* 的表达，导致花瓣内源活性 GA_s 减少，促进花瓣衰老。*RhGA20ox1* 的表达受到 ABA 和乙烯的显著抑制，而在 *RhHB1* 的沉默样本中再施加 ABA 或乙烯后，*RhGA20ox1* 的表达则显著上调，表明 ABA 和乙烯对 *RhGA20ox1* 的抑制是部分通过诱导 *RhHB1* 来实现的。EMSA 和酵母单杂交实验进一步证明 *RhHB1* 能够特异的结合到 *RhGA20oxl* 启动子上的 AATATTATT 9 bp 回文序列上，表明 *RhGA20oxl* 是 *RhHB1* 的直接下游基因。这些结果表明 *RhHB1* 介导了 GA 对 ABA 和乙烯的拮抗作用，在月季花瓣衰老过程中 ABA 和乙烯促进花瓣衰老需要通过 *RhHB1-RhGA20ox1* 这个节点（吕培涛，2014）。

利用 RACE 方法从耐热性较好的麝香百合品种“白天堂”叶片中分离了一个 A_1 类 HSF，命名为 *LlHSFA1*，其 cDNA 全长为 2128 bp，开放阅读框长为 1587 bp，编码 528 个氨基酸。*LlHSFA1* 含有 5 个 HSF 完整的功能域，同模式植物拟南芥、番茄和水稻 A_1 类 HSF 的所有成员相比，与水稻的 *OsHSFA1a* 同源性最高，亲缘关系最近。*LlHSFA1* 的转录水平受高温等胁迫的诱导。常温下 *LlHSFA1* 为组成型表达；经过 42℃连续热激处理后，*LlHSFA1* 在叶片中的表达呈现出“上升 – 下降”交替的变化趋势，其中热激处理 2 小时时表达量最高。此外，*LlHSFA1* 还受到甘露醇和 NaCl 的强烈诱导。*LlHSFA1* 定位在细胞核和细胞质中并具有转录激活活性。在洋葱和烟草表皮细胞中的瞬时表达分析表明，*LlHSFA1* 同时定位在细胞核和细胞质中。通过酵母单杂交试验表明，*LlHSFA1* 具有转录激活活性。在热激处理的早期，*LlHSFA1* 的表达早于 *LlHSFA2*，推测 *LlHSFA1* 可能是 *LlHSFA2* 的上游基因。在烟草表皮细胞中的 BiFC 分析和酵母细胞中的双杂分析表明，*LlHSFA1* 与 *LlHSFA2* 能够发生互作。拟南芥中异源过表达 *LlHSFA1* 提高了植株的高温耐受力。为进一步验证 *LlHSFA1* 的生物学功能，将 *LlHSFA1* 在拟南芥中异源过表达，并选择了 3 个表达量相对较高且存在差异的转基因株系进行表型试验，高温热激下 *LlHSFA1* 能够明显提高转基因株系的高温耐性（宫本贺，2014）。

从麝香百合“白天堂”叶片中分离了一个 *HSP70* 的同源基因，命名为 *LlHSP70*，其 cDNA 全长为 2186 bp，ORF 长为 1938 bp，编码 645 个氨基酸。*LlHSP70* 含有真核生物 HSP70 高度保守的三个家族标签序列，且其 C 端含有胞质 HSP70 的特征基序 EEVD。在进化关系上，*LlHSP70* 与小麦的 *TaHSP70* 亲缘关系最近。*LlHSP70* 受高温诱导表达，，可能是 *LlHSFA1* 的下游基因；在洋葱表皮细胞中的瞬时表达分析表明 LlHSP70 定位于细胞质和细胞核中；酵母双杂试验表明，*LlHSP70* 与 *LlHSFA1* 能够发生互作。拟南芥中异源过表达 *LlHSP70* 提高了植株的高温耐受力。利用 *LlHSP70* 过表达拟南芥进一步分析 *LlHSP70* 的生物学功能，对 3 个表达量较高且有差异的转基因株系进行高温热激处理，*LlHSP70* 能够提高转基因植株的高温耐性（宫本贺，2014）。

甘菊（*Chrysanthemum lavandulifolium*）是菊花的近缘野生种，抗逆性强。为深入研究甘菊的成花机理，利用高通量测序技术获得了甘菊不同发育阶段不同组织及不同光周期处理的转录组信息。测序总计获得了 4 GB 的原始数据，从头组装后获得了 108737 条 Unigene，平均长度为 349 bp。根据蛋白同源性比对，58093 条 Unigene 被注释，从中筛选出 211 条可能与甘菊开花密切相关的 Unigene。从获得注释的 Unigene 库中鉴定了 6204 条编码转录因子的 Unigene，分别属于 57 个不同的转录因子基因家族。通过数字芯片表达谱技术，鉴定了在甘菊现蕾时特异性表达的基因类群，总计有 14406 条 Unigene 在甘菊现蕾时差异显著性表达。甘菊现蕾时，重要的开花基因如 *FT*、*SOC1*、*CO* 和 *FLC*，以及 *MIKC*、*SBP*、*YABBY*、*ARF*、*Dof* 和 *MYB* 类转录因子均出现了差异显著性表达。另外，还用 Q-PCR 技术对验证了数字芯片表达谱技术的准确性。

从甘菊中分离到了 2 个 *P5CS* 同源基因、1 个 *PDH* 基因和 4 个 *ProT* 同源基因（GenBank 登录号：KF743136 ~ KF743142）。表达分析结果表明：*ClP5CS* 呈组成型高峰度表达，而 *ClPDH* 仅在花序中高峰度表达，在多种胁迫条件下其表达被抑制。4 个 *ProT* 同源基因表达模式不一，其中 *ClProT2* 为明显的诱导型表达且其在地上部（尤其花序）中的表达丰度较高。分离到的 *ClPDH* 和 *ClProT* 的启动子序列上包含多个与响应胁迫及植物生长发育相关的顺式作用元件。游离脯氨酸含量测定结果表明：非胁迫下甘菊花蕾和花序中游离脯氨酸含量显著高于其他器官；胁迫后期，中部叶片中的游离脯氨酸含量急剧增加。研究结果预示着脯氨酸转运体在甘菊脯氨酸积累及响应胁迫过程中发挥了重要作用，*ClProT2* 可以作为菊花抗逆性研究及抗逆性改良的优异基因资源。此外，甘菊脯氨酸代谢可能和其开花和花发育过程密切相关。

为了明确脯氨酸代谢在提高抗逆性和调节花期中的双重作用，将甘菊脯氨酸合成酶基因——两个 *P5CS* 同源基因分别转化拟南芥并对转基因拟南芥 T2 代株系进行耐盐性鉴定和生长特性分析，以进一步验证这两个同源基因的功能。与野生型拟南芥和转 pBI121 空载体的拟南芥相比，35S :: ClP5CS1 转基因株系的耐盐性高于对照株系，而 35S :: ClP5CS2 转基因株系的耐盐性略有提高。35S :: ClP5CS 转基因株系的抽薹时间和开花时间明显早于对照株系，但 *ClP5CS2* 在提早开花的作用更为明显。甘菊中两个 *P5CS* 同源基因的功能是不冗余的，*ClP5CS1* 在提高抗逆性中作用明显，*ClP5CS2* 在促进开花中也发挥关键作用。

ClCOL5 基因与甘菊成花诱导过程密切相关，在甘菊中发挥促进成花的作用，而 *ClCOL1* 基因可能冗余地与 *ClCOL5* 基因发挥促进开花的功能。

从甘菊中分离得到一个 *FT* 基因同源基因，命名为 *ClFT*。其主要在叶片和茎尖中表达，且短日照条件下叶片和茎尖中表达量迅速升高，暗示其可能与成花诱导过程密切相关。上部成熟叶片在接受不同日数短日照诱导处理后 *ClFT* 表达量逐渐上升，表明上部成熟叶片是感受短日照的功能叶片。将 *ClFT* 转化拟南芥进行功能研究，共获得了 8 株转基因株系，转基因植株开花期大大提前。对野生型及转基因拟南芥内源 *LFY* 和 *SOC1* 基因表达量进行研究发现，转基因植株内源 *LFY* 和 *SOC1* 基因明显升高。*ClFT* 可以作为改良观赏植物花期的候选基因进一步研究。

从甘菊中分离得到两个 *SOC1* 基因同源基因，分别命名为 *ClSOC1-1* 和 *ClSOC1-2*。两个基因的表达模式和成花诱导过程密切相关，将其导入拟南芥后发现可以促进提前成花，因此可以作为改良观赏植物花期的候选基因进一步研究。*ClFKF1* 基因与 *ClGIs* 基因或单独发挥作用或形成复合物影响甘菊开花时间。对昼夜节律钟输出基因 *ClGI-1* 进行转基因研究发现，过表达 *ClGI-1* 的拟南芥转基因植株开花提前，并且 *CO* 和 *FT* 的表达水平上升，推测 *ClGI-1* 在甘菊中可能通过促进 *CO* 和 *FT* 相关同源基因的表达促进成花。

获得梅花 4 个 miRNAs（miR156、miR167、miR171 和 miR172）分别对 7 个靶基因的精确剪切，并通过 qRT-PCR 验证靶基因在梅花花蕾和盛开花朵中的表达模式。初步探讨梅花 miRNAs 在花朵自然开放过程中的分子调控机制。对梅花花发育过程中发挥重要功能的 miR156a 和 miR172a 表达水平进行了分析，进一步验证了筛选出的内参基因的稳定性。*PP2A-2* 和 *PP2A-1* 基因在梅花花发育过程中表达最稳定，*UBC* 基因在不同基因型中表达最稳定，*UBC* 和 *ACT* 基因在不同胁迫条件下表达最稳定，*TUA* 和 *TEF2* 基因最不稳定。

以梅花基因组为研究对象，通过生物信息学方法对梅花 *PmBAHD* 家族进行了全基因组分析；克隆了 *PmBAHD* 家族基因 *PmBAHD16*、*PmBAHD25*、*PmBAHD73*，并将 3 条基因转入拟南芥进行功能验证。乙酸苯甲酯是影响梅花花香特征的重要成分；梅花中存在 94 条 *BAHD* 家族基因，这些基因在构建的系统进化树上可以分为 5 个组，通过生物信息学的综合分析，梅花特异催化乙酸苯甲酯的基因位于第Ⅰ组和第Ⅳ c 组；通过转基因拟南芥植株与野生型的比较证明 *PmBAHD16*、*PmBAHD25* 能够有效催化苯甲醇，催化效率最高能够达到对照的 5.75 倍，研究认为梅花特异合成乙酸苯甲酯的原因来源于大量

PmBAHD 基因的串联重复。

从梅花基因组数据库中获得 46 个 *GRAS* 基因家族成员，进行了染色体定位分析、基因结构分析和结构域分析。将这 46 个基因与拟南芥中已发表的 34 个 *GRAS* 基因家族成员进行了进化树分析。利用转录组数据，检测了这 46 个基因在根、茎、叶、花和果中的表达量。选取了具有代表性的 24 个基因，在种子萌发，果实发育与花发育过程的不同时期进行了荧光定量分析，结果显示多个基因在种子萌发，果实发育过程中和花发育过程中具有重要作用。*GRAS* 基因家族的基因在光信号转导，GA 信号转导以及种子、根和芽的生长发育中具有重要作用，鉴定出 *GRAS* 基因家族 DELLA 亚家族成员 2 个。DELLA 蛋白是 GA 信号转导通路中的重要转录因子，它与梅花芽休眠打破息息相关。

在梅花基因组数据的基础上，采用本地 BLAST 和 HMMER search 的方法，在梅花基因组中共鉴定了 80 个 *MADS-box* 基因，根据基因组测序结果，75 个梅花 *MADS-box* 基因定位在梅花 8 个连锁群上。基因表达分析表明梅花 *MADS-box* 基因在梅花发育过程中发挥着多方面的作用。部分控制花器官发育的基因在梅花中表现出与模式植物不同的表达模式。

利用 454 测序平台对休眠解除进程中的“凤丹”芽进行了转录组分析，共获得 12345 条 ESTs 并进行了注释，得到了 484 个转录因子相关的基因，为开展牡丹芽休眠解除机理研究奠定了基础。部分牡丹品种常发生“秋发”现象，在晚秋时出现二次开花，如“海黄”，而“洛阳红”一年只能开一次花，以“洛阳红”为对照品种，采集二者发育过程中的花芽进行转录组分析，鉴定了 8 个与拟南芥花发育相关的同源基因，并用 qRT–PCR 进行验证，最终获得 4 个可能在牡丹二次开花过程中起重要作用的候选基因，即 *PsFT*、*PsVIN3*、*PsCO* 和 *PsGA20OX*。为了解外源葡萄糖对牡丹切花花色品质的影响和阐明延长牡丹切花寿命的机制，利用 Illumina 平台对“洛阳红”切花混合花瓣进行转录组测序，结果发现，几个编码参与乙烯生物合成和信号转导的基因大量下调，同时，葡萄糖也可以抑制应激相关的转录因子基因 *DREB*、*CBF*、*NAC*、*WRKY* 和 *bHLH* 的表达，为牡丹切花采后保鲜技术的开发奠定了理论基础。利用高通量测序技术获得了 102 个铜胁迫下凤丹（*P. ostii*）中的 miRNA，其中 30 个 miRNA 与对照相比差异表达，可能与凤丹的耐铜性有关。

中国科学院植物研究所克隆得到了牡丹花瓣中花青苷甲基转移酶基因（*PsAOMT*），开放阅读框为 708 bp，推测编码 235 个氨基酸，分子量 MW:26379.24（约 26.4 kD），聚类分析表明其与 I 类 O– 甲基化酶基因同源性较高。荧光定量分析表明其主要在花瓣中表达，且在不同发育阶段的表达量与花瓣中芍药花素苷（Pn 型花青苷）的积累趋势一致，而与其他类黄酮化合物无明显关联，表明 *PsAOMT* 在花青苷甲基化过程中发挥主要作用。通过对 35S::PsFOMT 株系转基因烟草花瓣的色彩分析发现，过表达 *PsAOMT* 的烟草花色显著向紫色偏移。结合牡丹花色及类黄酮组成分析，研究揭示了牡丹花青素 B 环羟基的甲基化导致牡丹花色的紫色化。进行正向、反向定点突变实验，通过功能鉴定和分析准确找到了调控该酶催化活性的关键位点。研究发现 *PsAOMT* 是决定牡丹花色紫色化的一个关键基因。

2.4 花卉繁殖与栽培技术研究

2.4.1 花卉繁殖技术

我国的花卉市场增速迅猛，因此带来的是对花卉种苗的大量需求。所以近年来我国一直在良种繁育上进行深入的研究，尤其是对组织培养等技术研究甚广。利用离体组织快繁技术已经实现了对许多植物的繁殖，例如木本植物腊梅、东北红豆杉、梅花、柽柳等，使其繁殖不仅仅局限于扦插、嫁接等传统无性繁殖技术。2013发布并实施了农业行业标准——花卉种苗组培快繁技术规程（NY/T 2306–2013），2014年召开的第二届全国花卉标准化技术委员会会议，审定通过了《蜡梅切花生产技术规程》《盆栽竹芋生产技术规程》《四级秋海棠无土栽培技术规程》等多个行业标准，在一定程度上对花卉的良种繁育起到一定的监管和检验作用。

（1）种球生产

我国的花卉种球生产主要分布于东北、西北、福建、云南等地，目前云南已形成了以迪庆、昭通、丽江为主的滇西（东）北球根类种球繁育片区。我国百合、唐菖蒲、彩色马蹄莲等种球生产水平发生巨大变化，自给能力明显提升。辽宁的种球生产面积达到1940.5公顷，占2013年全国种球生产面积的46.49%，已成为我国最大的繁育基地之一。云南种球生产面积为626.70公顷；甘肃、广东和陕西分别为246.80公顷,232.27公顷和200公顷。

近年来，百合种球国产化一直是百合各主产地的科研和生产单位着力研究的内容。仅云南百合的种植面积就达到全国总面积的20%左右。云南玉溪明珠花卉公司运用热处理、茎尖培养和愈伤组织脱毒方法提高百合种球脱毒率和成活率，缩短了种球培养周期。2013年北京林业大学“百合良种选育与繁殖栽培关键技术及应用”成果获得教育部科技进步奖二等奖，建立了一套较好的病毒分子检测和脱除技术，同时有效控制了百合种球的退化。课题组还建立了新型基质、高效营养供给、合理密植“三位一体”的百合生产技术体系，使单位面积切花产量增加15% ~ 57%，产值提高15%以上。制定了百合种球生产技术规程的行业标准（LY/T 2065–2012）。

以“西伯利亚”百合鳞片作为外植体，培养基中蔗糖浓度为3克/升，出芽诱导时间最短（23.33天），诱导率最高（88.91%），平均出芽数也最高（13.78个/每外植体）。在养球阶段，含8克/升蔗糖的培养基，其小鳞茎直径增加最多（350.44%），同时生根状况最好。在光周期为16小时光照/天条件下，分化速度最高（27.60天），增殖系数最高（6.4）；大部分外植体（67.36%）形成的是不定芽，其碳水化合物的积累最多。在连续黑暗下绝大部分外植体（443.70%）直接分化成为小鳞茎。在移栽过程中，光照培养条件下的小鳞茎成活率最高（66.7%）；在连续黑暗条件下培养的小鳞茎其移栽成活率为53.3%，而在光照条件下分化、黑暗条件下养球获得的小鳞茎，成活率最低（26.7%）。

完善了我国北方地区郁金香露地种球扩繁的方法，制约我国郁金香产业发展的主要原因是我国使用的郁金香种球基本完全依靠国外进口，增加了资金投入，同时每年更换种球也不利于可持续发展。

（2）种苗生产

2013 年，我国鲜切花种植面积已经达到 5.14 万公顷，比 2012 年增加了 3546.57 公顷。云南、广东和江苏都是我国重要的鲜切花主要产区。在菊花上，实现了专业化和规模化的插穗生产，每年插穗出口量达 1 亿多支；在月季切花的生产中，对其无土栽培生产技术进行了系统研究，开发了适宜不同地区的月季切花无土栽培基质和营养液配方，建立了混合基质结合组装型栽培槽和开放式营养液供给的栽培模式。在环境控制方面，建立了日光温室切花月季光合作用、温度和 CO_2 浓度环境因子模型，计算出冬季晴天条件下，月季最佳生长温度为 22.4℃，并建立了根际加温技术，大幅提高了切花月季的产量和质量。

盆栽花卉的种苗生产和销售也在持续生长中，主要集中于广东、四川、陕西、江苏、福建、辽宁、湖南、河南、湖北、江西和浙江等地。2013 年我国盆栽花卉种植面积达到 1.30 万公顷。在进一步增加花卉种植面积的同时，按照“适地适花”和“市场引导”的原则进行生产结构的调整，形成标注化、规模化、产业化和集约化生产。北京林业大学开发出牡丹盆花冬季催花生产技术和无土栽培技术体系；建立高效的牡丹种苗繁殖生产技术，获得多项专利及科技奖项。

建立了盆栽瓜叶菊快速繁殖体系，并申请了专利：①以瓜叶菊种子作为外植体，接种于种子萌发培养基上萌生为无菌苗；②将去根无菌苗接种于丛生芽诱导培养基上诱导培养丛生芽；③将丛生芽切下后接种于壮苗培养基上进行壮苗培养；④将经过壮苗培养的芽苗的叶片、叶柄剪切后接种于愈伤组织诱导培养基上诱导生成愈伤组织；⑤将诱导的愈伤组织剪切后接种于愈伤组织增殖培养基上进行愈伤组织的增殖培养；⑥将增殖后的愈伤组织接种于不定芽分化培养基上进行不定芽的分化培养；⑦将不定芽接种于不定根生根培养基上诱导培养不定根；⑧炼苗移栽。平均诱导生根率达到 94.68%，移栽成活率达到 100%，可进行规模化、工业化生产。

制定了萱草种苗生产技术的行业标准（LY/T 2063–2012）。

（3）花卉制种

我国的花卉制种行业集中在内蒙古、甘肃和广东。内蒙古生产面积 933.00 公顷、甘肃 730.30 公顷、广东 718.40 公顷。近年来，我国种子用花产业动荡剧烈，价格不稳，产业基础十分薄弱。

目前我国的制种企业数量增长明显，使原本大量依靠外来进口的草花种子行业逐渐转向国内外结合的局面。广州怡华园艺培育出矮牵牛新品种 12 种，最近又推出了丽格海棠、舞春花、小丽花、倒挂金钟等。江苏省大丰市盆栽花卉研究所育成花毛茛和香石竹新品种，花色艳丽，花形较好。浙江虹越公司的仙客来“哈里奥”系列和“拉蒂尼亚”系列品质优秀，植株强健。

2.4.2 花卉栽培技术研究

（1）盆花温室栽培技术

芍药作为我国传统名花，其产业化生产一直是近年来研究的热点为题。目前研究了芍药的无土栽培技术，并于2013年申报为国家专利。使用该方法生产的芍药“大富贵”盆花，产品在北京地区花期比大田花期提前50～60天，成品率达100%，每盆开花5枝以上，花径在12～15厘米，株高为50～65厘米，花色和花形正常，可以作为芍药“大富贵”无土盆花产业化生产使用。

盆栽小月季作为观赏时令盆花逐步热销，近年来研究建立了盆栽小月季品种的温室栽培技术体系，对于温度控制、湿度控制、光照控制等均有明确的标准。

月季形成盆栽且株形较小要经过3次修剪：初现花蕾时第1次修剪，1周后进行第2次，之后再过3～4周进行第3次。

研究建立了大花蕙兰设施生产高效基质和配套养分供应技术，使用生物菌剂EM菌、木醋液处理加快松树皮发酵过程，最快90天后就可发酵完成。如果发酵前添加碱处理，可使发酵时间缩短为50天，提高水肥利用率15%～20%。另外，从辐热积法预测花期、上山越夏提高成花率、精确调控花期3个方面对大花蕙兰栽培进行精准调控，集成大花蕙兰设施花卉花期精确调控技术，成花率提高15%～20%。

通过不同的栽培管理措施对未经高山越夏的大花蕙兰进行花期调控，并提高大花蕙兰的成花质量，解决大花蕙兰的花后催生叶芽的技术，可以作为是一种简单有效的新技术在生产中大规模应用。

（2）宿根花卉栽培技术

北京地区宿根花卉的项目针对我国缺少自主知识产权的宿根花卉品种、种苗生产和应用技术落后等现状，经过十余年系统研发，在种质创新、标准化生产和园林应用方面取得重要进展，提升了宿根花卉多样性及产业化水平。创新繁育技术，实现标准生产。研发打破种子休眠的关键技术，使发芽率达90%以上；建立以花丝等为外植体的萱草组培快繁技术体系，利用低能耗光源及无糖培养技术，移栽成活率提高到95%以上，缩短生产周期35%～50%，繁殖效率提高10倍以上。创新蕨类孢子繁殖技术，繁殖系数比传统方法提高15倍以上；发明蕨类体胚发生技术，比孢子繁殖效率提高5.6倍以上。建立种苗标准化生产体系，促进产业升级。该项目获得了北京市科学技术奖二等奖，为宿根花卉的栽培应用开拓新的途径和思路。

（3）花卉栽培基质研究

研发了班克木培养基、丽格海棠栽培基质、金边虎皮兰的无土栽培营养液、樱花的无土栽培基质、蕙兰的无土栽培营养液、一品红的栽培基质、墨兰的栽培基质、芍药的栽培基质、高档花卉专用的无土栽培基质、山茶工厂化盆花的栽培基质：其组分按重量计为：珍珠岩20%～25%、火山石10%～15%、活性物质3%～5%、全营养缓释肥5%～7%，余量为腐叶土。营养基质含有植物所需的各种营养元素，而且缓慢释放，易于使用，不需要营养液，可以直接浇灌清水，适合作为山茶工厂化栽培的营养基质。

（4）设施生产环境综合精准调控技术

芍药设施生产中的温度控制：芍药上盆后，放置于室外接受自然低温，待温度降至

0℃之后保持 40 ~ 60 天；室外温度低于 –4℃时用草席覆盖于种植盆上以免植株受冻，或将盆移入温室；温室不加温，使温度保持在 –4 ~ 4℃ 40 ~ 60 天；之后进行人工加温，加温第 1 ~ 7 天，日温控制在 10 ~ 15℃，夜温 5 ~ 10℃；第 8 ~ 17 天，日温控制在 15 ~ 20℃，夜温 10 ~ 15℃；第 18 ~ 35 天，日温控制在 20 ~ 25℃，夜温 10 ~ 15℃；第 36 ~ 45 天，日温控制在 25 ~ 28℃，夜温保持于 15℃；第 46 ~ 60 天，未售出的产品，日温控制在 20 ~ 25℃，夜温保持 15 ~ 18℃；待室外平均温度稳定于 25℃时，撤除温室塑料棚膜，或将盆花移出温室，放于通风平坦开阔的地方。光照控制：当芍药植株移入温室全部萌芽后对其进行补光，使植株顶部光照强度达到 200 微摩尔 / 平方米・秒，补光时间为 6:00 ~ 8:00，和 16:30 ~ 19:30。水分及湿度控制：种苗上盆后浇水，之后保持基质湿润，加温催花过程中温室湿度控制在 40% ~ 60%。

温室调控装置的智能控制系统：一种花卉大棚智能控制系统，属于花卉生产领域，其特征在于包括数据采集单元、控制单元、输出单元和上位机，所述的控制单元分别与数据采集单元、输出单元和上位机电连接，所述的数据采集单元包括空气温湿度传感器、土壤水分传感器、信号调理电路、二氧化碳传感器和光强传感器，所述的控制单元包括主机、无线通信模块、从机、通信接口和控制电路模块，所述的输出单元包括加热系统、通风系统、渗灌系统、补光系统、LCD 显示和报警器。本发明提供了一种利用无线技术、成本低廉、参数控制齐全、控制精度高、连接简单的温室大棚控制系统。

（5）高效、节能安全生产标准化配套技术体系

高效、节能、安全的生产主要表现在将新型环保可再生无土栽培基质、配套的高效利用型营养液配方及其供给技术、设施生产环境因子精准调控技术以及生产过程的标准化管理技术进行组装集成及进一步优化和示范。近年来，芍药、牡丹等花卉的配套技术逐步完善。

同时，在花卉生产方面的可持续发展和节能环保上，近几年有着丰富的研究成果，申请了许多的国家专利，为花卉生产的高效节能提供了许多不同的途径。如温室电磁感应加热暖风机、碳晶电热温床育苗技术及碳晶电地热系统、木酢液为基质的高钾有机液肥及生产方法等。

2.4.3 园林应用研究

国外在园林植物应用与园林生态方面的主要研究方向包括有：园林植物景观历史与理论（园林植物景观历史及文化、园林植物景观设计理论、区域性文化与园林植物景观）、植物景观规划与设计（屋顶绿化、植物景观与使用行为、花园设计及营建、农业景观、园艺疗法、园林植物景观与数字化技术、公众参与与郊野公园营建、风景区灾后生境恢复、城市自然植被与生境保护）、园林植物景观与生态（城市园林生物多样性、生态修复、城市园林与环境承载力、城市化与园林、园林可持续发展、城市气候变化与园林植物景观、园林绿地与社会经济、园林绿地生态效益及估算）等方面。“十二五”期间，主要的研究方向有：①植物景观规划设计；②植物应用及植物造景；③植物文化及地域性植物景观

研究；④景观生态修复及植被恢复；⑤植物的生态功能及效益评价等几个方面。科研项目资助来源有国家科技支撑计划、国家自然基金、北京市自然基金等。主要的研究内容有：①重要园林植物种质资源的利用；②园林绿地及植物的生态效益总体评价；③园林植物的专项生态效益评价，如节水功能、降噪功能、滞尘功能、挥发物质等；④园林绿地的植物筛选及群落配置等几个方面。

在园林植物的应用方面，涉及居住区绿地的建设，结合"以人为本"的原则选用合适的植物进行合理配置，符合居住区的设计规范。关注植物的选择、配置比例等，营造良好的人居环境。

通过系统研究，建立了量化的室内观赏植物生态效益评价技术体系、量化的观赏植物影响人体生理健康和心理健康的评价技术体系，建立基于观赏植物—人关系的观赏植物综合评价技术和评价模型。筛选出适于人居环境绿化的综合效益高的室内外观赏植物 200 种，对 260 种树种的综合生态效益进行了测定和评价。研究 51 种植物的主要性状对人体健康生理指标的影响。筛选出景观优美、有益人体健康、综合生态效益高的观赏植物配置组合 75 个，建立人居环境高功效绿化配置技术。对人居环境建设植物应用提供了科学指导。

在花卉应用方面兴起"康复"方向的研究，其中包括"康复花园""园艺疗法"等。康复花园主要以医院庭院为载体，给患者提供良好的医疗环境，减轻紧张情绪，促进患者的治疗康复。

采用植生板、植生毯和植生块三种模式，通过栽培试验筛选出适合我国气候环境的墙面绿化模式及植物。在植生板模式中，八宝景天、"胭脂"红景天、反曲景天和"霍特"匍匐婆婆纳生长适应性较强，景观效果好，可以在室外墙面推广应用；联合勘查加景天枝叶翠绿，景观效果好，可在墙面使用；姬岩垂草和丛生福禄考在墙面条件下生长缓慢，不能形成景观效果，不建议应用。植生毯模式实验中，六棱景天和石景天的成毯效果最好，六棱景天、石景天和"胭脂"红景天混合的成毯效果不佳，不宜使用，最佳植生毯模式为椰丝毯 +2 ㎝基质 + 六棱景天或石景天。

近年来，人们越来越重视植物景观的生态、保健作用，具有挥发性气味的芳香植物备受人们关注。植物挥发性芳香油中的某些成分不仅可以减少空气中细菌、病原体等微生物的含量，还与人体身心健康有着密切的关系。以深圳市常用芳香园林植物黄兰（*Michelia champak* L.）、黄金香柳（*Melaleuca bracteata*）、胡椒木（*Zanthoxylum* "Odorum"）、花叶艳山姜（*Alpinia zerumbet*）、臭草（*Ruta graveolens* L.）和迷迭香（*Rosmarinus officinalis*）为实验对象，采用固相微萃取的方法对挥发性有机物的种类、相对含量、日动态变化和季节变化进行了测定分析，并测试了 6 种植物挥发性有机物的杀菌抑菌效果。

对 6 种深圳常见芳香植物挥发性有机物释放特性及抑菌效果的研究，为科学利用芳香植物构建保健型园林植物景观提供了可靠的依据。

2.5 花卉采后处理与市场营销

2.5.1 花卉采后生理与处理研究

观赏植物的采后科学研究包括鲜切花、球根、种苗等鲜活观赏植物产品的采后衰老机理、采后贮藏技术、采后运输技术、采后预处理技术及采后保鲜技术以及通过遗传工程技术调控采后衰老的多方位研究与技术开发（李雪萍，2013）。

在切花采后处理方面，研究了脱落酸对‘洛阳红’牡丹切花开放衰老进程及内源乙烯释放的影响。结果表明 ABA 可以促进其开放进程，延长最佳观赏期，钨酸钠处理则明显抑制了切花的开放，观赏期较对照组有明显的缩短。同时，外源 ABA 促进了切花早期内源乙烯的释放，而钨酸钠抑制了乙烯的释放。由此可以推测出 ABA 影响了牡丹切花内源乙烯的释放，从而促进开放过程。

为了明确葡萄糖调控牡丹切花衰老的作用机制，选取乙烯敏感型品种‘洛阳红’为试材，研究了葡萄糖对其乙烯生物合成过程和乙烯敏感性的影响。结果显示，葡萄糖持续处理抑制切花花瓣中 PsACS1 mRNA 积累及乙烯合成途径关键酶 ACS 和 ACO 的活性；葡萄糖预处理抑制乙烯对 *PsACS1* 基因表达的诱导作用，表明葡萄糖能够同时抑制乙烯生物合成和降低乙烯敏感性，从而延缓‘洛阳红’牡丹切花衰老进程，延长其瓶插寿命。利用 Illumina HiSeqTM2000 平台测序并与公共蛋白数据库进行比对，获得 33117 个 unigene，构建了牡丹‘洛阳红’切花花瓣转录组数据库。通过分析葡萄糖处理后转录组基因表达变化，得到 173 条差异表达基因，其中 41 个基因表达上调，132 个基因表达下调。利用 RNA-Seq 数据和实时定量 PCR 验证发现，葡萄糖处理显著下调了 1 个编码乙烯生物合成关键酶 ACS 的 unigene 和 4 个编码乙烯信号转导关键元件 ERF 的 unigene 表达，可能是葡萄糖抑制乙烯作用的关键位点。另外，葡萄糖处理同时抑制了 DREB、CBF、NAC、WRKY、bHLH 等胁迫响应相关转录因子基因的表达，表明葡萄糖缓解了多种环境胁迫对牡丹切花的影响。在‘洛阳红’花朵开放过程中，切花内瓣、中瓣、外瓣中花青素苷的含量比在体花朵低 24.49% ~ 38.75%。利用已经构建的‘洛阳红’花瓣转录组数据库分离得到了与牡丹花青素苷合成相关的 5 个调节基因和 6 个结构基因，其中 *PsbHLH3*、*PsWD40-1*、*PsWD40-2*、*PsMYB2*、*PsCHS1*、*PsF3H*1 和 *PsDFR1* 基因在切花中的表达量低于载体花朵，可能是导致切花花瓣中花青素苷含量降低，花瓣颜色变浅的原因。本研究初步揭示了糖类影响牡丹切花采后寿命及观赏品质的作用机制，为牡丹切花采后保鲜技术的开发提供了理论依据。

非洲菊切花容易失水，所以在采后处理上引起人们极大的重视。对于切花非洲菊的采后处理上，首先要将花梗浸入水中，水的 pH 值在 3.5 ~ 4.0 之间。研究表明加入 50 ~ 100 毫克 / 升的漂白粉最适宜，处理时间不能超过 4 小时；若长时间处理，则要降低漂白粉浓度，最高不超过 25 毫克 / 升，最低为 3 毫克 / 升。10 ~ 15℃温度比较适宜，湿度在 70% 以上。保鲜剂的配方为蔗糖 3 毫克 / 升、柠檬酸 150 毫克 / 升、含 7 个结晶水的磷酸氢二钠 75 毫克 / 升组成。

低碳水仙保鲜包装技术作为一项创新型采后保存技术被发明者提出，这一新概念的引入给水仙的保存开辟了全新的视角。它指的是采用一系列先进技术和工艺，将收获的水仙种球进行清洗、杀虫、灭菌以及表面处理之后，采用特定的包装材料和附剂进行包装模压定型，形成复合纸质薄膜包装的商品种球。从而使水仙种球的收获、清洗、杀菌、除虫、包装、贮藏、打破休眠、流通、销售、应用全过程符合低碳、高效和环境安全的基本要求，使水仙种球采后流通环节贯彻了低碳经济的基本理念。该技术可平均减少单个水仙种球泥土 180 克左右，减少种球包装重量 95% 以上。从而可减少种球体积、贮藏空间、包装箱体积 40% 以上，降低运输成本 50% 左右，减少消费地水仙生活垃圾 80% 以上。同时，可避免病虫害传播，降低水仙种球生产过程的植保费用，解决种球出口的检疫问题，有望提高水仙种球的商品价值 20%。

2.5.2 *花卉产品市场营销与国际贸易*

我国花卉市场建设已经初具规模，2013 年统计得到，我国花卉市场已有 3533 个，相较于 1998 年增加了 123.2%，同时除了传统的花店和各大批发市场以外，大型超市、酒店、社区、医院、学校等地区的花店、园艺超市、花园中心等逐步走上市场中心。目前我国已经拥有 23021 家花店；花店信息完整且经营比较稳定的有 17001 家，占全国花店总数的 73.85%。我国各省（区、市）的花店发展极不平衡，广东、北京、浙江、江苏、山东、四川、上海占到全国花店总数的 53.76%；经营规范、稳定、高效的中国花卉协会零售业分会的会员花店，绝大多数分布在经济发达地区，如广东、上海、北京、南京、天津、厦门、山东、浙江的会员花店占全国 60.24%。

网络花店、鲜花速递等新兴零售业态日益兴起，目前网络花店已达到 2000 余家，零售规模达到 40 亿元，年增速超过 50%。除了网络营销外，花园中心在国内也是一种全新业态，如北京的世纪奥桥园艺中心、浙江虹越·园艺家、上海溢柯、杭州青山湖等为代表的花卉超市和花园中心兴起。

截至 2013 年，我国花卉出口额高达 6.5 亿美元，是 2010 年的 23 倍。花卉出口种类不断丰富，其中以云南、浙江、海南等地为切花出口中心，福建、广东等为盆栽花卉出口中心。产品遍及韩国、日本、荷兰、智利等多个国家和地区。

在世界花卉新品种知识产权日益加强的背景下，为了摆脱依赖购买外国品种的被动局面，提高花卉出口量，云南锦苑公司与多个国际育种商进行育种合作，代理荷兰 Schreurs 公司玫瑰品种 200 多个，非洲菊品种 98 个。与法国 Delbard 公司合作试种新品种 70 余个。福建出口盆栽植物 100 多个种，出口地区包括荷兰、韩国和欧洲、中东地区等 57 个国家和地区。

我国吸引外国花卉企业来华投资，或国内的花卉企业到国外投资兴业。如荷兰 CBTC 国际园艺公司就是国内投资兴建，在2014年成功获得荷兰新培育的郁金香“国泰-Cathay”的独家经营权；山东红梅园艺购进了德国百年高山杜鹃苗圃等都能说明我国花卉产业与国际的交流贸易日益频繁。

2.6 学科建设、研发平台组建与人才培养

观赏园艺学科分布在全国农林院校，如北京林业大学、中国农业大学、华中农业大学、浙江大学、南京农业大学、山东农业大学、沈阳农业大学、东北农业大学、河北农业大学、江西农业大学等等。如南京农业大学园艺学院观赏园艺学科，建有中国菊花种质资源保存中心、梅花品种资源圃，总面积 200 亩，其中智能温室与大棚 36000 平方米，收集保存各类菊花品种及近缘种属资源 3000 余份，保存数量居全国首位。在菊花种质资源收集、保存与新品种选育，红掌、热带兰体细胞胚胎发生与育种及花卉生长发育模拟模型等研究领域有明显特色和优势。

目前我国已有的全国性花卉科技平台包括“国家花卉工程技术研究中心”“国家观赏园艺工程技术研究中心”等，而且全国各地纷纷成立省级、市级的花卉工程中心和实验室。同时在高校领域内，观赏园艺学科也有十分重大的发展与成果。

国家花卉工程技术研究中心实验室总面积约 3000 平方米，有公共测试中心、花卉栽培室、花卉育种室等组成，中心还建有花卉种植创新与新品种培育基地等。

2013 年 6 月 17 日北京市科学技术委员会批准，依托北京林业大学园林植物与观赏园艺国家重点学科，在国家花卉工程技术研究中心实验室基础上组建“花卉种质创新与分子育种北京市重点实验室”。实验室拥有一支以国家重点学科负责人为带头人，以中青年科研人员为骨干的高水平研究队伍。实验室平均每年招收研究生 60 余人，其中硕士研究生 40 余人、博士研究生近 20 人，成为实验室花卉种质创新和花卉育种研究的主体力量，本实验室培养的研究生多已成长为我国花卉科学研究的骨干力量。实验室面积 2200 平方米；拥有荧光定量 PCR 仪、基因枪系统、细胞融合仪、Licor6400 光合仪等仪器设备 218 台套，总价值 2256 万元；建有花卉育种基地 620 亩、研发温室 17800 平方米、冷库 200 平方米、荫棚 2000 平方米、组培炼苗室 600 平方米。

2013 年 4 月科技部批准，依托于云南省农业科学院花卉所组建“国家观赏园艺工程技术中心”。目前，中心建设了种植资源创新与育种、良种高效繁育、标准化生产、产品质量控制等 4 个技术平台，建有细胞与分子育种实验室、组培工厂和采后处理车间等，建成工程化研发及试种基地 3000 多亩。

北京林业大学园林学院园林植物与观赏园艺学科是我国最早成立的同类学科，我国唯一的国家级重点学科。拥有花卉科研基地等 6 个，拥有实验室 2200 平方米，仪器设备 110 台套，总价值 1106 万元。国家花卉工程技术研究中心在全国建有 22 个研发与推广中心，拥有北京市花卉育种创新团队 5 个。

2014 年是中国花卉协会成立 30 周年，举办了第九届中国花卉产业论坛，论坛发表“常州倡议书”，针对我国花卉行业的发展进行分析和提出对策。

中国花协承办了第 66 届国际园艺生产者协会年会，开幕式上国际园艺生产者主席向中国花卉协会会长江泽慧颁发“金玫瑰奖章”，成为我国第一位获得该殊荣的人。福建连

城兰花股份有限公司代表我国花卉企业参加国际园艺生产者协会（AIPH）组织的“2014年度国际种植者”评选，荣获“银玫瑰奖”。2015年年初，北京林业大学副校长、中国花卉协会梅花蜡梅分会会长张启翔教授成为AIPH副主席。

2014年南京农业大学陈发棣教授获得了国家杰出青年科学基金资助，同时入选教育部长江学者特聘教授；2015年中国农业大学马男副教授获得了国家优秀青年科学基金资助。

2014年青岛世园会，完成了2019北京延庆世园会的认可工作，成功举办第十六届中国国际花展，举办首届中国盆景大赛，启动第九届中国花卉博览会申办工作，启动2016唐山世园会筹备工作。顺利完成了2014亚洲杯插花花艺大赛。

在制度建设上，制定了《中国花卉信息工作管理办法（试行）》，是规范花卉信息工作的第一个指导性文件。

启动2015中国千种新花卉计划，高峰论坛在2015年初举办，由北京林业大学国家花卉工程技术研究中心发起，交流各区域特有花卉种质资源研究现状，研讨中国千种新花卉开发策略和实施方案，研讨中国新花卉开发标准以及中国千种新花卉编目提纲，对我国花卉产业的发展有重大意义。

3　观赏园艺学科国内外研究进展比较

目前，我国观赏园艺学科所拥有的基础设施和人才储备、研究手段和研究方法基本达到了世界先进水平，具备了参与国际竞争、攻克前沿难题的能力，并且已经取得了一大批具有国际先进水平的研究成果，为我国的花卉产业与园林绿化事业发展做出了重要贡献。不过，由于起步较晚，我国在培育具有自主知识产权的花卉新品种研究领域的发展相对缓慢和薄弱。同时还存在研究成果转化率低、原创性成果少、资源利用率不高等问题，对于实际生产密切相关的基础问题和具体问题的研究重视程度不够。

而全球花卉产业面临着共同的问题，比如：全球花卉价格持续下降；生产成本普遍提高（农资、地租、劳动力）；能源支出越来越大（周年均衡生产，均衡供应）；消费者对花卉品质要求越来越高，产品的不断更新和质量提高显得更加重要。面对这些共性问题，各国都在利用自身优势，采取相应对策，调整产业结构，开拓国际花卉市场。

3.1　种质资源利用及新品种培育

国际上有许多著名的花卉公司基本都形成一条自有的产业链，将前期的研发育种、栽培生产和销售、后期的养护管理工作结合起来，形成完整的花卉产业布局；对新品种培育十分重视，新产品层出不穷。

德国班纳利（Benary）公司培育的繁星花（*Pentas lanceolata*）耐湿热的杂交一代；金光菊 Denver Daisy、Prairie Sun；大花海棠“比哥”系列等。坂田公司草花新品种：金鱼草

“早生诗韵”“跳跳糖”“花雨”“诗韵”；鸡冠花“彩烛”系列；“赤壁”系列；“世纪”系列杏黄色白兰地；三色堇“魔力宝贝”系列；“超凡”系列；向日葵“文森特”系列；羽衣甘蓝“华美”系列；欧报春“罗曼”系列；四季海棠“大使”系列；“议员”系列；矮牵牛“依格”“梅林”“探险家”“皇帝”“神曲”；花毛茛“花谷”；保尔园艺育出的杂交秋海棠“宏大”系列；彩叶草“多面手”；非洲凤仙“翼豹”；矮牵牛“超级精灵”。泛美种子香彩雀“热曲”系列；杂交秋海棠“龙翅”系列。荷兰富力泰公司育种多头切花菊“碧松”“阿古洛”；德国 Brandkamp 公司的球星小菊“布兰”；法国 Meiland 公司的切花月季“武士”。

每个公司都有自己的特色花卉产品，但对于主流的花卉如百合、月季和菊花等，应用十分广泛，经营的公司相对较多。在这种情况下，从业者则会联合起来开展交流活动，成员共同出资提供科研基金、举办各种活动，协会成员定期进行交流，以此方式，更能使新品种快速的育成，尽快投向市场。

国内花卉资源方面的研究集中在资源收集评价、保存和育种群体构建等方面。我国在育种的研究方面仍然以科研单位和高校为主，部分大型企业也在进行着一定的育种工作，但总体上来说仍然没有形成良好的市场体系。高校、科研单位充分开发种质资源，为品种的创新贡献力量。如北京林业大学经过 25 年的育种研究，以梅花、月季、地被菊、报春花为研究对象，以中国特有花卉资源作为关键亲本，培育出具有我国自主知识产权的花卉品种 48 个，申请发明专利 5 项。在多个花卉物种（类群）的资源收集、评价方面上处于国际领先的地位，收集重要观赏植物的种质资源 7000 余份，收集的种质资源包括梅花 300 份、菊花 5000 余份、紫薇 110 份、牡丹 800 份、百合 260 份、月季 230 份、报春 30 份等。形成了以国家花卉工程技术研究中心为主的种质资源保存基地。但维持经费来源为国家科研经费，经费投入严重不足。

在新品种培育上，传统的花卉种质创新与育种技术如远缘杂交、诱变、体细胞变异等依然是最重要的育种手段。国内外研发工作集中于研究适用、高效的种质创新技术、多性状同步改良技术，利用常规育种技术与现代生物技术相结合快速聚合多种优良性状，研究建立高效的杂种鉴定技术体系。国内在主要商品花卉和传统名花种质创新和新品种培育获得重要进展，建立完善的高效育种技术体系，培育具有我国自主知识产权的花卉新品种 382 个，获得新品种权（国际登录）60 余个，获得一批花卉育种技术发明。

花卉分子育种取得了飞速的发展，成为国内外研发的热点，但是由于花卉作物遗传背景复杂，基础研究较弱，研究集中在重要性状相关的分子机制及关键基因的发掘方面。我国针对重要商品花卉和中国传统名花分子育种基础研究开展广泛研究，通过传统杂交，梅花、牡丹、月季、菊花、紫薇、百合等部分研究基础较好的花卉种类已经开展育种群体的构建，采用分子标记技术进行遗传连锁分析，在梅花、牡丹、紫薇、月季等花卉中构建了高密度遗传连锁图谱。在菊花、百合等花卉的安全转基因研究方面也开展了广泛研究，获得多个菊花转基因释放安全性中间试验许可。

建立了梅花优异种质挖掘和分子标记辅助育种技术，通过梅全基因组测序完成，对花香、抗寒性等重要性状进行分子生物学解析，为梅优异种质挖掘和分子标记辅助育种奠定了理论基础；牡丹方面，利用 SSR 分子标记对分离群体的亲本进行多态性检测，构建了首张牡丹遗传连锁图谱和紫斑牡丹关联分析群体，研究得到了多个 SSR 标记 - 性状关联组合，挖掘出一批调控牡丹花发育、花期、花色、花型、切花衰老等等性状有关的基因；建立紫薇遗传连锁图谱，深入研究与紫薇株型、花色、花期等紧密连锁的分子标记；建立百合种质系统评价、保存和多倍体育种技术，结合形态特征、观赏性状、抗性、分子标记和以 FISH 技术为主的细胞学特性，研发了品种和野生资源系统评价的技术体系，建立了百合高效的多倍体诱导技术、2n 花粉筛选技术。测定分析了重要芳香花卉种质（神农香菊、百合、紫薇）的香气物质成分，克隆相关代谢通路主要调控基因并分析了其功能，为花卉花香调控奠定了基础。

花卉遗传基础方面的研究主要集中于花色、花香、花期、株形、采后寿命等重要性状的形成机理及遗传规律研究，研究种类主要集中在梅花、菊花、月季、百合、报春等花卉种类，研究内容主要多为根据模式植物的研究思路和结果，克隆基因并进行功能验证。在抗逆性方面，通过正向和反向遗传学的手段对花卉重要病害的调控机制进行了研究，如月季白粉病、黑斑病等。随着组学技术的发展，我国完成了首个花卉（梅花）的全基因组测序和精细图谱的构建，在此基础上，对梅花花香、垂枝性状、开花相关观赏性状开展了系统研究，研究水平居国际领先。目前，一些重要花卉也正在或计划开展全基因组测序工作，包括荷花、菊花、月季、兰花等，这些工作的开展将为花卉育种研究奠定坚实的基础。花卉育种基础研究总体落后于模式植物和农作物。在基因组学研究方面，我国在某些方面与世界发达国家水平持平。在下游的花卉分子育种研究方面，国内外基本处于同等水平，但我国在遗传基础研究方面积累还比较薄弱，通过努力基本可以赶上甚至可以超越世界发展的水平。

3.2 花卉新品种的产业化及商品化

在近几年，南非涌现一大批种植帝王花的苗圃和公司，由于气候等条件适宜，南非帝王花产量高，瓶插寿命良好，企业利益巨大。在生产设施方面，一个专业的生产单位具备生产、收获、包装一体的场所；同时建立良好温度控制的设施。在基质准备方面，帝王花的要求比较严格，最重要的是排水良好，所以企业选择排水优良的基质，结合优良灌溉水源进行生产，需要土地灌溉许可证。在产品出口方面，南非帝王花大部分面向欧盟市场，所以应用先进的温度冷藏控制技术解决在飞机和轮船上的保鲜问题。

我国以帝王花、澳蜡花、班克木、针垫花等原产南非和澳洲的特色木本切花为研究对象，通过系统的种质资源收集和评价，筛选出一批适于云南气候特点的优良品种（系），研发出配套的种苗高效繁殖、切花生产和采后处理等关键技术，建立了新型木本切花标准化生产技术体系。申请专利 11 项，获得国家发明专利 5 项、实用新型专利 5 项；制定企业标准 6 项；培训技术人员 280 人，带动农户 120 余户；推广生产新型木本切花 900 余亩，三年累计繁殖切花种苗 122 万株，生产切花 337.4 万枝，实现直接经济效益 2806 万元。丰富了我国切花产品和园林绿化植物种类，推动花农增收致富。

比利时的杜鹃花产业近几年飞速发展，体系趋于完善。在品种创新方面，比利时东弗兰德省农渔业研究所已经收集了 300 余个品种，每年 12 月到翌年 5 月进行杂交后代筛选，经过一系列的选育后扩繁申请新品种保护。同时为加快推广应用，结合当地的种植户共同进行杜鹃花创新及繁育工作。在生产环节上，当地企业已经形成产业链，育苗、生产、催花、销售等各个环节均有相应企业负责。如负责育苗的瑞夫·格森公司、负责成品盆花生产的布洛克公司、催花企业 BEA 等。在此之上，比利时还有杜鹃花质量认证系统。非营利机构 VLAM 下属的 PAK 项目就是杜鹃花质量项目，旨在对各个企业生产的杜鹃花进行统一的质量评级和认证工作。值得注意的是，比利时还设有独立的杜鹃花外包装生产公司——花中女王，在视觉上提升花卉的品质，使其档次进一步提高。

传统的花卉生产大国荷兰、英国、日本等都有一套完备的产业化系统，而我国也在此方面加大力度，在云南一些大型花卉企业也已经初步形成了此种生产销售链，使花卉行业向产业化发展。

美国芍药苗圃有 50 余家，主要集中分布在美国东北部、西北部和阿拉斯加州，土壤肥沃，暖下冷冻，大多是家族企业，根据营销种类的不同主要分为：只出售芍药的苗圃、农场性芍药苗圃。特点包括：自然和谐、简单务实的追求；规模较小，私人经营；特色突出，实现多样化发展；科技对产业支撑作用明显。

我国已选出适于设施生产的观赏芍药品种。以 10 个芍药品种为对象，在日光温室中进行栽培实验，系统考察了芍药在温室弱光环境下的生长表现、开花表现，对比大田和设施栽培条件下光合生理、形态结构等方面的差异，寻找能够反映不同品种对弱光适应能力的指标，并建立品种筛选体系，筛选出“大富贵”和“桃花飞雪”两个较为适合日光温室生产的芍药品种。研究发现饱和光强下的最大净光合速率、表观量子效率、光系统Ⅱ电子传递速率、光补偿点、光饱和点、羧化效率、饱和二氧化碳浓度下的最大净光合速率、光系统Ⅱ最大量子效率、叶绿素 a/b 等 9 个生理指标与不同品种的开花表现具有显著相关性，反映了不同品种对光能利用能力的差异。另外，用变异系数来衡量不同品种从大田栽培转向设施的生理状态的改变，通过相关分析找到 9 个指标，变异系数小的品种对设施栽培条件适应能力更强，生长和开花表现也更好。将以上 18 个生理指标结合花枝性状、花朵性状以及抗病性方面的指标，运用层次分析法建立了设施生产芍药品种的筛选体系，筛选结果与实际栽培筛选结果一致。

我国的芍药苗圃主要集中于山东菏泽、洛阳、安徽亳州，存在的问题包括：缺少专业技术及高素质管理人员；设备落后，不能形成规模化生产；开发利用落后，研究进展缓慢；网络信息建设滞后。面对此问题得到启示，我国应做到科学引导，合理规划；精细管理，专注品质；多元经营，突出特色。

我国在花卉新品种的产业化与商业化当中也表现出良好的态势。例如，北京林业大学培育的抗寒梅花，使梅花的露地栽培区向北扩展 2000 千米，培育的切花月季品种生产的切花 90% 以上出口。建立了适合国情的优质、高效、低能耗的花卉生产技术体系，实现重要商品花卉生产技术的国产化，降低育苗成本 20% ~ 40%、基质成本 15% ~ 56%，提高综合经济效益 15% ~ 30%。制定国家标准 2 项、企业技术标准 31 项。建成生产示范基地 11 个，带动了我国花卉产业整体水平的升级。

3.3 设施花卉园艺产业

世界上最北的国家芬兰，由于地理及气候等多种原因，保护设施对于芬兰的花卉生产极其重要。芬兰约有三分之一的国土在北极圈内，北极的大风、寒冷和阳光不充足，都在一定程度上促使当地温室大棚的使用。特殊气候如暴风雪，考验温室骨架和覆盖材料的抗冲击性和承重性。

在取暖和照明方面，由于芬兰的天然气大多数来自于俄罗斯，所以近年来苗圃中温室的取暖逐步由天然气转向木屑和泥炭取暖，另有一些公司开始使用丙烷取暖，比石油的价格便宜 10% ~ 35%。煤炭并不是芬兰温室设施中热能源的主要燃料，但一些公司使用从波兰进口的煤炭也会比使用其他方式节约成本。

芬兰的温室主要使用 LED 交错光照明，取代了传统的 SON–T 钠光照明。LED 光能能够更深入地进入作物当中，同时产生的热量和传统的 SON–T 相同，在电力成本上节约一定的资金。

近 20 年来，花卉生产发达国家的花卉繁殖与栽培生产方面已经完全实现标准化、集约化生产。信息技术、图像处理技术的使用推动花卉生产实现了机械化和智能化。在系统了解花卉生物学特性和生态习性的基础上建立标准化生产技术体系，推动了花卉种苗生产的发展，包括容器（穴盘）育苗、新型光源（高压钠灯、LED 光源）的应用、容器大苗栽培技术；机器尤其是机器人的使用大大提高了生产效率。在花卉微繁殖方面，大多数花卉已实现了工厂化脱毒苗生产。开发出盆花株高控制的新技术，研制出能够替代泥炭的环保型新基质，研发出一批精准调控水肥管理的技术和设备，开发出一系列实用的生产环境控制软件，研发出许多花卉生产的决策支持系统。新技术的使用，极大提高了商品花卉的生产水平。

3.4 花卉市场信息服务

国际花卉行业的大部分市场集中在西欧国家，以荷兰、德国等为首的传统花卉行业大国竞争十分激烈，但同时其市场流通及产业的正规化十分值得中国借鉴。在 2012—2015 年，经济危机并没有在国际上真正消退，花卉市场也面临着一定的风险，但以德国莱茵・马斯拍卖行为例，2013 年的销售额与 2011 年相比增长了 5.7%，说明通过一系列的调控手段等途径，花卉产业有一定的回暖。

大多数国外的拍卖行都会针对经济和金融问题带来的收益下降而提出对策，如莱茵·马斯拍卖行会组织召开花卉栽培者会议，让花农和顾客的联系更加紧密，同时也针对市场行情对花农进行培训。花卉拍卖行在年度销售报告中对情况进行统计，确保产品销量与市场需求的一致性。

荷兰的花卉行业逐步向在线拍卖市场推进，把现实交易和虚拟交易结合起来，形成一套 KOA（远程销售系统）。据估计，荷兰的拍卖市场上 85% ~ 90% 的切花是通过 KOA 远程销售系统卖出的，25% 的盆栽花卉通过此种方法卖出。以此方法也可实现国家之间花卉市场的沟通，德国莱茵·马斯拍卖行通过 KOA 系统与荷兰的买家联系并取得订单，以此增加销量，但目前运输方面还存在一定的问题。

英国花园中心集团（TGCG）是英国花园中心的统领和合称，旗下主要有 129 家花园中心和 1 个电子零售商务平台，近年来一直在大力发展电子商务，成为线下实体商店的有力补充。该平台提供快递送货上门和客户自行到有库存的门店取货两种方式，全部 129 家实体花园中心实行联网，选择离自己最近的地方取货即可。

美国也是世界花卉市场的主力。从 2012 年的销售数据来看，年花卉产品批发销售总额为 41.30 亿美元，比 2011 年增长了 1%，加利福尼亚州居各州榜首。15 个州中年销售额在 10 万美元以上的企业有 2505 个。

4 观赏园艺学学科发展趋势及展望

进入“十二五”以来，创新成为我国现阶段的重要发展目标，在观赏园艺产业中更是如此。同时，由于人们生活水平的提高，观赏园艺已经渐渐成为我国消费的一大市场。

我国在花卉方面优势众多。首先花卉种质资源丰富，是很多名贵花卉的世界起源中心和野生花卉资源宝库，拥有高等植物近 3 万种，居世界第 3 位，仅兰科植物就有 170 余属 1200 余种，其中特有种达 500 种左右；在 2000 多年的花卉栽培过程中，我国培育出了数千个花卉品种。合理开发利用这些资源，可以培育出具有特殊性状与竞争力的花卉新品种。另一方面，人民生活水平日益提高，城乡居民消费层次和消费结构不断升级，对花卉需求日趋多样化，为花卉消费带来巨大的增长空间。据统计，世界人均盆花和鲜切花年消费额约 20 美元，而我国人均消费水平仅 0.5 美元，市场潜力很大。同时，面对国际花卉行业的形势，我国还有很大的提升空间。

从国际上看，花卉生产潜力巨大，消费需求旺盛。一是花卉产业已经成为最具活力的产业之一。二是花卉生产正在由欧美等发达国家向劳动力和土地等成本相对较低的发展中国家转移，而欧美等花卉产业发达国家不断向种子、种苗、种球和新品种研发等高附加值的产业前端集中。三是发达国家依然保持旺盛的消费需求，中国、印度、俄罗斯和巴西等新兴经济体国家花卉消费潜力巨大。

4.1 观赏园艺学学科发展趋势

4.1.1 花卉资源及遗传育种

面对我国极其丰富的种质资源，进一步保护是现阶段及今后工作的主要方向之一，对于野生种质资源的保护力度进一步加大，调查、收集工作继续展开。同时重要的是，在保护的前提下，选择可利用的优良性状或优良种进行选育工作，通过合理开发利用资源，可培育出具有特殊性状与竞争力的花卉新品种。为人所用才能更好地促进整个体系的发展。

除栽培利用之外，目前也是信息化产业发展迅猛的阶段，所以于此，基因库建立计算机图像管理，以此方法更好的保护和统计植物资源，更系统的开发利用十分重要，是目前发展的重点。

具体包括，以我国重要特色花卉及有潜力的野生花卉为对象，进行种质资源调查、收集，建立重要花卉的种质资源圃（库），研究种质保存的理论和技术，开发新花卉作物；建立优异种质资源筛选、评价技术体系，发掘具有优良观赏性状、商品性状和抗逆性状等的核心种质和育种关键种质；通过遗传重组、基因聚合和种质渐渗手段，结合遗传分析创制具有特殊基因的花卉新种质。对重要的观赏性状形成的分子机理作进一步的分析，以原产中国、具有重要产业地位、研究基础扎实、市场前景好的我国重要特色花卉梅花、菊花、牡丹等为研究对象，利用遗传学、基因组学、蛋白组学、代谢组学、甲基化组等技术，深入剖析调控重要观赏性状（花色、花香、花型、花期、株型等）形成的关键基因及作用网络、观赏器官形态发生与建成及分子调控，挖掘观赏器官形成的关键基因；利用特异资源创造大规模遗传群体，鉴定调控性状的遗传位点并精细定位。

4.1.2 花卉繁殖与栽培

观赏苗木作为目前观赏园艺产业的一大部分创收来源，地位十分重要。在观赏苗木方面，包括种苗繁殖和栽培技术，及园林中的植物的栽培管理技术都是当今发展的主要趋势；商品花卉包括切花、盆花等，商品花卉现代栽培技术的研究一直以来都是人们开发的一个大方向，其中包括现代化商品花卉生产中涉及的花卉高产栽培技术、切花无土栽培技术、盆花无土栽培技术、花期调控技术、花卉贮藏保鲜和贮运保鲜技术、球根花卉的种球复壮等；要实现花卉产业的周年化生产，使其真正形成一个产业流水线，就要开发设施园艺及无土栽培等花卉栽培技术，包括花卉设施、园艺及花卉肥料、花卉生物农药及花卉栽培基质研究等，仍然会是重点。

具体研究花卉远缘杂交不亲和机理及其克服技术，研究配套的花卉制种技术、倍性育种理论和技术，研究分子标记辅助选择、分子设计及基因聚合育种的相关理论和技术，建立传统育种与基因组选择、分子标记辅助育种技术相结合的高效育种技术体系；研究建立重要花卉高效遗传转化体系和安全转基因的技术体系，开发新型花卉转基因技术，搭建关键基因功能验证平台和分子定向育种平台。研究木本花卉（生态功能性园林植物）无性繁殖的技术，花卉脱毒与检测技术及花卉良种组培快繁技术，花卉高效细胞工程技术；研究建立高效的环保型园林绿化苗木、商品花卉标准化化生产技术体系，研究城市特殊逆境园林植物栽培养护技术。

4.1.3 园林生态与花卉应用研究

党的十八大提出，大力推进生态文明建设，把生态文明建设融入我国经济建设、政治建设、文化建设、社会建设各方面和全过程，努力建设美丽中国，实现中华民族永续发展。

生态文明为重的现在，此方面的发展备受重视，主要包括以植物应用为主的规划设计、生态旅游研究，以及观赏植物在改善环境、保护环境中的生态质量与效益的量化研究和环境质量评价、三维绿量的测定、城市观赏植物的多样性、生态多样性与生态效益之间的关系等，城市规划及城市绿地系统规划对生态效益的影响，观赏植物在防沙固尘、阻隔噪音、保持水土、灭菌杀虫、康体保健、调节小气候环境等研究等。

总结起来说，纵观园林行业在园林植物应用与园林生态方面的发展，未来的发展趋势主要包括：

1）多学科交叉发展研究：园林植物应用与园林生态涉及植物学、设计学、生态学等多个学科的知识，融科学与艺术于一体，多偏向于应用层面，未来的发展是多个学科融合、交叉、协同发展。

2）研究植物景观规划与应用设计创新理念和方法：随着栽培、育种技术的不断提高以及人们审美需求的提升，应用于园林中的植物会越来越多，因此，在较大尺度的植物景观规划和较小尺度的园林植物应用设计的理念和方法需要不断更新，创造各种富有生机、舒适而美观的人居环境。

3）研究植物景观的地域性特色：中国园林植物文化底蕴深厚，也是中国独有的区别于国际的一项重要特点，应深度挖掘中国园林植物的传统文化。为了避免景观雷同、千城一面现象，应对植物景观的地域性特色进行深入研究。

4）系统研究景观生态规划与植被修复的理论与实践技术：植物景观及园林生态承担着应对全球气候变化、修复被损坏和污染的土地以及退化的生态系统、构筑生物栖息地等重任。应充分重视园林植物及其群落的生态效益基础研究，形成系统的景观生态规划与植被修复的理论与实践技术，营造良好生态环境。

5）注重城市园林绿地的生物多样性规划，建立稳定的生态系统：继续深入研究园林绿地的生物多样性原理和规划方法，注重用整体性的原则来构建一个植物种类繁多、结构稳定、功能强大的相对稳定生态系统。

4.2 观赏园艺学科发展展望

我国现阶段在花卉产业上存在的问题主要有以下几方面：①品种创新和技术研发能力不强：我国主要商品花卉种、栽培技术和资材等基本依赖进口，种质资源保护不力，开发利用不足，科研、教学与生产脱节现象仍然存在，科技创新能力不强，科技成果转化率较低，具有自主知识产权的花卉新品种和技术较少。②产品质量和产业效益不高：我国花卉生产技术和经营管理相对落后，专业化、标准规模化程度较低；花卉产品质量不高，单位面积产值较低，产品出口量小，国际市场竞争力较弱。③市场流通体系不健全：花卉市场布局不合理、管理不规范和服务不到位等问题依然突出；花卉物流装备技术落后，标准化、信息程度低，花卉物流企业发展滞后，税费负担过重。

产生上述问题的主要原因包括：一是行业管理缺位。花卉行业管理体制和机制不健全，国家和地方政府部门大多没有专门的花卉行业管理机构；花卉行业组织不健全，无专职人员、无经费保障、无办公场所现象突出，难以发挥应有作用；专业合作组织发展滞后，凝聚力与影响力不够。二是扶持政策缺乏。对花卉种质资源保护、新品种选育、技术研发等公益性事业扶持不够；对市场建设、物流配送、社会化服务等产业基础性建设缺乏支持；对花卉品种自主知识产权保护、品牌创建、龙头企业发展等缺乏鼓励性政策；行业投融资和保险体系缺失。三是社会化服务体系不健全。花卉统计渠道不畅，统计系统不健全，统计数据不准确，发布不及时；质量监督和检验检疫检测机构缺乏；花卉标准体系不完善、宣传贯彻执行不到位；花卉认证工作尚未起步；全国性花卉信息服务网络体系缺乏，生产供应与市场需求信息不对称。

而在观赏园艺学科的教育领域也存在着诸多问题，例如重视技术研发，忽视基础研究；研究平台建设需要进一步加强；缺乏青年领军人才，科研队伍不稳定；缺少适合观赏园艺学科的具体特色的科研管理体制等。

目前已制定的未完成任务包括：贯彻落实《全国花卉产业发展规划（2011—2020年）》；加强制度建设，修订规章制度：如《全国花卉种质资源库建设标准》《国家花卉种质资源库认定管理办法（试行）》；制定《国家重点花卉良种繁育生产示范基地认定管理办法（试行）》。全面推动2016年唐山世界园艺博览会筹备工作，推进2019北京世界园艺博览会筹备工作；加快花卉信息化发展步伐，加强网络运营维护工作，加快全国花卉信息平台建设等。

建设的重点有以下几个方面：

4.2.1 主要花卉种质资源保存

在全面调查的基础上，对我国特有花卉种质资源进行保护，依托现有花卉种苗基地和科研单位，建设国家花卉种质资源库90个，到2015年建立40个，2016—2020年建立50个。建设国家花卉种质资源数据库，动态监测我国花卉种质资源消长情况，定期更新及提供可供利用的花卉种质资源信息。

4.2.2 花卉新品种新技术研发

充分利用现有科研院所和大专院校的技术力量，在北京、沈阳、上海、南京、杭州、郑州、武汉、广州、海口、昆明和西安设立花卉新品种新技术研发中心，形成全国性的花卉新品种创新平台，开发培育具有自主知识产权和市场竞争力的花卉新品种350个，到2015年培育150个，2016—2020年培育200个。加快特色花卉关键技术、花卉高新技术研发步伐，降低对国外品种、技术的依赖程度。

4.2.3 国家重点花卉良种繁育生产示范基地建设

依托现有重点花卉苗木示范基地和龙头企业，在全国重点花卉产区设立国家重点花卉良种繁育生产示范基地 100 个，到 2015 年设立 30 个，2016—2020 年设立 70 个，使之成为主要商品花卉新品种、新技术的推广基地，花卉良种繁育基地，花卉产业专业化、标准化和规模化发展的集群。

4.2.4 花卉质量检测和标准认证

在东北片区、中部片区、西南片区、华东片区、华南片区、华中片区和华北片区选择适宜地点，建设国家级花卉产品质量检验检测中心 7 个，覆盖重点花卉产区。健全全国主要花卉标准体系，制修订花卉国家和行业标准 50 项，到 2015 年完成 20 项，2016—2020 年完成 30 项。加强花卉认证工作，提高花卉产品质量。

4.2.5 国家级花卉市场和物流中心

积极推进现代花卉交易市场建设，完善专业性花卉物流体系，成立花卉市场流通行业组织。在主要花卉产地、集散地、消费地建设国家级花卉市场 58 个，到 2015 年建设 34 个，2016—2020 年建设 24 个；国家级花卉物流中心 14 个，到 2015 年建设 6 个，2016—2020 年建设 8 个。

4.2.6 全国花卉信息平台建设

整合现有资源，在重点产区设置信息采集点和信息员，定期报送和发布花卉供求信息，建立国家、省、市、县花卉信息化管理网络，完善花卉统计系统，形成价格指数体系。建立中国花卉电子博物馆，面向大众普及花卉科技知识，弘扬花文化，引导花卉消费。

4.2.7 国家重点花文化示范基地建设

以文化创意产业基地、花卉生产基地、花卉市场和园艺中心等产业基础设施及科技馆、博物馆、展览馆、公园、植物园、教育培训、新闻出版等公益性机构为依托，开发与花卉相关的图书报刊、影视戏剧、音乐动漫等产品，开展传统插花、盆景和植物造型等花卉艺术比赛和国际交流等活动，推广以植物栽培和园艺操作活动为特点的园艺疗法，举办全国性和区域性花卉展会节庆活动，发展以赏花为主题的花卉旅游、休闲和观光活动，充分挖掘花卉的展示、观光、休闲、教育、比赛等功能。全国共设立国家重点花文化示范基地 100 个，到 2015 年设立 50 个，2016—2020 年设立 50 个。

4.3 我国花卉产业发展目标与战略

4.3.1 发展目标

国家林业局 2013 年发布了《全国花卉产业发展规划（2011—2020 年）》，提出 2016—2020 年主要目标是：种植面积保持基本稳定，产业结构更趋向于合理，力争将产学研合并，将前期研发、生产和市场结合起来，形成一条完整的产业链；自 2016—2020 年，我国花卉种植面积预期达到 130 万公顷，新增花卉行业就业岗位 300 万个，专业技术人员在花卉从业人员中的比重达到7%；培育产值超亿元的花卉企业30个，作为龙头企业推进中国花卉行业的进一步提高和发展；现有花卉种质资源得到有效的保护，完善种质资源调查和登记体系；加强前期的新品种选育工作，利用现有和外来的优良种质资源，使我国主要商品花卉品种国有化率大幅度提高；花卉标准体系健全，产业标准化程度大幅度提高，做到生产销售中有规可循；花卉产业基本实现信息化管理，加强网络方面的建设；建立国家重点花文化示范基地50个等。

4.3.2 发展战略

（1）加强花卉品种创新体系

构建以常规技术与高新技术、自主创新与引进吸收、国家级与省（区、市）级科研教学机构相结合的花卉新品种选育与科技创新体系；构建以企业为主体、产学研相结合的繁育推一体化体系；促进科技成果向现实生产力的转化；建立以花卉种植资源保护为首的公共财政扶持机制，形成政策与资金扶持并举，促进花卉新品种的创新。

重点开展乡土观赏植物的优良品种选育与应用、国内外名优花卉新品种的引种与推广、传统花卉品种改良与质量提升、优势商品花卉品种选育和标准化栽培、花卉新品种测试与审定、花卉重要功能基因挖掘与现代育种技术平台建设等。

加强花卉种质资源的保护与开发利用，尤其要加强中国特有的，具有较强抗旱、抗寒和抗病能力的花卉种质资源保护，以应对全球气候变化的威胁。在查明我国花卉种质资源的基础上，开展具有开发利用价值和潜在利用价值的主要花卉品种、重要乡土花卉品种、珍稀濒危花卉种质资源的收集保存工作。在充分评估的基础上，合理收集和引进国外新优奇特观赏植物种质资源。建立国家花卉种质资源保存库和省（自治区、直辖市）级花卉种质资源保存库，以原地保存为重点，原地保存与异地保存相结合，兼顾设施保存，建立健全全国花卉种质资源保存体系，遏制花卉种质资源的流失。根据花卉品种选育的方向和利用目的，进行科学的鉴定和评价，公布全国花卉种质资源重点保护目录。建设国家花卉种质资源动态监测体系，定期更新及提供可供利用的花卉种质资源信息。

根据市场需求，统筹布局、区域协作、优势互补，因地制宜地组织开展花卉新品种选育工作。通过选择育种、杂交育种、辐射诱变育种、航天诱变育种和分子育种等途径，培育新优特花卉种子、种苗和种球。严格贯彻执行《中华人民共和国种子法》，制订和完善花卉品种审定制度和审定标准，加强国家级和省（区、市）级花卉品种审定机构建设。加强主要花卉品种的区域试验和审定工作，加大宣传推广力度，不断丰富和提高花卉优良品种品质。依托国家林业局和农业部植物新品种保护办公室，加快花卉新品种的保护力度和有效保护。

（2）形成花卉技术研发推广体系

建立以产业需求为导向、产学研相结合为基础的花卉技术研发体系；充分利用现有农林技术推广机构，逐步建立起以各级农林研发推广机构为主导，农村花卉合作经济组织为基础，花卉科研、教学等单位和花卉企业广泛参与、分工协作、服务到位、充满活力的多元化花卉技术推广体系。

重点研发花卉繁育、种子种苗生产及配套生产关键技术，包括花卉育种高新技术、花卉良种（种子、种苗、种球）产业化快繁技术、容器栽培技术、设施化商品花卉苗木栽培技术，花卉采后包装处理与保鲜贮运技术等。

开展花卉生产设施设计和建造等方面的技术研发，推进花卉产业配套技术创新。重点是：花卉生产基质、花肥花药、精准节水灌溉技术、花卉专用资材生产技术、花卉专用生产设施技术、节能环保新型冷链物流技术等配套技术研创。

重点突破酶工程、生物工程、现代发酵工程以及新型高效分离、分级、杀菌、防腐、保鲜、干燥等花卉产品精细加工技术，开发新型、高附加值花卉工业产品和医药中间体、功能性健康食品和配料等，开发超高压加工、脉冲电场杀菌、微波真空干燥、超微粉碎等新型加工设备，促进花卉加工业的技术进步和产业升级。

培养面向企业的应用型花卉专业人才，面向生产基地与乡镇，培养技术员层次的专业人才；面向花店等零售业，培训技术能手，持证上岗；开展插花等竞技培训，不断提高我国花艺竞技水平。通过各种渠道组织参加对外交流，有计划有组织地组织跨区域与出国考察、学习，提高各类花卉专业人才的认识与水平。

以花卉基地和花卉企业为载体和平台，以推广花卉主导品种和主推技术为目标，以实施主体培训为手段，提高花卉新品种转化率和花农对科技的吸纳能力，促进花卉知识、技术、信息、服务进村入户。把花农的培训纳入农民培训的整体规划中去，委托花卉协会、农技站定期举办实用技能培训，特别是要大力开展深入田间地头的具体培训。

（3）完善花卉生产与流通体系

我国花卉产业已进入转型升级的关键期，面临着难得的发展机遇。从政策层面看，建设生态文明、建设美丽中国，为花卉产业发展拓展了空间；从行业层面看，国家林业局把花卉产业列入林业十大绿色富民产业，农业部惠农政策积极扶持花卉产业发展，为花卉产业持续发展注入了动力；从区域层面看，在我国的主要花卉产区，地方政府把花卉列入当地农业或林业支柱产业，花卉在农民增收、农业增效、农村发展中的地位越来越突出，作用越来越显著；从需求层面看，全国 13.7 亿人口（不含香港、澳门和台湾地区），是个巨大的花卉消费市场。发挥花卉龙头企业的带动作用，推动花卉产业集群化发展，建立多层次花卉生产经营协调发展体系。

在全国发展一批现代花卉产业示范园区，利用现有各类涉农产业、科技、创业、示范等园区，建设花卉产业功能区，集花卉种子（种苗、种球）繁育基地、高档花卉生产基地、花园中心、科普培训中心和休闲观光等于一体，引导产业集群的形成与发展。培育一批经济效益高、辐射带动能力强、发展势头和产品市场前景好的企业，在项目立项、资金贷款、租金税费、技术支持、人才引进等方面重点给予扶持，鼓励企业申请专利、注册商标、争创品牌，培育特色产品，吸引有资金实力的各类企业进入花卉生产或经营领域，带动规模化生产、标准化种植、集约化经营，促进产业转型升级。

调整种植结构。在积极发展传统特色花卉生产的同时，坚持适销对路、适地适花，不断更新品种，提高档次，增加产品附加值。在品种上，由主要依靠引进品种向以具有自主知识产权品种为主转变。

发展花卉精深加工业。在加快发展食用、药用和工业用花卉基地的同时，积极发展精深加工业，瞄准健康养生、美容养颜等新兴潜力市场，开发以花卉产品为原料的工艺、食品、化妆、医疗、保健品等，鼓励对花卉产品进行精深加工，培育新的产业增长点。发展花卉相关产业。支持发展具有地方特色与优势的产业领域，鼓励提升多元化的花卉休闲产业，构建完善的花卉产业链。

鼓励外向型高端发展。支持企业开拓国际市场，建设标准化的花卉产品出口基地，完善花卉产品出口的配套服务，构筑花卉出口绿色通道。

加快建设区域和企业花卉品牌体系，支持品牌营销推广。鼓励地方政府和龙头企业争创驰（著）名商标、申请地理产品标志等，加大企业品牌和产品品牌创建力度，支持现代花卉生产企业注册具有自主知识产权的品种和技术，加强花卉产品的包装、品牌设计与售后服务。

（4）建设花卉市场和流通体系

建设全国性、区域性花卉产品市场，形成完整高效的花卉市场体系；构建现代花卉物流配送网络，形成高效快捷的花卉物流体系。根据资源、区位、交通、市场、信息等特点，在北京、上海、广州、昆明等地培育一批国家级花卉市场，以科技创新和机制创新为依托，吸引国内外大型花卉生产企业长期入驻，推行大宗花卉产品、花卉精品拍卖、远程交易等现代交易模式，促进花卉产品流通。统筹整合各省（区、市）现有花卉市场资源，重点建设和规范发展集批发和零售于一体的花卉综合交易市场，满足本地及周边地区的花卉产品交易和花卉消费需求。

以大型城市和城市群为中心，支持发展各种形式的花卉零售经营服务网点和网络销售，满足广大群众不同层次的花卉消费需求，引导和鼓励在大型超市、酒店、社区、医院学校等地区发展花卉零售店，在城乡结合区域或绿色隔离区域发展品牌园艺中心，促进我国花卉零售业态多样化发展。鼓励各种花卉零售经营业态创新，包括花卉专卖店、品牌连锁店、花卉租摆服务站、园艺超市、园艺产品展销中心、花卉工艺坊等，建立健全具有中国特色的花卉营销服务体系。

探索现代交易模式，采取网上交易、鲜花拍卖等现代交易手段，促进花卉公平交易，确保产销双方权益。“互联网 +”花卉产业，是提高花卉产业链整体效率的重要途径，是推动花卉产业现代化的重要举措，是满足大众对花卉消费的个性化需求的有力保障。利用现代信息技术，对花卉的保鲜、包装、检疫、海关、运输、结算等服务环节实现一体化和一条龙服务，降低交易成本和风险，提高服务效率，带动全国及周边地区花卉产业的发展。

全面推进花卉物流与服务体系的标准化管理与专业化、规范化发展，逐步建立健全花卉物流体系和冷链运输系统，促进我国花卉产品安全、高效、便捷流通。一是加强基础设施建设。鼓励花卉生产和物流企业加强保鲜、冷库、运输、查验等物流基础设施建设，国家和地方政府对花卉冷藏、配送、检测等基础设施建设给予扶持。二是加快花卉物流公共信息平台建设，支持物流企业利用先进信息技术提高科学管理水平。三是积极培育大型花卉物流企业，支持中小物流企业特别是小微企业专业化、特色化发展。

（5）优化花卉社会化服务体系

建立以花卉行业协会和经济合作组织为主体，与政府公共服务相结合的国家、省、地、县花卉服务网络，在信息引导、技术支持、市场开拓、人员培训、质量检测检疫认证、金融保险等方面提供全方位的服务。进一步完善花卉统计调查制度和信息管理制度，建立科学的花卉业统计调查方法和指标体系；积极推动地方花卉统计工作，促进花卉业统计信息交流，建立健全共享机制，提高统计数据的准确性和及时性。建立覆盖全行业的信息收集、处理与发布平台，开展全国花卉供求数量与价格信息收集与发布；加强花卉产品市场监测与预警工作，降低突发事件对产业的不利影响；构建花卉产业信息咨询服务平台，建立网络智库，为企业和花农解决生产过程中常见的技术问题、管理难题等。健全以质量为核心的生产、采后、包装、储藏、运输等花卉标准化体系，促进出口花卉产品质量标准与国际接轨；完善花卉质量控制体系，加强质量检验检测；构建适合我国国情的花卉认证体系，开展国际、国家、省（区、市）不同层级的产品质量和环保认证工作；建立花卉市场准入制度，加大市场监管力度，重点加强对主要花卉零售和批发市场经营的监管。

鼓励花卉重点产区政府设立花卉行业管理机构，制定花卉产业发展规划，制定并组织实施促进产业发展的各项政策措施，不断完善花卉产业管理与服务职能；扶持发展行业组织和各类专业经济合作组织，组织企业和农户开展订单式花卉生产，提高产品质量，增强市场竞争力，有效带动农户持续增收。通过加大政府资金投入，扩大金融资本，引入民间资本、工商资本、外资资本等形式，建立多元化的融资机制，建立切实可行的资金支持体系；将花卉纳入特色农业或林业保险品种试点，积极发展多形式、多渠道的花卉商业经济保险，建立花卉保险服务网络，加快花卉业保险体系建设。

继承和发扬我国传统花文化，适应社会发展需求，不断丰富花文化内涵，将花文化融入生态文化、和谐文化及城乡发展之中，密切花卉与人们生活的内在联系，提升花卉产品的内在价值，引导花卉消费。

—— 参考文献 ——

曹雯静. 2014. 国兰部分主栽品种遗传多样性及分子鉴定研究［D］. 华侨大学.

曹瑜. 2012. 红掌对细菌性疫病的抗性评价及其酶活性变化规律的研究［D］. 海南大学.

陈焕杰. 2013. 山茶种质资源核心库构建［D］. 浙江农林大学.

杜运鹏. 2014. 我国百合属植物资源评价及抗病基因同源序列（RGA）的研究［D］. 北京林业大学.

宫本贺. 2014. 百合热激转录因子 L1HSFA1 及其下游热激蛋白 L1HSP70 响应热胁迫的机制解析［D］. 中

国农业大学 .

侯微．2014．河北省蓝色野生花卉资源调查及部分品种栽培驯化［D］．河北大学 .

李涵．2014．非洲菊倍性选育与种质创新研究［D］．云南大学 .

李谋强．2014．兰州百合遗传多样性分析及核心种质构建方法研究［D］．甘肃农业大学 .

李田．2014．菊花遗传多样性分析及 CDDP 指纹图谱构建［D］．山东农业大学 .

梁振旭．2014．川、陕及其毗邻地区野生百合种质资源调查与评价［D］．西北农林科技大学 .

刘路贤 .2013．菊花栽培品种遗传多样性的 AFLP 分析及 SSR 分子标记的开发［D］．河南大学 .

刘晓莉．2012．14 个樱花品种观赏性状综合评价和樱花园林应用研究［D］．浙江农林大学 .

刘昕．2014．萱草属植物遗传多样性的 ISSR 分析及指纹图谱的初步构建．吉林农业大学 .

娄倩．2014．葡萄风信子（Muscari）花色形成与相关基因研究［D］．西北农林科技大学 .

吕培涛．2014．HD-Zip I 家族成员 RhHB1 在月季花瓣衰老过程中的功能分析［D］．中国农业大学.

邱显钦．2015．月季抗白粉病基因 Mlo 的克隆和功能分析［D］．华中农业大学.

石玉波．2014．百子莲花芽分化过程中比较转录组分析及开花相关基因的克隆［D］．东北林业大学.

司国臣．2013．秦巴山区野生杜鹃花属植物种质资源调查评价及保存研究［D］．西北农林科技大学.

孙逢毅．2014．牡丹杂交育种及杂交一代遗传多样性的研究［D］．山东农业大学.

唐楠．2014．郁金香遗传连锁图谱构建及主要真菌病害抗性 QTL 定位［D］．西北农林科技大学.

王欢．2015．百合苯甲酸甲酯代谢相关 LiBSMT 基因的克隆与分析［D］．北京林业大学.

王健兵．2014．白蜡核心种质及绒毛白蜡无性系 SSR 评价体系建立［D］．甘肃农业大学.

王金耀．2014．以疏花蔷薇和现代月季为亲本的月季抗白粉病育种研究［D］．北京林业大学.

魏志刚．2014．东方百合茎腐病病原研究及抗性分析［D］．江西农业大学.

杨秀梅，王继华，王丽花，等．2012．百合品种抗病基因同源序列分析及抗枯萎病的鉴定［J］．园艺学报，（12）.

殷静．2015．蛋白酶体基因 PBB 在矮牵牛花朵衰老过程中的作用机制解析［D］．中国农业大学.

于超．2015．四倍体月季遗传连锁图谱的构建及部分观赏性状的 QTLs 分析［D］．北京林业大学 .

詹德智．2012．百合对镰刀菌茎腐病的抗性评价［D］．南京林业大学 .

张辕．2014．基于三种标记的中国传统菊花品种鉴定及分类研究［D］．北京林业大学.

赵丹．2012．牡丹根部茎部真菌病害及病原鉴定［D］．河南科技大学 .

国家林业局．2013．全国花卉产业发展规划（2011—2020）［S］．1.

周泓．2012．杜鹃花品种资源多样性研究及品种分类体系构建［D］．浙江大学 .

周秀梅，李保印．2015．应用 SRAP 分析中原牡丹核心种质的多样性［J］．华北农学报，30（1）：165－170.

撰稿人：张启翔　吕英民　包满珠　葛　红　高俊平　陈发棣　车代弟
夏宜平　赵世伟　张克忠　王亮生　王云山　潘会堂　晏　安

ABSTRACTS IN ENGLISH

Comprehensive Report

Advances in Horticultural Science

During the "12th Five-Year Plan", Chinese horticultural industry is stably increasing its scale and output value, which continues the fast growth of so many consecutive years. In 2014, Chinese fruits planting area covered a total land area of 12.6 million ha with total output of 161 million tons; vegetables planting area of 21.267 million ha with total output 758 million tons; and flowers planting area of 1.2702 million ha. That year, Chinese horticultural output value exceeded RMB 2,000 billion, which further contributed to farmers' income increase.

As horticultural scientific research is speeding up, technical innovation and its support to industrial development are enhanced substantially. Over 3 years, China has led the whole-genome sequencing or resequencing of 10 horticultural crops including pear, orange, kiwi-fruit (*Actinidia chinensis*), jujube, peaches, tomato, pepper, cabbage, watermelon and cucumber, has almost finished the whole-genome sequencing of pumpkin and wax gourd. China has many important findings in genome sequencing and resequencing, and has published a number of important papers in *Science*, *Nature Genetics* and other journals, which are internationally cited. The progress of genomic research has laid a solid foundation for horticultural crops functional gene mining and molecular breeding technology R&D. Recently, China has completed much gene mapping on quality control, disease resistance and stress tolerance, digged out a number of important functional genes, and developed a large number of molecular markers applicable in breeding practice.

Over 3 years, nationwide scientific research institutes and universities have introduced, collected and evaluated a large number of horticultural plant germplasm resources, many of which are from abroad, and which have further enriched China's horticultural crop genebanks. Meanwhile, China has developed a large number of excellent resource materials of disease resistance, stress tolerance, high quality and important application value, by use of conventional breeding and molecular marker polymerization technologies, which have driven the horticultural crop genetic and breeding researches in China. Vegetable molecular breeding technology has rapid development, in particular, SNP markers application development. Molecular marker-assisted selection technology has been generally applied in the breeding of tomato, Chinese cabbage, cabbage, pepper, watermelon, as well as some fruit trees and flowers. The high-throughput molecular detection platform has been completed and put in application. Over 500 horticultural crop varieties have been newly bred.

China has made important progress in the key technologies in fruit tree quality and efficient cultivation. The shaping & pruning technical researches on apples, peaches, cherries and other fruit trees have been in continuous innovation, for example, the research on high light-efficiency tree structure (represented by slender spindle and Y-type) and its shaping technology, and the drooping fruiting culture technology (represented by long shoot pruning)" are gradually applied and generalized. In respect of orchard soil integrated management, the micro-ridge coating technology has eased the drought problem in West China. The technology of covering under-crown soil with crop straw and growing grass between row is widely used to overcome the impact of excessive summer/autumn rains in East China.

In respect of overcoming vegetables continuous cropping obstacles, China has developed some cultivation models such as gramineous crop & bulb crop companion and catch crop, to reduce the incidence of soil wilt and nematodes to 30%~65%. China has developed anti-soil-borne pest regulating preparations based on plant growth active ingredient, to solve the long-term dependence of nematode control on highly toxic pesticides disinfection. China has developed a balanced fertilization formula for tomato, cucumber, cabbage, pepper and other vegetables, to form a precise management technique of soil, fertilizer and water. China uses straw and other biomass to develop an organic cultivation matrix formula for tomato, cucumber and other fruit vegetables, with remarkable promotional results in the country, especially in the high incidence areas of continuous cropping obstacles.

In respect of solar greenhouse and energy-efficient cultivation technology, China has innovated the new theory of the best angle calculation of daily & hourly lighting amount and the lighting angle of solar greenhouse in winter, developed the variable inclination new-type solar greenhouse and the active regenerative conservatory, and developed the structural parameters of the third generation energy-saving solar greenhouse in the regions 38-48 degrees north latitude. The third generation greenhouse increases lighting amount by 6%, increases temperature by 5 or more degrees centigrade, compared to the second generation. Its indoor and outdoor temperature difference is above 35℃ at night, so the greenhouse fruit/vegetable production in winter without heating expands from the regions with the lowest temperature of -23 ℃ to the regions with the lowest temperature of -28℃ .

In respect of flower modern and industrial cultivation, China has developed cut Chinese rose soilless growing media and nutrient solutions, and established a mixed matrix assembly cultivation tank and open liquid cultivation mode. China has developed a peony flower winter production technology and soilless cultivation technology system. China uses low-energy light source and sugar-free culture technologies to build a standardized production system of perennial flower seedlings. China has developed a herbaceous peony soilless cultivation technology, so that the potted herbaceous peony flowering period is 50~60 days earlier than the farmed herbaceous peony flowering period, and its finished rate reaches 100%, in Beijing region.

In respect of post-harvest handling technology, China has developed a new technology to prevent or control pear post-harvest black heart, stripes, brown spots and other physiological diseases. China has developed a comprehensive technology to control citrus sour rot disease, preserve citrus fresh with leaves, and prevent anti-corrosion and browning of lychee sulfur-free, as well as new plant-derived preservatives and supporting applications.

Reports on Special Topics

Advances in Fruit Science

Supported by a variety of funds of National Science and Technology Programs and Modern Agricultural Industry Technology System programs, Pomology in China made important progress in fruit tree genetic resources and breeding, genomics and biotechnology, cultivation techniques and physiology, integrated pest management, fruit storage and processing, fruit quality safety and detection and orchard mechanization and information technology in nearly three years.

The Pomology has generated 8 national awards, collected 19,650 germplasm resources and screened more than 1,000 high-quality germplasm resources. Meanwhile, it has concentrated on research of fruit quality characters, abiotic stresses resistance, disease and insect resistance, polyploid non-nuclear genetic principles, and applied them in breeding. More than 200 new varieties of fruit tree were selected. We led or participated in whole-genome sequencing of 4 kinds of fruit trees for the first time in world wide. They were pear (*Pyrus bretschneideri*), citrus (*Citrus sinensis*), Chinese gooseberry (*Actinidia chinensis*), and jujube (*Ziziphus jujuba*). The technique of molecular biology has been widely applied to Pomology, and made achievements in functional gene mining, molecular breeding and genetically-modified technology et al. Fruit tree industrial technology contributed to the development of new techniques, products on quality, efficient and safe technique of cultivation and management, integrated pest management and post-harvest techniques et al, and acquired a set of invention patents. All the achievements guaranteed the progress of technology of sustainable development of fruit industry.

In the aspect of faculty awards and honors, a galaxy of outstanding figures has been produced in Pomology, including 3 Changjiang Scholar, 3 winners of National Science Fund for Distinguished Yong Scholars, 3 winners of Excellent Young Scientists Fund, 1 group of Science Fund for Creative Research, 7 chief scientists of National Modern Agriculture Industrial Technology, more than 140 post scientists, 3 Innovative Research Team of Ministry of Education, 9 Fruit Tree Scientific and Technological Innovation Team of Ministry of Agriculture and more provincial or academic teams.

In the aspect of science research platform , 7 National Industrial Technology Research and Development Centers were established, including apple, citrus, pear, grape, peach, banana and lychee & longan. 12 fruit tree key laboratories, 3 fruit and 1 citrus laboratories of quality & safety risk assessment of Ministry of Agriculture.

In the aspect of talent training, there were 19 Doctoral programs of Pomology in China. In 2014, scientific papers of Pomology from China and citation indices were second only to the US. Pomology in China has reached the international advanced level at present stage.

Advances in Vegetable Science

Over the three years, Chinese olericulture research and vegetable industry have been developing rapidly. Major achievements have been made in the research of vegetable genomics, biotechnology, germplasm resources, genetic breeding, cultivation technique and physiology, integrated pest management, product preservation and storage, and processing & utilization, all of which have been applied in production. In 2014, the sown area of vegetables was 21.267 million ha, with total output of 758 million tons.

After taking the lead in completing the international genome project of cucumber, potato and Chinese cabbage, China finished genome sequence comprehension of pepper and cabbage, as well as genome re-sequencing of cucumber and tomato in 2013-2014, which reveal that after domestication and improvement, tomatoes evolute from small fruits to big ones, and find out 9 genes and regulatory factors in the biosynthesis and metabolic pathway of cucumber bitter substances—cucurbitacin. China has completed much gene mapping on quality control, disease resistance and stress tolerance, digged out a number of important functional genes, and developed a large number of molecular markers applicable in breeding practice.

By 2014, there have been 36,432 vegetable resources in national farm crop germplasm resources conservation system. A batch of new variety of vegetables with disease resistance, stress tolerance and high yield has been developed. "Establishment and Selective Breeding of New Varieties in Cabbage Male Sterility Breeding Technology System" and "Creation of Excellent Disease Resistance of Watermelon, Selective Breeding and Promotion of New Varieties of Jingxin Series" have won the national awards in 2014.

China-original solar greenhouse and energy-efficient cultivation technology makes new breakthroughs that the greenhouse fruit/vegetable production in winter without heating expands from the regions with the lowest temperature of -23℃ to the regions with the lowest temperature of -28℃ . Research in vegetable greenhouse cultivation technology has made important progress; China has developed a balanced fertilization formula for tomato, cucumber, Chinese cabbage, pepper and other vegetables, to form a precise management technique of soil, fertilizer and water. China has also developed soil disinfectation technology and straw biological reactor technology, with remarkable promotional results in the country, especially in the high incidence areas of continuous cropping obstacles.

In recent years, olericulture has cultivated a batch of high-level talents. 7 national innovation platforms, 15 provincial platforms, 2 national modern agricultural industry technology systems, and 14 vegetable technology innovation teams in the Ministry of Agriculture have been established.

Advances in Ornamental Plant Science

In recent years, research in Chinese ornamental horticulture has made great progress. Research fields have been strengthened, including investigation, collection, storage, assessment and utilization of germplasm resources, selective breeding of new flower varieties, cultivation of flower seed, bulb and seedlings, efficient cultivation and pest control, postharvest treatment as well as selling and circulation. Surveys and collection of natural resources have been carried out on iris, rhododendron, peony, lily, buttercup, sakura and camellia. Many means and methods have been adopted on identification and evaluation of the biological characteristics of the collected and stored resources, to get materials with great application potential in stress tolerance and disease resistance. To some of the materials, molecular fingerprint has been built or analysis of genetic relationship has been carried out. A batch of new flower varieties has been cultivated, among which some have been promoted and applied in production. China has developed cut Chinese rose soilless growing media and nutrient solutions, and established a mixed matrix assembly cultivation tank and open liquid cultivation mode. China has developed a peony flower winter production technology and soilless cultivation technology system. China uses low-energy light source and sugar-free culture technologies to build a standardized production system of perennial flower seedlings. China has developed a herbaceous peony soilless cultivation technology and a cineraria rapid propagation system for large-scale industrial production. China has also developed a technique for producing cymbidium matrix and supporting nutrients, and integrated a precise control technique of cymbidium flowering season.

Flower R&D platform and personnel have get unprecedented development. There are complete cultivation system for flower talents from undergraduate level to postgraduate and PhD level. At present, China owns more than 100 flower scientific research institutions above provincial level, with over 300 thousand flower professional technicians. National flower technological platforms such as "National Engineering Research Center for Floriculture" and "National Engineering Research Center for Ornamental Horticulture" have been further improved.

Chinese flower industry is developing stably. In 2014, Chinese flower planting area covered a total land area of 1.2702 million ha with total sales volume of 127.923 billion Yuan and export exchange of 620 million US dollars. There are 3,286 flower markets all over China. In 2014, about 5.255 million people engaged in flower industry.

索　引

H

J

K

L

M

N

P

Q

R

S

T

W

X

Y

Z